"十二五"普通高等教育本科国家级规划教材

国家精品资源共享课"数据库系统及应用"配套教材

高等院校信息技术规划教材

数据库系统原理与设计
（第3版）

万常选　廖国琼　吴京慧　刘喜平　编著

U0215269

清华大学出版社

北京

内 容 简 介

本书是国家精品资源共享课"数据库系统及应用"的配套教材、第一批"'十二五'普通高等教育本科国家级规划教材"。本次修订仍然坚持围绕"培养学生会'用'数据库"的目标,进一步提升学生的概念建模能力,培养学生会"设计"数据库。第 3 版对章节进行了适当的调整,使得结构更加合理、可用性更强;重新梳理和调整了数据库设计流程,以便更好地指导学生开展数据库设计大作业的实践活动;将原书第 12 章 Web 数据库更新为数据管理技术前沿,介绍大数据处理平台和框架、NoSQL 和 NewSQL 数据库等前沿技术。

全书共分 12 章。第 1 章是数据库系统基本概念;第 2、3、7 章是关系数据库基础(含数据库编程);第 4~6 章是关系数据库设计;第 8~10 章是关系数据库管理系统;第 11、12 章是数据库应用开发和数据管理技术前沿。本书强调数据库应用与设计能力的培养,将数据库设计的内容分散在第 4~6 章以及第 8.5 节、第 9.3 节等章节逐层推进。

本书可作为计算机及相关专业本科生"数据库系统原理"课程的教材,也可供数据库爱好者自学和参考。

图书在版编目(CIP)数据

数据库系统原理与设计/万常选等编著. —3 版. —北京:清华大学出版社,2017(2023.9重印)
(高等院校信息技术规划教材)
ISBN 978-7-302-47517-0

Ⅰ. ①数… Ⅱ. ①万… Ⅲ. ①数据库系统-高等学校-教材 Ⅳ. ①TP311.13

中国版本图书馆 CIP 数据核字(2017)第 117974 号

责任编辑:焦　虹
封面设计:常雪影
责任校对:焦丽丽
责任印制:丛怀宇

出版发行:清华大学出版社
　　　网　　　址:http://www.tup.com.cn,http://www.wqbook.com
　　　地　　　址:北京清华大学学研大厦 A 座　　　　　邮　　编:100084
　　　社 总 机:010-83470000　　　　　　　　　　　邮　　购:010-62786544
　　　投稿与读者服务:010-62776969,c-service@tup.tsinghua.edu.cn
　　　质量反馈:010-62772015,zhiliang@tup.tsinghua.edu.cn
　　　课件下载:http://www.tup.com.cn,010-83470236
印 装 者:三河市天利华印刷装订有限公司
经　　销:全国新华书店
开　　本:185mm×260mm　　　印　张:29　　　字　数:666 千字
版　　次:2009 年 9 月第 1 版　　2017 年 9 月第 3 版　　印　次:2023 年 9 月第 15 次印刷
定　　价:59.90 元

产品编号:074845-01

第 3 版前言

国家精品资源共享课"数据库系统及应用"于 2014 在"爱课程"网上线,已经 3 年多了。第一批"十二五"普通高等教育本科国家级规划教材、国家精品资源共享课配套教材《数据库系统原理与设计》(第 2 版)及配套教材《数据库系统原理与设计实验教程》(第 2 版)于 2012 年出版,也已近 5 年了。该套教材引起数据库界同仁和学生的很大反响,已被全国 50 余所高校选作教材,4 年多共印刷了 9 次。笔者所在学校针对"数据库系统原理"课程开展翻转课堂教学,从 2013 年试点到 2015 年全面实施也已经 4 年多了。为了更好地适应大数据时代对数据库课程的教学需求,我们从 2016 年下半年开始着手对本书进行修订。本次修订仍然坚持"培养学生'三会'数据库"的目标,即会设计数据库、会管理数据库、会开发数据库应用程序,强调数据库设计与应用能力的培养,着重培养学生的应用建模能力,重点是数据库概念模型。第 3 版对章节进行了适当的调整,使得结构更加合理、可用性更强。

本次修订的主要内容包括:

(1) 对第 4、6 两章涉及的大学选课系统、网上书店系统数据库设计实例的数据库设计流程进行了重新梳理和调整,以便更好地指导学生开展数据库设计大作业的实践活动。重新梳理和调整后的数据库设计流程为:系统需求分析(需求概述和系统边界、主要业务处理流程、功能需求分析、数据需求分析、业务规则及完整性约束分析)→数据库概念设计(确定基本实体集及属性、主要业务局部概念建模、定义联系集及属性、设计完整 ER 模型、检查是否满足需求)→数据库逻辑设计及模式求精→数据库物理设计→数据库应用与安全设计。

(2) 将原第 3 章中的 SQL 数据定义与更新语言,第 9 章中的游标、存储过程和触发器等数据库编程的内容独立出来构成新版的第 7 章 SQL 数据定义、更新及数据库编程,并新增 T-SQL 语言简介的内容,这样有利于提高学生的数据库编程能力。因此,新版的第 3 章集中介绍 SQL 查询语言,有利于学生深刻理解关系数据库逻辑模型,灵活掌握关系代数和 SQL 查询语言;第 3 版的第 9 章集中介绍数据库安全性与完整性,并深入地介绍触发器应用于数据库安全控制和复杂的用户自定义完整性约束。

(3) 对原第7、8章的内容进行了适当的压缩,并合并作为第3版的第8章数据库存储结构与查询处理。

(4) 删除了原书第12章 Web 数据库,新增了第12章数据管理技术前沿,主要内容包括:大数据的兴起、大数据处理平台和框架、数据库面临的挑战、NoSQL 数据库、NewSQL 数据库。设计这一章的目的是让学生了解数据管理技术的前沿,扩展学生的知识面。今后改版时,这一章的内容将与时俱进,不断更新。

(5) 将原第11.3节数据库应用开发实践的主要内容放到与本书配套的《数据库系统原理与设计实验教程》(第3版)中;考虑到 ASP 开发技术已经过时,将原来的 ASP 设计实例改为 JSP 设计实例;第3版的第11.3节简单介绍了对象-关系映射框架。

(6) 调整了部分章节的内容和顺序,增加和调整了部分章节的例题和习题,对部分概念和文字进行了修改。

(7) 将配套教材《数据库系统原理与设计实验教程》(第3版)中使用的 SQL Server 2005 平台改为 SQL Server 2014。

与其他教材相比,本书的主要特点如下。

(1) 强化对关系数据库模式的理解,以模式导航图为工具,使学生深刻理解关系数据库**逻辑模型**,灵活掌握关系代数和 SQL 查询语言。

(2) 以案例为驱动,通过分析应用需求来介绍数据库建模的基本方法,着力培养学生应用建模的能力,重点是使学生深刻理解数据库**概念模型**,提高数据库设计能力。

(3) 涵盖了关系数据库物理存储结构、查询处理和查询优化等内容,这些内容一是有利于学生更好地理解关系数据库的**物理模型**,二是有利于学生更好地理解关系**数据库管理系统(DBMS)**的基本原理,三是有利于学生从底层的角度理解 SQL 查询。

(4) 从使用者的角度,以应用需求为驱动介绍数据库的安全性、完整性以及事务、并发和恢复等内容,使学生深刻理解关系数据库管理系统(DBMS)的基本原理。

(5) 增加数据库应用开发和数据管理技术前沿介绍,一方面增强学生的实践能力,另一方面让学生了解数据库的前沿和发展方向,为后续的数据库应用开发实践和进一步学习打下基础。

本次修订方案由万常选、廖国琼、吴京慧、刘喜平、刘爱红等讨论确定,万常选负责第1、2、8章的修订,廖国琼负责第4、5、6、10章的修订,吴京慧负责第3、7、9章的修订,刘喜平负责第11、12章的修订。最后,万常选对全书的修订稿进行了修改、补充和总纂。

本书在编写和修订过程中,参阅了大量的参考书目和文献资料,在此向参考资料的作者表示衷心的感谢。

在整个编写和修订过程中,尽管我们一直怀着敬畏的心情、保持严谨的态度,也付出了辛勤的劳动,限于水平,书中不足之处仍然在所难免,敬请各位读者批评指正,并将您的宝贵意见反馈给我们(wanchangxuan@263.net)。我们对您的厚爱致以崇高的敬意!

编 者
2017 年 6 月

第 2 版前言

foreword

　　《数据库系统原理与设计》及配套教材《数据库系统原理与设计实验教程》于 2009 年出版后,得到了数据库界同仁和学生的很大反响,已被全国 40 余所高校选作教材,于 2010 年 12 月获得江西省第四届普通高等学校优秀教材一等奖,并被江西省教育厅推荐参评教育部普通高等教育"十二五"国家级规划教材。以该教材为基础的课程建设、教材建设和教学方法研究不断深入,我们于 2010 年 6 月完成了江西省高等学校教学改革研究课题"'数据库系统及应用'课程的双主体教学模式与教学方法改革研究",并于 2010 年 12 月获得江西省第 12 次优秀教学成果一等奖(成果名称:"数据库系统及应用"国家精品课程建设的探索与实践)。2011 年,"'数据库系统原理'课程探究式教学方法的探索与实践"立项为江西省高等学校教学改革研究课题。

　　本书第 1 版出版后,我们不断地收集来自教学一线的师生们的反馈。反馈意见认为,本书具有鲜明的特色,尤其是数据库设计的内容对于学习"如何设计数据库"有很大帮助,但是学生在实际分析及建模中仍然存在一些困惑,例如,复杂业务中如何在联系集和实体集之间取舍,如何标识联系集,如何处理多元联系,业务语义对 E-R 建模有什么影响等。针对这些问题,并带着自己的一些新的思考,我们着手对本书进行修订。本次修订仍然围绕"培养学生会'用'数据库"的目标,进一步提升学生的概念建模能力,培养学生会"设计"数据库。此外,第 2 版章节更加合理,可用性更强。

　　本次修订的主要内容有:

　　(1) 对第 4 章数据库建模(实体-联系模型)和第 6 章关系数据库设计实例(网上书店)进行了重写。通过引入实体集与联系集之间的依赖约束、多值联系等概念,将实体集分为基本实体集、弱实体集、依赖实体集和联系实体集 4 类,较好地解决了 E-R 建模中经常遇到的一些困惑。

　　(2) 为了适用于不同课时、不同层次的开课需要,将部分章、节的内容作为选讲内容,通过在章节前加 * 标注。

（3）调整了部分章节的顺序，增加和调整了部分章节的例题和习题，对部分概念和文字进行了修改。

（4）将配套教材《数据库系统原理与设计实验教程》中使用的 SQL Server 2000 平台改为 SQL Server 2005。

与其他教材相比，本书的主要特点如下。

（1）强化对关系数据库模式的理解，以模式导航图为工具，使学生深刻理解关系数据库**逻辑模型**，灵活掌握关系代数和 SQL 查询语言。

（2）以案例为驱动，通过分析应用需求来介绍数据库建模的基本方法，着力培养学生应用建模的能力，重点是使学生深刻理解数据库**概念模型**，提高数据库设计能力。

（3）涵盖了关系数据库物理存储结构、查询处理和查询优化等内容，这些内容一是有利于学生更好地理解关系数据库的**物理模型**，二是有利于学生更好地理解**关系数据库管理系统（DBMS）**的基本原理，三是有利于学生从底层的角度理解 SQL 查询。

（4）从使用者的角度，以应用需求为驱动介绍数据库的事务、并发、恢复和完整性、安全性等内容，使学生深刻理解**关系数据库管理系统（DBMS）**的基本原理。

（5）增加数据库应用开发和 Web 数据库技术介绍，使学生能了解数据库常用访问方法和 Web 数据库的实现技术，为后续学习和数据库应用开发实践打下一定的基础。

本次修订由万常选执笔，廖国琼、吴京慧、刘喜平、刘爱红等参与了讨论，并对修改稿进行了审阅，提出了许多宝贵的建议和意见。

本书及配套的《数据库系统原理与设计实验教程》（第 2 版）是国家精品课程“数据库系统及应用”的建设教材，有配套的教学 PPT（需要者请到清华大学出版社网站下载）和课程网站。本书可作为计算机相关专业本科生的数据库系统原理课程教材，也可供数据库爱好者自学和参考。

本书在编写过程中，参阅了大量的参考书目和文献资料，在此向参考资料的作者表示衷心的感谢。同时，也对所有关心本书和帮助我们的老师和学生表示衷心的感谢。

限于水平，书中不足之处在所难免，敬请各位读者批评指正。对本书的意见请反馈给我们（wanchangxuan@foxmail.com），谢谢。

编　者

第 1 版前言

foreword

　　数据库系统是计算机系统的重要组成部分,是企业、机构、互联网乃至整个信息社会赖以运转的基础,在当今社会中扮演着越来越重要的角色。正是由于数据库具有重要的基础地位,数据库理论与技术教育已成为现代计算机科学和相关学科教育中的核心部分,所有计算机及其相关专业的学生都有必要掌握和熟悉数据库理论与技术。

　　通过多年的数据库课程教学,我们发现学生在学习数据库课程之后,仍然不会"用"数据库——不会设计数据库,不会管理数据库,不会开发数据库应用程序。带着这些问题,我们进行了一系列的数据库课程的教学改革探索与实践,并取得了一定的成绩,如"数据库系统及应用"于2007年获得国家精品课程立项。目前,虽然数据库教材很多,但是很难找到完全适合教学需要的教材。于是,我们决定动手编写一套让学生会"用"数据库的教材,一本"够用"的教材,这便是编写本书的初衷。本书虽然不一定能完全达到目标,但至少开始了有益的尝试。

　　数据库技术发展至今,已经相当成熟,相关知识博大精深。本书定位于面向计算机及其相关专业本科生的第一本数据库入门教材,在内容选择上颇费思量。在构思本书之前,本书作者一直在思考:对于计算机及其相关专业的本科生来说,需要掌握哪些数据库知识?回答这个问题并不容易,这是因为数据库知识非常丰富,而且由于课时有限,学生不可能了解所有数据库知识。另外,不同用户在使用数据库时,他们的视角是不同的。数据库系统的用户大致可分为4类:数据库管理员、数据库系统分析员、数据库设计人员、数据库应用程序员及终端用户。我们认为,计算机及其相关专业的学生既可能做数据库管理员,也可能成为系统分析员和数据库设计员,更可能是数据库应用程序员。因此,作为一本数据库入门教材,必须要提供这些方面的知识,为学生以后的深入学习打下基础。

基于这些考虑,本书内容包括以下几个部分。

- **数据库系统基本概念**(第1章)。该部分介绍了数据、数据管理、数据库、数据库管理系统和数据库系统等基本概念。同时,也介绍了数据模型、数据抽象、数据库模式等概念。

- **关系数据库基础**(第2章和第3章)。第2章介绍了关系模型(关系数据结构、关系操作和关系完整性约束条件)以及关系代数;第3章介绍了关系数据库的标准语言——SQL,包括数据定义DDL语言、数据控制DCL语言和数据操纵DML语言。

- **关系数据库设计**(第4章~第6章)。第4章介绍了数据库建模方法,包括实体-联系模型基本概念、概念模型设计过程以及如何将E-R模型转化为关系模型;第5章介绍了关系数据库设计理论,着重讲述了函数依赖及规范化理论;第6章通过一个实例演示了关系数据库设计过程。

- **关系数据库管理系统**(第7章~第10章)。第7章介绍了关系数据库物理存储结构,包括文件组织、记录组织、索引技术以及物理数据库设计;第8章介绍了查询处理技术,包括查询处理过程、各种关系操作算法以及查询优化技术;第9章讲述了数据库完整性和安全技术,包括数据库安全性、完整性的基本概念和措施,游标、存储过程和触发器,以及应用与安全设计;第10章阐述了事务管理和恢复相关技术。

- **数据库应用开发**(第11章和第12章)。第11章介绍了数据库应用系统的体系结构、常用数据库访问技术和数据库应用开发技术;第12章介绍了Web数据库基本概念,讨论了Web数据库访问技术,并介绍了XML数据库基本概念。

与其他教材相比,本书的主要特点如下。

(1) 强化对关系数据库模式的理解,以模式导航图为工具,使学生深刻理解关系数据库查询原理,灵活掌握关系代数和SQL查询语言。

(2) 以案例为驱动,通过分析应用需求来介绍数据库建模的基本方法,使学生深刻理解关系数据库设计思想,提高数据库设计能力。

(3) 增加关系数据库物理存储结构、查询处理和查询优化等内容,一是有利于学生从底层的角度理解SQL查询,二是有利于学生更好地理解关系数据库的物理设计,三是有利于学生更好地理解关系数据库的优点和缺点。该部分内容可根据授课对象的不同有选择地教学。

(4) 从使用者的角度,以应用需求为驱动介绍数据库的事务、并发、恢复和完整性、安全性等内容。

(5) 增加数据库应用开发和Web数据库技术介绍,使学生能了解数据库常用访问方法和Web数据库的原理和实现技术,为后续学习和数据库应用开发实践打下一定的基础。

本书由万常选、廖国琼、吴京慧和刘喜平编写,其中,第1、2、7、8章由万常选执笔,第4、5、6、10章及7.6节、9.6节由廖国琼执笔,第3、9章及11.1节由吴京慧执笔,第11、12章由刘喜平执笔。万常选提出本书的编写大纲,并对全书的初稿进行了修改、补充和总纂。

　　本书及配套的《数据库系统原理与设计实验教程》是国家精品课程"数据库系统及应用"的建设教材,有配套的电子课件和教学网站(http://skynet.jxufe.edu.cn/jpkc/sjk),可作为计算机相关专业本科生的数据库系统原理课程教材,也可供数据库爱好者自学和参考。

　　本书在编写过程中,参阅了大量的参考书目和文献资料,在此向参考资料的作者表示衷心的感谢。

　　由于作者学识浅陋,书中不足之处在所难免,敬请各位读者批评指正。

编　者

目录 contents

第1章

数据库系统概论

学习目标

本章从数据库和数据库管理系统这两个最基本概念入手,引出数据库管理系统所涉及的主要问题并做概括性讨论。因此,本章的教学目标主要有两个,一是要求读者对数据库管理系统有一个初步认识,并了解数据库管理系统的基本功能;二是要求掌握数据抽象、数据模型、数据库模式等核心概念,并理解这些内容在数据库管理系统中的地位和作用。

学习方法

由于本章主要是一些基本概念的介绍,因此要求牢记这些概念,并把这些概念和已经学过的有关概念进行类比,以便加深理解,达到学习目标。

学习指南

本章的重点是 1.2 节和 1.3 节,难点是 1.2 节。

本章导读

本章主要介绍数据库系统最基本、最重要的概念,例如什么是数据、数据管理、数据库、数据模型、数据独立性、数据库的模式、数据库管理系统和数据库系统。数据模型是数据库的组织基础,根据数据抽象的不同级别,可以将数据模型划分为 3 层:概念模型、逻辑模型和物理模型。数据库是最基本的概念,在理解数据抽象的基础上掌握什么是数据库的三级模式和两层映像。数据库管理系统是数据库系统的核心,数据库管理系统有哪些组成与主要功能;数据库系统是数据库技术的应用系统,要求掌握数据库系统中各个部分有什么作用,特别是 DBA 的职责。

1.1　数据库系统的作用

在系统地介绍数据库系统的基本概念之前,本节首先介绍有关数据与数据管理的基本概念,然后介绍数据管理技术的 3 个发展阶段(包括人工管理、文件系统和数据库管理系统)以及数据库和数据库管理系统等概念。

1.1.1　数据与数据管理

1. 数据

描述事物的符号记录称为**数据**,如数值数据、文本数据和多媒体数据(如图形、图像、音频和视频)等。数据是数据库中存储的对象,也是数据库管理系统处理的对象。

在日常生活中,事物通常采用无结构的文本串形式来描述。例如,一个教师的基本情况可描述为:李天乐,男,1976 年 9 月出生,江西南昌人,现工作于江西财经大学信息管理学院,教授,主要研究兴趣包括大数据管理、数据挖掘、情感分析等。

在日常数据管理中,教师的基本情况通常如表 1-1 所示。

表 1-1　教师基本情况表

姓名	性别	出生年月	籍贯	工作单位/部门	职称	研究方向
李天乐	男	1976 年 9 月	江西南昌	江西财经大学信息管理学院	教授	大数据管理、数据挖掘、情感分析
…	…	…	…	…	…	…

显然,数据的表现形式不能完全表达其内容,其含义即语义需要经过解释才能被正确理解,因此数据和关于数据的解释是不可分的。例如,"1976 年 9 月"可能是指某人的出生年月,也可能指毕业年月,还可能指参加工作年月等。但在表 1-1 中,其语义已由其所在列的表头栏目名解释,即为出生年月。对于以表格形式描述的对象,表头栏目名就是对表中数据的语义解释。

将一个教师的姓名、性别、出生年月、籍贯、工作单位/部门、职称等数据组织在一起便构成一条记录,用于描述一个教师的情况。**记录**是计算机中表示和存储数据的一种格式或方法,这样的数据是有结构的。因此,表格描述的数据称为**结构化数据**。

相对于结构化数据(即行数据,存储在数据库中,可以用二维表结构来逻辑表达实现的数据)而言,不方便用数据库二维逻辑表来表现的数据即称为**非结构化数据**,包括所有格式的办公文档、文本、图片、标准通用标记语言下的子集 XML、HTML、各类报表、图像和音频/视频信息等等。所谓**半结构化数据**,就是介于完全结构化数据(如关系型数据库、面向对象数据库中的数据)和完全无结构的数据(如自然语言文本、音频、视频、图像文件等)之间的数据,XML 文档就属于典型的半结构化数据,它一般是自描述的,数据的结构(即语义)和内容混在一起。

2. 数据管理

数据处理是指对各种数据进行采集、存储、检索、加工、传播和应用等一系列活动的总和。数据处理的基本目的是从大量的、可能是杂乱无章的、难以理解的数据中抽取并推导出对于某些特定的人们来说有价值、有意义的数据。数据处理贯穿于社会生产和生活的各个领域。数据可由人工或自动化装置进行处理。

数据管理是对数据进行有效的分类、组织、编码、存储、检索、维护和应用,它是数据处理的中心问题。数据管理技术的发展及其应用的广度和深度,极大地影响着人类社会发展的进程。对于基于计算机的数据管理离不开数据管理软件的支持,包括用以书写处理程序的各种程序设计语言及其编译程序、管理数据的文件系统、数据库管理系统以及各种数据处理方法的应用软件包等。

1.1.2　数据管理技术的产生与发展

数据管理技术是应数据管理任务的需要而产生的。在应用需求的推动下,在计算机硬件和软件发展的基础上,数据管理技术经历了人工管理、文件系统和数据库管理系统 3 个阶段。

1. 人工管理阶段

人工管理阶段主要是指 20 世纪 50 年代中期以前的这段时间。此时的计算机还很简陋,尚未有完整的操作系统,主要应用于科学计算,数据处理的方式是批处理。

人工管理阶段的数据是面向应用程序的,一个数据集只能对应于一个程序,程序与数据之间的关系如图 1-1 所示。数据需要由应用程序自己定义和管理,没有相应的软件系统专门负责数据的管理工作。当多个应用程序涉及某些相同的数据时,必须由各自的应用程序分别定义和管理这些数据,无法共享利用,因此存在大量冗余数据。

2. 文件系统阶段

文件系统阶段主要是指 20 世纪 50 年代后期到 60 年代中期的这段时间。此时的计算机已经有了操作系统,在操作系统基础之上建立的文件系统已经成熟并广泛应用。计算机除了应用于科学计算外,已开始应用于数据管理。数据处理方式不仅有批处理,还有联机实时处理。

利用文件系统管理数据,就是由专门的软件对数据进行统一管理。对于一个特定的应用,数据被集中组织存放在多个数据文件(以后简称为文件)或文件组中,并针对该文件组来开发特定的应用程序。文件系统把数据组织成相互独立的文件,利用"**按文件名访问,按记录进行存取**"的管理技术,可以对文件进行修改、插入和删除。文件系统阶段程序与数据之间的关系如图 1-2 所示,它的主要特点如下:

(1) 文件系统实现了文件内的数据结构化,即一个文件内的数据是按记录进行组织的,这样的数据是有结构的,数据的语义是明确的。但整体上还是无结构的,即多个文件之间是相互独立的,无法建立全局的结构化数据管理模式。

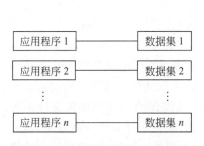

图 1-1　人工管理阶段应用程序与数据之间的对应关系

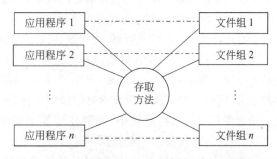

图 1-2　文件系统阶段应用程序与数据之间的对应关系

(2) 程序和数据之间由文件系统提供的存取方法进行转换,程序员可以不必过多地考虑数据的物理存储细节。由于数据在物理存储结构上的改变不一定反映在程序上,因此应用程序与数据之间有了一定的**物理独立性**。

虽然文件系统给数据管理带来了极大的方便,但是在文件系统中存储数据的弊端还有不少,主要表现在以下 7 个方面。

(1) 数据共享性差,数据冗余和不一致。**数据冗余**是指相同的数据在不同的地方(文件)重复存储。在文件系统中,一个(或一组)文件基本上对应于一个应用程序,即文件仍然是面向应用的。当不同的应用程序具有部分相同的数据时,也必须建立各自的文件,而不能共享相同的数据,因此数据的冗余度大。这样,不仅浪费存储空间,而且可能导致数据的不一致,即同一数据的不同副本不一致。例如,对于同一个教师的数据,既可能在由教学记录组成的文件中出现,又可能在由科研记录组成的文件中出现,该教师的某项信息(如职称)的更改可能只是在教学文件中进行了,而在科研文件中并没有进行相应的修改。由于相同数据的重复存储和各自管理,给数据的修改和维护带来了困难。因此,如何有效地提高不同应用**共享数据**的能力成为急需解决的问题之一。

(2) 数据独立性差。文件系统中的文件组是为某一特定应用服务的,其逻辑结构对于该特定应用程序来说是优化的,但是若要想对现有的文件组再增加一些新的应用会很困难,系统也不易扩充。这是因为,一旦数据的逻辑结构改变,就必须修改应用程序以及文件结构的定义。因此,数据与应用程序之间缺乏**逻辑独立性**,如何有效地提高数据与应用程序之间的**独立性**成为急需解决的问题之一。

(3) 数据孤立,数据获取困难。对于数据与数据之间的联系,文件系统仍缺乏有效的管理手段,这是因为对于文件系统而言,数据是孤立的,数据是面向特定应用而组织成一个(或一组)文件的,因此横跨多个文件(组)编写有效的数据检索程序是很困难的。例如,教学管理人员今天可能需要查找曾经讲授过某门课程的教师清单,明天可能需要统计某教师某年度的授课工作量等。因此,如何有效地管理数据与数据之间的**联系**成为急需解决的问题之一。

(4) 完整性问题。数据的**完整性**是指数据的正确性、有效性和相容性,也称为**一致性**约束。例如,一个学生需要选修某门课程的时候,该学生必须已经修过了该课程规定的先修课程才能选修(因为课程之间存在先修后修关系),必须在该教学班尚未选满时才能选修(因为教室容量有限),必须在时间上与其他已经选修的课程不冲突时才能选修,等等。由于文件系统没有提供有效地解决完整性问题的机制,开发者必须通过在不同的应用程序中加入适当的代码来实现系统中的这些约束,当约束涉及不同文件中的多个数据项时,问题就变得更加复杂。因此,如何有效地表达和实现**一致性**(即**完整性**)约束成为急需解决的问题之一。

(5) 原子性问题。计算机系统有时会发生故障,一旦故障发生并被检测到,数据就应该恢复到故障发生前的状态。例如,学生选课时,不仅要在选课文件中增加某学生选修某门课的记录,同时也要在该课程教学班记录中将已选课人数加 1,以便学生选课时进行容量控制。在选课程序的执行过程中,如果在增加了某学生选修某门课的记录到选课文件中之后,但在将已选课人数加 1 更新到该课程教学班记录中之前,发生了计算机系统故障,这就将导致数据库中的数据不一致。显然,为了保证数据库中数据的一致性,这里的增加选课记录与选课人数加 1 这两个操作要么都发生,要么都不发生,这就是学生选课操作的**原子性**

要求。由于文件处理系统没有保障操作原子性的机制,因此,如何有效地保障操作的**原子性**就成为急需解决的问题之一。

(6) 并发访问异常。系统应该允许多个用户同时访问数据,在这样的环境中由于并发更新操作相互影响,可能会导致数据的不一致。例如,假设某时刻航班 P 的剩余机票数为 20 张,客户 A 和客户 B 几乎同时通过网络分别订购 2 张和 3 张航班 P 的机票。假设通过网上订票的操作程序是读取航班目前剩余票数量,在其上减去订票张数,然后将剩余票数量写回,并记录成功订票结果。如果客户 A 和客户 B 的订票程序并发执行,他们读到的剩余票数量可能都是 20 张,并将分别写回 18 张和 17 张剩余票数量,无论哪个先写回哪个后写回,两个结果都是错误的。由于数据可能被多个不同的应用程序并发访问,而这些应用程序间事先又没有协调管理,因而可能会出现**并发访问异常**的问题。由于文件处理系统缺少对并发操作进行控制的机制,因此,如何有效地进行**并发控制**(即确保**并发操作的**正确性)就成为急需解决的问题之一。

(7) 安全性问题。一个系统的用户很多,不同的用户可能只允许其访问一部分数据,即该用户只有一部分数据的访问权限。例如,只允许教师本人及相关管理人员才允许查看该教师的学生评教结果。由于应用程序要根据需要随时增加用户并调整用户的访问权限,而文件处理系统难以实现这样的**安全性**约束,因此,如何有效地保障数据的**安全性**就成为急需解决的问题之一。

3. 数据库管理系统阶段

20 世纪 60 年代后期以来,数据管理对象的规模越来越大,应用范围越来越广,多种应用共享数据的要求越来越强烈。由于计算机技术的发展以及应用需求的推动,为了解决多用户、多应用共享数据的需求,数据库技术应运而生,出现了统一管理数据的专门软件系统——数据库管理系统(database management system,DBMS)。

数据库管理系统是由一个相互关联的数据的集合和一组用以访问、管理和控制这些数据的程序组成。这个数据集合通常称为**数据库**(database,DB),其中包含了关于某个企业信息系统的所有信息。DBMS 是位于用户与操作系统之间的一层数据管理系统,它提供一个可以方便且高效地存取、管理和控制数据库信息的环境。DBMS 和操作系统一样都是计算机的基础软件,也是一个大型复杂的软件系统。

设计数据库管理系统的目的是为了有效地管理大量的数据,并解决文件处理系统中存在的问题:数据共享性差(数据冗余和不一致)、数据独立性差、数据孤立和数据获取困难、完整性问题、原子性问题、并发访问异常和安全性问题等。对数据的有效管理,既涉及数据存储结构的定义,又涉及数据操作机制的提供;不仅需要解决数据的共享性、独立性和数据之间的联系问题,还需要解决数据的完整性、原子性、并发控制和安全性问题。

与文件系统相比,数据库管理系统的特点主要表现在以下几个方面。

1) 数据结构化

数据库管理系统实现数据的整体结构化,这是数据库的主要特征之一,也是数据库管理系统与文件系统的本质区别。

整体结构化,一是指数据不仅仅是内部结构化,而是将数据以及数据之间的联系统一管理起来,使之结构化;二是指在数据库中的数据不仅仅针对某一个应用,而是面向全组织的所有应用。

一方面,不仅要考虑数据内部的结构化,还要考虑数据之间的联系。在文件系统中,每个文件是由记录构成的,每个记录再由若干个属性组成,也就是说,文件内部是有结构的。例如,**学生**文件 Student 的记录是由学号、姓名、性别、出生日期、所学专业、家庭住址、联系电话等属性组成;**课程**文件 Course 和**学生成绩**文件 Score 的结构如图 1-3 所示。

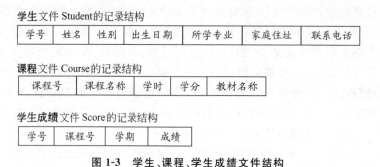

图 1-3　学生、课程、学生成绩文件结构

在文件系统中,尽管记录内部已经结构化了,但记录之间没有联系,数据是孤立的。例如,**学生**文件 Student,**课程**文件 Course 和**学生成绩**文件 Score 是独立的 3 个文件,但实际上这 3 个文件的记录之间是有联系的,如 Score 文件中一条记录的学号必须是 Student 文件中某个学生的学号;Score 文件中一条记录的课程号必须是 Course 文件中某门课程的课程号。

在关系数据库中,通过参照完整性(将在第 2 章介绍)来表示和实现关系表的记录之间的这种联系。如果向 Score 关系表中增加一个学生某门课程成绩的记录,如果该学生没有出现在 Student 关系表中,或课程没有出现在 Course 关系表中,关系数据库管理系统将自动进行检查并拒绝执行这样的插入操作,从而保证了数据的正确性。而要在文件系统中做到这一点,必须由程序员在应用程序中编写一段程序代码来实现检查和控制。

另一方面,不仅要考虑某个应用的数据结构,还要考虑整个组织的数据结构。例如,一个学校的信息系统中不仅要考虑教务处的学生成绩管理,还要考虑学生处的学籍注册管理、学生奖惩管理、学生家庭成员管理,以及财务处的学生缴费管理;同时还要考虑研究生院的研究生管理、科研处的科研管理、人事处的教职工人事管理和工资管理等。因此,学校信息系统中的学生数据要面向全校各个职能管理部门和院系的应用,而不仅仅是教务处的一个学生成绩管理应用。例如,可以按照图 1-4 的方式为该校的各种应用组织学生数据。

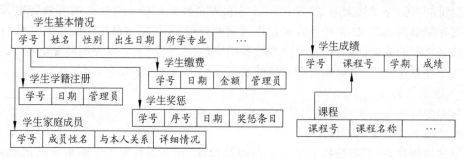

图 1-4　某校信息管理系统中的学生数据

这种数据组织方式为各部门的应用提供了必要的记录,使数据整体结构化了。因此,在描述数据时不仅要描述数据本身,还要描述数据之间的联系。

在数据库管理系统中,不仅数据是整体结构化的,而且存取数据的方式也很灵活,可以存取数据库中的某一个数据项、一组数据项、一个记录或一组记录。而文件系统中,数据的存取单位是记录,粒度不能细到数据项。

2) 数据的共享度高,冗余度低,易扩充

数据库管理系统从整体角度描述和组织数据,数据不再是面向某个应用,而是面向整个系统。因此,数据可以被多个用户、多个应用共享使用。数据共享可以大大减少数据的冗余,避免数据之间的不一致性。

由于数据是面向整个系统的,这样不仅可以被多个应用共享使用,而且容易增加新的应用,这就使得数据库系统易于扩充。例如,可以选取整体数据的各种子集用于不同的应用,当应用需求改变或增加时,只要重新选取不同的子集或加上一部分数据,便可以满足新的应用需求。

3) 数据独立性高

数据独立是指数据的使用(即应用程序)与数据的说明(即数据的组织结构与存储方式)分离,使应用程序只考虑如何使用数据,而无须关心它们是如何构造和存储的,因而数据的组织和存储结构(在一定范围内)变更时不必修改应用程序。**数据独立性**用来描述应用程序与数据结构之间的依赖程度,包括数据的物理独立性和数据的逻辑独立性,依赖程度越低则独立性越高。

物理独立性是指用户的应用程序在一定程度上独立于数据库中数据的物理结构。也就是说,数据库中的数据在磁盘上如何组织和存储由数据库管理系统负责,应用程序只关心数据的逻辑结构,这样,当数据的物理存储结构改变时,应用程序不用修改。

逻辑独立性是指用户的应用程序在一定程度上独立于数据库中数据的全局逻辑结构。也就是说,数据库中数据的全局逻辑结构由数据库管理系统负责,应用程序只关心数据的局部逻辑结构,数据的全局逻辑结构改变了,应用程序也可以不用修改。

数据独立性通过数据库管理系统的两层映像功能来实现,将在本章 1.3 节讨论。数据与应用程序的独立,把数据的定义(说明)从应用程序中分离出来,加上存取数据的方法又由数据库管理系统负责提供,从而大大简化了应用程序的编写,并减少了应用程序的维护代价。

4) 数据由数据库管理系统统一管理和控制

数据库管理系统中的数据共享是允许并发操作的共享,即不仅允许多个用户、多个应用共享数据库中的数据,而且允许它们同时访问数据库中的同一数据。为了实现正确的数据共享,数据库管理系统还必须要提供如下几个方面的数据控制功能。

(1) 数据的安全性保护:保护数据以防止不合法的使用造成数据的泄密和破坏。例如,限制每个用户只能以某种方式对某些数据进行访问和处理。

(2) 数据的完整性检查:将数据控制在有效的范围内,或保证数据之间满足一定的关系。例如,对于百分制成绩必须在 0~100 分之间;选修某教学班的课程时,所有选修学生的数量不能超过所安排教室的容量;只能选修已开教学班的课程,不能选修不存在的课程;所有已修课程达到合格要求的学分之和不低于规定学分时才允许毕业等。

(3) 并发控制：对多个用户或应用程序同时访问同一个数据的并发操作加以控制和协调，确保得到正确的修改结果或数据库的完整性不遭到破坏。例如，网上并发订票操作、并发选课操作等都必须进行并发控制。

(4) 数据库恢复：当计算机系统发生硬件或软件故障时，需要将数据库从错误状态恢复到某一正确状态。

对于数据库管理系统阶段，应用程序与数据之间的对应关系如图 1-5 所示。

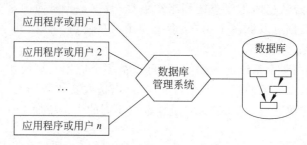

图 1-5　数据库管理系统阶段应用程序与数据之间的对应关系

综上所述，数据库管理系统的出现使信息系统从以加工数据的应用程序为中心转向围绕共享的数据库为中心的新阶段。这样既便于数据的集中管理，也有利于应用程序的开发和维护，提高了数据的利用率和相容性，提高了决策的可靠性。

数据库应用在我国 20 世纪 80 年代达到高峰，大量的基于数据库管理系统的信息系统把工作人员从以前繁杂且容易出错的手工操作中解脱出来，大大提高了工作效率。例如，民航售票系统、火车售票系统、银行前台业务处理系统、超市收银系统、学分制管理系统、网上书店和网上银行等。

1.1.3　数据库应用

数据库的应用非常广泛，以下是一些具有代表性的应用。

- 图书馆管理：用于存储图书馆的馆藏资料(图书、期刊等)、读者(教师、学生等)信息，以及图书和期刊的借阅、归还记录等，方便读者查找资料，方便管理人员办理图书和期刊的借阅、归还和催还等手续，提高图书馆人员的管理水平。
- 书店管理：用于存储员工、客户信息以及图书采购、库存、销售记录等，提高图书的采购、库存和销售管理水平，方便书店的账务处理。
- 教学管理：用于存储各专业的教学计划、教师和学生信息、教室信息、教材信息、教师开课和学生选课记录等，提高排课、选课、成绩管理、毕业管理效率。
- 科研管理：用于存储教师信息、科研成果记录等，方便科研成果的考核、检索和统计工作。
- 银行管理：用于存储客户信息、存款账户和贷款账户记录以及银行之间的转账交易记录等，提高存款、贷款管理水平，加速资金流转和银行结算。
- 售票管理：用于存储客户信息和客运飞机、火车和汽车班次信息，以及订票、改签和退票记录等，提高交通客运管理水平，方便客户订票。

- 电信管理：用于存储客户信息和通话记录等，自动结算话费，维护预付电话卡的余额，产生每月账单，提高电信管理水平。
- 证券管理：用于存储客户信息以及股票、债券等金融票据的持有、出售和买入信息，也可以存储实时的市场交易数据，以便客户能够进行联机交易，公司能够进行自动交易和结算。
- 销售管理：用于存储客户、商品信息以及销售记录，以便能够实时地订单跟踪、销售结算、库存管理和商品推荐。
- 制造业管理：用于存储客户信息、生产工艺信息，以及采购记录、生产记录、入库出库记录等，实现供应链管理，跟踪工厂的产品生产情况，实现零部件、半成品、成品的库存管理等。
- 固定资产管理：用于存储客户信息、部门信息和员工信息，固定资产的采购记录、领用记录和报废记录等，自动计提固定资产折旧，提供各种固定资产报表。
- 人力资源管理：用于存储部门信息、员工信息，以及出勤记录、计件记录等，自动计算员工的工资、所得税和津贴，产生工资单。

正如以上所列举的，数据库已经成为当今几乎所有企、事业单位和政府部门不可缺少的组成部分，每个员工每天都在直接或间接地跟数据库打交道。20 世纪 90 年代末互联网的兴起更加剧了用户对数据库的直接访问，提供了大量的 Web 在线服务和信息。例如，当你通过 Web 访问一家在线书店、查阅航班信息时，其实你正在访问存储在某个数据库中的数据；当你确认了一个网上订购时，你的订单信息也就保存到了某个数据库中；当你访问一个银行网站，检索你的账户余额和交易信息时，这些信息也是从银行的数据库中提取出来的，同时你的查询记录也可能被存储到某个数据库中去。

因此，尽管 Web 用户界面隐藏了访问数据库的细节，大多数人可能没有意识到他们正在和一个数据库打交道，然而访问数据库已经成为当今几乎每个人生活中不可缺少的组成部分。

也可以从另一个角度来评判数据库系统的重要性。如今，像 Oracle 这样的数据库管理系统厂商是世界上最大的软件公司之一，在微软、IBM 等这些有多样化产品的公司中，数据库管理系统也是其产品中的一个重要组成部分。

1.2　数　据　模　型

数据库结构的基础是数据模型（data model）。**数据模型**是一个描述数据结构、数据操作以及数据约束的数学形式体系（即概念及其符号表示系统）。其中，数据结构用于刻画数据、数据语义以及数据与数据之间的联系；数据约束是对数据结构和数据操作的一致性、完整性约束，也称为数据完整性约束。

由于计算机不可能直接处理现实世界中的具体事物，所以人们必须事先把具体事物转换成计算机能够处理的数据。也就是把现实世界中具体的人、物、活动、概念等用数据模型这个工具来进行抽象、表示和处理。

1.2.1 数据模型的分层

数据模型应满足 3 方面的要求:一是能比较真实地模拟现实世界;二是容易被人所理解;三是便于在计算机上实现。一种数据模型要很好地同时满足这 3 方面的要求是很困难的,因此,在数据库管理系统中针对不同的使用对象和应用目的,采用不同的数据模型。

根据数据抽象的不同级别,可以将数据模型划分为 3 层:概念模型、逻辑模型和物理模型。

1. 概念模型

概念层次的数据模型称为**概念数据模型**,简称为**概念模型**,也称为**信息模型**,它按用户的观点或认识对现实世界的数据和信息进行建模,主要用于数据库设计。

概念模型是一种独立于计算机系统的模型。它不涉及信息在系统中的表示,只是用来描述某个特定组织所关心的信息结构。概念模型强调语义表达功能,它是现实世界的第一层抽象。

概念模型应具有如下几个特点:

- 语义表达能力强;
- 易于理解;
- 独立于任何 DBMS;
- 容易向 DBMS 所支持的逻辑数据模型转换。

常用的概念模型有实体-联系模型(entry-relationship model,E-R 模型)和面向对象模型(object oriented model,OO 模型)。

E-R 模型基于对现实世界的如下认识:**现实世界是由一组称作实体的基本对象以及这些对象间的联系构成**。**实体**是现实世界中可区别于其他对象的一件"事情"或一个"物体"。例如,选课系统中的一门**课程**、一个**学生**、一个**教师**、一个**部门**、一条**选课记录**、一间**教室**、一本书等都是实体。E-R 模型的详细介绍见第 4 章。

OO 模型是用面向对象观点来描述现实世界实体(对象)的逻辑组织、对象间限制、联系等的模型。**对象**是由一组数据结构和在这组数据结构上操作的程序代码封装起来的基本单位。对象通常与实际领域的实体对应,因此,OO 模型也可以看成是 E-R 模型增加了封装、方法(函数)和对象标识符等概念后的扩展。

2. 逻辑模型

逻辑层是数据抽象的中间层,用于描述数据库数据的整体逻辑结构,是现实世界的第二层抽象。该层的数据抽象称为**逻辑数据模型**(简称为**逻辑模型**)。它是用户通过数据库管理系统看到的现实世界,是按计算机系统的观点对数据建模,即数据的计算机实现形式,主要用于 DBMS 的实现。因此,它既要考虑用户容易理解,又要考虑便于 DBMS 的实现。不同的 DBMS 提供不同的逻辑数据模型,传统的逻辑数据模型有层次模型(hierarchical model)、网状模型(network model)和关系模型(relational model),非传统的逻辑数据模型有面向对象模型（即 OO 模型）、XML 模型等。还有介于关系模型和面向对象模型之间的对象关系模型（object relational model）。

3. 物理模型

物理层是数据抽象的最低层，用来描述数据的物理存储结构和存取方法。例如，一个数据库中的数据和索引是存放在不同的数据段上还是相同的数据段上；数据的物理记录格式是变长的还是定长的；数据是压缩的还是非压缩的；索引结构是 B$^+$ 树还是 Hash 结构等。这一层的数据抽象称为**物理数据模型**，它不但由 DBMS 的设计决定，而且与操作系统、计算机硬件密切相关。物理模型的具体实现是 DBMS 的任务，数据库设计人员要了解和选择物理模型，一般用户则不必考虑物理层的细节。

为了把现实世界中的具体事物抽象、组织成为某一 DBMS 支持的数据模型，人们常常首先将现实世界抽象为信息世界，然后将信息世界转换为逻辑机器世界，最后将逻辑机器世界映射为物理机器世界。也就是说，首先把现实世界中的客观对象抽象为某一种信息结构，这种信息结构并不依赖于具体的计算机系统，不是某一个 DBMS 支持的数据模型，而是概念级的模型；然后再把概念模型转换为计算机上某 DBMS 支持的逻辑模型和物理模型，如图 1-6 所示。

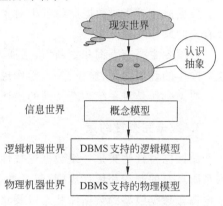

图 1-6　现实世界中客观对象的抽象过程

从现实世界到概念模型的转换是由数据库设计人员来完成；从概念模型到逻辑模型的转换可以由数据库设计人员来完成，也可以用数据库设计工具协助设计人员来完成；从逻辑模型到物理模型的转换一般由 DBMS 来完成。

综上所述，通过数据模型可以对现实世界中具体事物的数据及其特征进行抽象、表示和处理。通过数据模型对现实世界中具体事物的数据需求进行建模，可以更好地抓住主要矛盾，便于理解用户的数据需求，便于表达数据及数据之间联系的语义、数据的操作和数据的完整性约束，便于实现从现实世界到信息世界、信息世界到逻辑机器世界、逻辑机器世界到物理机器世界的逐步转换。

1.2.2　数据模型的组成要素

数据模型是一个描述数据结构、数据操作和数据约束的概念及其符号表示系统。这些概念和符号表示系统可精确地描述数据的静态特性、动态特性和完整性规则，因此数据模型通常由数据结构、数据操作和数据完整性约束 3 部分组成。

1. 数据结构

数据结构描述数据库的组成对象（实体）以及对象之间的联系。也就是说，数据结构描述的内容包括：

(1) 与对象的类型、内容、性质有关的,例如,概念模型中的实体、实体的属性、数据取值范围和码等,关系模型中的域、属性、关系模式和码等;

(2) 与对象之间的联系有关的,例如,概念模型中的联系及其联系属性,关系模型中的外码。

总之,数据结构是所描述的对象类型的集合,是对系统静态特性的描述。

数据结构是刻画一个数据模型性质的基础和核心方面。因此在数据库管理系统中,人们通常按照其数据结构的类型来命名(逻辑)数据模型。例如,层次结构、网状结构和关系结构的(逻辑)数据模型分别命名为层次模型、网状模型和关系模型。

2. 数据操作

数据操作是指对数据库中各种对象(型)的实例(值)允许执行的操作集合,包括操作及有关的操作规则。

数据库主要有查询和更新(包括插入、删除和修改)两大类操作。数据模型必须定义这些操作的确切含义、操作符号、操作规则(如优先级)以及实现操作的语言。

数据操作是对系统动态特性的描述。

3. 数据完整性约束

数据完整性约束是一组数据完整性规则。数据完整性规则是数据、数据语义和数据联系所具有的制约和依存规则,包括数据结构完整性规则和数据操作完整性规则,用以限定符合数据模型的数据库状态以及状态的变化,以保证数据的正确、有效和相容。

数据模型应该反映和规定本数据模型必须遵守的基本且通用的数据完整性规则。例如,在关系模型中,任何关系必须满足实体完整性规则和参照完整性规则。

此外,数据模型还应该提供定义数据完整性约束的机制,以反映具体应用所涉及的数据必须遵守的特定的语义约束规则。例如,在选课系统中,百分制成绩只能取值0～100分;所选修课程每周总学时不能超过32学时;选修某教学班的学生数量不能超过所安排教室的容量;已经修过了某课程规定的所有先修课程时才能选修该课程等。

总而言之,一个数据模型可以从数据结构、数据操作和数据完整性约束3个方面进行完整描述,其中数据结构是刻画模型性质的基础和核心方面。为了使读者对数据模型有一个基本认识,下面将介绍几种典型的逻辑数据模型并着重介绍它们的数据结构。

1.2.3　层次模型

层次模型是数据库管理系统中最早出现的数据模型,层次数据库管理系统采用层次模型作为数据的组织方式。层次数据库管理系统的典型代表是1968年IBM公司推出的第一个大型商用数据库管理系统——IMS(information management system),曾经得到广泛的使用。

层次模型用树形结构来表示各类实体以及实体间的联系。实体用记录来表示,实体间的联系用链接(可看作指针)来表示。现实世界中许多实体之间的联系本来就呈现出一种很自然的层次关系,如组织结构、家族关系等。

在数据库中定义满足如下两个条件的基本层次联系的集合为层次模型：

（1）有且仅有一个结点没有双亲结点，这个结点称为根结点；

（2）根以外的其他结点有且只有一个双亲结点。

在层次模型中，每个结点表示一个记录型，记录（型）之间的联系用结点之间的连线（有向边）表示，这种联系是父子之间的一对多的联系。

每个记录型由若干个字段组成，记录型描述的是实体，字段描述的是实体的属性。每个记录型可以定义一个排序字段，也称为码字段，如果所定义的排序字段的值唯一，则它也可以用来唯一标识一个记录值。

在层次模型中，同一双亲结点的孩子结点称为兄弟结点，没有孩子结点的结点称为叶结点。层次模型的一个基本特点是：任何一个给定的记录值只有按其路径查看时，才能获取它的全部意义，没有一个孩子记录值能够脱离双亲记录值而独立存在。

图 1-7 是一个简单的教学管理系统的层次数据库模型。该层次模型包含 4 个记录型，分别是 Department（系）、Employee（职工）、Class（班级）、Student（学生），记录型 Department 由系编号、系名和办公地点 3 个字段组成，它是根结点，并有两个孩子结点。记录型 Student 和 Employee 是叶结点。

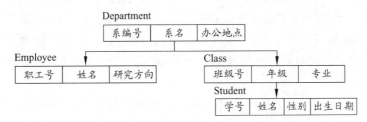

图 1-7　一个简单的教学管理系统的层次数据模型

由 Department 到 Employee，由 Department 到 Class，由 Class 到 Student 都是一对多的联系，图 1-8 所示为图 1-7 层次数据模型所对应的一个值。其中，D05 系有 3 个职工（E0501、E0502 和 E0503）作为孩子记录值，有 2 个班级（C01 和 C02）作为孩子值；C01 班有 2 个学生（S080125 和 S080148）作为孩子记录值，C02 班有 3 个学生（S090204、S090212 和 S090228）作为孩子记录值。

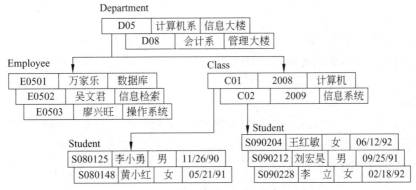

图 1-8　一个简单的教学管理系统的实例值

层次模型的主要优点有：

- 数据结构比较简单清晰；
- 查询效率高；
- 提供了良好的数据完整性支持。

层次模型的主要缺点有：

- 现实世界中很多联系是非层次的(如多对多联系)，层次模型在表示这类联系时，只能通过引入冗余数据(易产生不一致性)或创建非自然的数据结构(引入虚拟结点)来解决，对插入和删除操作的限制比较多，因此应用程序的编写比较复杂；
- 查询孩子结点必须通过双亲结点；
- 由于结构严密，层次命令趋于程序化。

1.2.4 网状模型

网状数据库管理系统采用网状模型作为数据的组织方式。网状数据模型的典型代表是 DBTG 系统，亦称为 CODASYL 系统，它是 20 世纪 70 年代由数据系统语言研究会 (conference on data system language，CODASYL)下属的数据库任务组(data base task group，DBTG)提出的一个系统方案。DBTG 系统虽然不是实际的数据库管理系统软件，但是提出的基本概念、方法和技术具有普遍意义。典型的网状数据库管理系统有 Cullinet Software 公司的 IDMS，Univac 公司的 DMS1100，Honeywell 公司的 IDS/2，HP 公司的 IMAGE 等。

在数据库中，把满足如下两个条件的基本层次联系的集合称为**网状模型**：

(1) 允许一个以上的结点无双亲；

(2) 一个结点可以有多个双亲。

网状模型是一种比层次模型更具普遍性的结构，它去掉了层次模型的两个限制，还允许两个结点之间有多种联系(称为复合联系)。因此，网状模型可以更直接地去描述现实世界。

与层次模型一样，网状模型中的每个结点也表示一个记录型，每个记录型可包含若干个字段，结点间的有向连线表示记录(型)之间一对多的父子联系。由于网状模型的双亲结点与孩子结点之间的联系不是唯一的，因此要为每个联系命名，并指出与该联系有关的双亲记录和孩子记录。

网状模型的主要优点有：

- 能够更为直接地描述现实世界；
- 具有良好的性能，存取效率较高。

网状模型的主要缺点有：

- 结构比较复杂，而且随着应用规模的扩大，数据库的结构会变得越来越复杂，不利于最终用户掌握；
- 操作语言比较复杂。

1.2.5 关系模型

对于层次模型和网状模型,数据之间的联系都是通过存取路径(即指针)实现的,应用程序在访问数据时必须选择适当的存取路径,因此用户必须了解系统结构的细节,加重了编写应用程序的负担。

1970 年美国 IBM 公司 San Jose 研究室的研究员 E. F. Codd 首次提出了数据库管理系统的关系模型,开创了数据库关系方法和关系数据理论的研究,为数据库技术奠定了理论基础。由于 E. F. Codd 的杰出工作,他于 1981 年获得 ACM 图灵奖。

20 世纪 80 年代以来,计算机厂商新推出的数据库管理系统几乎都支持关系模型,数据库领域当前的研究工作也都是以关系方法为基础。因此,本书的重点也主要是讲授关系数据库。

1. 关系数据模型的数据结构

从用户观点看,**关系模型**由一组关系组成,每个**关系**的数据结构是一张规范化的二维表,如图 1-9 所示。关系模型中的常用术语有:

(1) **关系**(relation):一个关系对应一张二维表,每一个关系有一个名称即关系名。

(2) **元组**(tuple):表中的一行称为一个元组。

(3) **属性**(attribute):表中的一列称为一个属性,每一个属性有一个名称即属性名。

Student 关系

学号	姓名	性别	出生日期	所学专业
1501001	李小勇	男	1998-12-21	计算机
1501008	王红	男	2000-04-26	计算机
1602002	刘方晨	女	1998-11-11	信息系统
1602005	王红敏	女	1998-10-01	信息系统
1503045	王红	男	2000-04-26	会计学
1503010	李宏冰	女	2000-03-09	会计学
...	...	...	...	...

Score 关系

学号	课程号	学期	成绩
1501001	CS005	152	92
1501001	CS012	161	88
1501008	CS005	152	86
1501008	CS012	161	93
1501008	CP001	161	78
1602002	CS005	162	85
1602002	CP001	171	95
1602005	CS005	162	72
1602005	CP001	171	88
1503045	CP001	152	84
1503010	CP001	152	92
...	...	...	...

Course 关系

课程号	课程名称	学时	学分
CS005	数据库系统概论	64	4
CS012	操作系统	80	5
CP001	基础会计	48	3
...	...	...	...

图 1-9 关系模型的数据结构

（4）**码**（key）：也称为**码键**或**键**，表中的某个属性或属性组，它可以唯一地标识表中的一行。如图1-9所示的关系Student中的学号，它可以唯一地标识一个学生，因此学号是Student关系的码。

（5）**域**（domain）：属性的取值范围。

（6）**分量**（component）：元组中的一个属性值。

（7）**外码**（foreign key）：表中的某个属性或属性组，用来描述本关系中的元组（实体）与另一个关系中的元组（实体）之间的联系，因此，外码的取值范围对应于另一个关系的码的取值范围的子集。如图1-9所示的关系Score中的学号，它描述了关系Score与关系Student的联系（即哪个学生选修了课程），因此学号是关系Score的外码；同理，课程号也是关系Score的外码，它描述了关系Score与关系Course的联系（即哪门课程被学生选修了）。

（8）**关系模式**（relational schema）：通过关系名和属性名列表对关系进行描述，相当于二维表的表头部分（即表格的描述部分）。一般形式为：

关系名（属性名1，属性名2，…，属性名n）

例如，图1-9中的3个关系Student、Course和Score可分别描述为：

Student（**学号**，姓名，性别，出生日期，所学专业）
Course（**课程号**，课程名称，学时，学分）
Score（**学号**，**课程号**，**学期**，成绩）

说明：带下画线的属性为码属性，斜体的属性为**外码属性**。

在关系模型中，实体以及实体间的联系都是用关系来表示。例如，学生和课程实体分别用关系Student和Course表示；学生实体与课程实体间的多对多联系——选课，用关系Score表示，如图1-9所示。

关系模型要求关系必须是规范化的，即要求关系必须满足一定的规范条件，这些规范条件中最基本的是：

（1）关系的每一个元组必须是可区分的，即存在码属性。

（2）关系的每一个属性（即元组的分量）必须是一个不可分的数据项，即不允许表中有表。

2. 关系数据模型的操作与完整性约束

关系数据模型的操作主要包括查询和更新（插入、删除和修改）。由于关系是一张二维表，可看作是元组的集合，因此关系模型的数据操作是**集合操作**，操作对象和操作结果都是关系（元组的集合），不同于传统的非关系模型中的数据操作方式：单记录操作。

另一方面，关系模型把存取路径向用户隐蔽起来，用户只要指出"干什么"或"找什么"，不必详细说明"怎么干"或"怎么找"，从而大大提高了数据的独立性，提高了软件的开发和维护效率。

关系数据模型的完整性约束包括：实体完整性、参照完整性和用户自定义完整性。具体含义详见第2章。

3. 关系数据模型的优缺点

关系数据模型具有以下优点：

(1) 关系模型建立在严格的数学概念的基础之上，有关系代数作为语言模型，有关系数据理论作为理论基础。

(2) 关系模型的概念单一。无论实体还是实体之间的联系都是用关系来表示，对数据(关系)的操作(查询和更新)结果还是关系，所以其数据结构简单、清晰，用户易懂易用。

(3) 关系模型的存取路径对用户透明，从而具有更高的数据独立性、更好的安全保密性，也简化了程序员的工作，提高了软件的开发和维护效率。

当然，关系数据模型也有缺点，其中最主要的缺点是：由于存取路径对用户透明，查询效率往往不如非关系数据模型。因此为了提高性能，DBMS 必须对用户的查询请求进行优化，这样就增加了开发 DBMS 的难度。当然，用户不必过多地考虑这些系统内部的优化技术细节。

1.3　数据抽象与数据库三级模式

数据库管理系统是一些互相关联的数据以及一组支持用户可以访问和更新这些数据的程序的集合。数据库管理系统的一个主要目的就是隐藏关于数据存储和维护的某些细节，为用户提供数据在不同层次上的视图，即数据抽象，方便不同的使用者从不同的角度去观察和利用数据库中的数据。

1.3.1　数据抽象

一个商用的数据库管理系统必须支持高效的数据检索。这种高效性的需求促使设计者在数据库管理系统中使用复杂的数据结构来表示和存储数据。由于许多数据库管理系统的用户并未受过计算机专业训练，系统开发人员就通过多个层次上的抽象对用户屏蔽复杂性，以简化用户与系统的交互。

1. 物理层抽象

物理层抽象是最低层次的抽象，描述数据实际上是怎样存储的。物理层详细描述复杂的底层数据的存储结构和存取方法。例如，记录的存储方式是堆存储，是按照某个(些)属性值的升序或降序顺序存储，还是按照属性值聚集(clustering)存储；索引按照什么方式组织，是 B^+ 树索引，还是 Hash 索引；数据是否压缩存储，是否加密；数据的存储记录结构如何规定，是定长还是变长，一个记录不能跨物理页存储等。

2. 逻辑层抽象

逻辑层抽象是比物理层更高层次的抽象，描述数据库中存储什么数据以及这些数据之间存在什么关系。因此，逻辑层可以通过少量相对简单的结构来描述整个数据库。虽然逻辑层的简单结构的实现可能涉及复杂的物理层结构,但逻辑层的用户不必知道这种复杂性。逻辑抽象是提供给数据库管理员和数据库应用开发人员使用的,他们必须明确数据库中应该保存哪些信息以及这些信息之间具有什么关联。

3. 视图层抽象

视图层抽象是最高层次的抽象,只描述整个数据库的某个部分,即它是数据库的局部逻辑结构。尽管在逻辑层使用了比较简单的结构,但由于大型数据库的业务复杂、数据量大,仍存在一定程度的复杂性,而数据库的多数用户并不需要关心所有的信息,他们仅仅需要访问数据库的一部分。因此,视图抽象层的定义正是为了使终端用户与系统的交互更简单。系统可以为同一数据库提供多个视图,每一个视图对应一个具体的应用。

1.3.2 数据库三级模式结构及两层映像

根据数据抽象的 3 个不同级别,数据库管理系统也应该提供观察数据库的 3 个不同角度,以方便不同的用户使用数据库的需要。这就是数据库的三级模式结构。

模式(schema)是数据库中全体数据的逻辑结构和特征的描述,它仅仅涉及模型的描述,不涉及具体的值。模式的一个具体值称为模式的一个**实例**(instance)。同一个模式可以有很多实例。

1. 数据库的三级模式结构

数据库的**三级模式结构**是指数据库管理系统提供的外模式、模式和内模式 3 个不同抽象级别观察数据库中数据的角度,如图 1-10 所示。

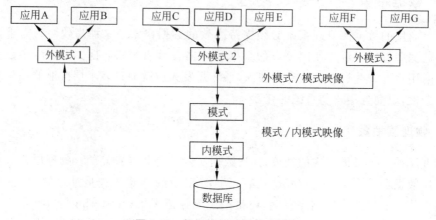

图 1-10　数据库的三级模式结构

1) 模式

模式也称为**逻辑模式**,对应于逻辑层数据抽象,是数据库中全体数据的逻辑结构和特征的描述,是所有用户的公共数据视图。它是数据库管理系统模式结构的中间层,既不涉及数据的物理存储细节和硬件环境,也与具体的应用程序、所使用的应用开发工具及高级程序设计语言无关。

DBMS 提供数据定义语言(data definition language,DDL)来严格地定义模式。

2）外模式

外模式也称**子模式**或**用户模式**,对应于视图层数据抽象,它是数据库用户(包括应用程序员和最终用户)能够看见和使用的局部数据的逻辑结构和特征的描述,是数据库用户的数据视图,是与某一具体应用有关的数据的逻辑表示。

外模式通常是模式的子集。一方面,一个数据库可以有多个外模式,如果不同的用户在应用需求、看待数据的方式、对数据保密的要求等方面存在差异,则其外模式的描述就不同,模式中的同一个数据在不同的外模式中的结构、类型、长度、保密级别等也可以不同。另一方面,同一个外模式也可以为某一用户的多个应用系统所使用,但一个应用程序只能使用一个外模式。

外模式是保证数据库安全的一个有力措施,每个用户只能看见和访问所对应的外模式中的数据,数据库中的其余数据是不可见的。

DBMS 提供子模式定义语言(subschema DDL)来严格定义子模式。

3）内模式

内模式也称**存储模式**,对应于物理层数据抽象,它是数据的物理结构和存储方式的描述,是数据在数据库内部的表示方式。

DBMS 提供内模式描述语言(内模式 DDL,或者存储模式 DDL)来严格地定义内模式。

2. 数据库的两层映像与数据独立性

数据库的三级模式是对数据的 3 个级别的抽象,它将数据的具体组织留给 DBMS 管理,使用户能够逻辑地、抽象地看待和处理数据,而不必关心数据在计算机中的具体表示方式与存储方式。为了能够在 DBMS 的内部实现这 3 个抽象层次的联系和转换,DBMS 在这三级模式之间提供了**两层映像**:外模式/模式映像、模式/内模式映像。正是这两层映像保证了数据库管理系统中的数据能够具有较高的逻辑独立性和物理独立性。

1）外模式/模式映像

模式描述的是数据的全局逻辑结构,外模式描述的是数据的局部逻辑结构。对应于一个模式可以有多个外模式。对于每一个外模式,数据库管理系统都有一个模式/外模式映像,它定义了该外模式与模式之间的对应关系。这些映像定义通常包含在各自外模式的描述中。

当模式改变时(例如改变了关系的结构、改变了关系或属性的名称、改变了属性的数据类型等),由数据库管理员对各个外模式/模式的映像作相应的改变,可以使外模式保持不变。应用程序是依据数据的外模式编写的,从而应用程序不必修改,保证了数据与应用程序的逻辑独立性,简称为数据的逻辑独立性。

2）模式/内模式映像

数据库中只有一个模式,也只有一个内模式,所以模式/内模式映像是唯一的,它定义了数据全局逻辑结构与存储结构之间的对应关系。例如,说明逻辑记录和字段在内部是如何表示的。该映像定义通常包含在模式描述中。当数据库的存储结构改变了,由数据库管理员对模式/内模式映像作相应的改变,可以使模式保持不变,从而应用程序也不必修改,保证了数据与应用程序的物理独立性,简称为数据的物理独立性。

在数据库的三级模式结构中,模式即全局逻辑结构是数据库的核心和关键,它独立于数据库的其他层次。因此,设计数据库模式结构时,应首先确定数据库的逻辑模式。

总之,一方面由于数据与应用程序之间的独立性,使得数据的定义和描述可以从应用程序中分离出来;另一方面由于数据的存取由 DBMS 管理,用户不必考虑存取路径等细节,从而大大简化了应用程序的编制,也大大提高了应用程序的维护和修改的效率。

1.3.3 数据库三级模式与三层模型的联系和区别

数据库的三级模式结构是指一个数据库管理系统(DBMS)的体系结构,它提供了外模式、模式和内模式 3 个不同抽象级别观察数据库中数据的角度,以实现对用户屏蔽 DBMS 的复杂性,简化用户与系统交互的目的。

模式对应于逻辑层数据抽象,是数据库中全体数据的逻辑结构和特征的描述,是所有用户的公共数据视图。因此,模式是数据库管理系统模式结构的中间层,既不涉及数据的物理存储细节和硬件环境,也与具体的应用程序、所使用的应用开发工具及高级程序设计语言无关。在模式层上,可以便于理解和实现数据整体结构化、数据约束和数据操作的要求。

外模式对应于视图层数据抽象,是数据库用户(包括应用程序员和最终用户)能够看见和使用的局部数据的逻辑结构和特征的描述,是数据库用户的数据视图,是与某一具体应用有关的数据的逻辑表示,可以在一定程度上实现数据库的安全性。

内模式对应于物理层数据抽象,是全体数据的物理结构和存储方式的描述,是数据在数据库内部的表示方式。

为了能够在系统内部实现这 3 个抽象层次的联系和转换,DBMS 在这三级模式之间提供了两层映像:外模式/模式映像、模式/内模式映像。正是这两层映像保证了数据库管理系统中的数据能够具有较高的逻辑独立性和物理独立性。

数据模型是一个描述数据结构、数据操作以及数据约束的数学形式体系。三层数据模型是指概念模型、逻辑模型和物理模型。在 DBMS 提供的三级模式结构的基础上,为了有效地设计一个应用系统的数据库,相对应地提出了基于三层数据模型逐层抽象的数据库设计策略,以实现从现实世界到信息世界、信息世界到逻辑机器世界、逻辑机器世界到物理机器世界的逐步转换,目的是既要便于理解和表达用户的数据需求,较真实地模拟现实世界(针对概念建模而言);又要易于表达数据库中数据的整体结构化、数据约束和数据操作的要求(针对逻辑建模而言);还要容易理解和转换,便于在 DBMS 提供的三级模式结构上实现。

综上所述,数据库的三级模式与三层模型之间的联系如图 1-11 所示。首先在充分调查并了解各应用需求的基础上进行数据库概念建模;然后在得到数据库概念模型之后,将其转化为 DBMS 体系结构所支持的逻辑模型,它是数据库的全局逻辑模型(即模式);接下来基于模式定义各应用的外模式,即局部逻辑模型,如果外模式不能完全满足用户的应用需求,则重新修订概念模型……直到完全满足用户的应用需求;最后将逻辑模型(即模式)转化为 DBMS 体系结构所支持的物理模型(即内模式)。

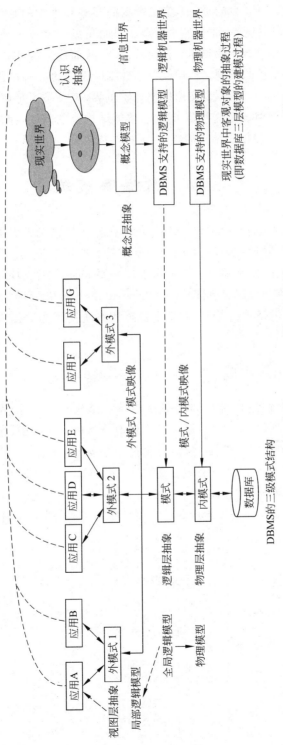

图 1-11　数据库的三级模式与三层模型之间的联系

数据库的三级模式与三层模型之间的区别在于它们的作用和目的不一样。三级模式是DBMS的体系结构,目的是:①隐藏数据的存储和维护的细节,为用户提供数据在不同层次上的视图,方便不同的使用者从不同的角度去观察和利用数据库中的数据;②支持数据独立性的实现;③整体结构化的需要,从而使数据共享度高、冗余度低、易扩充;④部分支持安全性的实现。三层模型是数据库设计的工具和方法(要满足DBMS体系结构的要求),目的是:①较真实地模拟现实世界,容易被人理解,便于计算机实现(一个数据模型不可能同时满足这些要求);②整体结构化的需要,使数据共享度高、冗余度低;③满足DBMS三级模式结构的要求(模式与内模式)。

1.4　数据库系统

数据库系统(database system,DBS),是指在计算机系统中引入数据库后的系统,一般由数据库、数据库管理系统(及其应用开发工具)、应用系统、数据库管理员和最终用户构成。数据库的建立、使用和维护等工作不仅需要DBMS的支撑,还需要有专门的人员来完成,这些人员称为**数据库管理员**(database administrator,DBA)。

在一般不引起混淆的情况下,常常把数据库系统简称为数据库,数据库管理系统简称为数据库系统。

1.4.1　数据库系统组成

从DBMS角度来看(内部结构):数据库系统结构是外模式/模式/内模式的三级模式;从用户角度看(外部结构):数据库系统结构分为单用户结构、主从式结构、分布式结构、客户/服务器、浏览器/应用服务器/数据库服务器等结构。

图1-12所示的是数据库系统的主要组件。数据库管理系统是位于用户与操作系统之间的一层数据管理软件,它提供一个可以方便且高效地存取、管理和控制数据库信息的环境。开发人员和用户直接地或通过应用程序间接地与DBMS打交道。

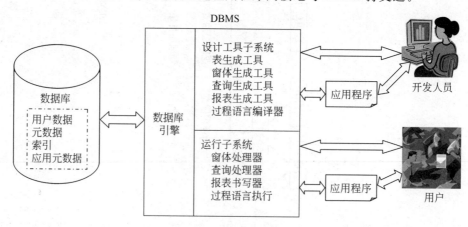

图1-12　数据库系统的组成

数据库中包含 4 类数据：用户数据、元数据、索引和应用元数据。用户数据就是通过结构化的关系（即二维表）组织的所有业务数据的集合；元数据是对关系数据库结构的描述数据和数据库的有关统计数据，也称为 **数据字典**；索引是为了改进数据库的性能和可访问性而建立的附加数据；应用元数据是用户窗体、报表、查询和其他形式的应用组件。

数据字典的内容主要有两大类：一类是来自用户的信息，如表、视图和索引的定义以及用户的权限等；另一类是来自系统状态和数据库的统计信息，如关于通信系统与网络系统性能的说明及使用的协议、数据库和磁盘的映射关系、数据使用频率的统计等。

数据字典具体包括下列内容：

（1）所有对象的定义，如：数据库、表、视图、索引、聚集、过程、函数和触发器等；

（2）数据库对象的逻辑空间与物理空间的对应关系，以及当前使用情况；

（3）列的默认值；

（4）完整性约束信息；

（5）用户的名称、登录密码等；

（6）用户被授予的权限和角色；

（7）审计信息；

（8）其他的数据库信息，如加锁信息。

所有的数据字典都保存在系统空间中，都属于系统管理员用户。

数据字典是数据库中最重要的部分之一，在关系数据库中，数据字典是一系列的系统表，用来提供数据库的信息。

1.4.2 数据库管理系统

数据库管理系统（DBMS）是一组软件，负责数据库的访问、管理和控制。用户对数据库的各种操作请求，都由 DBMS 来完成，它提供了数据库操作的环境。常见的 DBMS 有：Oracle、MS SQL Server、DB2、Sybase、Access、MySQL、FoxPro 等。

1. DBMS 的功能

DBMS 的主要功能如下。

1）数据定义

DBMS 提供数据定义语言（DDL），用户通过它可以方便地对数据库中的数据对象进行定义。

2）数据组织、存储和管理

DBMS 要分类组织、存储和管理各种数据，包括数据字典、用户数据、数据的存取路径等。要确定以何种文件结构和存取方式在存储级上组织这些数据，如何实现数据之间的联系。数据组织和存储的基本目标是提高存储空间利用率和方便存取，提供多种存取方法（如索引查找、Hash 查找、顺序查找等）来提高存取效率。

3）数据操纵

DBMS 还提供数据操纵语言（data manipulation language，DML），用户可以使用 DML 操纵数据，实现对数据库的基本操作，如查询、插入、删除和修改等。

4）数据库的事务管理和运行管理

数据库在建立、运行和维护时由 DBMS 统一管理、统一控制，以保证数据库的安全性、完整性（一致性），以及多用户对数据并发操作时的数据库正确性（称为并发控制）和系统发生故障后的数据库正确性（称为恢复与备份）。

5）数据库的建立和维护

包括：数据库初始数据的输入、转换功能，数据库的转储、恢复功能，数据库的重组织功能和性能监视、分析功能等。这些功能通常是由一些实用程序或管理工具完成的。

6）其他功能

包括：DBMS 与网络中其他软件系统的通信功能，一个 DBMS 与另一个 DBMS 或文件系统的数据转换功能，异构数据库之间的互访和互操作功能等。

2. DBMS 的组成

数据库管理系统的主要组成部分如图 1-13 所示。

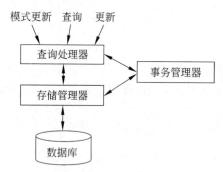

图 1-13　DBMS 的主要组成部分

（1）模式更新：对数据库的逻辑结构进行修改，如在学生表中增加高考总分属性。

（2）查询：对数据库中数据的查询有两种方式，一是查询接口，用户可以在 DBMS 提供的查询接口（如 SQL Server 的 SQL 查询分析器）输入 SQL 查询语句，将查询送到查询处理程序进行处理，并将查询结果返回；二是应用程序接口（如 ADO），用户可以通过应用程序调用 DBMS 来查询数据。

（3）更新：更新包括插入、删除和修改。对数据的更新与查询一样，也可以通过上述两种方式实现。

（4）查询处理器：对用户请求的 SQL 操作进行查询优化，从而找到一个最优的执行策略，然后向存储管理器发出命令，使其执行。

（5）存储管理器：根据执行策略，从数据库中获取相应的数据，或更新数据库中相应的数据。

（6）事务管理器：负责资源管理、事务调度，保证数据库的一致性，保证多个同时运行的事务不发生冲突，以及保证当系统发生故障时数据不会丢失。

3. DBMS 的查询处理器

查询处理器是 DBMS 中的一个部件集合，它将用户的查询和更新命令转变为数据库上的操作序列，并执行这些操作。SQL 允许在很高的逻辑层次上表达查询和更新操作，查询处理器负责对查询和更新操作进行语法分析、转换和优化，产生查询和更新操作如何被执行的操作序列。

查询处理器的任务有两个方面：一是把用较高级的语言所表示的数据库操作（包括查询和更新等）语句转换成一系列对数据库操作的请求，即将接收的数据库操作语句转换成 DBMS 内层可执行的基本存取模块的调用序列；二是查询优化，也就是选择一个好的查询执行计划，从而尽可能地减少系统开销。

关系数据库管理系统一般向用户提供多种形式的语言，如交互式命令语言（如 SQL 语句）、嵌入式语言（如嵌入式 C、嵌入式 COBOL 等）和过程化语言（如存储过程、T-SQL 和 PL/SQL 等）。这些语言都是由查询处理器来实现的。

DBMS 对于各种数据库操作语言的处理过程如下。

（1）DDL 语句：首先将它翻译成内部表示，存储在系统的数据字典中。在关系数据库中，数据字典也采用表的方式进行存储。

（2）DCL 语句：DCL（data control language）的定义部分，如安全保密定义、存取权限定义、完整性约束定义，与 DDL 的处理类似。

（3）DML 语句：转化为一串可执行的存取动作（调用序列）。数据字典是 DML 语句处理、执行以及关系数据库管理系统运行管理的基本依据。

例如，DML 语句处理的过程如图 1-14 所示。

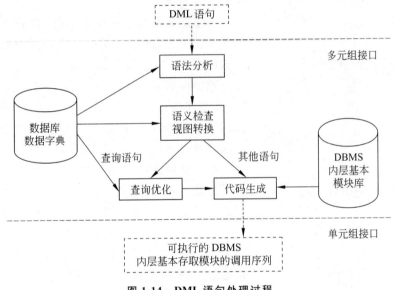

图 1-14　DML 语句处理过程

（1）语法分析：对使用 SQL 表示的查询进行语法分析，生成查询语法分析树；

（2）语义检查：检查 SQL 中所涉及的对象是否在数据库中存在，用户是否具有操作权限等；

（3）视图转换：将语法分析树转换成关系代数表达式树，称为逻辑查询计划；

（4）查询优化：在选择逻辑查询计划时，会有多个不同的代数表达式，选择最佳的逻辑查询计划；

（5）代码生成：必须将逻辑查询计划转换成物理查询计划，物理查询计划不仅指明了要执行的操作，也给出了这些操作执行的顺序、每步所用的算法、存储数据的方式以及数据从一个操作传递给另一个操作的方式。

当从一个逻辑查询计划产生物理查询计划时，必须估计每个可能选项的预计代价。

在进行语法分析、语义检查、视图转换和查询优化时要使用数据字典，而代码生成需要使用关系数据库管理系统的内层程序模块。

将 DML 语句转换为一串可执行的存取动作（调用序列）的过程称为**束缚过程**，它将 DML 高级的描述性语言（集合操作或多元组操作）转换为系统内部的低级的单元组操作，将具体的数据结构、存取路径、存储结构等结合起来，构成一串确定的存取动作。

在具体的 DBMS 中，其束缚过程基本一致，但是有两种翻译方式：解释和预编译。

对于解释方式，DML 语句在执行前都以原始字符串的形式保存，执行时解释程序完成束缚过程，然后予以执行。适合于交互式 SQL 语句。

对于预编译方式，用户提交 DML 语句后，运行前对它进行翻译处理，保存产生的执行代码，运行时取出执行代码加以执行。

4. DBMS 的存储管理器

在简单的数据库管理系统中，存储管理器可能就是底层操作系统的文件系统；但有时为了提高效率，DBMS 往往直接控制磁盘存储器。

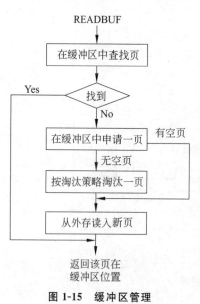

图 1-15　缓冲区管理

为了提高系统存取效率，所有的 DBMS 都提供了缓冲区管理，缓冲区可以是实际的内存也可以是虚拟内存。缓冲区管理如图 1-15 所示。

数据库管理系统的缓冲区管理与操作系统一样，其查找算法主要有：顺序查找算法、折半查找算法和 Hash 查找算法等；其淘汰算法主要有：LRU 算法、FIFO 算法和时钟算法等。

存储管理器包括两个部分：文件管理器和缓冲区管理器。其中，文件管理器用于跟踪文件在磁盘上的位置，并负责取出缓冲区管理器所要求的文件中的一个或若干个块；缓冲区管理器用于控制主存的使用，它通过文件管理器从磁盘中取出所要求的数据块，并将其存入主存中的系统缓冲区。

存储管理器负责将 SQL 的多元组操作转化为底层的单元组操作，其过程如图 1-16 所示。存储管理器对数据执行插入、删除、修改操作的同时对相应的存取路径进行维护，如对 B$^+$ 树的维护等。

5. DBMS 的事务管理器

事务是并发控制的基本单位，保证事务 ACID 特性是事务处理的重要任务，而事务 ACID 特性可能遭到破坏的原因之一是多个事务对数据库的并发操作。

数据库管理系统常常允许多事务并发地执行，事务管理程序的任务就是保证这些事务全都能正确执行。事务被正确执行时的 ACID 特性是：原子性（atomicity）、一致性（consistency）、隔离性（isolation）和持久性（durability）。加锁、日志文件、事务提交等是

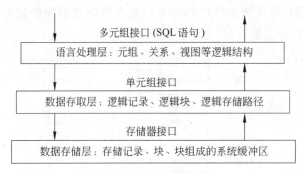

多元组接口(SQL语句)

语言处理层：元组、关系、视图等逻辑结构

单元组接口

数据存取层：逻辑记录、逻辑块、逻辑存储路径

存储器接口

数据存储层：存储记录、块、块组成的系统缓冲区

图 1-16　存储管理器

常用的保证事务被正确执行的技术。

1）封锁管理

封锁就是事务 T 在对某个数据对象（如表、记录等）进行操作之前，先向系统发出请求，对其加锁。加锁后事务 T 就对该数据对象有了一定的控制，在事务 T 释放它的锁之前，其他的事务不能更新此数据对象。

封锁是实现并发控制的一个非常重要的技术。封锁管理用于并发操作时对数据库中的数据进行加锁（包括加什么类型的锁以及锁的粒度）和释放锁的操作。

基本的封锁类型有两种：排他锁和共享锁。

封锁粒度指封锁对象的大小，可以是逻辑单元，也可以是物理单元，大到整个数据库，小到属性。封锁粒度与系统的并发度和并发控制的开销密切相关。封锁粒度越大，数据库所能够封锁的数据单元就越少，并发度就越低，系统开销也越小；反之，封锁粒度越小，并发度就越高，系统开销也越大。

2）事务管理

事务是用户定义的一个数据库操作序列，这些操作要么全做要么全不做，是一个不可分割的工作单位。事务是数据库运行调度的单位。对事务的操作包括：定义事务开始（BEGIN TRANSACTION）、事务提交（COMMIT）和事务回滚（ROLLBACK）。

当事务提交时，要通知存储管理程序将事务中所有对数据库的更新写回到磁盘上的物理数据库中去。

当事务回滚，即在事务运行的过程中发生了某种故障，事务不能继续执行，要通知存储管理程序将事务中对数据库的所有已完成的更新操作全部撤销，回滚到事务开始时的状态。

3）日志管理

日志文件是用来记录事务对数据库的更新操作的文件。不同的数据库管理系统采用的日志文件格式并不完全一样。日志管理包括：写日志记录（WRITE LOG）、读日志记录（READ LOG）、扫描日志文件（SCAN LOG）、撤销尚未结束的事务（UNDO）和重做已经结束的事务（REDO）。

1.4.3　数据库系统的相关人员

开发、管理和使用数据库系统的人员主要有：数据库管理员（DBA）、系统分析员、数据库设计人员、应用程序员和最终用户。不同的人员涉及不同的数据抽象级别,具有不同的数据视图,如图 1-17 所示。

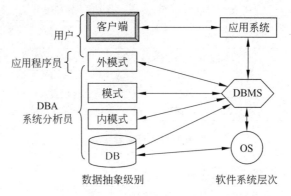

图 1-17 数据库系统中相关人员的数据视图

1. 数据库管理员

在数据库系统环境下,有两类共享资源。一类是数据库,另一类是数据库管理系统软件。因此,需要有专门的管理机构和人员来监督和管理数据库系统。DBA 则是这个机构中的一个(组)人员,负责全面管理和控制数据库系统。

DBA 的主要职责包括如下内容。

1) 决定数据库中的信息内容和结构

数据库中要存放哪些信息,DBA 要参与决策。因此 DBA 必须参加数据库设计的全过程,并与用户、应用程序员、系统分析员密切合作、共同协商,搞好数据库设计。

2) 决定数据库的存储结构和存取策略

DBA 要综合各用户的应用要求,与数据库设计人员共同决定数据的存储结构和存取策略,以求获得较高的存取效率和存储空间利用率。

3) 定义数据的安全性要求和完整性约束条件

DBA 的重要职责是保证数据库的安全性和完整性。因此,DBA 负责确定各个用户对数据库的存取权限、数据的保密级别和完整性约束条件。

4) 监控数据库的使用和运行

DBA 还有一个重要职责就是监视数据库系统的运行情况,及时处理运行过程中出现的问题。例如,当系统发生故障导致数据库遭到不同程度的破坏时,DBA 必须在最短时间内将数据库恢复到正确状态,并尽可能地不影响或少影响计算机系统其他部分的正常运行。为此,DBA 要定义并实施适当的后备和恢复策略,如周期性地转储数据、维护日志文件等。

5) 数据库的改进和重组重构

DBA 还负责在系统运行期间监视系统的空间利用率、处理效率等性能指标,对运行情况进行记录、统计分析,依靠工作实践并根据实际应用环境,不断改进数据库设计。大多数数据库产品都提供了对数据库运行状况进行监视和分析的工具,DBA 可以使用这些软件完成这项工作。另外,在数据库运行过程中,大量数据不断插入、删除和修改,时间长了会影响系统的性能,因此 DBA 要定期对数据库进行重组织,以提高系统的性能。当用户的需求增加和改变时,DBA 还要对数据库进行较大的改进,包括修改部分设计,即数据库的重构造。

DBA 有两个很重要的工具,一个是一系列的实用程序,例如 DBMS 提供的装配、重组、日志、恢复、统计分析等程序;另一个是数据字典,它管理着三级模式结构的定义以及数据库的一些相关统计信息,DBA 可以通过数据字典掌握系统的工作情况。

2. 系统分析员和数据库设计人员

系统分析员负责应用系统的需求分析和规范说明,要与用户及 DBA 相结合,确定系统的硬件软件配置,并参与数据库系统的概要设计。

数据库设计人员负责数据库中数据的确定、数据库各级模式的设计。数据库设计人员必须参加用户需求调查和系统分析,然后进行数据库设计。在很多情况下,数据库设计人员就由数据库管理员担任。

3. 应用程序员

应用程序员负责设计和编写应用系统的程序模块,并进行调试和安装。

4. 用户

这里的用户是指最终用户,他们通过应用系统的用户接口使用数据库。常用的接口方式有浏览器、菜单驱动、表格操作、图形显示和报表书写等。

最终用户可以进一步分为 3 类。

1) 偶然用户

他们不经常访问数据库,但每次访问时往往需要不同的数据库信息,这类用户一般是企业或组织机构的高、中级管理人员。

2) 简单用户

大多数用户都属于该类,其主要工作是查询和更新数据库,一般都是通过使用具有友好界面的应用程序来存取数据库。银行的职员、各院系的教学秘书和公司的会计核算员等都属于这类用户。

3) 复杂用户

包括工程师、科技工作者等掌握较高计算机应用技术的人员,他们一般比较熟悉DBMS 的各种功能,能够直接使用数据库语言访问数据库,甚至能够基于 DBMS 的 API编制自己的应用程序。

本　章　小　结

本章从数据这个最基本的概念入手,引出了数据管理的相关概念,论述了数据管理技术的 3 个发展阶段,着重说明了数据库管理系统和文件系统在数据管理上的本质区别。

依据数据抽象的不同级别,数据模型分为3层。第一层是概念模型,包括实体-联系模型(简称为 E-R 模型)和面向对象模型(简称为 OO 模型)。第二层是逻辑模型,包括传统的逻辑数据模型(层次模型、网状模型和关系模型)和非传统的逻辑数据模型(面向对象模型、XML 模型等)。第三层是物理模型。

从组成数据模型的3要素(数据结构、数据操作和完整性约束)出发,着重讲述了关系数据模型在数据结构、数据操作和完整性约束方面的特点。

数据库管理系统(DBMS)的主要目的是数据抽象,对应于数据抽象的3个级别,重点介绍了数据库管理系统中数据的三级模式(内模式、模式和外模式)和两层映像(外模式/模式映像、模式/内模式映像)。

数据库技术的核心是数据库管理系统,介绍了 DBMS 的功能和组成。数据库管理系统由数据库、查询处理器、存储管理器和事务管理器等部分组成。

最后介绍了数据库系统的组成,使读者了解数据库系统不仅是一个计算机系统,而且还是一个人机系统,人的作用特别是 DBA 的作用尤为重要。

本章涉及的概念比较多,可能会有抽象之感,随着后续章节的学习将会逐渐加深理解。

本章的主要概念包括以下内容。

(1) 描述事物的符号记录称为**数据**。**数据管理**是对数据进行有效的分类、组织、编码、存储、检索、维护和应用,它是数据处理的中心问题。**数据库管理系统**是由一个相互关联的数据的集合和一组用以访问、管理和控制这些数据的程序组成。这个数据集合通常称为**数据库**,其中包含了关于某个企业信息系统的所有信息。

(2) 数据管理技术的发展经历了人工管理、文件系统和数据库管理系统3个阶段。文件系统阶段数据管理的主要特点:

① 实现了文件内的数据结构性;

② 应用程序与数据之间有了一定的物理独立性。

文件系统阶段数据管理存在的主要问题:

① 数据共享性差,数据冗余和不一致;

② 数据独立性差;

③ 数据孤立,数据获取困难;

④ 完整性问题;

⑤ 原子性问题;

⑥ 并发访问异常;

⑦ 安全性问题。

其中,**数据冗余**是指相同的数据可能在不同的地方(文件)重复存储。数据的**完整性**是指数据的正确性、有效性和相容性,也称为**一致性**约束。

(3) 数据库管理系统阶段数据管理的主要特点。

① 数据结构化。数据库管理系统实现数据的整体结构化,一是指数据不仅仅是内部结构化,而是将数据以及数据之间的联系统一管理起来,使之结构化;二是指在数据库中

的数据不是仅仅针对某一个应用,而是面向全组织的所有应用。

② 数据的共享度高,冗余度低,易扩充。数据库管理系统从整体角度描述和组织数据,数据不再是面向某个应用,而是面向整个系统,因此,数据可以被多个用户、多个应用共享使用。

③ 数据独立性高。**数据独立**是指数据的使用(即应用程序)与数据的说明(即数据的组织结构与存储方式)分离,使应用程序只考虑如何使用数据,而无须关心它们是如何构造和存储的,因而各方(在一定范围内)的变更互不影响。**数据独立性**是用来描述应用程序与数据结构之间的依赖程度,包括数据的物理独立性和数据的逻辑独立性,依赖程度越低则独立性越高。

物理独立性是指用户的应用程序与数据库中数据的物理结构是相互独立的。也就是说,数据库中的数据在磁盘上如何组织和存储由 DBMS 负责,应用程序只关心数据的逻辑结构,这样,当数据的物理存储结构改变时,应用程序不用修改。

逻辑独立性是指用户的应用程序与数据库中数据的逻辑结构是相互独立的。也就是说,数据库中数据的全局逻辑结构由 DBMS 负责,应用程序只关心数据的局部逻辑结构,数据的全局逻辑结构改变了,应用程序也可以不用修改。

④ 数据由数据库管理系统统一管理和控制。包括数据的**安全性**保护、数据的**完整性**检查、**并发控制**和**数据库恢复**等。

数据库管理系统的出现使信息系统从以加工数据的应用程序为中心的阶段转向围绕共享的数据库为中心的新阶段。这样既便于数据的集中管理,也有利于应用程序的开发和维护,提高了数据的利用率和相容性,提高了决策的可靠性。

(4)典型的数据库应用有:图书馆管理、书店管理、教学管理、科研管理、银行管理、售票管理、电信管理、证券管理、销售管理、制造业管理、固定资产管理、人力资源管理等。

(5)**数据模型**是一个描述数据结构、数据操作以及数据约束的数学形式体系(即概念及其符号表示系统)。其中,数据结构用于刻画数据、数据语义以及数据与数据之间的联系;数据约束是对数据结构和数据操作的一致性、完整性约束,也称为数据完整性约束。

通过数据模型可以对现实世界中具体事物的数据及其特征进行抽象、表示和处理。根据数据抽象的不同级别,可以将数据模型划分为 3 类:概念模型、逻辑模型和物理模型。

① **概念模型**是指概念层次的数据模型,也称为**信息模型**,它按用户的观点或认识对现实世界的数据和信息进行建模,主要用于数据库设计。常用的概念模型有实体-联系模型(简称为 E-R 模型)和面向对象模型(简称为 OO 模型)。

概念模型是一种独立于计算机系统的模型。它不涉及信息在系统中的表示,只是用来描述某个特定组织所关心的信息结构。概念模型强调语义表达功能,它是现实世界的第一层抽象。

② **逻辑模型**用来描述数据库数据的整体逻辑结构,是现实世界的第二层抽象。传统的逻辑数据模型有层次模型、网状模型和关系模型,非传统的逻辑数据模型有面向对象模型、XML 模型等。

③ **物理模型**用来描述数据的物理存储结构和存取方法。

　　通过数据模型对现实世界中具体事物的数据需求进行建模,可以更好地抓住主要矛盾,便于理解用户的数据需求,便于表达数据及数据之间联系的语义、数据的操作和数据的完整性约束,便于实现从现实世界到信息世界、信息世界到逻辑机器世界、逻辑机器世界到物理机器世界的逐步转换。

　　(6) 数据模型通常由数据结构、数据操作和数据完整性约束 3 部分组成。

　　① **数据结构**描述数据库的组成对象(实体)以及对象之间的联系,是对系统静态特性的描述。包括对象的类型、内容和性质(如关系模型中的域、属性、关系模式和码等),以及对象之间的联系(如关系模型中的外码)。

　　② **数据操作**是指对数据库中各种对象(型)的实例(值)允许执行的操作的集合,包括操作及有关的操作规则。它是对系统动态特性的描述。

　　③ 数据**完整性约束**是一组数据完整性规则。数据完整性规则是数据、数据语义和数据联系所具有的制约和依存规则,包括数据结构完整性规则和数据操作完整性规则,用以限定符合数据模型的数据库状态以及状态的变化,以保证数据的正确、有效和相容。

　　(7) 关系模型由一组关系组成,每个关系的数据结构是一张规范化的二维表。

　　关系模型中的常用术语有:关系、元组、属性、码、域、分量、外码和关系模式等。关系模型要求每一个关系必须存在码(关系中的某个属性或属性组),码可以唯一地标识关系中的一个元组,即一个关系中的任意两个元组都是可区分的。关系模型要求关系必须是规范化的,即关系的每一个分量必须是一个不可分的数据项。

　　关系数据模型的操作主要包括查询和更新(插入、删除和修改)。由于关系是一张二维表,可看作是元组的集合,因此关系模型的数据操作是**集合操作**,操作对象和操作结果都是关系(元组的集合),不同于传统的非关系模型中的数据操作方式:单记录操作。

　　关系数据模型的完整性约束包括实体完整性、参照完整性和用户自定义完整性。

　　(8) 关系数据模型的主要优点。

　　① 关系模型建立在严格的数学概念的基础之上,有关系代数作为语言模型,有关系数据理论作为理论基础。

　　② 关系模型的概念单一,无论实体还是实体之间的联系都是用关系来表示,对数据(关系)的操作(查询和更新)结果还是关系。

　　③ 关系模型的存取路径对用户透明,从而具有更高的数据独立性、更好的安全保密性,也简化了程序员的工作,提高了软件的开发和维护效率。

　　(9) 数据库管理系统的一个主要目的就是隐藏关于数据存储和维护的某些细节,为用户提供数据在不同层次上的视图,即**数据抽象**,方便不同的使用者从不同的角度去观察和利用数据库中的数据。数据库管理系统的数据抽象一般包括物理层抽象、逻辑层抽象和视图层抽象 3 个级别。

　　(10) 对应于数据抽象的 3 个级别,数据库管理系统一般也提供观察数据库的 3 个不同角度,以方便不同的用户使用数据库的需要,这就是**数据库的三级模式**:内模式、模式和外模式。**内模式**也称**存储模式**,对应于物理层数据抽象,它是数据的物理结构和存储方式的描述,是数据在数据库内部的表示方式。**模式**也称为**逻辑模式**,对应于逻辑层数据抽象,是数据库中全体数据的逻辑结构和特征的描述,是所有用户的公共数据视图。

外模式也称**子模式**或**用户模式**,对应于视图层数据抽象,它是数据库用户(包括应用程序员和最终用户)能够看见和使用的局部数据的逻辑结构和特征的描述,是数据库用户的数据视图,是与某一具体应用有关的数据的逻辑表示。

(11) 为了能够在系统内部实现 3 个抽象层次的数据之间的联系和转换,数据库管理系统在数据库的三级模式之间提供了**两层映像**:外模式/模式映像、模式/内模式映像。正是这两层映像保证了数据库中的数据能够具有较高的逻辑独立性和物理独立性。

(12) **数据库系统**是指在计算机系统中引入数据库后的系统,一般由数据库、数据库管理系统(及其应用开发工具)、应用系统、数据库管理员和最终用户构成。数据库的建立、使用和维护等工作不仅需要 DBMS 的支撑,还需要有专门的人员来完成,这些人员称为**数据库管理员**(DBA)。

(13) 数据库管理系统的主要功能包括:

① 数据定义,提供了数据定义语言 DDL。

② 数据组织、存储和管理。

③ 数据操纵,提供了数据操纵语言 DML。

④ 数据库的事务管理和运行管理。

⑤ 数据库的建立和维护等。

(14) 数据库管理系统主要由数据库以及查询处理器、存储管理器和事务管理器等部分组成。

(15) 开发、管理和使用数据库系统的人员主要有:数据库管理员、系统分析员和数据库设计人员、应用程序员和最终用户。数据库管理员的主要职责包括:

① 决定数据库中的信息内容和结构。

② 决定数据库的存储结构和存取策略。

③ 定义数据的安全性要求和完整性约束条件。

④ 监控数据库的使用和运行。

⑤ 数据库的改进和重组重构。

习　题　1

1.1　试述数据、数据管理、数据库管理系统、数据库的概念。

1.2　在文件处理系统中存储信息的弊端有哪些?试举例说明。

1.3　数据库管理系统阶段数据管理的主要特点是什么?

1.4　什么是数据独立性?数据独立性又分为哪两个层次?为什么需要数据独立性?

1.5　试举例说明数据库的应用。

1.6　什么是数据模型?数据模型的基本要素有哪些?为什么需要数据模型?

1.7　为什么数据模型要分为概念模型、逻辑模型和物理模型 3 类?试分别解释概念模型、逻辑模型和物理模型。

1.8　关系模型中的主要概念有哪些?试分别解释之。

1.9　关系模型的主要优点有哪些?

1.10　为什么数据库管理系统要对数据进行抽象？分为哪几级抽象？

1.11　试解释数据库的三级模式和两层映像。为什么数据库管理系统要提供数据库的三级模式和两层映像？

1.12　试解释数据库的三级模式与三层数据模型的联系与区别。

1.13　解释 DDL 和 DML 等概念。

1.14　数据库管理系统的主要组成部分有哪些？主要功能有哪些？

1.15　试述数据库系统的组成、DBA 的主要职责。

第 2 章

chapter 2

关系模型与关系代数

学习目标

本章从关系数据库的基本概念——关系(表)和关系模式——开始,逐步深入讨论关系模型的三要素(关系数据结构、关系操作和关系完整性约束)以及关系代数。本章的学习目的是深入理解关系数据库中的基本概念;熟练掌握关系完整性约束,以及基于外码的关系数据库模式导航图;熟练掌握关系代数的主要操作,以及基于数据库模式导航图构造关系代数查询表达式。

学习方法

本章除了深刻理解关系模型的基本概念以及关系完整性约束之外,要熟练掌握关系代数。学习的关键是多通过实例做一些关系代数运算的习题,深刻理解并领会关系数据库模式导航图在构造关系代数查询表达式中的作用,达到举一反三、融会贯通的学习目的。

学习指南

本章的重点是 2.1 节和 2.2 节,难点是 2.2 节。

本章导读

本章主要介绍关系模型的三要素(关系数据结构、关系操作和关系完整性约束)和关系代数,涉及关系数据库的许多基本概念,如什么是关系、关系模式、数据库模式、超码、候选码、主码和外码等,关系模型的完整性约束有哪些,关系代数的主要运算有哪些等。同时,本章将详细地讲解如何使用关系代数来表达关系数据库查询。

建议围绕下列问题进行学习:

(1) 你是如何理解关系数据库中表和关系这两个概念的?

(2) 什么是关系模式、数据库模式? 关系模式和关系是否相同?

(3) 关系模式的超码、候选码、主码和外码有何区别和联系?

(4) 为什么需要空值 null?

(5) 关系模型的完整性约束有哪些?

(6) 关系代数的主要运算有哪些?

(7) 关系运算的结果是什么? 如果在关系运算中出现了重复元组该如何处理?

(8) 在进行笛卡儿积和 θ 连接运算时,不同关系中的同名属性是如何处理的? 在进行自然连接时又是如何处理的?

（9）什么是关系代数表达式？

（10）什么是关系数据库模式导航图？关系数据库模式导航图有什么作用？

2.1 关系模型

1970 年 E. F. Codd 在美国计算机学会会刊 *Communications of the ACM* 上发表了题为 *A Relation Model of Data for Shared Data Banks* 的论文，开创了数据库管理系统的新纪元。ACM 于 1983 年将该论文列为从 1958 年以来的四分之一世纪中具有里程碑意义的 25 篇研究论文之一。之后，他连续发表了多篇论文，奠定了关系数据库的理论基础。

在商用数据处理应用中，关系数据库管理系统是当今的主流数据库管理系统。之所以成为主流，是因为它与早期的网状数据库管理系统或层次数据库管理系统相比，其简易性简化了编程者的工作。

本章先介绍关系模型的几个重要的基本概念，即关系模型的数据结构、关系操作和关系完整性约束；然后讨论关系代数。

2.1.1 关系数据结构

1. 关系

关系模型的数据结构非常简单，它就是二维表，亦称为**关系**，每个表（关系）有唯一的名字。**关系数据库**是表的集合，即关系的集合。表中一行代表的是若干值之间的关联，即表的一行是由有关联的若干值构成。非正式地说，一个表是一个实体集，一行就是一个实体，它由共同表示一个实体的有关联的若干属性的值所构成。由于一个表是这种有关联的值的集合（即行的集合），而表这个概念和数学上的关系概念密切相关，因此称为**关系模型**。

关系模型的数据结构虽然简单，却能够表达丰富的语义，描述出现实世界的实体以及实体间的各种联系。也就是说，在关系模型中，现实世界的实体以及实体间的各种联系都是用关系来表示。

关系模型建立在集合代数的基础之上，下面从集合论的角度给出关系数据结构的形式化定义。

1）域（domain）

定义 2.1 域是一组具有相同数据类型的值的集合。

例如，自然数、整数、{0,1}、{'男','女'}（用来表示性别的取值范围）、{'学士','硕士','博士'}（表示学位的取值范围）、大于等于 0 且小于等于 100 的正整数（用来表示百分制成绩的取值范围）、长度不超过 100 字节的字符串集合等，都可以是域。

空值（用 null 表示）是所有可能的域的一个取值，表明值未知或不存在。例如，对于表示学位的取值域，某员工的学位为空值 null，表示不知道该员工所获得的学位，或该员工没有获得学位；对于表示成绩的取值域，某学生的成绩为空值 null，表示不知道该学生的成绩,或该学生没有成绩(如没有参加考试就没有获得成绩)。

2) 笛卡儿积(cartesian product)

定义 2.2　给定一组域 $D_1,D_2,\cdots,D_n$,它们之中可以有相同的域。$D_1,D_2,\cdots,D_n$ 的**笛卡儿积**为

$$D_1\times D_2\times\cdots\times D_n=\{(d_1,d_2,\cdots,d_n)\mid d_i\in D_i,i=1,2,\cdots,n\}$$

其中,集合中的每一个元素 $(d_1,d_2,\cdots,d_n)$ 称为一个 **n 元组**,简称为**元组**(tuple);元素中的每一个值 d_i 称为一个**分量**(component)。

若 $D_i(i=1,2,\cdots,n)$ 为有限集,假设其基数(cardinal number)为 $m_i(i=1,2,\cdots,n)$,则 $D_1\times D_2\times\cdots\times D_n$ 的基数 M 为:$M=\prod\limits_{i=1}^{n}m_i$。

这里,对于集合中的一个元素 $(d_1,d_2,\cdots,d_n)$,不将它的各个分量看成是序列,而是将它看成集合。那么,笛卡儿积也是一个二维表,表中的一行对应于一个元组,表中的一列的值来自于同一个域。

【例 2.1】　给定两个域:

学生的姓名集合:$D_1=\{$'李小勇','刘方晨','王红敏'$\}$

课程的名称集合:$D_2=\{$'数据库系统概论','操作系统'$\}$

则 D_1,D_2 的笛卡儿积为

$$D_1\times D_2=\{($'李小勇','数据库系统概论'$),($'李小勇','操作系统'$),$$
$$($'刘方晨','数据库系统概论'$),($'刘方晨','操作系统'$),$$
$$($'王红敏','数据库系统概论'$),($'王红敏','操作系统'$)\}$$

该笛卡儿积的基数 $M=3\times2=6$,即 $D_1\times D_2$ 一共有 6 个元组,如图 2-1 所示。

3) 关系(relation)

定义 2.3　$D_1\times D_2\times\cdots\times D_n$ 的有限子集称为在域 $D_1,D_2,\cdots,D_n$ 上的**关系**,表示为

$$r(D_1,D_2,\cdots,D_n)$$

其中:r 表示关系的名字;n 是关系的**目**或**度**(degree)。当 $n=1$ 时,称该关系为**单元**关系;当 $n=2$ 时,称该关系为**二元**关系。

关系是笛卡儿积的有限子集,所以关系也是

姓名	课程名称
李小勇	数据库系统概论
李小勇	操作系统
刘方晨	数据库系统概论
刘方晨	操作系统
王红敏	数据库系统概论
王红敏	操作系统

图 2-1　D_1,D_2 的笛卡儿积

一个二维表,表的每行对应于关系的一个元组,表的每列对应于关系的一个域。由于域可以相同,为了区别就必须给每列起一个名字,称为**属性**(attribute)。n 目关系共有 n 个属性。

一般来说,$D_1,D_2,\cdots,D_n$ 的笛卡儿积是没有实际语义的,通常它的一个有限子集才能够构成一个关系。例如,对于图 2-1 中的 6 个元组,如果"李小勇"同学只修读了"数据库系统概论"课,没有修读"操作系统"课,那么第 1 个元组有实际含义,而第 2 个元组没有实际含义。因此,我们也称表的一行(即关系的一个元组)是由有关联的若干值构成,它对应于现实世界中一个实体的若干属性的值的集合。

【例 2.2】　图 2-2 所示的是一个学生关系 Student,它有 5 个属性,分别为 studentNo (学号)、studentName(姓名)、sex(性别)、birthday(出生日期)和 speciality(所学专业)。

studentNo	studentName	sex	birthday	speciality
1501001	李小勇	男	1998-12-21	计算机
1501008	王 红	男	2000-04-26	计算机
1602002	刘方晨	女	1998-11-11	null
1602005	王红敏	女	1998-10-01	信息系统
1503045	王 红	男	2000-04-26	会计学
1503010	李宏冰	女	2000-03-09	null

图 2-2　关系 Student

其中,speciality 属性值为 null,表示该学生还没有明确所学专业,即该学生的 speciality 属性的值目前还不存在;或不知道该学生的所学专业,即该学生的 speciality 属性的值是明确的,但目前还没有采集到该学生的 speciality 属性的值。

对于一个关系而言,一个最基本的要求是它**每个属性的域必须是原子的**。如果域中的每个值都被看做是不可再分的单元,则域是**原子的**。例如,表示出生日期的域 BD(即属性 birthday 的取值范围)是由所有形如“year-month-day”的值构成,其中 year 是由4位数字构成的字符串,表示年份;month 是由 2 位数字构成的字符串,表示月份;day 也是由 2 位数字构成的字符串,表示日期。如果将 year,month,day 3 部分看成是一个整体,则域 BD 是原子的;如果将 year,month,day 3 部分看成是构成一个 birthday 的 3 个独立部分,即一个 birthday 是由集合{year,month,day}组成,则域 BD 就不是原子的。

2. 关系模式

对于一个二维表,有表头部分和表体部分,表头部分定义了该表的结构,即定义了该表由哪些列构成(假设由 n 列构成),每个列的名字和取值范围等;表体就是所有数据行的集合,每一个数据行都是由表头部分规定的 n 列有关联的取值的集合构成。

对应于关系数据库,表的每一数据行对应于关系的一个元组,表体对应于关系,关系是元组的集合,因此关系是值的概念;表头部分对应于**关系模式**(relation schema),关系模式是型的概念,它定义了元组集合的结构,即定义了一个元组由哪些属性构成(假设由 n 个属性构成),每个属性的名字和来自的域等。也就是说,一个关系的元组是由关系模式所定义的 n 个属性的有关联的取值的集合构成,这种所谓有“关联”的取值的集合通常是由赋予元组的语义来实现的。元组语义实质上是一个 n 目谓词。凡是使该 n 目谓词为真的笛卡儿积中的元组(即符合元组语义的元组)的集合就构成了该关系模式的一个**关系实例**(relation instance)。

定义 2.4　关系的描述称为**关系模式**。它可以形式化地表示为

$$r(U,D,\text{DOM},F)$$

其中,r 为关系名,U 为组成该关系的属性名的集合,D 为属性集 U 中所有属性所来自的

域的集合,DOM 为属性向域的映像集合,F 为属性间数据的依赖关系集合(即体现一个元组的各属性取值之间的"关联"性)。

关系模式通常被简记为

$$r(U)$$

或

$$r(A_1, A_2, \cdots, A_n)$$

其中,r 为关系名,U 为属性名的集合 $\{A_1, A_2, \cdots, A_n\}$;而域名及属性向域的映像常常直接说明为属性的类型、长度,如例 2.3 所示。

关系模式是静态的、稳定的。由于关系是关系模式的一个实例,关系中的一个元组是现实世界的一个实体对应于关系模式中各属性在某一时刻的状态和内容,因此关系的内容是动态的、随时间不断变化的。在实际应用中,人们经常把关系模式和关系都笼统地称为关系。

3. 码

1) 超码

定义 2.5　对于关系 r 的一个或多个属性的集合 A,如果属性集 A 可以唯一地标识关系 r 中的一个元组,则称属性集 A 为关系 r 的一个**超码**(superkey)。

例如,关系 Student 中的 studentNo 属性可以将该关系中的不同元组(学生)区分开来,因此 studentNo 是关系 Student 的一个超码;但 studentName、{studentName,sex}、{studentName,sex,birthday} 都不是关系 Student 的超码。显然,一个超码的任何超集都是超码,如{studentNo,studentName}、{studentNo,sex}、{studentNo,studentName,speciality}等也都是关系 Student 的一个超码。

2) 候选码与主码

定义 2.6　对于关系 r 的一个或多个属性的集合 A,如果属性集 A 是关系 r 的超码,且属性集 A 的任意真子集都不能成为关系 r 的超码,则称属性集 A 为**候选码**(candidate key)。也就是说,候选码是最小的超码。

例如,关系 Student 中,studentNo 和{studentName,speciality}都是关系 Student 的候选码。

若一个关系有多个候选码,则可以选定其中的一个候选码作为该关系的**主码**(primary key)。例如,对于关系 Student,可以选择属性 studentNo 作为主码。

3) 外码

定义 2.7　设 F 是关系 r 的一个属性(或属性集),K_s 是关系 s 的主码。如果 F 与 K_s 相对应(即关系 r 中属性 F 的取值范围对应于关系 s 中主码 K_s 的取值范围的子集),则称 F 是关系 r 参照关系 s 的**外码**(foreign key),简称 F 是关系 r 的外码。并称关系 r 为参照关系,关系 s 为被参照关系或目标关系,如图 2-3 所示。

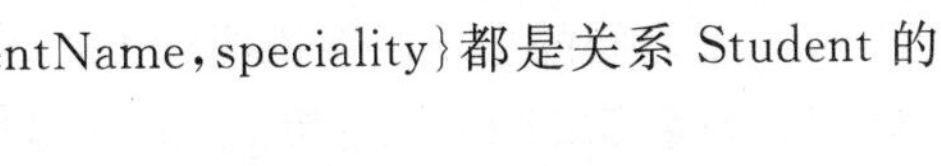

图 2-3　外码参照图

需要指出的是,目标关系 s 的主码 K_s 和参照关系的外码 F 必须定义在同一个域上,但关系 r 和 s 并不要求是不同的关系,也不要求外码一定要与主码同名。在实际应用中,为了便于识别,当外码与参照的主码属于不同关系时,通常给它们取相同的名字。

4. 关系数据库模式

在关系模型中,实体以及实体之间的联系都是通过关系来表示。因此,在一个给定的应用领域中,所有实体以及实体之间的联系所对应的关系的集合就构成一个**关系数据库**。关系数据库也有型和值之分,关系数据库的型就是**关系数据库模式**,关系数据库模式就是它所包含的所有关系模式的集合,是对关系数据库的描述;关系数据库的值就是这些关系模式在某一时刻所对应的关系的集合,通常就称为**关系数据库实例**。同样,在实际应用中,人们经常把关系数据库模式和关系数据库实例都笼统地称为关系数据库。

【**例 2.3**】 学生成绩管理数据库 ScoreDB 的模式可描述为图 2-4 所示,其中带下画线的属性(集)为主码,斜体的属性为外码。每一个属性名后面给出的是该属性的类型及长度,关系数据库系统中常用的基本数据类型请参见 7.1.2 节。

Class(**classNo**: char(6),className: varchar(30),institute: varchar(30),grade: smallint, classNum: tinyint)

Student(**studentNo**: char(7), studentName: varchar(20), sex: char(2), birthday: datetime, native: varchar(20), nation: varchar(30), *classNo*: char(6))

Course(**courseNo**: char(5), courseName: varchar(30), creditHour: numeric, courseHour: int, *priorCourse*: char(5))

Score(***studentNo***: char(7),***courseNo***: char(5), **term**: char(5), score: numeric)

图 2-4　学生成绩管理数据库 ScoreDB 的模式

本书约定:数据库、关系、实体(集)、联系(集)、约束等的名字以大写字母开头,属性、变量、存储过程、触发器等的名字以小写字母开头;如果使用多个单词组合命名,则从第 2 个单词开始的每个单词的首字母大写。

各关系之间的主要联系说明如下:

(1) 关系 Student 与关系 Class 之间存在多对一的"归属"联系,即一个班由多个学生组成,一个学生只能归属于某个班。通过关系 Student 的外码 classNo 参照关系 Class 实现。

(2) 关系 Course 与关系 Student 之间存在多对多的"选修"联系,即一个学生可以选修多门课程,一门课程提供给多个学生选修。联系的属性有 term(开课学期)和 score(成绩),并假设 term 的属性值'15162'代表 2015—2016 学年第 2 学期。增加 term 属性是为了允许一个学生在不同的学期多次修读同一门课程(由于不合格等原因需要重修)。这里,多对多的"选修"联系通过一个单独的"选课"关系 Score 所反映,这样多对多联系就转化为关系 Score 与关系 Student 之间的多对一联系以及关系 Score 与关系 Course 之间的多对一联系。分别通过关系 Score 的外码 studentNo 参照关系 Student 以及关系 Score 的外码 courseNo 参照关系 Course 实现。

（3）关系 Course 内部存在多对一的"先修"联系，用来说明两门课程之间的直接先修-后修关系。假设某课程最多只需要设定一门课程为其直接先修课，且多门课程可以设定同一门课程为其直接先修课。通过关系 Course 的外码 priorCourse 参照其主码 courseNo 实现。

2.1.2　关系完整性约束

现实世界中的实体及其联系是要受到许多语义要求限制的，例如，百分制成绩的取值只能在 0～100 之间；一门课程可以被多个学生选修，但只有本校的学生才能参加选课；一个学生一个学期可以选修多门课程，但只能在本学期已开出的课程中进行选修；学生在选修一门课程所开教学班的时候，所有选修该教学班的学生人数之和不能超过该教学班所安排教室的容量等。对应于关系数据库中，关系模式也应当刻画出现实世界中的这些限制，这就是完整性约束。

关系模式中有 3 类数据完整性约束：实体完整性、参照完整性和用户自定义完整性。其中实体完整性和参照完整性是关系模型必须满足的数据完整性约束，被称作是关系的两个不变性，应该由关系数据库管理系统自动支持。用户自定义完整性是应用领域需要遵循的数据完整性约束，体现了具体应用领域中的数据语义约束。

1. 实体完整性（entity integrity）

定义 2.8　实体完整性规则

若属性集 A 是关系 r 的主码，则 A 不能取空值 null。

由于现实世界中的实体都是可区分的，即它们具有某种唯一性标识；而一个关系对应于现实世界的一个实体集，关系中的每一个元组对应于一个实体。因此，作为唯一区分不同元组的主码属性（或属性集）不能取空值。如果主码的属性取空值，就说明存在某个不可标识的实体，即存在不可区分的实体，这是不允许的。

例如，对于图 2-2 所示的关系 Student，由于 studentNo 是关系 Student 的主码，因此它在任何时候的取值都不能为空值 null，但其他属性如 sex，birthday，speciality 等都可以取空值，表示当时该属性的值未知或不存在。如在输入一个学生的数据时，如果不知道该学生的具体出生日期，则 birthday 属性的值可暂时输入为 null（此时的含义是值"不知道"），待知道该学生的具体出生日期后再将 birthday 属性的值 null 更新为具体出生日期；如果一个新生还没有确定所学专业时（如规定在大二或大三时选择专业），则该学生的 speciality 属性的值也暂时输入为 null（此时的含义是值"不存在"），待该学生大二或大三选择专业后，再将 speciality 属性的值 null 更新为所选专业。

如果主码是由若干个属性的集合构成，则要求构成主码的每一个属性的值都不能取空值。例如，图 2-4 所示的学生成绩管理数据库 ScoreDB 中，关系 Score 的主码是 {studentNo,courseNo,term}，因此这 3 个属性都不能取空值。

2. 参照完整性（referential integrity）

现实世界中的实体之间存在各种联系，而在关系模型中实体以及实体间的联系都是用关系来描述。因此,实体间的联系也就对应于关系与关系之间的联系。

【例2.4】 实现两个关系之间多对一联系的外码。

在图 2-4 所示的学生成绩管理数据库 ScoreDB 中,假设每一个班由若干个学生组成,每一个学生只能归属于某一个班,那么学生关系 Student 与班级关系 Class 之间存在多对一的"归属"联系。在关系数据库中,两个关系之间的多对一的联系是通过外码来实现的,即关系 Student 中的每一个学生元组,为了明确该学生归属于哪一个班,需要在关系 Student 中增加外码 *classNo*,用来参照班级关系 Class 的主码 classNo,如图 2-5 所示。

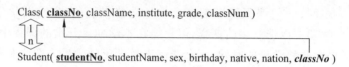

图 2-5　实现两个关系之间"多对一"联系的外码

【例2.5】 实现两个关系之间多对多联系的联系关系及外码。

在图 2-4 所示的学生成绩管理数据库 ScoreDB 中,假设每一个学生一个学期可以选修若干门课程,每一门课程同时有若干个学生选修,那么学生关系 Student 与课程关系 Course 之间存在多对多的"选修"联系,且课程的开课学期 term 和修读成绩 score 为联系属性。在关系数据库中,需要为多对多的"选修"联系单独建立一个"选修"关系来表示选修联系及联系属性,从而将多对多联系转化为两个多对一联系。例如,成绩关系 Score 就是用来表示这种多对多联系。在成绩关系 Score 中,需要明确哪个学生选修了哪门课?一方面,通过关系 Score 的 *studentNo* 属性(它既是关系 Score 的主码属性,又是外码)参照学生关系 Student 的主码 studentNo,以明确哪个学生选了课;另一方面,通过关系 Score 的 *courseNo* 属性(它既是关系 Score 的主码属性,又是外码)参照课程关系 Course 的主码 courseNo,以明确选了哪门课,如图 2-6 所示。

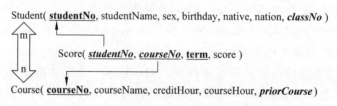

图 2-6　实现两个关系之间"多对多"联系的联系关系及外码

【例2.6】 实现关系内部多对一联系的外码。

在图 2-4 所示的学生成绩管理数据库 ScoreDB 中,假设一门课程需要指定其直接先修课程,并规定一门课程最多只需要指定一门直接先修课程,且多门课程可以指定同一门课程为其直接先修课程,称它为课程之间的"先修要求"联系,它是多对一联系。对于课程关系 Course 内部的这种多对一的"先修要求"联系,实现的办法是在关系 Course 中增加外码 *priorCourse* 参照其主码 courseNo,如图 2-7 所示。

定义 2.9　参照完整性规则

若关系 r 的外码 F 参照关系 s 的主码,则对于关系 r 中的每一个元组在属性 F 上的

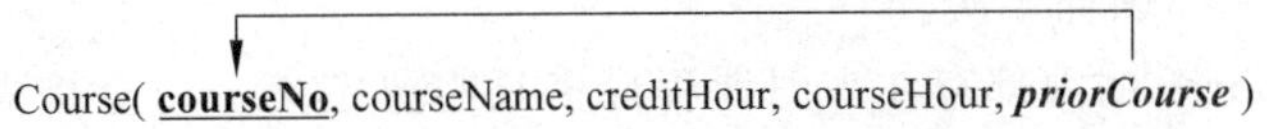

Course(**courseNo**, courseName, creditHour, courseHour, *priorCourse*)

图 2-7　实现关系内部多对一联系的外码

取值,要么为空值 null,要么等于关系 s 中某个元组的主码值。

例如,对于课程关系 Course 的外码 priorCourse,如果它取空值表示该课程没有先修课程或不知道其先修课程;如果它不为空值,则它的先修课程必须是该校已经存在的某门课程,即它的取值必须是课程关系 Course 中某元组的主码"课程编号"courseNo 的值(因为通过主码"课程编号"能够唯一标识一门课程)。

3. 数据库模式导航图

一个含有主码和外码依赖的数据库模式可以通过模式导航图来表示。

【**例 2.7**】　图 2-8 所示的是学生成绩管理数据库 ScoreDB 的模式导航图,该关系数据库由 4 个关系组成,带下画线的属性集为关系的主码,斜体属性为关系的外码,外码实现两个关系之间的多对一(或一对一)联系或一个关系内部的多对一(或一对一)联系。其中:

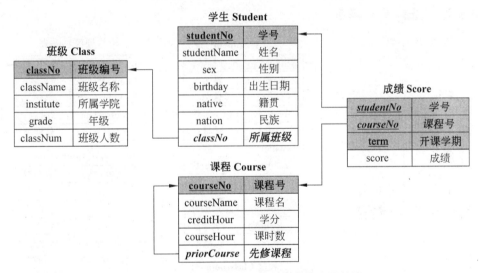

图 2-8　成绩管理数据库 ScoreDB 的模式导航图

(1) 关系 Student 与关系 Class 之间存在多对一的"归属"联系(一个班由多个学生组成,一个学生只能归属于某个班),通过外码 classNo 实现该联系。

(2) 关系 Course 与关系 Student 之间存在多对多的"选修"联系(一个学生可以选修多门课程,一门课程提供给多个学生选修),这种多对多联系通过一个单独的"选课"关系 Score 所反映,这样多对多联系就转化为关系 Score 与关系 Student 之间的多对一联系以及关系 Score 与关系 Course 之间的多对一联系,分别通过外码 studentNo 和 courseNo 实现。

(3) 关系 Score 的主码是{studentNo,courseNo,term},显然同一个学生在同一个学

期不允许修读同一门课程多次。

（4）关系 Course 的内部存在一门课程最多只需要定义一门直接先修课程且多门课程可以指定同一门课程为其直接先修课程的多对一"先修要求"联系，通过关系 Course 的外码 priorCourse 实现。如果一门课程需要同时定义多门直接先修课程，该如何设计？请读者思考。

在图 2-8 中，两个关系之间的多对一（或一对一）联系或一个关系内部的多对一（或一对一）联系通过有向连线来表示，且连线由多的一方指向一的一方。这种带有有向连线的数据库模式图称为**数据库模式导航图**，它有利于理解一个关系数据库中各关系之间的有机联系。

【例 2.8】 图 2-9 所示的是学生选课数据库 SCDB 的模式，该关系数据库由 8 个关系组成，带下画线的属性集为关系的主码，斜体属性为关系的外码，外码实现两个关系之间的多对一（或一对一）联系或一个关系内部的多对一（或一对一）联系。其中：

（1）关系 Student 与关系 Class 之间、关系 Class 与关系 Institute 之间、关系 Teacher 与关系 Institute 之间都存在多对一的"归属"联系（多个学生归属于一个班，多个班归属于一个学院，多名教师归属于一个学院）。

（2）关系 Course 的外码 priorCourse 参照本关系的主码 courseNo，实现课程之间存在的多对一"先修要求"联系。

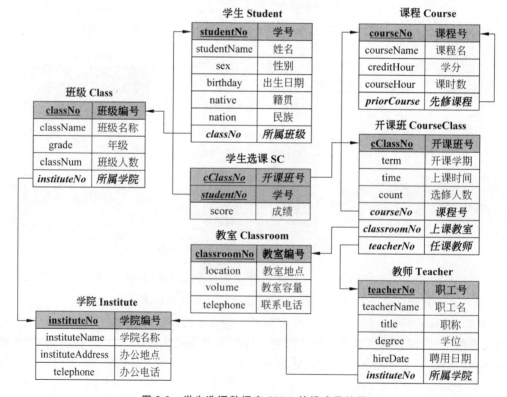

图 2-9　学生选课数据库 SCDB 的模式导航图

（3）关系 CourseClass（开课班或教学班）与关系 Course 之间存在多对一的"开课"联系（每个学期一门课程可能开设多个教学班，一个教学班只讲授一门课程）。这里，对于关系 CourseClass，开课班号 cClassNo 是主码；time 属性的值"356"表示教学班安排在周三 56 节上课；假设一个教学班每周只安排在一个教学时间对应在一个教室上课（如果一个教学班一周需要安排多次上课时间，每次上课的地点可能不同，该如何设计？请读者思考）。

（4）关系 CourseClass 与关系 Classroom 之间存在多对一的"上课"联系（只要时间不冲突，多个教学班可以安排在同一个教室上课；但一个教学班只安排在一个教室上课）。这里，关系 CourseClass 中不允许出现两个元组在属性集{term，time，classroomNo}上取相同的值，即同一个学期、同一时间、同一教室不能安排两个教学班。

（5）关系 CourseClass 与关系 Teacher 之间存在多对一的"任教"联系（只要时间不冲突，一名教师可以在多个教学班任教；但一个教学班只能由一名教师任教）。这里，关系 CourseClass 中不允许出现两个元组在属性集{term，time，teacherNo}上取相同的值，即同一个学期、同一时间、同一教师不能安排两个教学班。

（6）关系 CourseClass 与关系 Student 之间存在多对多的"选课"联系（一个学生可以选修多个教学班，一个教学班提供给多个学生选修），联系的属性是 score（成绩）。这种多对多联系通过一个单独的"选课"关系 SC 所反映，这样多对多联系就转化为关系 SC 与关系 CourseClass 之间的多对一联系以及关系 SC 与关系 Student 之间的多对一联系。

（7）关系 SC 的主码是{cClassNo，studentNo}，显然同一个学生不允许选修同一个教学班的课程多次。如果同一门课程在同一个学期开设了多个教学班，应该限制同一个学生同时选修同一门课程的多个教学班，这属于用户自定义完整性约束的范畴。

如果将开课班实体 CourseClass 作为弱实体集看待（有关弱实体集的概念请参见 4.4 节），且假设每门课程的开课班号 cClassNo 可用来区分属于该门课程的不同开课班。那么可使用标识实体集 Course 中的主码 courseNo 与 cClassNo 结合起来唯一标识 CourseClass 中的实体。改进的学生选课数据库 SCDB 的模式如图 2-10 所示。

4. 用户自定义完整性（user-defined integrity）

任何关系数据库管理系统都应该支持实体完整性和参照完整性，这是关系模型所要求的。除此之外，不同的关系数据库系统根据其应用业务的不同语义，通常还需要满足一些特殊的约束条件。用户自定义完整性就是针对不同应用业务的语义而由用户自己定义的一些完整性约束条件。

例如，可以通过用户自定义完整性来实现如下一些业务语义的约束：

（1）限制关系中某些属性的取值要符合业务语义要求。例如，教师的职称属性只能取集合{"教授"，"副教授"，"讲师"，"助教"，"其他"，null}中的某一个值；学生的学号属性是一个 7 位的字符串，但要求第 1 位代表学生类别（如研究生、本科生、专科生等）语义、接下来的 2 位代表年级语义、剩余的 4 位是流水号等。

（2）限制关系中某些属性的取值之间需要满足一定的逻辑关系。例如，一个教学班

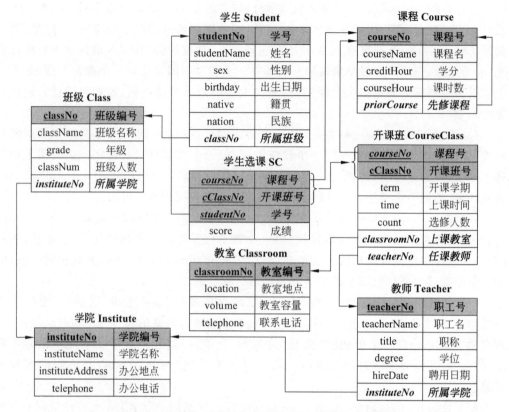

图 2-10　改进的学生选课数据库 SCDB 的模式导航图

已选课学生的数量不允许大于其已安排的教室容量;一个业务期内,所有账户的借方发
生额之和必须等于所有账户的贷方发生额之和;一本书的归还日期必须晚于其借出日
期等。

（3）限制关系中某属性集上的取值必须唯一。例如,对于例 2.8 的学生选课数据库
SCDB 中 的 CourseClass 关系,属性集{term, time, classroomNo}、{term, time,
teacherNo}上的取值都必须唯一,前者所对应的业务语义是同一学期、同一时间、同一教
室不能安排两个教学班,后者所对应的业务语义是同一学期、同一时间、同一教师不能安
排两个教学班。

关系数据库管理系统(relation database management system,RDBMS)应该提供定
义和检查这类用户自定义完整性的机制,以便统一处理,而不要由应用程序承担该
任务。

2.1.3　关系操作

现实世界随着时间在不断变化,因此在不同的时刻,数据库世界中关系模式的关系
实例也会有所变化,以反映现实世界的变化。关系实例的这种变化是通过关系操作来实
现的。

关系模型中的关系操作有查询操作和更新操作(包括插入、删除和修改)两大类。关系模型的查询表达能力很强,因此查询操作是关系操作中最主要的部分。查询操作又可以分为选择(select)、投影(project)、连接(join)、除(divide)、并(union)、交(intersection)、差(except)、笛卡儿积等。其中,选择、投影、集合并、集合差和笛卡儿积是 5 种基本关系操作,其他操作都可以通过基本操作来定义和导出。

关系操作的特点是集合操作方式,即操作的对象和结果都是集合。这种操作方式也称为一次一集合(set-at-a-time)的方式。相应地,非关系数据模型的数据操作方式则为一次一记录(record-at-a-time)的方式。

关系模型只给出关系操作的功能说明,不对关系数据库管理系统使用的查询语言(query language)给出具体的语法要求,也就是说,不同的 RDBMS 可以定义和开发不同的查询语言来实现这些操作。数据库查询语言通常比一般的程序设计语言(抽象)层次更高。查询语言可以分为过程化语言(procedural language)和非过程化语言。在过程化语言中,用户指导系统对数据库执行一系列操作以计算所需结果。在非过程化语言中,用户只需描述所需信息,而不用给出获取该信息的具体过程。

大多数商用 RDBMS 提供的查询语言中既包含过程化方式的成分,又包含非过程化方式的成分。

抽象层次上的关系查询语言有关系代数、关系演算和 SQL 语言等。关系代数是用代数方式表达的关系查询语言,关系演算是用逻辑方式表达的关系查询语言,又分为元组关系演算和域关系演算,它们都是非过程化的查询语言。关系代数、元组关系演算和域关系演算 3 种查询语言在表达能力上是完全等价的。关系代数将在下一节介绍;由于篇幅有限,本书略去关系演算,有兴趣的读者请参考相关资料。

第 3 章将介绍结构化查询语言(structured query language,SQL)。它是一种介于关系代数和关系演算之间的查询语言,不仅具有丰富的查询功能,而且具有数据定义和数据控制功能,是集 DDL(data definition language)、DML(data manipulation language)和 DCL(data control language)于一体的关系数据语言,是关系数据库的标准语言。

2.2 关 系 代 数

关系代数是通过关系代数运算来构造查询表达式。基本的关系代数运算有选择、投影、集合并、集合差、笛卡儿积和更名等。在这些基本运算之外,还有一些其他运算,即集合交、连接、除和赋值等。

任何一种运算都是将一定的运算符作用于一定的运算对象上,得到预期的运算结果。因此运算对象、运算符和运算结果是运算的 3 大要素。关系代数运算是以一个或两个关系作为输入(即运算对象),产生一个新的关系作为结果。

为了便于举例,图 2-11 给出了图 2-8 所示的学生成绩管理数据库 ScoreDB 的一个关系实例。

Class 关系

classNo	className	institute	grade	classNum
AC1503	会计学 15(3)班	会计学院	2015	46
CS1501	计算机 15(1)班	信息学院	2015	48
IS1602	信息系统 16(2)班	信息学院	2016	43

Student 关系

studentNo	studentName	sex	birthday	native	nation	classNo
1501001	李小勇	男	1998-12-21	南昌	汉族	CS1501
1501008	王红	男	2000-04-26	上海	汉族	CS1501
1503010	李宏冰	女	2000-03-09	太原	蒙古族	AC1503
1503045	王红	男	2000-04-26	北京	汉族	AC1503
1602002	刘方晨	女	1998-11-11	南昌	傣族	IS1602
1602005	王红敏	女	1998-10-01	上海	蒙古族	IS1602

Course 关系

courseNo	courseName	creditHour	courseHour	priorCourse
AC001	基础会计	3	48	null
CN028	大学语文	3	48	null
CS012	操作系统	5	80	null
CS015	数据库系统	4	64	CS012

Score 关系

studentNo	courseNo	term	score
1501001	CN028	15161	85
1501001	CS012	15162	88
1501001	CS015	16171	92
1501008	AC001	15161	76
1501008	CN028	15161	86
1501008	CS012	15162	93
1501008	CS015	16171	96
1503010	AC001	15161	92
1503010	CN028	15161	83
1503010	CS012	15162	73
1503045	AC001	15161	52
1503045	AC001	16171	94
1503045	CN028	15161	80
1503045	CS015	16171	82
1602002	AC001	16171	98
1602002	CN028	16171	72
1602002	CS015	17181	85
1602005	AC001	17181	88
1602005	CS012	16172	90
1602005	CS015	17181	87

图 2-11　成绩管理数据库 ScoreDB 的一个关系实例

2.2.1　传统的集合运算

假设关系 r 和关系 s 具有相同的 n 个属性,且相应的属性取自同一个域,t 是元组变量,$t \in r$ 表示 t 是 r 的一个元组(即元组变量 t 的值域是关系 r 的元组集合)。首先基于上述假设讨论关系的并、差和交运算。

1. 并

关系 r 与关系 s 的并记作

$$r \cup s = \{t | t \in r \lor t \in s\}$$

其结果关系仍为 n 目关系,由属于 r 或属于 s 的所有元组组成。

2. 差

关系 r 与关系 s 的差记作

$$r-s=\{t|t\in r\wedge t\notin s\}$$

其结果关系仍为 n 目关系,由属于 r 而不属于 s 的所有元组组成。

3. 交

关系 r 与关系 s 的交记作

$$r\bigcap s=\{t|t\in r\wedge t\in s\}$$

其结果关系仍为 n 目关系,由既属于 r 又属于 s 的所有元组组成。关系的交可以通过差来表达,即 $r\bigcap s=r-(r-s)$。

4. 笛卡儿积

两个分别为 n 目和 m 目的关系 r 和 s 的笛卡儿积是一个 $n+m$ 目元组的集合。元组的前 n 列是关系 r 的一个元组,后 m 列是关系 s 的一个元组。若关系 r 有 k_r 个元组,关系 s 有 k_s 个元组,则关系 r 和 s 的笛卡儿积有 $k_r\times k_s$ 个元组。记作

$$r\times s=\{t_r\cdot t_s|t_r\in r\wedge t_s\in s\}$$

【例 2.9】 对于图 2-11 给出的数据库 ScoreDB,笛卡儿积 Class×Course 的结果关系如图 2-12 所示。

关系 Class×Course

classNo	className	institute	grade	classNum	courseNo	courseName	creditHour	courseHour	priorCourse
AC1503	会计学 15(3)班	会计学院	2015	46	AC001	基础会计	48	3	null
AC1503	会计学 15(3)班	会计学院	2015	46	CN028	大学语文	48	3	null
AC1503	会计学 15(3)班	会计学院	2015	46	CS012	操作系统	80	5	null
AC1503	会计学 15(3)班	会计学院	2015	46	CS015	数据库系统	64	4	CS012
CS1501	计算机 15(1)班	信息学院	2015	48	AC001	基础会计	48	3	null
CS1501	计算机 15(1)班	信息学院	2015	48	CN028	大学语文	48	3	null
CS1501	计算机 15(1)班	信息学院	2015	48	CS012	操作系统	80	5	null
CS1501	计算机 15(1)班	信息学院	2015	48	CS015	数据库系统	64	4	CS012
IS1602	信息系统 16(2)班	信息学院	2016	43	AC001	基础会计	48	3	null
IS1602	信息系统 16(2)班	信息学院	2016	43	CN028	大学语文	48	3	null
IS1602	信息系统 16(2)班	信息学院	2016	43	CS012	操作系统	80	5	null
IS1602	信息系统 16(2)班	信息学院	2016	43	CS015	数据库系统	64	4	CS012

图 2-12 笛卡儿积 Class×Course 的结果关系

2.2.2 专门的关系运算

为了叙述方便,先给出几个记号。

(1) 设关系模式为 $r(A_1,A_2,\cdots,A_n)$,它的一个关系实例为 r。t 是元组变量,$t\in r$ 表

示 t 是 r 的一个元组。

(2) 设关系模式 $r(R)$ 和 $s(S)$，R 和 S 分别是属性名的集合，对应的关系实例分别为 r 和 s。则 $R \cap S$ 表示同时出现在两个关系模式中的公共属性集，$R \cup S$ 表示出现在 R 中或 S 中或二者中都出现的属性集，$R-S$ 表示出现在 R 中但不出现在 S 中的那些属性名的集合，$S-R$ 表示出现在 S 中但不出现在 R 中的那些属性名的集合。请注意这里的并、交、差运算都是针对属性集合进行的，而不是在关系上进行的。

(3) 若 $A = \{A_{i_1}, A_{i_2}, \cdots, A_{i_k}\}$，其中 $A_{i_1}, A_{i_2}, \cdots, A_{i_k}$ 是 $A_1, A_2, \cdots, A_n$ 中的一部分，则 A 称为属性或属性集。$t[A] = (t[A_{i_1}], t[A_{i_2}], \cdots, t[A_{i_k}])$ 表示元组 t 在属性集 A 上诸分量的集合。$\overline{A}$ 则表示 $\{A_1, A_2, \cdots, A_n\}$ 中去掉 $\{A_{i_1}, A_{i_2}, \cdots, A_{i_k}\}$ 后剩余的属性集。

(4) 关系 r 为 n 目关系，关系 s 为 m 目关系。$t_r \in r, t_s \in s, t_r \cdot t_s$ 称为元组的连接，它是一个 $n+m$ 目的元组。元组的前 n 个分量是关系 r 的一个元组，后 m 个分量是关系 s 的一个元组。

(5) 给定一个关系 $r(A, B)$，A 和 B 为属性集。$\forall t \in r$，记 $t[A] = x$，则在关系 r 中属性集 A 的某个取值 x 的**象集**定义为

$$B_x = \{t[B] \mid t \in r, t[A] = x\}$$

它表示关系 r 中属性集 A 上取值为 x 的所有元组在属性集 B 上的投影。

【例 2.10】 对于图 2-11 的关系 Score，设 $A = \{\text{studentNo}\}$，$B = \{\text{courseNo, term, score}\}$，则在关系 Score 中值 '1501008' 和 '1602005' 的象集 $B_{'1501008'}$ 和 $B_{'1602005'}$ 的结果如图 2-13 所示。

courseNo	term	score
AC001	15161	76
CN028	15161	86
CS012	15162	93
CS015	16171	96

(a) 象集 $B_{'1501008'}$

courseNo	term	score
AC001	17181	88
CS012	16172	90
CS015	17181	87

(b) 象集 $B_{'1602005'}$

图 2-13　例 2.10 的象集实例

1. 选择

选择操作是在关系 r 中查找满足给定谓词(即选择条件)的所有元组，记作：

$$\sigma_P(r) = \{t \mid t \in r \wedge P(t)\}$$

其中 P 表示谓词(即选择条件)，它是一个逻辑表达式，取值为"真"或"假"。

简单谓词的形式为：$X \text{ op } Y$，其中 op 为比较运算符，包括 $<$、$<=$、$>$、$>=$、$=$ 和 $!=$(或 $<>$)；运算对象 X, Y 可以是属性名、常量或简单函数等。通过非(¬)、与(∧)、或(∨)等逻辑运算符可以将多个简单谓词连接起来构成更复杂的谓词。

【例 2.11】 在数据库 ScoreDB 中，查找 2015 级的所有班级情况(结果如图 2-14 所示)。

$$\sigma_{\text{grade}=2015}(\text{Class})$$

classNo	className	institute	grade	classNum
AC1503	会计学 15(3)班	会计学院	2015	46
CS1501	计算机 15(1)班	信息学院	2015	48

图 2-14　例 2.11 的结果

【例 2.12】　在数据库 ScoreDB 中,查找所有 2000 年及以后出生的女学生情况(结果如图 2-15 所示)。

$$\sigma_{\text{year(birthday)}>=2000 \land \text{sex}='女'}(\text{Student})$$

其中:year 函数用于提取一个日期中的年份。

studentNo	studentName	sex	birthday	native	nation	classNo
1503010	李宏冰	女	2000-03-09	太原	蒙古族	AC1503

图 2-15　例 2.12 的结果

2. 投影

关系是一个二维表,对它的操作可以从水平(行)的角度进行,即选择操作;也可以从纵向(列)的角度进行,即投影操作。

关系 r 上的投影是从 r 中选择出若干属性列组成新的关系。记作:

$$\Pi_A(r) = \{t[A] | t \in r\}$$

其中:A 为关系 r 的属性集合。

【例 2.13】　在数据库 ScoreDB 中,查找所有学生的姓名和民族(结果如图 2-16 所示)。

$$\Pi_{\text{studentName,nation}}(\text{Student})$$

投影运算不仅取消了原关系中的某些列,而且可能会减少元组。这是因为取消了某些列之后的元组可能有重复的,应该**去除重复元组**,即完全相同的元组仅保留一条。例如,例 2.13 中关系 Student 投影后有两条('王红','汉族')的元组,最后只保留一条。

【例 2.14】　在数据库 ScoreDB 中,查找所有"蒙古族"学生的姓名和籍贯(结果如图 2-17 所示)。

$$\Pi_{\text{studentName,native}}(\sigma_{\text{nation}='蒙古族'}(\text{Student}))$$

Student 关系

studentName	nation
李小勇	汉族
王　红	汉族
李宏冰	蒙古族
刘方晨	傣族
王红敏	蒙古族

图 2-16　例 2.13 的结果

studentName	native
李宏冰	太原
王红敏	上海

图 2-17　例 2.14 的结果

该例中出现了关系代数运算的组合。先进行选择运算 $\sigma_{nation=\text{'蒙古族'}}(\text{Student})$，它的运算结果作为下一步投影运算 $\Pi_{studentName, native}$ 的运算对象。由于关系运算的结果仍然是关系，所以可以将多个关系代数运算组合成一个**关系代数表达式**(relational-algebra expression)。这类似于将算术运算组合成算术表达式，将逻辑运算组合成谓词表达式(即逻辑表达式)。

3. 连接

连接也称为 θ 连接。假设连接条件为谓词 θ，记为 A op B，其中 A, B 分别为关系 r 和 s 中的属性个数相等且可比的连接属性集，op 为比较运算符。则 θ 连接是从两个关系的笛卡儿积中选取连接属性间满足谓词 θ 的所有元组。记作：

$$r \bowtie_{\theta} s = \{t_r \cdot t_s | t_r \in r \wedge t_s \in s \wedge (r.A \text{ op } s.B)\}$$

θ 连接运算就是从关系 r 和 s 的笛卡儿积 $r \times s$ 中，选取 r 关系在 A 属性集上的值与 s 关系在 B 属性集上的值满足连接谓词 θ 的所有元组，即：

$$r \bowtie_{\theta} s = \sigma_{\theta}(r \times s)$$

连接运算中有两种最常用、最重要的连接，一种是等值连接(equijoin)，另一种是自然连接(natural join)。θ 为等值比较谓词的连接运算称为**等值连接**。

自然连接是一种特殊的等值连接，它要求两个参与连接的关系具有公共的属性集，即 $R \cap S \neq \varnothing$，并在这个公共属性集上进行等值连接；同时，还要求将连接结果中的重复属性列去除掉，即在公共属性集中的列只保留一次。

记 $R \cap S = \{A_1, A_2, \cdots, A_k\}$，则自然连接可记作：

$$r \bowtie s = \{t_r \cdot t_s | t_r \in r \wedge t_s \in s \wedge (r.A_1 = s.A_1 \wedge r.A_2 = s.A_2 \wedge \cdots \wedge r.A_k = s.A_k)\}$$
$$= \Pi_{RUS}(\sigma_{r.A_1 = s.A_1 \wedge r.A_2 = s.A_2 \wedge \cdots \wedge r.A_k = s.A_k}(r \times s))$$
$$\approx \sigma_{r.A_1 = s.A_1 \wedge r.A_2 = s.A_2 \wedge \cdots \wedge r.A_k = s.A_k}(r \times s)$$

(注：为了简化，后面将省去投影运算)

自然连接满足结合律：$r_1 \bowtie r_2 \bowtie r_3 = (r_1 \bowtie r_2) \bowtie r_3 = r_1 \bowtie (r_2 \bowtie r_3)$。如果公共属性集为空，则自然连接 $r \bowtie s$ 的结果就是关系 r 和 s 的笛卡儿积，即 $r \bowtie s = r \times s$。

【例 2.15】 在数据库 ScoreDB 中，查找所有 2016 级的"蒙古族"学生的姓名(结果如图 2-18 所示)。

分析：

studentName
王红敏

图 2-18　例 2.15 的结果

(1) 根据例 2.14 可知，$\sigma_{nation=\text{'蒙古族'}}(\text{Student})$ 可以找到所有蒙古族学生的情况，但是学生关系 Student 中没有关于年级的信息，而在班级关系 Class 中有关年级的信息，因此，要实现该查询要求，就必须将关系 Student 与关系 Class 关联起来。

(2) 根据图 2-8 所示的模式导航图可知，关系 Student 与关系 Class 可通过外码 classNo 关联起来，这种外码引用关系可通过自然连接(或等值连接)表示：

$$\text{Student} \bowtie \text{Class} = \sigma_{\text{Student.classNo} = \text{Class.classNo}}(\text{Student} \times \text{Class}) \tag{2-1}$$

(3) 因此，最后的查询可表达为

$$\Pi_{studentName}(\sigma_{nation=\text{'蒙古族'}}(\text{Student}) \bowtie \sigma_{grade=2016}(\text{Class})) \tag{2-2}$$

$$= \prod_{\text{studentName}} (\sigma_{\text{Student. classNo}=\text{Class. classNo}} (\sigma_{\text{nation}='蒙古族'} (\text{Student}) \times \sigma_{\text{grade}=2016} (\text{Class}))) \qquad (2\text{-}3)$$

$$= \prod_{\text{studentName}} (\sigma_{\text{Student. classNo}=\text{Class. classNo}} (\sigma_{\text{nation}='蒙古族' \wedge \text{grade}=2016} (\text{Student} \times \text{Class}))) \qquad (2\text{-}4)$$

$$= \prod_{\text{studentName}} (\sigma_{\text{nation}='蒙古族' \wedge \text{grade}=2016 \wedge \text{Student. classNo}=\text{Class. classNo}} (\text{Student} \times \text{Class})) \qquad (2\text{-}5)$$

$$= \prod_{\text{studentName}} (\sigma_{\text{nation}='蒙古族' \wedge \text{grade}=2016} (\sigma_{\text{Student. classNo}=\text{Class. classNo}} (\text{Student} \times \text{Class}))) \qquad (2\text{-}6)$$

$$= \prod_{\text{studentName}} (\sigma_{\text{nation}='蒙古族' \wedge \text{grade}=2016} (\text{Student} \bowtie \text{Class})) \qquad (2\text{-}7)$$

以下几点说明：

① 式(2-1)中的等式、式(2-2)与(2-3)之间的等式、式(2-6)与(2-7)之间的等式都是基于自然连接的定义而得到的。对于式(2-1)，左边的自然连接 Student $\bowtie$ Class 是通过班级编号 classNo 属性将学生关系 Student 中的每一个学生元组与它所对应的班级关系 Class 中的班级元组进行连接，并产生一个连接元组；右边的笛卡儿积 Student $\times$ Class 是将学生关系 Student 中的每一个学生元组与班级关系 Class 中的每一个班级元组都连接起来产生一个元组，这样产生的元组中大部分是没有实际语义的，在笛卡儿积上进行的选择运算 $\sigma_{\text{Student. classNo}=\text{Class. classNo}}$ 就是将满足自然连接要求的那部分连接元组选择出来。

② 关于式(2-3)与(2-4)的等价。在式(2-3)中，要求将"蒙古族"的所有学生元组与2016级的所有班级元组进行笛卡儿积运算。而在式(2-4)中，是将所有的学生元组与所有的班级元组进行笛卡儿积运算，因此在该笛卡儿积上进行的选择运算 $\sigma_{\text{nation}='蒙古族' \wedge \text{grade}=2016}$ 就正好是将那些"蒙古族"的学生元组与2016级的班级元组之间的连接元组选择出来。

③ 关于式(2-4)与(2-5)的等价、式(2-5)与(2-6)的等价，它们都是基于选择谓词的合取运算等价变换而得到的，即 $\sigma_{P_1} (\sigma_{P_2} (r)) = \sigma_{P_1 \wedge P_2} (r) = \sigma_{P_2} (\sigma_{P_1} (r))$。

【例 2.16】　在数据库 ScoreDB 中，查找课程号为 AC001 课程的考试中比学号为 1503045 的学生考得更好的所有学生的姓名和成绩(结果如图 2-19(d)所示)。

分析：

(1) 首先，找出学号为 1503045 的学生在课程号为 AC001 的课程中的成绩元组，其查询可表达为(记结果关系为 r1，如图 2-19(a)所示)

$$(\sigma_{\text{studentNo}='1503045' \wedge \text{courseNo}='AC001'} (\text{Score})) \text{ AS } r_1 \qquad (2\text{-}8)$$

说明：为了便于表达，这里借用了 SQL 语言中的"AS ＜别名＞"语法，表示对中间查询结果关系进行命名。请参见 3.2.4 节。

(2) 然后，找出选修了课程号为"AC001"课程的所有学生的成绩元组，其查询可表达为(记结果关系为 r_2，如图 2-19(b)所示)

$$(\sigma_{\text{courseNo}='AC001'} (\text{Score})) \text{ AS } r_2 \qquad (2\text{-}9)$$

(3) 第三，将关系 r_1 与关系 r_2 进行 θ 连接(即比较连接)，其查询可表达为(记结果关系为 r_3，如图 2-19(c)所示)

$$
\begin{aligned}
& r_1 \bowtie_{r_1. \text{score}<r_2. \text{score}} r_2 \\
&= \sigma_{r_1. \text{score}<r_2. \text{score}} (r_1 \times r_2) \\
&= \sigma_{r_1. \text{score}<r_2. \text{score}} (((\sigma_{\text{studentNo}='1503045' \wedge \text{courseNo}='AC001'} (\text{Score})) \text{ AS } r_1) \\
& \qquad \times ((\sigma_{\text{courseNo}='AC001'} (\text{Score})) \text{ AS } r_2))
\end{aligned}
\qquad (2\text{-}10)
$$

studentNo	courseNo	term	score
1501008	AC001	15161	76
1503010	AC001	15161	92
1503045	AC001	15161	52
1503045	AC001	16171	94
1602002	AC001	16171	98
1602005	AC001	17181	88

studentNo	courseNo	term	score
1503045	AC001	15161	52
1503045	AC001	16171	94

(a) 关系 r_1　　　　　　　　(b) 关系 r_2

r_1.studentNo	r_1.courseNo	r_1.term	r_1.score	r_2.studentNo	r_2.courseNo	r_2.term	r_2.score
1503045	AC001	15161	52	1501008	AC001	15161	76
1503045	AC001	15161	52	1503010	AC001	15161	92
1503045	AC001	15161	52	1503045	AC001	16171	94
1503045	AC001	15161	52	1602002	AC001	16171	98
1503045	AC001	15161	52	1602005	AC001	17181	88
1503045	AC001	16171	94	1602002	AC001	16171	98

(c) 关系 r_3

studentName	score
王　红	76
李宏冰	92
王　红	94
刘方晨	98
王红敏	88

(d) 最后结果

图 2-19　例 2.16 的 θ 连接的计算过程

（4）最后，将关系 r3 在属性 r2. studentNo 和 r2. score 上进行投影，并将投影结果与学生关系 Student 按外码 studentNo 进行自然连接，最后对连接结果在属性 studentName 和 r2. score 上进行投影可得到最后的查询结果，其查询可表达为：

$$\Pi_{\text{studentName, r2. score}}(\Pi_{\text{r2. studentNo, r2. score}}(r3) \bowtie \text{Student})$$

$$= \Pi_{\text{studentName, r2. score}}(\sigma_{\text{r2. studentNo}=\text{Student. studentNo}}(\Pi_{\text{r2. studentNo, r2. score}}(r3) \times \text{Student}))$$

$$= \Pi_{\text{studentName, r2. score}}(\sigma_{\text{r2. studentNo}=\text{Student. studentNo}}(\Pi_{\text{r2. studentNo, r2. score}}($$

$$\sigma_{\text{r1. score}<\text{r2. score}}(((\sigma_{\text{studentNo}='1503045' \wedge \text{courseNo}='AC001'}(\text{Score})) \text{ AS r1})$$

$$\times ((\sigma_{\text{courseNo}='AC001'}(\text{Score})) \text{ AS r2}))) \times \text{Student}))$$

说明：由于关系 r3 中有 2 个学号属性 r1. studentNo 和 r2. studentNo，所以在关系 r3 上进行投影的目的是消除接下来与关系 Student 进行自然连接的歧义。

对于关系 r 和 s 的自然连接 $r \bowtie s$，如果关系 r 中的某些元组在关系 s 中找不到公共属性上值相等的元组，那么关系 r 中的这些元组将被丢弃，不能进入到连接结果中；类似地，关系 s 中也可能有些元组将被丢弃，不能进入到连接结果中。例如，自然连接 Course $\bowtie$ Score，如果课程关系 Course 中的有些课程没有被学生选修，那么这些课程元组将不能进入到连接结果中。

如果需要把不能连接的元组（即丢弃的元组）也保留到结果关系中，那么关系 r 中不能连接的元组在结果元组中的关系 s 的属性上可以全部置为空值 null,反之类似处理。这种连接就称为**外连接**(outer join)。如果只把左关系中不能连接的元组保留到结果关系中,则称为**左外连接**(left outer join 或 left join);反之,如果只把右关系中不能连接的元组保留到结果关系中,则称为**右外连接**(right outer join 或 right join)。

4. 除运算

1) 问题的提出

【**例 2.17**】 如果我们需要查找修读过信息学院开设的所有课程的学生学号,如何表达查询呢?这里假设信息学院开设的课程的课程号 courseNo 都是以 CS 开头。

对于这个问题,可以分如下几步来求解:

① 查找出修读过信息学院课程的所有学生,查询结果如图 2-20(a)所示(这里只保留了学号 studentNo 和课程号 courseNo 属性)。

$$r_1 = \Pi_{\text{studentNo, courseNo}}(\sigma_{\text{courseNo LIKE 'CS\%'}}(\text{Score}))$$

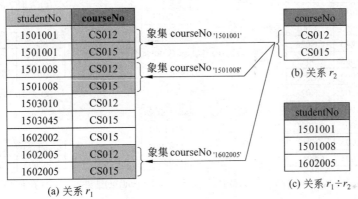

(a) 关系 r_1

(b) 关系 r_2

(c) 关系 $r_1 \div r_2$

图 2-20 例 2.17 的除运算实例

说明:这里借用了 SQL 语言中的字符串匹配运算符 LIKE,其中,%为通配符。请参见 3.2.2 节。

② 找出信息学院开设的所有课程,查询结果如图 2-20(b)所示(这里只保留了课程号 courseNo 属性)。

$$r_2 = \Pi_{\text{courseNo}}(\sigma_{\text{courseNo LIKE 'CS\%'}}(\text{Course}))$$

③ 比较图 2-20(a)和(b)可以发现:修读过信息学院开设的所有课程的学生就是关系 r_1 中满足"courseNo 列包含关系 r_2 的所有行"的那些学生,结果如图 2-20(c)所示。该结果就是我们要介绍的除运算的结果,即 $r_1 \div r_2$。

2) 除运算的形式化定义

设关系 $r(R)$ 和 $s(S)$,属性集 S 是 R 的子集,即 $S \subseteq R$,则关系 $r \div s$ 是关系 r 中满足下列条件的元组在属性集 $R-S$ 上的投影:$\forall t_r \in r$,记 $x = t_r[R-S]$,则关系 r 中属性集 $R-S$ 的取值 x 的象集 S_x 包含关系 s。记作:

$$r \div s = \{t_r[R-S] | t_r \in r \wedge s \subseteq S_x\}$$

【**例 2.18**】　对于图 2-11 所示的关系数据库 ScoreDB,则:

(1) $(\Pi_{studentNo,courseNo}(\text{Score})) \div (\Pi_{courseNo}(\sigma_{courseName='基础会计' \vee courseName='操作系统'}(\text{Course})))$ 表示查找既选修了"基础会计"又选修了"操作系统"课程的学生学号,查询结果如图 2-21(c)所示。其中,被除数 $\Pi_{studentNo,courseNo}(\text{Score})$ 和除数 $\Pi_{courseNo}(\sigma_{courseName='基础会计' \vee courseName='操作系统'}(\text{Course}))$ 的查询结果分别如图 2-21(a)和图 2-21(b)所示。

studentNo	courseNo
1501001	CN028
1501001	CS012
1501001	CS015
1501008	AC001
1501008	CN028
1501008	CS012
1501008	CS015
1503010	AC001
1503010	CN028
1503010	CS012
1503045	AC001
1503045	CN028
1503045	CS015
1602002	AC001
1602002	CN028
1602002	CS015
1602005	AC001
1602005	CS012
1602005	CS015

(a) $\Pi_{studentNo,courseNo}(\text{Score})$ 的结果

courseNo
AC001
CS012

(b) $\Pi_{courseNo}(\sigma_{courseName='基础会计' \vee courseName='操作系统'}(\text{Course}))$ 的结果

courseNo
AC001
CN028
CS012
CS015

(d) $\Pi_{courseNo}(\text{Course})$ 的结果

studentNo
1501001
1501008
1503045

(f) $\Pi_{studentNo}(\sigma_{sex='男'}(\text{Student}))$ 的结果

studentNo
1501008
1503010
1602005

(c) 查询(1)的结果

studentNo	studentName
1501008	王红

(e) 查询(2)的结果

courseNo	courseName
CN028	大学语文
CS015	数据库系统

(g) 查询(3)的结果

studentNo	studentName
1602002	刘方晨

(h) 查询(4)的结果

图 2-21　例 2.18 的查询结果

(2) $\Pi_{studentNo,studentName}(((\Pi_{studentNo,courseNo}(\text{Score})) \div (\Pi_{courseNo}(\text{Course}))) \bowtie \text{Student})$ 表示查找选修了所有课程的学生的学号和姓名,查询结果如图 2-21(e)所示。其中除数 $\Pi_{courseNo}(\text{Course})$ 的查询结果如图 2-21(d)所示。

(3) $\Pi_{courseNo,courseName}(((\Pi_{courseNo,studentNo}(\text{Score})) \div (\Pi_{studentNo}(\sigma_{sex='男'}(\text{Student})))) \bowtie \text{Course})$ 表示查找被所有男同学选修过的课程的课程号和课程名,查询结果如图 2-21(g)所示。其中除数 $\Pi_{studentNo}(\sigma_{sex='男'}(\text{Student}))$ 的查询结果如图 2-21(f)所示。

(4) $\Pi_{studentNo,studentName}(((\Pi_{studentNo,courseNo}(\text{Score})) \div ((\Pi_{courseNo,studentNo}(\text{Score})) \div (\Pi_{studentNo}(\sigma_{sex='男'}(\text{Student}))))) \bowtie (\sigma_{sex='女'}(\text{Student})))$ 表示查找选修了被所有男同学同时选修过的所有课程的女学生的学号和姓名,查询结果如图 2-21(h)所示。

2.2.3　关系代数查询综合举例

给定一个查询需求,如何用关系代数表达式来表达该查询呢?首先需要对该查询需求进行分析,回答以下问题之后,就可以基于关系数据库模式导航图写出相应的关系代

数表达式。

（1）该查询涉及哪些属性？

（2）该查询涉及哪些关系？

（3）根据数据库模式导航图，通过多对一联系（或一对多联系）把所有涉及的关系连接起来，每一个多对一联系（或一对多联系）都可以表示为外码属性的自然连接。由于多对多联系都要借助于"联系"关系转化为多对一联系（或一对多联系），因此将所有关系连接起来的过程中可能会涉及更多的关系。

【例 2.19】　对于图 2-8 所示的 ScoreDB 数据库，查找"蒙古族"学生所修各门课程的情况，要求输出学生姓名、课程名和成绩。

分析：

（1）该查询共涉及 4 个属性，分别是民族 nation，姓名 studentName，课程名 courseName 和成绩 score，其中，nation 属性用于选择条件 notion＝'蒙古族'，其余属性都是输出需要。

（2）上述 4 个属性共涉及 3 个关系，分别是学生关系 Student、课程关系 Course 和成绩关系 Score。

（3）根据图 2-8 所示的模式导航图可知，成绩关系 Score 分别通过外码 studentNo 和 courseNo 与学生关系 Student 和课程关系 Course 建立多对一的联系，每一个这种多对一的联系可以通过一个自然连接实现，因此查询表达式为

$$\Pi_{studentName, courseName, score}(\sigma_{nation='蒙古族'}((Student \bowtie Score) \bowtie Course))$$

或

$$\Pi_{studentName, courseName, score}(\sigma_{nation='蒙古族'}(Student \bowtie Score) \bowtie Course)$$

或

$$\Pi_{studentName, courseName, score}((\sigma_{nation='蒙古族'}Student \bowtie Score) \bowtie Course)$$

【例 2.20】　对于图 2-8 所示的 ScoreDB 数据库，查找 2015 级的"南昌"籍同学修读了哪些课程，要求输出学生姓名、课程名。

分析：

（1）该查询共涉及 4 个属性，分别是年级 grade，籍贯 native，姓名 studentName 和课程名 courseName，其中年级 grade 和籍贯 native 用于选择条件，姓名 studentName 和课程名 courseName 用于输出。

（2）上述 4 个属性共涉及 3 个关系，分别是班级关系 Class，学生关系 Student 和课程关系 Course。

（3）根据图 2-8 所示的模式导航图可知，关系之间存在的联系有（如图 2-22 所示）：

① 学生关系 Student 与班级关系 Class 之间是多对一联系（在班级关系的年级属性上有选择条件 grade＝2015）。

② 学生关系 Student 和课程关系 Course 之间是多对多联系，这种多对多联系必须借助联系关系 Score 才能建立联系，即借助关系 Score 将多对多联系转化为两个多对一联系之后才能建立导航联系。

因此，该查询需要涉及 4 个关系：Class，Student，Course 和 Score。每一个多对一联

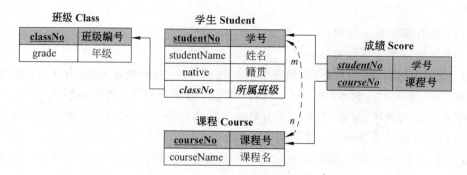

图 2-22　例 2.20 的模式导航图

系都可以通过自然连接实现,查询表达式可表示为

$$\Pi_{studentName, courseName}(((\sigma_{grade=2015}Class \bowtie \sigma_{native='南昌'}Student) \bowtie Score) \bowtie Course)$$

或

$$\Pi_{studentName, courseName}(\sigma_{grade=2015 \wedge native='南昌'}(((Class \bowtie Student) \bowtie Score) \bowtie Course))$$

【例 2.21】　对于图 2-9 所示的 SCDB 数据库,查找"吴文君"老师教过的 2016 级学生的姓名。

分析:

(1) 该查询共涉及 3 个属性,分别是职工名 teacherName,年级 grade 和学生姓名 studentName,其中学生姓名 studentName 用于输出,职工名 teacherName 和年级 grade 都是用于选择条件。

(2) 上述 3 个属性共涉及 3 个关系,分别是教师关系 Teacher,班级关系 Class 和学生关系 Student。

(3) 根据图 2-9 所示的模式导航图可知,关系之间存在的联系有(如图 2-23 所示):

① 学生关系 Student 与班级关系 Class 之间是多对一联系(在班级关系的年级属性上有选择条件 grade=2016)。

② 学生关系 Student 和教师关系 Teacher 之间是多对多联系,而且这种多对多联系还不是直接通过一个联系关系就能建立联系,它们之间的关联情况如下:

(a) 首先,学生关系 Student 与学生选课关系 SC 之间是一对多联系;

(b) 然后,学生选课关系 SC 与开课班关系 CourseClass 之间是多对一联系;

(c) 最后,开课班关系 CourseClass 与教师关系 Teacher 之间是多对一联系(在教师

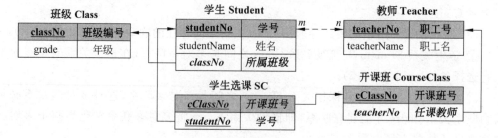

图 2-23　例 2.21 的模式导航图

关系的职工名属性上有选择条件 teacherName＝'吴文君')。

因此,该查询需要涉及 5 个关系:Teacher,Class,Student,SC 和 CourseClass。每一个多对一联系(或一对多联系)都可以通过自然连接实现,查询表达式可表示为:

$$\Pi_{studentName}((((\sigma_{grade=2016}Class \bowtie Student) \bowtie SC) \bowtie CourseClass) \bowtie \sigma_{teacherName='吴文君'}Teacher)$$

或

$$\Pi_{studentName}(((\sigma_{grade=2016}Class \bowtie Student) \bowtie SC) \bowtie (CourseClass \bowtie \sigma_{teacherName='吴文君'}Teacher))$$

【**例 2.22**】　对于图 2-9 所示的 SCDB 数据库,查找"吴文君"老师在"操作系统"课程中教过的"信息学院"学生的姓名。

分析:

(1) 该查询共涉及 4 个属性,分别是职工名 teacherName,课程名 courseName,学院名称 instituteName 和学生姓名 studentName,其中学生姓名 studentName 用于输出,职工名 teacherName,课程名 courseName 和学院名称 instituteName 都是用于选择条件。

(2) 上述 4 个属性共涉及 4 个关系,分别是教师关系 Teacher,课程关系 Course,学院关系 Institute 和学生关系 Student。

(3) 根据图 2-9 所示的模式导航图可知,关系之间存在的联系有(如图 2-24 所示):

① 学生关系 Student 与班级关系 Class 之间是多对一联系。

② 班级关系 Class 又与学院关系 Institute 之间是多对一联系(在学院关系的学院名称属性上有选择条件 instituteName＝'信息学院')。

③ 学生关系 Student 和教师关系 Teacher 之间是多对多联系,而且这种多对多联系还不是直接通过一个联系关系就能建立联系,它们之间的关联情况如下:

(a) 首先,学生关系 Student 与学生选课关系 SC 之间是一对多联系;

(b) 然后,学生选课关系 SC 与开课班关系 CourseClass 之间是多对一联系;

(c) 最后,开课班关系 CourseClass 与教师关系 Teacher 之间是多对一联系(在教师关系的职工名属性上有选择条件 teacherName＝'吴文君')。

④ 开课班关系 CourseClass 与课程关系 Course 之间是多对一联系(在课程关系的课程名属性上有选择条件 courseName＝'操作系统')。

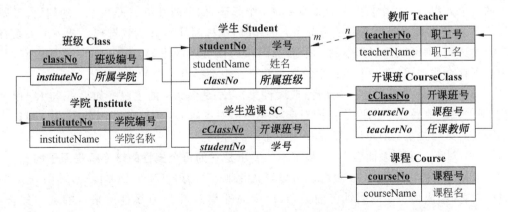

图 2-24　例 2.22 的模式导航图

因此,该查询需要涉及 7 个关系:Teacher,Course,Institute,Student,Class,SC 和 CourseClass。每一个多对一联系(或一对多联系)都可以通过自然连接实现,查询表达式可表示为

$$\Pi_{studentName}((((\Pi_{classNo}(\sigma_{instituteName='信息学院'}Institute \bowtie Class) \bowtie Student) \bowtie SC) \bowtie$$
$$(CourseClass \bowtie \sigma_{courseName='操作系统'}Course)) \bowtie \sigma_{teacherName='吴文君'}Teacher)$$

说明:由于关系 Institute 与关系 Teacher 可以通过外码 InstituteNo 进行自然连接,因此,在 $\Pi_{classNo}(\sigma_{instituteName='信息学院'}Institute \bowtie Class)$ 中使用投影操作的目的是去掉无用属性(主要是为了去掉关系 Institute 的主码 InstituteNo),以避免产生歧义。

本 章 小 结

本章系统地讨论了关系数据库的重要概念。关系数据库是表的集合,即关系的集合。表中一行代表的是若干值之间的关联,一个表(关系)就是这种有关联的值的集合(即行的集合)。关系的描述称为**关系模式**,关系模式是静态的、稳定的。由于关系是关系模式的一个实例,关系中的一个元组是现实世界的一个实体对应于关系模式中各属性在某一时刻的状态和内容,因此关系的内容是动态的、随时间不断变化的。

关系模型的完整性约束包括 3 类:实体完整性约束、参照完整性约束和用户自定义完整性约束。

基本的关系代数运算有选择、投影、集合并、集合差、笛卡儿积和更名等。

最后,从实例入手,介绍了如何根据一个查询需求构造其关系代数表达式的方法。

本章的主要概念包括:

(1) 关系数据库是表的集合,即关系的集合。表中一行代表的是若干值之间的关联,即表的一行是由有关联的若干值构成。一个表是一个实体集,一行就是一个实体,它由共同表示一个实体的有关联的若干属性的值所构成。由于一个表是这种有关联的值的集合(即行的集合),而表这个概念和数学上的关系概念密切相关,因此称为**关系模型**。

(2) 对于关系 r 的一个或多个属性的集合 A,如果属性集 A 可以唯一地标识关系 r 中的一个元组,则称属性集 A 为关系 r 的一个**超码**;如果属性集 A 是关系 r 的超码,且属性集 A 的任意真子集都不能成为关系 r 的超码,则称属性集 A 为**候选码**。若一个关系有多个候选码,则可以选定其中的一个候选码作为该关系的**主码**。对于一个关系而言,要求必须存在候选码,即一个关系中的任意两个元组都是可区分的。

(3) 设 F 是关系 r 的一个属性(或属性集),K_s 是关系 s 的主码。如果 F 与 K_s 相对应(即关系 r 中属性 F 的取值范围对应于关系 s 中主码 K_s 的取值范围的子集),则称 F 是关系 r 参照关系 s 的**外码**,简称 F 是关系 r 的外码。

(4) 对于一个关系而言,一个最基本的要求是它的**每个属性的域必须是原子的**。

(5) 关系的描述称为**关系模式**,可以形式化地表示为 $r(U,D,DOM,F)$,其中,r 为关系名,U 为组成该关系的属性名的集合,D 为属性集 U 中所有属性所来自的域的集合,DOM 为属性向域的映像集合,F 为属性间数据的依赖关系集合。关系模式是静态的、稳定的。

（6）关系是关系模式的一个实例,关系中的一个元组是现实世界的一个实体对应于关系模式中各属性在某一时刻的状态和内容,因此,关系的内容是动态的、随时间不断变化的。

（7）**空值**（用 null 表示）是所有可能的域的一个取值,表明值未知或不存在。

（8）若属性集 A 是关系 r 的主码,则实体完整性规则是指:A 不能取空值 null。

（9）若关系 r 的外码 F 参照关系 s 的主码,则参照完整性规则是指:对于关系 r 中的每一个元组在属性 F 上的取值,要么为空值 null,要么等于关系 s 中某个元组的主码值。

（10）用户自定义完整性是应用领域需要遵循的数据完整性约束,体现了具体应用领域中的数据语义约束,需要由用户根据这些数据语义约束来定义完整性约束规则。

（11）一个含有主码和外码依赖的数据库模式可以通过模式导航图来表示。在模式导航图中,两个关系之间的多对一（或一对一）联系或一个关系内部属性之间的多对一（或一对一）联系通过有向连线来表示,且连线由多的一方指向一的一方。也就是说,通过有向连线将关系之间的参照关系表示出来,箭头指向外码所参照的主码。

（12）基本的关系代数运算有选择、投影、集合并、集合差、笛卡儿积和更名等。在这些基本运算之外,还有一些其他运算,即集合交、连接、除和赋值等。连接运算可分为 θ 连接、等值连接和自然连接,以及外连接、左外连接和右外连接。

（13）给定一个查询需求,构造其关系代数表达式的步骤如下:

① 明确该查询涉及哪些属性。

② 明确该查询涉及哪些关系。

③ 根据数据库模式导航图,通过多对一联系（或一对多联系）把所有涉及的关系连接起来,每一个多对一联系（或一对多联系）都可以表示为外码属性的自然连接。

由于多对多联系都要借助于"联系"关系转化为多对一联系（或一对多联系）,因此将所有关系连接起来的过程中可能会涉及更多的关系。

习 题 2

2.1 简述如下概念,并说明它们之间的联系与区别。
（1）域、笛卡儿积、关系、元组、属性。
（2）超码、候选码、主码、外码。
（3）关系模式、关系、关系数据库。
2.2 为什么需要空值 null?
2.3 关系模型的完整性规则有哪些?
2.4 关系模型的主要操作有哪些?
2.5 关系代数的基本运算有哪些? 如何用这些基本运算来表示其他运算?
2.6 试述等值连接与自然连接的区别与联系。
2.7 对于图 2-8 所示的成绩管理数据库 ScoreDB 的模式导航图,根据图 2-11 所示的样例数据,给出如下运算的结果。

(1) $(\Pi_{studentName, birthday, courseNo}(Student \bowtie Score)) \div (\Pi_{courseNo}(\sigma_{studentNo='1501001'}(Score)))$。

(2) $((\Pi_{studentNo, courseNo}(Score)) \div (\Pi_{courseNo}(\sigma_{courseNo\ LIKE\ 'CS\%'}(Course)))) \bowtie Score$。

2.8　对于图 2-8 所示的成绩管理数据库 ScoreDB 的模式导航图,根据图 2-11 所示的实例数据,试写出如下查询的关系代数表达式,并给出其查询结果。

(1) 查找籍贯为"上海"的全体学生。

(2) 查找 2000 年元旦以后出生的全体男同学。

(3) 查找信息学院非汉族同学的学号、姓名、性别及民族。

(4) 查找 2016-2017 学年第二学期(16172)开出课程的编号、名称和学分。

(5) 查找选修了"操作系统"的学生学号、成绩及姓名。

(6) 查找班级名称为"会计学 15(3)班"的学生在 2015—2016 学年第一学期(15161)选课情况,要求显示学生姓名、课程号、课程名称和成绩。

(7) 查找至少选修了一门其直接先修课编号为 CS012 的课程的学生学号和姓名。

(8) 查找选修了 2016—2017 学年第一学期(16171)开出的全部课程的学生学号和姓名。

(9) 查找至少选修了学号为 1503010 的学生所选课程的学生学号和姓名。

2.9　对于图 2-10 所示的学生选课数据库 SCDB 的模式导航图,试写出如下查询的关系代数表达式。

(1) 查找 2016 级蒙古族学生信息,包括学号、姓名、性别和所属班级。

(2) 查找"C 语言程序设计"课程的开课班号、上课时间以及上课地点。

(3) 查找选修了以"计算机概论"为其直接先修课的课程的学生学号、课程号和成绩。

(4) 查找李勇老师 2016—2017 学年第二学期(16172)开出的课程号、课程名和学分。

(5) 查找信息学院学生选课情况,要求显示学生姓名、课程号、课程名、开课班号、成绩和任课教师。

第3章

chapter 3

SQL 查询语言

学习目标

结构化查询语言(structured query language,SQL)是关系数据库的标准语言,本章主要讲授 SQL 查询语言在数据库中的应用。目前,几乎所有的关系型数据库管理系统,如 Oracle、Sybase、SQL Server 和 Access 等均采用 SQL 语言标准。因此,本章的教学目标主要有两个,一是要求读者掌握对数据库的基本操作,并了解数据库管理系统的基本功能;二是要求读者熟练掌握 SQL 查询语句,并运用 SQL 查询语句完成对数据库的查询操作。

学习方法

本章重在实验,因此要求读者结合课堂讲授的知识,强化上机实训,通过实训加深对课堂上学过的有关概念和知识点的理解,以便达到融会贯通的学习目标。

学习指南

本章的重点是 3.2 节、3.3 节和 3.4 节,难点是 3.4 节。

本章导读

(1) 各种关系代数运算功能在 SQL 查询语句中是如何表达的?

(2) 连接查询包括哪些? 它们分别用于什么地方?

(3) 在使用分组聚合查询时需要注意什么?

(4) 相关子查询与非相关子查询的概念是什么?

(5) 如何理解存在量词以及存在量词在 SQL 查询中的重要地位?

(6) 如何理解查询表的概念? 查询表与子查询有何异同点?

3.1 SQL 概述

SQL 语言于 1974 年由 Boyce 等提出,并于 1975—1979 年在 IBM 公司研制的 System R 数据库管理系统上实现,现已成为国际标准。

自从 SQL 成为国际标准以来,很多数据库厂商都对 SQL 语言进行了再开发和扩展,但是包括查询 SELECT、插入 INSERT、修改 UPDATE、删除 DELETE、创建 CREATE 以及对象删除 DROP 在内的标准 SQL 语句仍然可被用来完成几乎所有的数据库操作。

3.1.1 SQL 发展

SQL 语言是关系数据库的标准语言,是数据库领域中一个主流语言,它经历了如下几个阶段。

(1) SQL-86:第一个 SQL 标准,由美国国家标准局(American National Standard Institute,ANSI)公布,1987 年国际标准化组织(International Organization for Standardization,ISO)通过。该标准也称为 SQL-1。

(2) SQL-92:在 1992 年,由 ISO 和 ANSI 对 SQL-86 进行了重新修订,发布了第二个 SQL 标准 SQL-92,该标准也称为 SQL-2。

(3) SQL-99:随着信息技术的应用,数据库理论和技术得到了广泛的应用和发展。在 1999 年,ISO 发布了反映最新数据库理论和技术的标准 SQL-99,该版本在 SQL-2 的基础上,扩展了诸多功能,包括递归、触发、面向对象技术等。该标准也称为 SQL-3。

(4) SQL-2003:该标准是最新的标准,也称 SQL-4,于 2003 年发布,包括 9 个部分。

① ISO/IEC 9075—1:Framework(SQL/Framework);

② ISO/IEC 9075—2:Foundation(SQL/Foundation);

③ ISO/IEC 9075—3:Call Level Interface(SQL/CLI);

④ ISO/IEC 9075—4:Persistent Stored Modules(SQL/PSM);

⑤ ISO/IEC 9075—9:Management of External Data(SQL/MED);

⑥ ISO/IEC 9075—10:Object Language Bindings(SQL/OLB);

⑦ ISO/IEC 9075—11:Information and Definition Schemas(SQL/Schemata);

⑧ ISO/IEC 9075—13:Java Routines and Types Using the Java Programming Language(SQL/JRT);

⑨ ISO/IEC 9075—14:XML-Related Specifications(SQL/XML)。

目前,许多数据库厂商都支持 SQL-92 的绝大多数标准,以及 SQL-99 和 SQL-2003 的部分标准,并对 SQL 语言进行了扩展。这些扩展的 SQL 语言,不仅遵循标准 SQL 语言规定的功能,而且还增强了许多功能,并赋予 SQL 不同的名字,如 Oracle 产品将 SQL 称为 PL/SQL,Sybase 和 Microsoft SQL Server 产品将 SQL 称为 Transact-SQL。

SQL 语言由 4 部分组成,包括数据定义语言 DDL、数据操纵语言 DML、数据控制语言 DCL 和其他,其功能如下:

(1) 数据定义语言(data definition language,DDL):主要用于定义数据库的逻辑结构,包括数据库、基本表、视图和索引等,扩展 DDL 还支持存储过程、函数、对象、触发器等的定义。DDL 包括 3 类语言,即定义、修改和删除。

(2) 数据操纵语言(data manipulation language,DML):主要用于对数据库的数据进行检索和更新,其中更新操作包括插入、删除和修改数据。

(3) 数据控制语言(data control language,DCL):主要用于对数据库的对象进行授权、用户维护(包括创建、修改和删除)、完整性规则定义和事务定义等。

(4) 其他:主要是嵌入式 SQL 语言和动态 SQL 语言的定义,规定了 SQL 语言在宿主语言中使用的规则。扩展 SQL 还包括数据库数据的重新组织、备份与恢复等功能。

3.1.2　SQL 特点

SQL 语言因其简单、灵活、易掌握,受到了广大用户的接受,SQL 语言既可以作为交互式数据库语言使用,也可以作为程序设计语言的子语言使用,它是一个兼有关系代数和元组演算特征的语言,其特点如下所述。

1. 综合统一

(1) SQL 语言集数据定义语言 DDL,数据操纵语言 DML 和数据控制语言 DCL 的功能于一体,语言风格统一,可以独立完成数据库生命周期中的全部活动,包括定义关系模式、录入数据以及建立数据库、查询、更新、维护、数据库重构、数据库安全性控制等一系列操作,这就为数据库应用系统开发提供了良好的环境。例如用户在数据库投入运行后,还可根据需要随时地逐步地修改模式,并不影响数据库的运行,从而使系统具有良好的可扩充性。

(2) 在关系模型中实体和实体间的联系均用关系表示,这种数据结构的单一性带来了数据操作符的统一,即对实体及实体间联系的每一种操作(如查找、插入、删除和修改)都只需要一种操作符。

2. 高度非过程化

非关系数据模型的数据操纵语言是面向过程的语言,在完成某项操作请求时必须指定存取路径。而用 SQL 语言进行数据操作,用户只需提出"做什么",而不必指明"怎么做",因此用户无须了解存取路径,存取路径的选择以及 SQL 语句的操作过程由系统自动完成。这不仅大大减轻了用户负担,而且有利于提高数据独立性。

3. 面向集合的操作方式

SQL 语言采用集合操作方式,其操作对象、操作结果都是元组的集合。而非关系数据模型采用的是面向记录的操作方式,其操作对象是一条记录。

(1) 非关系数据模型采用的是面向记录的操作方式,任何一个操作的对象都是一条记录。例如:查询所有平均成绩在 80 分以上的学生姓名,用户必须说明完成该操作请求的具体处理过程,即如何用循环结构按照某条路径一条一条地把满足条件的学生记录读出来。

(2) SQL 语言采用集合操作方式,不仅查询操作的对象是元组的集合,而且一次更新(插入、删除和修改)操作的对象也可以是元组的集合。

4. 同一种语法结构提供两种使用方式

(1) SQL 语言既是自含式语言,又是嵌入式语言,且在两种不同的使用方式下,SQL 语言的语法结构基本上是一致的。

(2) 作为自含式语言,它能够独立地用于联机交互的使用方式,用户可以在终端键盘上直接键入 SQL 命令对数据库进行操作。

(3) 作为嵌入式语言,SQL 语句能够嵌入到高级语言(如 Java、VC、VB、Delphi 等)程序中,供程序员设计程序时使用。

5. 语言简洁,易学易用

SQL 语言功能极强,但十分简洁,易学易用。SQL 语言的动词非常少,主要包括:

(1) 数据查询:SELECT;

(2) 数据定义:CREATE、DROP、ALTER;

(3) 数据更新:INSERT、DELETE、UPDATE;

(4) 数据控制:GRANT、REVOKE。

3.1.3 SQL 查询基本概念

SQL 语言支持关系数据库管理系统的三级模式结构,其中外模式对应视图和部分基本表,模式对应基本表,内模式对应存储文件,如图 3-1 所示。

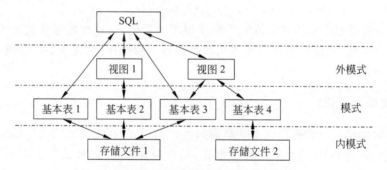

图 3-1 SQL 对关系数据库模式的支持

用户使用 SQL 语言可对基本表、视图和查询表进行操作。

1) 基本表

数据库中独立存在的表称为基本表。在 SQL 中一个关系对应一个基本表,一个(或多个)基本表对应一个存储文件;一个表可以带若干索引,索引也存放在存储文件中。

2) 视图

视图是指从一个或几个基本表(或视图)中导出的表,是虚表,只存放视图的定义而不存放对应的数据。

3) 查询表

查询表是指查询结果对应的表。

4) 存储文件

存储文件是指数据库中存放关系的物理文件,其逻辑结构组成了关系数据库的内模式,其物理结构对用户是透明的。

本章只介绍 SQL 查询语言,SQL 数据定义、数据更新语言及数据库编程将在第 7 章介绍,SQL 数据控制语言以及 SQL 数据定义中的完整性控制功能将在第 9 章介绍。

3.2　单表查询

一条 SQL 语句可以完成用若干条宿主语言才能完成的功能。SQL 语言中最重要的部分是查询语句,查询语句的执行离不开数据库模式。本章所用的数据库为学生成绩管理数据库 ScoreDB,其数据库模式如图 3-2～图 3-6 所示,其中带下画线的属性或属性集合为主码,斜体的属性为外码;其实例数据如图 3-8～图 3-12 所示。

班级编号	班级名称	所属学院	年级	班级人数
classNo	className	institute	grade	classNum
char(6)	varchar(30)	varchar(30)	smallint	tinyint

图 3-2　班级表 Class

学号	姓名	性别	出生日期	籍贯	民族	所属班级
studentNo	studentName	sex	birthday	native	nation	*classNo*
char(7)	varchar(20)	char(2)	datetime	varchar(20)	varchar(30)	char(6)

图 3-3　学生表 Student

课程号	课程名	学分	课时数	先修课程
courseNo	courseName	creditHour	courseHour	*priorCourse*
char(3)	varchar(30)	numeric	int	char(3)

图 3-4　课程表 Course

学期号	学期描述	备注
termNo	termName	remarks
char(3)	varchar(30)	varchar(10)

图 3-5　学期表 Term

学号	课程号	学期号	成绩
studentNo	*courseNo*	*termNo*	score
char(7)	char(3)	char(3)	numeric

图 3-6　成绩表 Score

学生成绩管理数据库模式导航图如图 3-7 所示。

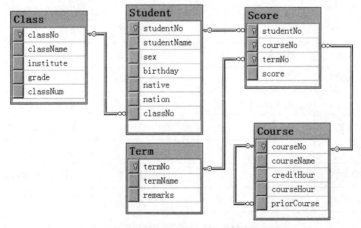

图 3-7　学生成绩管理数据库模式导航图

	classNo	className	institute	grade	classNum
1	CP1601	注册会计 16_01 班	会计学院	2016	NULL
2	CP1602	注册会计 16_02 班	会计学院	2016	NULL
3	CP1603	注册会计 16_03 班	会计学院	2016	NULL
4	CS1501	计算机科学与技术 15-01 班	信息管理学院	2015	NULL
5	CS1502	计算机科学与技术 15-02 班	信息管理学院	2015	NULL
6	CS1601	计算机科学与技术 16-01 班	信息管理学院	2016	NULL
7	ER1501	金融管理 15-01 班	金融学院	2015	NULL
8	IS1501	信息管理与信息系统 15-01 班	信息管理学院	2015	NULL
9	IS1601	信息管理与信息系统 16-01 班	信息管理学院	2016	NULL

图 3-8　班级表 Class 的数据

	courseNo	courseName	creditHour	courseHour	priorCourse
1	001	大学语文	2	32	NULL
2	002	体育	2	32	NULL
3	003	大学英语	3	48	NULL
4	004	高等数学	6	96	NULL
5	005	C 语言程序设计	4	80	004
6	006	计算机原理	4	64	005
7	007	数据结构	5	96	005
8	008	操作系统	4	64	007
9	009	数据库系统原理	4	80	008
10	010	会计学原理	4	64	004
11	011	中级财务会计	5	80	010

图 3-9　课程表 Course 的数据

	studentNo	studentName	sex	birthday	native	nation	classNo
1	1500001	李小勇	男	1998-12-21	南昌	汉族	CS1501
2	1500002	刘方晨	女	1998-11-11	九江	汉族	IS1501
3	1500003	王红敏	女	1997-10-01	上海	汉族	IS1501
4	1500004	张可立	男	1999-05-20	南昌	蒙古族	CS1501
5	1500005	王红	男	2000-04-26	南昌	蒙古族	CS1502
6	1600001	李勇	男	1998-12-21	南昌	汉族	CS1601
7	1600002	刘晨	女	1998-11-11	九江	汉族	IS1601
8	1600003	王敏	女	1998-10-01	上海	汉族	IS1601

图 3-10　学生表 Student 的数据

	studentNo	studentName	sex	birthday	native	nation	*classNo*
9	1600004	张立	男	1999-05-20	南昌	蒙古族	CS1601
10	1600005	王红	男	1999-04-26	南昌	蒙古族	CP1602
11	1600006	李志强	男	1999-12-21	北京	汉族	CP1602
12	1600007	李立	女	1999-08-21	福建	畲族	IS1601
13	1600008	黄小红	女	1999-08-09	云南	傣族	CS1601
14	1600009	黄勇	男	1999-11-21	九江	汉族	CP1602
15	1600010	李宏冰	女	1998-03-09	上海	汉族	CP1602
16	1600011	江宏吕	男	1998-12-20	上海	汉族	CP1602
17	1600012	王立红	男	1998-11-18	北京	汉族	CS1601
18	1600013	刘小华	女	1999-07-16	云南	哈尼族	IS1601
19	1600014	刘宏昊	男	1999-09-16	福建	汉族	IS1601
20	1600015	吴敏	女	1997-01-20	福建	畲族	CP1602

图 3-10　（续）

	termNo	termName	remarks
1	151	2015—2016 学年第一学期	NULL
2	152	2015—2016 学年第二学期	NULL
3	153	2015—2016 学年第三学期	小学期
4	161	2016—2017 学年第一学期	NULL
5	162	2016—2017 学年第二学期	NULL
6	163	2016—2017 学年第三学期	小学期

图 3-11　学期表 Term 的数据

	studentNo	*courseNo*	*termNo*	score		*studentNo*	*courseNo*	*termNo*	score
1	1500001	001	151	98	13	1500003	002	151	38
2	1500001	002	151	82	14	1500003	002	152	58
3	1500001	003	161	82	15	1500003	005	151	60
4	1500001	004	151	56	16	1500003	006	161	70
5	1500001	004	161	86	17	1500003	007	152	50
6	1500001	005	152	77	18	1500003	007	162	66
7	1500001	006	152	76	19	1500003	008	162	82
8	1500001	007	152	77	20	1500003	009	162	78
9	1500001	008	161	82	21	1500003	010	161	90
10	1500001	009	162	77	22	1500004	001	151	48
11	1500001	010	151	86	23	1500004	001	162	70
12	1500003	001	151	46	24	1500004	002	161	68

图 3-12　成绩管理表 Score 的数据

	studentNo	courseNo	termNo	score		studentNo	courseNo	termNo	score
25	1500004	003	152	70	53	1600004	001	162	68
26	1500004	004	151	58	54	1600004	002	161	70
27	1500004	005	162	88	55	1600004	003	162	88
28	1500004	006	162	72	56	1600004	004	161	78
29	1500004	007	161	71	57	1600004	010	161	89
30	1500004	008	161	80	58	1600004	011	162	90
31	1500005	001	152	79	59	1600005	001	161	82
32	1500005	002	151	80	60	1600005	002	161	80
33	1500005	003	151	69	61	1600005	003	162	82
34	1500005	004	151	87	62	1600005	004	161	47
35	1500005	005	151	77	63	1600005	010	161	90
36	1500005	006	152	69	64	1600005	011	162	82
37	1500005	007	161	90	65	1600012	001	161	68
38	1500005	008	161	87	66	1600012	002	162	78
39	1500005	009	162	90	67	1600012	003	161	76
40	1500005	010	152	69	68	1600012	004	161	70
41	1500005	011	162	68	69	1600012	005	161	88
42	1600002	001	161	98	70	1600012	006	162	82
43	1600002	002	161	46	71	1600012	007	162	90
44	1600002	003	162	98	72	1600012	010	162	84
45	1600002	004	161	60	73	1600014	001	161	60
46	1600002	005	162	86	74	1600014	002	162	69
47	1600002	010	162	70	75	1600014	003	161	87
48	1600003	001	161	70	76	1600014	004	161	45
49	1600003	002	161	60	77	1600014	004	162	88
50	1600003	004	161	77	78	1600014	005	162	56
51	1600003	005	162	87	79	1600014	010	161	90
52	1600004	001	161	50	80	1600014	011	162	70

图 3-12 （续）

本章给出的所有例题的操作执行结果都是在 SQL Server 2014 数据库中执行得到的。

3.2.1　投影运算

SQL 查询语句的基本结构包括 3 个子句：SELECT、FROM 和 WHERE,其中:

- SELECT 子句对应于关系代数中的投影运算,用来指定查询结果中所需要的属性或表达式。

- FROM 子句对应于关系代数中的笛卡儿积,用来给出查询所涉及的表,表可以是基本表、视图或查询表。
- WHERE 子句对应于关系代数中的选择运算,用来指定查询结果元组所需要满足的选择条件。

对于 SQL 语句,SELECT 和 FROM 子句是必需的,其他是可选的,其基本语法为

SELECT $A_1, A_2, \cdots, A_n$
FROM $R_1, R_2, \cdots, R_m$
WHERE P

其中:$A_1, A_2, \cdots, A_n$ 代表需要查找的属性或表达式;$R_1, R_2, \cdots, R_m$ 代表查询所涉及的表;P 代表谓词(即选择条件),如果省略 WHERE 子句,表示不需要对元组进行选择。SQL 的查询结果中允许包含重复元组,这与关系代数中的投影运算的语义不一样。

SQL 查询的执行过程为:首先对 $R_1, R_2, \cdots, R_m$ 执行笛卡儿积,然后在笛卡儿积中选择使得谓词 P 为真的记录,再在 $A_1, A_2, \cdots, A_n$ 属性列中进行投影运算,不消除重复元组。如果需要消除重复元组,必须使用专门的关键字 DISTINCT。

上面描述的 SQL 查询执行过程只是逻辑上的,在具体执行时会进行优化处理,查询优化的内容详见第 8 章。

1. 查询指定列

选取表中的全部列或指定列,称为关系代数的投影运算。通过 SELECT 子句确定要查询的属性。

【例 3.1】 查询所有班级的班级编号、班级名称和所属学院。

```
SELECT classNo, className, institute
FROM Class
```

该查询的执行过程是:从 Class 表中依次取出每个元组,对每个元组仅选取 classNo、className 和 institute 3 个属性的值,形成一个新元组,最后将这些新元组组织成一个结果关系输出。该查询的结果如图 3-13 所示。

	classNo	className	institute
1	CP1601	注册会计16_01班	会计学院
2	CP1602	注册会计16_02班	会计学院
3	CP1603	注册会计16_03班	会计学院
4	CS1501	计算机科学与技术15-01班	信息管理学院
5	CS1502	计算机科学与技术15-02班	信息管理学院
6	CS1601	计算机科学与技术16-01班	信息管理学院
7	ER1501	金融管理15-01班	金融学院
8	IS1501	信息管理与信息系统15-01班	信息管理学院
9	IS1601	信息管理与信息系统16-01班	信息管理学院

图 3-13 例 3.1 的查询结果

2. 消除重复元组

SQL 查询默认是不消除重复元组,因为消除重复元组要消耗系统资源。如果需要消除重复元组,则可以使用 DISTINCT 关键字。

【例 3.2】 查询所有学院的名称。

```
SELECT institute
FROM Class
```

上述查询不消除重复元组,其查询结果如图 3-14 所示。如果需要消除重复元组,则

可使用如下查询,其查询结果如图 3-15 所示。

```
SELECT DISTINCT institute
FROM Class
```

图 3-14　例 3.2 的查询结果一

图 3-15　例 3.2 的查询结果二

3. 查询所有列

查询所有的属性列,SQL 可以使用两种方法:一是将所有的列在 SELECT 子句中列出(可以改变列的显示顺序);二是使用 * 符号, * 表示所有属性,此时按照表定义时的顺序显示所有属性。

【例 3.3】 查询所有班级的全部信息。

```
SELECT classNo, className, classNum, grade, institute
FROM Class
```

或

```
SELECT *
FROM Class
```

4. 给属性列取别名

可以为属性列取一个便于理解的列名,如用中文来显示列名。为属性列取别名特别适合那些经过计算的列。

【例 3.4】 查询所有班级的所属学院、班级编号和班级名称,要求用中文显示列名。

```
SELECT institute 所属学院,
    classNo 班级编号, className 班级名称
FROM Class
```

图 3-16　例 3.4 的查询结果

该查询的结果如图 3-16 所示。该查询也可以使用 AS 关键字来取别名,如

```
SELECT institute AS 所属学院,
    classNo AS 班级编号, className AS 班级名称
FROM Class
```

5. 查询经过计算的列

SELECT 子句中可以使用属性、常数、函数和表达式，如果是函数或表达式，则先计算函数或表达式的值，然后将计算的结果显示出来。

【例 3.5】　查询每门课程的课程号、课程名以及周课时（周课时为课时数除以 16），并将课程名中大写字母改为小写字母输出。

```
SELECT courseNo 课程号, lower(courseName)课程名,
courseHour/16 AS 周课时
FROM Course
```

其中，函数 lower() 表示将大写字母改为小写字母，其查询结果如图 3-17 所示。

	课程号	课程名	周课时
1	001	大学语文	2
2	002	体育	2
3	003	大学英语	3
4	004	高等数学	6
5	005	c语言程序设计	5
6	006	计算机原理	4
7	007	数据结构	6
8	008	操作系统	4
9	009	数据库系统原理	5
10	010	会计学原理	4
11	011	中级财务会计	5

图 3-17　例 3.5 的查询结果

3.2.2　选择运算

WHERE 子句可以实现关系代数中的选择运算，用于查询满足选择条件的元组，这是查询中涉及最多的一类查询。WHERE 子句中常用的查询条件运算符如下所示。

- 比较运算：$>,>=,<,<=,=,<>$（或 !=）；
- 范围查询：BETWEEN…AND；
- 集合查询：IN；
- 空值查询：IS null；
- 字符匹配查询：LIKE；
- 逻辑查询：AND,OR,NOT。

1. 比较运算

使用比较运算符 $>,>=,<,<=,=,<>$（或 !=）实现相应的比较运算。

【例 3.6】　查询 2015 级的班级编号、班级名称和所属学院。

```
SELECT classNo, className, institute
FROM Class
WHERE grade=2015
```

	classNo	className	institute
1	CS1501	计算机科学与技术15-01班	信息管理学院
2	CS1502	计算机科学与技术15-02班	信息管理学院
3	ER1501	金融管理15-01班	金融学院
4	IS1501	信息管理与信息系统15-01班	信息管理学院

图 3-18　例 3.6 的查询结果

其查询结果如图 3-18 所示。

该查询的执行过程可能有多种方法：一种是全表扫描法，即依次取出 Class 表中的每个元组，判断该元组的 grade 属性值是否等于 2015，若是则将该元组的班级编号、班级名称和所属学院属性取出，形成一个新元组，最后将所有新元组组织为一个结果关系输出，该方法适用于小表，或者该表未在 grade 属性列上建索引。另一种是索引搜索法，如果该表在 grade 属性列上建有索引，且满足条件的记录不多，则可以使用索引搜索法来检

索数据。具体使用何种方法由数据库管理系统的查询优化器来选择，详见第 8 章内容。

【例 3.7】 在学生 Student 表中查询年龄大于或等于 19 岁的同学学号、姓名和出生日期。

```
SELECT studentNo, studentName, birthday
FROM Student
WHERE year(getdate())-year(birthday)>=19
```

其中，函数 getdate( )可获取当前系统的日期，函数 year( )用于提取日期中的年份。

2. 范围查询

BETWEEN…AND 可用于查询属性值在某一个范围内的元组，NOT BETWEEN…AND 可用于查询属性值不在某一个范围内的元组。BETWEEN 后是属性的下限值，AND 后是属性的上限值。

【例 3.8】 在选课 Score 表中查询成绩在 80～90 分之间的同学学号、课程号和相应成绩。

```
SELECT studentNo, courseNo, score
FROM Score
WHERE score BETWEEN 80 AND 90
```

该查询也可以使用逻辑运算 AND 实现，见例 3.22。

【例 3.9】 在选课 Score 表中查询成绩不在 80～90 分之间的同学学号、课程号和相应成绩。

```
SELECT studentNo, courseNo, score
FROM Score
WHERE score NOT BETWEEN 80 AND 90
```

该查询也可以使用逻辑运算 OR 实现，见例 3.23。

3. 集合查询

IN 可用于查询属性值在某个集合内的元组，NOT IN 可用于查询属性值不在某个集合内的元组。IN 后面是集合，可以是具体的集合，也可以是查询出来的元组集合（该部分内容详见 3.4.1 节的内容）。

【例 3.10】 在选课 Score 表中查询选修了 001、005 或 003 课程的同学学号、课程号和相应成绩。

```
SELECT studentNo, courseNo, score
FROM Score
WHERE courseNo IN('001', '005', '003')
```

该查询也可以使用逻辑运算 OR 实现，见例 3.19。

【例 3.11】　在学生 Student 表中查询籍贯既不是"南昌"也不是"上海"的同学姓名、籍贯和所属班级编号。

```
SELECT studentName, native, classNo
FROM Student
WHERE native NOT IN('南昌', '上海')
```

该查询也可以使用逻辑运算 AND 实现,见例 3.21。

4. 空值查询

SQL 支持空值运算,空值表示未知或不确定的值,空值表示为 null。IS null 可用于查询属性值为空值;IS NOT null 可用于查询属性值不为空值。这里的 IS 不能用"＝"替代。

【例 3.12】　在课程 Course 表中查询先修课程为空值的课程信息。

```
SELECT *
FROM Course
WHERE priorCourse IS null
```

查询结果如图 3-19 所示。

	courseNo	courseName	creditHour	courseHour	priorCourse
1	001	大学语文	2	32	NULL
2	002	体育	2	32	NULL
3	003	大学英语	3	48	NULL
4	004	高等数学	6	96	NULL

图 3-19　例 3.12 的查询结果

【例 3.13】　在课程 Course 表中查询有先修课程的课程信息。

```
SELECT *
FROM Course
WHERE priorCourse IS NOT null
```

5. 字符匹配查询

对于字符型数据,LIKE 可用于字符匹配查询。LIKE 的语法格式为

```
[NOT] LIKE <匹配字符串>[ESCAPE <换码字符>]
```

查询的含义是:如果在 LIKE 前没有 NOT,则查询指定的属性列值与<匹配字符串>相匹配的元组;如果在 LIKE 前有 NOT,则查询指定的属性列值不与<匹配字符串>相匹配的元组。<匹配字符串>可以是一个具体的字符串,也可以包括通配符％和_。其中:

符号％表示任意长度的字符串,如 ab％,表示所有以 ab 开头的任意长度的字符串;再如 zhang％ab,表示以 zhang 开头,以 ab 结束,中间可以是任意个字符的字符串。

符号_(下画线)表示任意一个字符,如 ab_,表示所有以 ab 开头的 3 个字符的字符串,其中第 3 个字符为任意字符;再如 a__b 表示所有以 a 开头,以 b 结束的 4 个字符的字

符串。其中第 2、第 3 个字符为任意字符。

【例 3.14】 在班级 Class 表中查询班级名称中含有会计的班级信息。

```
SELECT *
FROM Class
WHERE className LIKE '%会计%'
```

注意：匹配字符串必须用一对引号括起来。

【例 3.15】 在学生 Student 表中查询所有姓王且全名为 3 个汉字的同学学号和姓名。

```
SELECT studentNo, studentName
FROM Student
WHERE studentName LIKE '王_ _'
```

注意：在中文 SQL Server 中，如果匹配字符串为汉字，则一个下画线代表一个汉字；如果是西文，则一个下画线代表一个字符。

【例 3.16】 在学生 Student 表中查询名字中不含有"福"的同学学号和姓名。

```
SELECT studentNo, studentName
FROM Student
WHERE studentName NOT LIKE '%福%'
```

【例 3.17】 在学生 Student 表中查询蒙古族的同学学号和姓名。

```
SELECT studentNo, studentName
FROM Student
WHERE nation LIKE '蒙古族'
```

注意：如果匹配字符串中不含有%和_，则 LIKE 与比较运算符"＝"的查询结果一样。因此，该查询等价于下面的查询：

```
SELECT studentNo, studentName
FROM Student
WHERE nation='蒙古族'
```

如果用户的查询字符串中本身包含通配符%和_，就必须使用 ESCAPE＜换码字符＞短语，对通配符进行转义处理。

【例 3.18】 在班级 Class 表中查询班级名称中含有"16_"符号的班级名称。

```
SELECT className
FROM Class
WHERE className LIKE '%16\_%' ESCAPE '\'
```

ESCAPE '\'表示\为换码字符，这样紧跟在\符号后的_不是通配符，而是普通的用户要查询的符号。查询结果如图 3-20 所示。

如果将 ♯ 字符作为换码字符，则该查询可改写为：

```
SELECT className
FROM Class
WHERE className LIKE '%16#_%' ESCAPE '#'
```

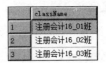

	className
1	注册会计16_01班
2	注册会计16_02班
3	注册会计16_03班

6. 逻辑运算

图 3-20　例 3.18 的查询结果

SQL 提供了复合条件查询，使用 AND、OR 和 NOT 逻辑运算符分别实现逻辑与、逻辑或和逻辑非运算。

【例 3.19】　在选课 Score 表中查询选修了 001、005 或 003 课程的同学学号、课程号和相应成绩。

```
SELECT studentNo, courseNo, score
FROM Score
WHERE courseNo='001' OR courseNo='005' OR courseNo='003'
```

在例 3.10 中使用的是集合运算，本例中采用逻辑"或"运算。

注意：在逻辑运算中，不可以对同一个属性进行逻辑"与"的等值运算。例如，如果要在选课 Score 表中查询同时选修了 001 和 002 课程的同学的选课信息，如下查询是错误的，得不到结果：

```
SELECT *
FROM Score
WHERE courseNo='001' AND courseNo='002'
```

要实现该查询，需要使用连接运算或嵌套子查询进行表示。通过连接运算表示该查询，请参见例 3.34、例 3.37；通过嵌套子查询表示该查询，请参见例 3.45 和例 3.46。

【例 3.20】　在 Student 表中查询 1998 年出生且民族为"汉族"的同学学号、姓名、出生日期。

```
SELECT studentNo, studentName, birthday
FROM Student
WHERE year(birthday)=1998 AND nation='汉族'
```

【例 3.21】　在 Student 表中查询籍贯既不是"南昌"也不是"上海"的同学姓名、籍贯和所属班级编号。

```
SELECT studentName, native, classNo
FROM Student
WHERE native!='南昌' AND native!='上海'
```

【例 3.22】　在选课 Score 表中查询成绩在 80～90 分之间的同学学号、课程号和相应成绩。

```
SELECT studentNo, courseNo, score
FROM Score
WHERE score>=80 AND score<=90
```

【例 3.23】 在选课 Score 表中查询成绩不在 80～90 分之间的同学学号、课程号和相应成绩。

```
SELECT studentNo, courseNo, score
FROM Score
WHERE score<80 OR score>90
```

3.2.3 排序运算

SQL 支持排序运算,通过使用 ORDER BY 子句实现,其语法为:

```
ORDER BY <表达式 1>[ASC|DESC][,<表达式 2>[ASC|DESC]…]
```

其中:<表达式 1>,<表达式 2>,……可以是属性、函数或表达式,默认按升序(ASC)排序;若要按降序排序,必须指明 DESC 选项。

该运算表示的含义是:在查询结果中首先按<表达式 1>的值进行排序,在<表达式 1>值相等的情况下再按<表达式 2>值排序,以此类推。

【例 3.24】 在学生 Student 表中查询籍贯既不是"南昌"也不是"上海"的同学姓名、籍贯和所属班级编号,并按籍贯的降序排序输出。

```
SELECT studentName, native, classNo
FROM Student
WHERE native!='南昌' AND native!='上海'
ORDER BY native DESC
```

查询结果如图 3-21 所示。

【例 3.25】 在学生 Student 表中查询"女"学生的学号、姓名、所属班级编号和出生日期,并按班级编号的升序、出生日期的月份降序排序输出。

```
SELECT studentNo, studentName, classNo, birthday
FROM Student
WHERE sex='女'
ORDER BY classNo, month(birthday) DESC
```

其中,month()函数表示提取日期表达式的月份。查询结果如图 3-22 所示。

	studentName	native	classNo
1	黄小红	云南	CS1601
2	刘小华	云南	IS1601
3	黄勇	九江	CP1602
4	刘方晨	九江	IS1501
5	刘晨	九江	IS1601
6	刘宏昊	福建	IS1601
7	吴敏	福建	CP1602
8	李立	福建	IS1601
9	李志强	北京	CP1602
10	王立红	北京	CS1601

图 3-21 例 3.24 的查询结果

	studentNo	studentName	classNo	birthday
1	1600010	李宏冰	CP1602	1998-03-09 00:00:00.000
2	1600015	吴敏	CP1602	1997-01-20 00:00:00.000
3	1600008	黄小红	CS1601	1999-08-09 00:00:00.000
4	1500002	刘方晨	IS1501	1998-11-11 00:00:00.000
5	1500003	王红敏	IS1501	1997-10-01 00:00:00.000
6	1600002	刘晨	IS1601	1998-11-11 00:00:00.000
7	1600003	王敏	IS1601	1998-10-01 00:00:00.000
8	1600007	李立	IS1601	1999-08-21 00:00:00.000
9	1600013	刘小华	IS1601	1999-07-16 00:00:00.000

图 3-22 例 3.25 的查询结果

3.2.4　查询表

SQL 中的 FROM 子句后面可以是基本表、视图,还可以是查询表。

【例 3.26】　查询 1999 年出生的"女"同学基本信息。

分析:可以先将学生表中的女生记录查询出来,然后再对查询表进行选择、投影操作。

```
SELECT studentNo, studentName, birthday
FROM(SELECT * FROM Student WHERE sex='女') AS a
WHERE year(birthday)=1999
```

该查询在 FROM 子句后是一个查询表,表示对该查询的查询结果——查询表进行查询,必须为查询表取一个名称(该名称称为元组变量),如使用 AS a 取名为 a,也可以写成

```
FROM(SELECT * FROM Student WHERE sex='女') a
```

该查询等价于下面的查询:

```
SELECT studentNo, studentName, birthday
FROM student
WHERE year(birthday)=1999 AND sex='女'
```

3.2.5　聚合查询

SQL 查询提供了丰富的数据分类、统计和计算的功能,其统计功能是通过聚合函数来实现,分类功能是通过分组子句来实现,并且统计和分组往往结合在一起实现丰富的查询功能。

1. 聚合函数

SQL 查询提供的聚合函数(aggregate function)主要包括以下几个。
- count([DISTINCT | ALL]{ * | <列名>}):统计关系的元组个数或一列中值的个数;
- sum([DISTINCT | ALL] <列名>):统计一列中值的总和(此列必须为数值型);
- avg([DISTINCT | ALL] <列名>):统计一列中值的平均值(此列必须为数值型);
- max([DISTINCT | ALL] <列名>):统计一列中值的最大值;
- min([DISTINCT | ALL] <列名>):统计一列中值的最小值。

如果指定 DISTINCT 谓词,表示在计算时首先消除<列名>取重复值的元组,然后再进行统计;如果指定 ALL 谓词或没有 DISTINCT 谓词,表示不消除<列名>取重复值的元组。

【例 3.27】 查询学生总人数。

```
SELECT count(*)
FROM Student
```

查询结果如图 3-23(a)所示,可以看出,输出的查询结果没有列名。为了便于理解,可以对计算列取一个列名,上述查询可修改为如下,其查询结果如图 3-23(b)所示。

```
SELECT count(*) 学生人数
FROM Student
```

	(无列名)
1	20

	学生人数
1	20

(a) 不带列名的输出结果   (b) 带列名的输出结果

图 3-23 例 3.27 的查询结果

【例 3.28】 查询所有选课学生的人数。

```
SELECT count(studentNo) 学生人数
FROM Score
```

该查询的结果是 80。由于一个学生可以选修多门课程,学号存在重复,上述查询没有消除重复元组。为了消除重复的元组,必须使用 DISTINCT 短语,可将查询修改为:

```
SELECT count(DISTINCT studentNo) 学生人数
FROM Score
```

则其查询结果为 10。

【例 3.29】 查询学号为 1500003 同学所选课程的平均分。

```
SELECT avg(score) 平均分
FROM Score
WHERE studentNo='1500003'
```

在聚合函数遇到空值时,除 count(*)外所有的函数皆跳过空值,只处理非空值。

2. 分组聚合

在 SQL 查询中,往往需要对数据进行分类运算(即分组运算),分组运算的目的是为了细化聚合函数的作用对象。如果不对查询结果进行分组,则聚合函数作用于整个查询结果;如果对查询结果进行分组,则聚合函数分别作用于每个组,查询结果是按组聚合输出。SQL 语句中通过使用 GROUP BY 和 HAVING 子句来实现分组运算,其中:

- GROUP BY 子句对查询结果按某一列或某几列进行分组,值相等的分为一组;
- HAVING 子句对分组的结果进行选择,仅输出满足条件的组。该子句必须与 GROUP BY 子句配合使用。

【例 3.30】 查询每个同学的选课门数、平均分和最高分。

```
SELECT studentNo, count(*) 门数,
```

　　　　　　avg(score) 平均分, max(score) 最高分

FROM Score

GROUP BY studentNo

查询结果如图 3-24 所示。

该查询结果按学号 studentNo 进行分组，将具有相同 studentNo 值的元组作为一组，然后对每组进行相应的计数、求平均值和求最大值。

【例 3.31】 查询平均分在 80 分以上的每个同学的选课门数、平均分和最高分。

	studentNo	门数	平均分	最高分
1	1500001	11	79.909090	98.0
2	1500003	10	63.800000	90.0
3	1500004	9	69.444444	88.0
4	1500005	11	78.636363	90.0
5	1600002	6	76.333333	98.0
6	1600003	4	73.500000	87.0
7	1600004	7	76.142857	90.0
8	1600005	6	77.166666	90.0
9	1600012	8	79.500000	90.0
10	1600014	8	70.625000	90.0

图 3-24　例 3.30 的查询结果

SELECT studentNo, count(*) 门数, avg(score) 平均分, max(score) 最高分

FROM Score

GROUP BY studentNo

HAVING avg(score)>=80

该查询结果按学号 studentNo 进行分组，将具有相同 studentNo 值的元组作为一组，然后对每组进行相应的计数、求平均值和求最大值，并判断平均值是否大于等于 80，如果是则输出该组，否则丢弃该组，不作为输出结果。

注意： 例 3.30 和例 3.31 的结果中是将重修的课程作为不同的课程来处理。

3.3　连 接 查 询

　　前面的查询实例都是针对一个关系进行操作，而在实际应用中，往往会涉及多个关系的查询，这时需用到连接运算或子查询，本节介绍连接运算。

　　连接运算是关系数据库中使用最广泛的一种运算，包括等值连接、自然连接、非等值连接、自表连接和外连接等。

3.3.1　等值与非等值连接

　　等值与非等值连接运算是在 WHERE 子句中加入连接多个关系的连接条件，其格式为：

WHERE[表 1.]<属性名 1><比较运算符>[表 2.]<属性名 2>

　　　　[<逻辑运算符>[表 3.]<属性名 3><比较运算符>[表 4.]<属性名 4>…]

　　比较运算符包括>,>=,<,<=,=,<>(或!=)。当比较运算符为=时，表示等值连接；其他运算为非等值连接。WHERE 子句的连接谓词中的属性称为连接属性，连接属性之间必须具有可比性。

1. 等值连接

【例 3.32】 查找会计学院全体同学的学号、姓名、籍贯、班级编号和所在班级名称。

分析：

(1) 该查询的结果为同学的学号、姓名、籍贯、班级编号和所在班级名称,在 SELECT 子句中必须包含这些属性。

(2) 由于班级名称和所属学院在班级表 Class 中,学号、姓名、籍贯、班级编号在学生表 Student 中,因此 FROM 子句必须包含 Class 表和 Student 表。

(3) 由于班级编号 classNo 既是班级表的主码,也是学生表的外码,这2个表的连接条件是 classNo 相等,因此在 WHERE 子句中必须包含连接条件 Student.classNo＝Class.classNo。

(4) 本查询要查询出会计学院的学生记录,因此在 WHERE 子句中还必须包括选择条件 institute＝'会计学院'。

(5) 本查询语句为:

```
SELECT studentNo, studentName, native, Student.classNo, className
FROM Student, Class
WHERE Student.classNo=Class.classNo AND institute='会计学院'
```

在连接操作中,如果涉及多个表的相同属性名,必须在相同的属性名前加上表名加以区分,如 Student.classNo, Class.classNo。WHERE 子句中的 Student.classNo＝Class.classNo 为连接条件,institute＝'会计学院'为选择条件。

为了简化,可为参与连接的表取别名(称为元组变量),这样在相同的属性名前加上表的别名就可以了,本例可以改写为:

```
SELECT studentNo, studentName, native, b.classNo, className
FROM Student AS a, Class AS b
WHERE a.classNo=b.classNo AND institute='会计学院'
```

或者

```
SELECT studentNo, studentName, native, b.classNo, className
FROM Student a, Class b
WHERE a.classNo=b.classNo AND institute='会计学院'
```

将 Student 表取别名为 a,Class 表取别名为 b,班级编号分别用 $a.classNo$ 和 $b.classNo$ 表示。对于多个表中的不同属性名,可以不要在属性名前加上表名。

【例 3.33】 查找选修了课程名称为"计算机原理"的同学学号、姓名。

分析：

(1) 该查询的结果为学号、姓名,在 SELECT 子句中必须包含这些属性。

(2) 由于学生的学号和姓名在学生表中,课程名称在课程表中,因此 FROM 子句必须包含学生表 Student、课程表 Course;由于学生表与课程表之间是多对多联系,需要通过成绩表转换为两个多对一的联系,因此 FROM 子句还必须包含成绩表 Score。

(3) 由于课程号既是课程表的主码,也是成绩表的外码,这两个表的连接条件是课程号相等;学号既是学生表的主码,也是成绩表的外码,这两个表的连接条件是学号相等。因此在 WHERE 子句中涉及3个关系的连接,其连接条件为:

Course.courseNo=Score.courseNo AND Score.studentNo=Student.studentNo

（4）本查询要查找出选修了名称为"计算机原理"的课程的同学情况，因此在WHERE 子句中还必须包括选择条件 courseName＝'计算机原理'.

（5）本查询语句为：

```
SELECT a.studentNo, studentName
FROM Student a, Course b, Score c
WHERE b.courseNo=c.courseNo AND c.studentNo=a.studentNo
AND b.courseName='计算机原理'
```

本例使用了元组变量，其连接条件为：

b.courseNo=c.courseNo AND c.studentNo=a.studentNo

【例 3.34】　查找同时选修了编号为 001 和 002 课程的同学学号、姓名、课程号和相应成绩，并按学号排序输出。

分析：

（1）该查询的结果为学号、姓名、课程号和相应成绩，在 SELECT 子句中必须包含这些属性。

（2）由于学生的学号和姓名在学生表中，课程号和成绩在成绩表中，因此 FROM 子句必须包含学生表 Student 和成绩表 Score。

（3）学号既是学生表的主码，也是成绩表的外码，这两个表的连接条件是学号相等，因此 WHERE 子句必须包含这个连接条件。

（4）为了表示同时选修了编号为 001 和 002 课程的选择条件，首先在 WHERE 子句中直接包含选择条件 courseNo＝'001'以查找出所有选修了编号为 001 课程的同学。其次，基于成绩表 Score 构造一个查询表 c，查找出选修了编号为 002 课程的所有同学。最后，将选修了编号为 001 课程的元组与查询表 c 的元组关于学号进行等值连接，如果连接成功，表示该同学同时选修了这两门课程。因此，在 FROM 子句中需要包含一个"查找出选修了编号为 002 课程的所有同学"的查询表，并在 WHERE 子句中加上学生表（或成绩表）与查询表在学号上做等值连接的连接条件。

（5）本查询要求按学号排序输出，因此需要排序子句 ORDER BY。

（6）本查询语句为：

```
SELECT a.studentNo, studentName, b.courseNo, b.score, c.courseNo, c.score
FROM Student a, Score b,(SELECT * FROM Score WHERE courseNo='002') c
WHERE b.courseNo='001' AND a.studentNo=b.studentNo AND a.studentNo=c.studentNo
ORDER BY a.studentNo
```

其查询结果如图 3-25 所示。

该查询也可以表示为：

```
SELECT a.studentNo, studentName, b.courseNo, b.score, c.courseNo, c.score
FROM Student a,(SELECT * FROM Score WHERE courseNo='001') b,
```

(SELECT * FROM Score WHERE courseNo='002') c

WHERE a.studentNo=b.studentNo AND a.studentNo=c.studentNo

ORDER BY a.studentNo

	studentNo	studentName	courseNo	score	courseNo	score
1	1500001	李小勇	001	98.0	002	82.0
2	1500003	王红敏	001	46.0	002	38.0
3	1500003	王红敏	001	46.0	002	58.0
4	1500004	张可立	001	48.0	002	68.0
5	1500004	张可立	001	70.0	002	68.0
6	1500005	王红	001	79.0	002	80.0
7	1600002	刘晨	001	98.0	002	46.0
8	1600003	王敏	001	70.0	002	60.0
9	1600004	张立	001	50.0	002	70.0
10	1600004	张立	001	68.0	002	70.0
11	1600005	王红	001	82.0	002	80.0
12	1600012	王立红	001	68.0	002	78.0
13	1600014	刘宏昊	001	60.0	002	69.0

图 3-25　例 3.34 的查询结果

【例 3.35】　查询获得的总学分（注：只有成绩合格才能获得该课程的学分）大于或等于 28 的同学的学号、姓名和总学分，并按学号排序输出。

SELECT a.studentNo, studentName, sum(creditHour)

FROM Student a, Course b, Score c

WHERE a.studentNo=c.studentNo AND c.courseNo= b.courseNo AND score>=60

GROUP BY a.studentNo, studentName

HAVING sum(creditHour)>=28

ORDER BY a.studentNo

由于本例的输出结果中需要同时包含学号和姓名，因此 GROUP BY 子句也需要按 a.studentNo, studentName 进行聚合，而不是仅按 a.studentNo 进行聚合。

本查询中既使用了 WHERE 子句，也使用了 HAVING 子句，它们都是选择满足条件的元组，但是其选择的范围是不一样的，表现在如下两个方面。

- WHERE 子句：作用于整个查询对象，对元组进行过滤。
- HAVING 子句：仅作用于分组，对分组进行过滤。

本例的查询过程是：

（1）首先在 Score 表中选择课程成绩大于等于 60 分的元组（只有 60 分及以上才能获得学分），将这些元组与 Student 和 Score 表进行连接，形成一个新关系；

（2）在新关系中按学号、姓名进行分组，统计每组的总学分；

（3）将总学分大于等于 28 的组选择出来形成一个结果关系；

（4）将结果关系输出。

注意：例 3.35 中没有考虑一个学生选修同一门课程多次且都及格的情况。

2. 自然连接

SQL 不直接支持自然连接，完成自然连接的方法是在等值连接的基础上消除重复列。

【例 3.36】 实现成绩表 Score 和课程表 Course 的自然连接。

```
SELECT studentNo, a.courseNo, score, courseName, creditHour, courseHour, priorCourse
FROM Score a, Course b
WHERE a.courseNo=b.courseNo
```

本例中课程编号在两个关系中同时出现,但在 SELECT 子句中仅需要出现一次,因此使用 a.courseNo,也可以使用 b.courseNo。其他列名是唯一的,不需要加上元组变量。

3. 非等值连接

非等值连接使用得比较少,请读者参照例 2.16 举例试试。

3.3.2 自表连接

若某个表与自己进行连接,称为自表连接。自表连接使用得也比较多。

【例 3.37】 查找同时选修了编号为 001 和 002 课程的同学学号、姓名、课程号和相应成绩,并按学号排序输出。

分析:

(1) 学生姓名在学生表中,因此 FROM 子句必须包含学生表(取别名为 a)。

(2) 可以考虑两个成绩表,分别记为 b 和 c,b 表用于查询选修了编号为 001 课程的同学,c 表用于查询选修了编号为 002 课程的同学,因此 FROM 子句还必须包含两个成绩表 b 和 c,且在 WHERE 子句中包含两个选择条件:

```
b.courseNo='001' AND c.courseNo='002'
```

(3) 一方面,成绩表 b 与成绩表 c 在学号上做等值连接(自表连接),如果连接成功,表示学生同时选修了编号为 001 和 002 的课程;另一方面,学生表与成绩表 b(或成绩表 c)在学号上做等值连接。因此 WHERE 子句需要包含两个连接条件:

```
b.studentNo=c.studentNo AND a.studentNo=b.studentNo
```

(4) 本查询语句为:

```
SELECT a.studentNo, studentName, b.courseNo, b.score, c.courseNo, c.score
FROM Student a, Score b, Score c
WHERE b.courseNo='001' AND c.courseNo='002'
    AND b.studentNo=c.studentNo AND a.studentNo=b.studentNo
ORDER BY a.studentNo
```

本例查询结果与例 3.34 相同。在该查询中,FROM 子句后面包含了两个参与自表连接的成绩表 Score,必须定义元组变量加以区分,自表连接的条件是 b.studentNo = c.studentNo。

【例 3.38】 在学生表 Student 中查找与"李宏冰"同学在同一个班的同学姓名、班级编号和出生日期。

```
SELECT a.studentName, a.classNo, a.birthday
FROM Student a, Student b
WHERE b.studentName='李宏冰' AND a.classNo=b.classNo
```

3.3.3　外连接

在一般的连接中,只有满足连接条件的元组才被检索出来,对于没有满足连接条件的元组是不作为结果被检索出来的。

【例 3.39】　查询 2015 级每个班级的班级名称、所属学院、学生学号、学生姓名,按班级名称排序输出。

```
SELECT className, institute, studentNo, studentName
FROM Class a, Student b
WHERE a.classNo=b.classNo AND grade=2015
ORDER BY className
```

查询结果如图 3-26 所示。

	className	institute	studentNo	studentName
1	计算机科学与技术15-01班	信息管理学院	1500001	李小勇
2	计算机科学与技术15-01班	信息管理学院	1500004	张可立
3	计算机科学与技术15-02班	信息管理学院	1500005	王红
4	信息管理与信息系统15-01班	信息管理学院	1500002	刘方晨
5	信息管理与信息系统15-01班	信息管理学院	1500003	王红敏

图 3-26　例 3.39 的查询结果

从查询结果中可以看出:班级表中的"金融管理 15-01 班"没有出现在查询结果中,原因是该班没有学生。

在实际应用中,往往需要将不满足连接条件的元组也检索出来,只是在相应的位置用空值替代,这种查询称为外连接查询。外连接分为左外连接、右外连接和全外连接。

在 SQL 查询的 FROM 子句中,写在左边的表称为左关系,写在右边的表称为右关系。

1. 左外连接

左外连接的连接结果中包含左关系中的所有元组,对于左关系中没有连接上的元组,其右关系中的相应属性用空值替代。

【例 3.40】　使用左外连接查询 2015 级每个班级的班级名称、所属学院、学生学号、学生姓名,按班级名称和学号排序输出。

```
SELECT className, institute, studentNo, studentName
FROM Class a LEFT OUTER JOIN Student b ON a.classNo=b.classNo
WHERE grade=2015
ORDER BY className,studentNo
```

查询结果如图 3-27 所示。

	className	institute	studentNo	studentName
1	计算机科学与技术15-01班	信息管理学院	1500001	李小勇
2	计算机科学与技术15-01班	信息管理学院	1500004	张可立
3	计算机科学与技术15-02班	信息管理学院	1500005	王红
4	金融管理15-01班	金融学院	NULL	NULL
5	信息管理与信息系统15-01班	信息管理学院	1500002	刘方晨
6	信息管理与信息系统15-01班	信息管理学院	1500003	王红敏

图 3-27　例 3.40 的查询结果

2. 右外连接

右外连接的连接结果中包含右关系中的所有元组,对于右关系中没有连接上的元组,其左关系中的相应属性用空值替代。

【例 3.41】　使用右外连接查询 2015 级每个班级的班级名称、所属学院、学生学号、学生姓名,按班级名称和学号排序输出。

```
SELECT className, institute, studentNo, studentName
FROM Class a RIGHT OUTER JOIN Student b ON a.classNo= b.classNo
WHERE grade=2015
ORDER BY className, studentNo
```

3. 全外连接

全外连接的连接结果中包含左右关系中的所有元组,对于左关系中没有连接上的元组,其右关系中的相应属性用空值替代;对于右关系中没有连接上的元组,其左关系中的相应属性用空值替代。

【例 3.42】　使用全外连接查询 2015 级每个班级的班级名称、所属学院、学生学号、学生姓名,按班级名称和学号排序输出。

```
SELECT className, institute, studentNo, studentName
FROM Class a FULL OUTER JOIN Student b ON a.classNo=b.classNo
WHERE grade=2015
ORDER BY className, studentNo
```

3.4　嵌套子查询

在 SQL 查询中,一个 SELECT-FROM-WHERE 查询语句称为一个查询块,将一个查询块嵌入到另一个查询块的 WHERE 子句或 HAVING 子句中,称为**嵌套子查询**。

一般来说,使用子查询的目的是集合成员的检查,如判断元组是否属于某个集合,集合的比较运算,以及测试是否为空集等,具体表现在如下几个方面:

(1) 元素与集合间的属于关系;

(2) 集合之间的包含和相等关系;

（3）集合的存在关系；

（4）元素与集合元素之间的比较关系。

SQL 语句允许多层嵌套子查询，但是在子查询中，不允许使用 ORDER BY 子句，该子句仅用于最后的输出结果排序。

SQL 语句提供的子查询可以将多个简单查询构造为一个非常复杂的查询，从而丰富和增强 SQL 的查询功能。SQL 语言采用逐层嵌套的方式来构造查询语句，这正是结构化查询语言（structured query language，缩写为 SQL）的含义所在。

SQL 嵌套查询分为相关子查询和非相关子查询。**非相关子查询**是指子查询的结果不依赖于上层查询；**相关子查询**是指当上层查询的元组发生变化时，其子查询必须重新执行。

3.4.1 使用 IN 的子查询

由于 SELECT 语句的查询结果是一个元组的集合，因此可以嵌套 SELECT 语句到 IN 子句中。

【**例 3.43**】 查询选修过课程的学生姓名。

```
SELECT studentName
FROM Student
WHERE Student.studentNo IN (SELECT Score.studentNo FROM Score)
```

在本例中，WHERE 子句用于检测**元素与集合间的属于关系**，其中 Student.studentNo 为元素，IN 为"属于"，嵌套 SELECT 语句 SELECT Score.studentNo FROM Score 的查询结果为选修过课程的所有学生的学号集合。该嵌套 SELECT 语句称为子查询。

本例查询的含义是：在学生表 Student 中，将学号出现在成绩表 Score 中（表明该学生选修过课程）的学生姓名查询出来。

该查询属于**非相关子查询**，其查询过程为：

（1）从 Score 表中查询出学生的学号 studentNo，构成一个中间结果关系 r。

（2）从 Student 表中取出第一个元组 t。

（3）如果元组 t 的 studentNo 属性的值包含在中间结果关系 r 中（即 $t.studentNo \in r$），则将元组 t 的 studentName 属性的值作为最终查询结果关系的一个元组；否则，丢弃元组 t。

（4）如果 Student 表中还有元组，则取 Student 表的下一个元组 t，并转第（3）步；否则转第（5）步。

（5）将最终结果关系显示出来。

该查询的执行过程可以通过图 3-28 来表示。

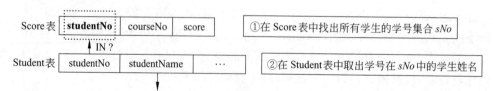

图 3-28　二层嵌套图

【例 3.44】　查找选修过课程名中包含"系统"的课程的同学学号、姓名和班级编号。

```
SELECT studentNo, studentName, classNo
FROM Student
WHERE studentNo IN
      ( SELECT studentNo FROM Score
        WHERE courseNo IN
              ( SELECT courseNo FROM Course
                WHERE courseName LIKE '%系统%')
      )
```

WHERE 子句中的 IN 可以实现多重嵌套，本例就是一个三重嵌套的例子，该查询的执行过程可以通过图 3-29 来表示。

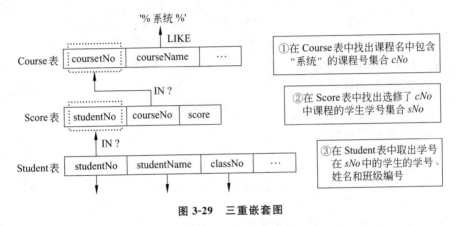

图 3-29　三重嵌套图

该查询也属于**非相关子查询**。使用 IN 的非相关子查询的查询过程归纳如下：

（1）首先执行最底层的子查询块，将该子查询块的结果作为中间关系。

（2）执行上一层（即外一层）查询块，对于得到的每个元组，判断该元组是否在它的子查询结果中间关系中：如果在，取出该元组中的相关属性作为最终输出结果（或该查询块的查询结果中间关系）的一个元组；否则舍弃该元组。

（3）如果已经执行完最上层查询块，则将最终结果作为一个新关系输出；否则返回第（2）步重复执行。

【例 3.45】　查找同时选修过"计算机原理"和"高等数学"两门课程的同学学号、姓名以及该同学所选修的所有课程的课程名和相应成绩，按学号（升序）、成绩（降序）排序输出。

分析：

（1）本例需要查询同时选修过"计算机原理"和"高等数学"两门课程的同学学号、姓名以及该同学所选修的所有课程的课程名和相应成绩，因此在 SELECT 子句中必须包含 studentNo、studentName、courseName 和 score 4 个属性。

（2）学号和姓名在学生表中，课程成绩在成绩表中，课程名在课程表中，因此在 FROM 子句中必须包含学生表、课程表和成绩表，分别为这 3 张表取元组变量 *a*、*b*、*c*。

（3）学生表、成绩表和课程表需做连接操作，在 WHERE 子句中必须包含连接条件：

a.studentNo=c.studentNo AND b.courseNo=c.courseNo

（4）要查询同时选修过"计算机原理"和"高等数学"两门课程的同学，在 WHERE 子句中必须包含如下的选择条件。

① 对于学生表，其学号必须是选修过"计算机原理"课程的学号，使用子查询：

```
a.studentNo IN(SELECT studentNo FROM Score
                WHERE courseNo IN(SELECT courseNo FROM Course
                                  WHERE courseName='计算机原理'))
```

② 对于学生表，其学号还必须是选修过"高等数学"课程的学号，使用子查询：

```
a.studentNo IN(SELECT studentNo FROM Score
                WHERE courseNo IN(SELECT courseNo FROM Course
                                  WHERE courseName='高等数学'))
```

这两个子查询必须同时满足，因此使用 AND 逻辑运算符。

（5）本查询语句为：

```
SELECT a.studentNo, studentName, courseName, score
FROM Student a, Course b, Score c
WHERE a.studentNo=c.studentNo AND b.courseNo=c.courseNo
  AND a.studentNo IN(SELECT studentNo FROM Score
                      WHERE courseNo IN(SELECT courseNo FROM Course
                                        WHERE courseName='计算机原理'))
  AND a.studentNo IN(SELECT studentNo FROM Score
                      WHERE courseNo IN(SELECT courseNo FROM Course
                                        WHERE courseName='高等数学'))
ORDER BY a.studentNo, score DESC
```

该查询也可以表示为如下形式：

```
SELECT a.studentNo, studentName, courseName, score
FROM Student a, Course b, Score c
WHERE a.studentNo=c.studentNo AND b.courseNo=c.courseNo
  AND a.studentNo IN(SELECT studentNo FROM Score x, Course y
                      WHERE x.courseNo=y.courseNo AND courseName='计算机原理')
  AND a.studentNo IN(SELECT studentNo FROM Score x, Course y
                      WHERE x.courseNo=y.courseNo AND courseName='高等数学')
ORDER BY a.studentNo, score DESC
```

【例 3.46】 查找同时选修过"计算机原理"和"高等数学"两门课程的同学学号、姓名以及所选修的这两门课程的课程名和相应成绩，按学号(升序)、成绩(降序)排序输出。

分析：

（1）只查询该同学所选修的这两门课程的课程名和相应成绩，因此在 WHERE 子句中还必须包含选择条件：课程名称必须是"计算机原理"或"高等数学"，即

courseName='高等数学' OR courseName='计算机原理'

（2）本查询语句为：

```
SELECT a.studentNo, studentName, courseName, score
FROM Student a, Course b, Score c
WHERE a.studentNo=c.studentNo AND b.courseNo=c.courseNo
    AND a.studentNo IN(SELECT studentNo FROM Score x, Course y
                    WHERE x.courseNo=y.courseNo AND courseName='计算机原理')
    AND a.studentNo IN(SELECT studentNo FROM Score x, Course y
                    WHERE x.courseNo=y.courseNo AND courseName='高等数学')
    AND (courseName='高等数学' OR courseName='计算机原理')
ORDER BY a.studentNo, score DESC
```

注意：例 3.46 中的条件 courseName＝'高等数学' OR courseName＝'计算机原理'必须用括号括起来。

请将例 3.45 及例 3.46 的查询要求与查询语句的实现形式与例 3.34 及例 3.37 进行比较。

3.4.2　使用比较运算符的子查询

元素与集合元素之间还存在更为复杂的关系，如比较关系。在比较运算中，常常要用到谓词 ANY（或 SOME）和 ALL。其中谓词 ANY 表示子查询结果中的任意值，谓词 ALL 表示子查询结果中的所有值，具体比较运算符及其含义如表 3-1 所示。

表 3-1　比较运算符

比较运算符	含　义	比较运算符	含　义
＝ANY	等于子查询结果中的任意值	＝ALL	等于子查询结果中的所有值
＞＝ANY	大于等于子查询结果中的任意值	＞＝ALL	大于等于子查询结果中的所有值
＜＝ANY	小于等于子查询结果中的任意值	＜＝ALL	小于等于子查询结果中的所有值
＞ANY	大于子查询结果中的任意值	＞ALL	大于子查询结果中的所有值
＜ANY	小于子查询结果中的任意值	＜ALL	小于子查询结果中的所有值
＜＞ANY	不等于子查询结果中的任意值	＜＞ALL	不等于子查询结果中的所有值
!＝ANY	不等于子查询结果中的任意值	!＝ALL	不等于子查询结果中的所有值

注意：如果子查询中的结果关系仅包含一个元组，则可以将比较运算符中的 ALL 和 ANY 去掉，直接使用比较运算符。ANY 也可以用 SOME 替代。

【例 3.47】　查询所选修课程的成绩大于所有 002 号课程成绩的同学学号及相应课程的课程号和成绩。

```
SELECT studentNo, courseNo, score
FROM Score
```

```
WHERE score>ALL
    (SELECT score
     FROM Score
     WHERE courseNo='002')
```

【例 3.48】　查询成绩最高分的学生的学号、课程号和相应成绩。

```
SELECT studentNo, courseNo, score
FROM Score
WHERE score= (SELECT max(score)
              FROM Score)
```

聚合函数可以直接使用在 HAVING 子句中(如例 3.35),也可以用于子查询中(如例 3.48),但在 WHERE 子句中不可以直接使用聚合函数。如下语句是不正确的:

```
SELECT *
FROM Score
WHERE score=max(score)
```

【例 3.49】　查询年龄小于"计算机科学与技术 16-01 班"某个同学年龄的所有同学的学号、姓名和年龄。

```
SELECT studentNo, studentName, year(getdate())-year(birthday) AS age
FROM Student
WHERE birthday>ANY
    (SELECT birthday
     FROM Student a, Class b
     WHERE className='计算机科学与技术 16-01 班' AND a.classNo=b.classNo)
```

本查询执行过程是:首先执行子查询,找出"计算机科学与技术 16-01 班"同学的出生日期集合,然后在 Student 表中将出生日期大于该集合中某个同学出生日期的所有同学查找出来。

在比较运算符中,=ANY 等价于 IN 谓词,!=ALL 等价于 NOT IN 谓词。

* 3.4.3　使用存在量词 EXISTS 的子查询

SQL 查询提供量词运算。量词有两种:一是存在量词,二是全称量词。在离散数学中,全称量词可以用存在量词替代,故 SQL 语句仅提供存在量词的运算,使用谓词 EXISTS 表示,全称量词转化通过 NOT EXISTS 谓词来实现。

WHERE 子句中的谓词 EXISTS 用来判断其后的子查询的结果集合中是否存在元素。谓词 EXISTS 大量用在相关子查询中。

【例 3.50】　查询选修了"计算机原理"课程的同学姓名及所在班级编号。

```
SELECT studentName, classNo
FROM Student x
WHERE EXISTS
```

```
(SELECT * FROM Score a, Course b
 WHERE a.courseNo=b.courseNo
 AND a.studentNo=x.studentNo AND courseName='计算机原理')
```

本查询属于**相关子查询**,涉及 Student、Score 和 Course 3 个关系,其查询过程如下:

(1) 首先取 Student 表的第一个元组 x,并取其学号 x.studentNo。

(2) 执行子查询,该子查询对表 Score 和 Course 进行连接,并选择其学号为 x.studentNo(即该子查询与上层查询相关),其课程名为"计算机原理"的元组。

(3) 如果子查询中可以得到结果(即存在元组),则将 Student 表中元组 x 的学生姓名和所在班级编号组成一个新元组放在结果集合中;否则(即不存在元组),直接丢弃元组 x。

(4) 如果 Student 表中还有元组,则取 Student 表的下一个元组 x,并取其学号 x.studentNo,转第(2)步;否则转第(5)步。

(5) 将结果集合中的元组作为一个新关系输出。

从上面的查询中可以看到,子查询的目标列通常是 *。因为存在量词 EXISTS 只是判断其后的子查询的结果集合中是否存在元素,所以没有必要给出查询结果的列名。

相关子查询在 SQL 中属于复杂的查询,其子查询的查询条件依赖于外层查询的元组值,当外层查询的元组值发生变化时,其子查询要重新依据新的条件进行查询,因此使用存在量词 EXISTS 的相关子查询的处理过程是:

(1) 首先取外层查询的第一个元组。

(2) 依据该元组的值,执行子查询。

(3) 如果子查询的结果非空(即 EXISTS 量词返回真值),将外层查询的该元组放入到结果集中;否则(即 EXISTS 量词返回假值),舍弃外层查询的该元组。

(4) 取外层查询的下一个元组,返回第(2)步重复上述过程,直到外层查询所有的元组处理完毕。

(5) 将结果集合中的元组作为一个新关系输出。

本例也可以直接使用连接运算或 IN 运算来实现。

【例 3.51】　查询选修了所有课程的学生姓名。

分析:

本查询要使用全称量词,其含义是选择这样的学生,任意一门课程他都选修了。假设谓词 $P(x,c)$ 表示学生 x 选修了课程 c,则本查询可表示为:选择这样的学生 x,使 $(\forall c)P(x,c)$。

由于 SQL 中没有全称量词,因此可以通过使用存在量词和取非运算来实现,转换公式如下:

$$(\forall c)P(x,c) \Leftrightarrow \neg(\exists c(\neg P(x,c)))$$

其中,谓词 $\neg P(x,c)$ 表示学生 x 没有选修课程 c。根据该转换公式,可将上述查询描述为查询这样的学生 x,不存在没有选修的课程 c。

```
SELECT studentName
FROM Student x
```

```
WHERE NOT EXISTS
    ( SELECT * FROM Course c
      WHERE NOT EXISTS        --判断学生 x.studentNo 是否选修课程 c.courseNo
        ( SELECT * FROM Score
          WHERE studentNo=x.studentNo AND courseNo=c.courseNo)
    )
```

【例 3.52】 查询至少选修了学号为 1600002 学生所选修的所有课程的学生姓名。

分析：

本查询的含义是选择这样的学生，凡是 1600002 学生选修了的课程，他也选修了。

本例要使用蕴涵量词，但是 SQL 语句中不提供蕴涵量词，可以通过使用存在量词和取非运算来实现，转换公式如下所示。

用谓词 $R(c)$ 表示 1600002 学生选修了 c 课程，用谓词 $P(x,c)$ 表示学生 x 选修了 c 课程，则本查询可表示为：选择这样的学生 x，使 $(\forall c)(R(c) \rightarrow P(x,c))$。

将该公式进行转换：

$$(\forall c)(R(c) \rightarrow P(x,c))$$
$$\Leftrightarrow (\forall c)(\neg R(c) \vee P(x,c))$$
$$\Leftrightarrow \neg(\exists c(\neg(\neg R(c) \vee P(x,c))))$$
$$\Leftrightarrow \neg(\exists c(R(c) \wedge \neg P(x,c)))$$

根据该转换公式，可将上述查询描述为：选择这样的学生 x，不存在某门课程 c，1600002 学生选修了，而学生 x 没有选修。

```
SELECT studentName
FROM Student x
WHERE NOT EXISTS
    (SELECT * FROM Score y
     WHERE studentNo='1600002'   --查询学生'1600002'所选修课程的情况
       AND NOT EXISTS            --判断学生 x.studentNo 没有选修课程 y.courseNo
         (SELECT * FROM Score
          WHERE studentNo=x.studentNo AND courseNo=y.courseNo)
    )
```

请读者思考例 3.51 与例 3.52 之间的区别与联系。记所有课程的集合为 A，并记 A 中满足谓词 R 的课程集合为 B，即 $B = \{c \mid c \in A \wedge R(c)\}$，对于例 3.52，$B$ 表示学号为 1600002 学生所选修的所有课程。假设谓词 $P(x,c)$ 表示学生 x 选修了课程 c，则例 3.51 的查询要求是：选择这样的学生 x，使 $\neg(\exists c \in A(\neg P(x,c)))$。类似地，例 3.52 的查询要求可表达为：选择这样的学生 x，使 $\neg(\exists c \in B(\neg P(x,c)))$，它等价于 $\neg(\exists c \in A(R(c) \wedge \neg P(x,c)))$。

【例 3.53】 查询至少选修了学号为 1600002 学生所选修的所有课程的学生学号、姓名以及该学生所选修课程的课程名和成绩。

分析：

（1）本查询需要输出选课学生的学号、姓名以及所选修课程的课程名和成绩，在 SELECT 子句中必须包含学号、姓名、课程名和成绩。

（2）学号和姓名在学生表中，课程名在课程表中，成绩在成绩表中，在 FROM 子句中必须包含学生表、课程表和成绩表，分别取元组变量 x,y,z。

（3）学生表、课程表和成绩表需做连接操作，在 WHERE 子句中必须包含如下连接条件。

x.studentNo= z.studentNo AND y.courseNo= z.courseNo

（4）查询至少选修了学号为 1600002 的学生所选修的所有课程，必须首先查询学号为 1600002 的学生所选修的所有课程情况，使用如下子查询。

```
SELECT * FROM Score b
WHERE studentNo='1600002'
```

（5）对学生表中的某个同学 $x.$ studentNo 的选课记录集合，必须包含学号为 1600002 的学生的选课记录集合，即学号为 1600002 学生选修的课程，$x.$ studentNo 同学也要选修，在子查询中还必须包含一个条件表示这种包含关系，语句如下所示。

```
SELECT * FROM Score b
WHERE studentNo='1600002'
    AND EXISTS            --表示 x.studentNo 同学也选修了学号为 1600002 学生选修的课程
        (SELECT * FROM Score
          WHERE studentNo=x.studentNo AND courseNo=b.courseNo)
```

（6）对上述查询使用双重否定，则表示不存在 1600002 学生选修的某门课程，而 $x.$ studentNo 学生没有选修。

（7）本查询语句为：

```
SELECT x.studentNo, studentName, courseName, score
FROM Student x, Course y, Score z
WHERE x.studentNo= z.studentNo AND y.courseNo= z.courseNo
  AND NOT EXISTS
      (SELECT * FROM Score b
       WHERE studentNo='1600002'   --查询学生'1600002'所选修课程的情况
        AND NOT EXISTS                --判断学生 x.studentNo 没有选修课程 b.courseNo
            (SELECT * FROM Score
              WHERE studentNo=x.studentNo AND courseNo=b.courseNo)
      )
```

1600002 学生选修的所有课程如图 3-30 所示，例 3.53 的查询结果如图 3-31 所示。

	studentNo	studentName	courseName	score
1	1500001	李小勇	大学语文	98.0
2	1500001	李小勇	体育	82.0
3	1500001	李小勇	大学英语	82.0
4	1500001	李小勇	高等数学	56.0
5	1500001	李小勇	高等数学	86.0
6	1500001	李小勇	C语言程序设计	77.0
7	1500001	李小勇	计算机原理	76.0
8	1500001	李小勇	数据结构	77.0
9	1500001	李小勇	操作系统	82.0
10	1500001	李小勇	数据库系统原理	77.0
11	1500001	李小勇	会计学原理	86.0
12	1500005	王红	大学语文	79.0
13	1500005	王红	体育	80.0
14	1500005	王红	大学英语	69.0
15	1500005	王红	高等数学	87.0
16	1500005	王红	C语言程序设计	77.0
17	1500005	王红	计算机原理	69.0
18	1500005	王红	数据结构	90.0
19	1500005	王红	操作系统	87.0
20	1500005	王红	数据库系统原理	90.0
21	1500005	王红	会计学原理	69.0
22	1500005	王红	中级财务会计	68.0

studentNo	studentName	courseName
1600002	刘晨	大学语文
1600002	刘晨	体育
1600002	刘晨	大学英语
1600002	刘晨	高等数学
1600002	刘晨	C语言程序设计
1600002	刘晨	会计学原理

图 3-30　1600002 学生选修的所有课程　　　图 3-31　例 3.53 的部分查询结果

*3.4.4　复杂子查询实例

SQL 语句可以构造非常复杂的查询,可以将选择、投影、连接、分组聚合、子查询等操作混合使用,从而完成几乎所有的查询操作。

【例 3.54】　查询至少获得了 28 个学分的同学的学号、姓名以及所选修各门课程的课程名、成绩和学分,并按学号排序输出。要求如下:①对于所选修的课程,如果成绩不及格则不能获得该课程的学分;②如果一个学生选修同一门课程多次,则选取最高成绩输出。

分析:

(1) 本例查询的结果列是学号、姓名、课程名、成绩和学分,在 SELECT 子句中必须包含这些属性。

(2) 一方面,学号、姓名在学生表中,课程名、学分在课程表中,因此在 FROM 子句中必须包含这 2 个表,分别取元组变量 a、b;另一方面,成绩在成绩表中,但是如果一个学生选修同一门课程多次时需要选取最高成绩输出,因此关于成绩属性,在 FROM 子句中需要用到一个如下的查询表 c:

```
( SELECT studentNo, courseNo, max(score) score
  FROM Score
  WHERE score>=60
  GROUP BY studentNo, courseNo) AS c
```

(3) 对这 3 个表进行连接操作,连接条件如下所示。

a.studentNo=c.studentNo AND c.courseNo=b.courseNo

（4）结果关系中的学生必须是至少获得了 28 个学分的同学，因此需要构建一个子查询 Q，用于检索满足该条件的学号。由于学分在课程表中，选课记录在查询表 c 中，所以子查询 Q 涉及这 2 个表的连接操作，连接条件是课程号相同；子查询 Q 还要求所选修课程获得的总学分不低于 28，需要使用分组聚合运算，其分组属性为 studentNo，分组选择条件是 sum(creditHour)$>=$28。子查询 Q 的 SQL 语句如下，其中查询表 c 已改名为 y。

```
SELECT studentNo      --子查询 Q
FROM Course x,( SELECT studentNo, courseNo, max(score) score
                FROM Score
                WHILE score>=60
                GROUP BY studentNo, courseNo) AS y
WHERE y.courseNo=x.courseNo
GROUP BY studentNo
HAVING sum(creditHour)>=28
```

本例将分组聚合用于子查询 Q 中，含义是：查询至少获得了 28 个学分的同学学号。

（5）在结果关系中的学号必须是子查询 Q 中的学号，在 WHERE 子句中除了包含学生表 a、课程表 b、查询表 c 的连接条件外，还必须有一个选择条件，该条件是学号必须是子查询 Q 的结果集合中的学号。

（6）本例要求按学号排序输出，最后需要使用排序子句。本查询语句为：

```
SELECT a.studentNo, studentName, courseName, score, creditHour
FROM Student a, Course b, ( SELECT studentNo, courseNo, max(score) score
                           FROM Score
                           WHILE score>=60   --仅列示已经获得学分(即及格了)的课程
                           GROUP BY studentNo, courseNo ) AS c
WHERE a.studentNo=c.studentNo AND c.courseNo=b.courseNo
   AND a.studentNo IN
       ( SELECT studentNo                    --子查询 Q
         FROM Course x, ( SELECT studentNo, courseNo, max(score) score
                         FROM Score
                         WHILE score>=60         --只有及格才能获得学分
                         GROUP BY studentNo, courseNo ) AS y
         WHERE y.courseNo=x.courseNo
         GROUP BY studentNo
         HAVING sum(creditHour)>=28 )
ORDER BY a.studentNo
```

【例 3.55】　查询至少选修了 5 门课程且课程平均分最高的同学的学号和课程平均分。如果一个学生选修同一门课程多次，则选取最高成绩。

分析：

（1）本例要查询同学的学号和课程平均分，要使用求平均值的聚合函数，在 SELECT 子句中包含学号 studentNo 和课程平均分 avg(score)。

（2）本例只要使用成绩表，但是如果一个学生选修同一门课程多次时需要选取最高成绩，因此在 FROM 子句中需要用到一个如下的查询表 a：

```
( SELECT studentNo, courseNo, max(score) score
  FROM Score
  GROUP BY studentNo, courseNo ) AS a
```

（3）查询至少选修了 5 门课程且课程平均分最高的同学的学号，要使用分组运算，分组属性为学号。同时，必须对分组后的结果进行选择运算，使用 HAVING 子句，在 HAVING 子句中的第一个条件是至少选修了 5 门课程，使用 count（＊）＞＝5；在 HAVING 子句中的第二个条件是平均分最高，按如下步骤构造：

① 基于查询表 a 构建一个子查询 $Q1$，查找出至少选修了 5 门课程的同学的学号和课程平均分，显然子查询 $Q1$ 的结果满足第一个 HAVING 条件。将子查询 $Q1$ 的结果作为一个查询表 x，SQL 语句如下，其中查询表 a 已改名为 b。

```
( SELECT studentNo, avg(score) avgScore              --子查询 Q1,结果作为查询表 x
   FROM ( SELECT studentNo, courseNo, max(score) score
         FROM Score
         GROUP BY studentNo, courseNo ) AS b
   GROUP BY studentNo
   HAVING count( * )>=5 ) AS x
```

② 基于查询表 x 再构建一个子查询 $Q2$，查找出最高的平均分，SQL 语句为：

```
SELECT max(avgScore)    --子查询 Q2
FROM ( SELECT studentNo, avg(score) avgScore              --子查询 Q1,结果作为查询表 x
      FROM( SELECT studentNo, courseNo, max(score) score
            FROM Score
            GROUP BY studentNo, courseNo ) AS b
      GROUP BY studentNo
      HAVING count( * )>=5) AS x
```

③ HAVING 子句中的第二个条件是：平均分等于子查询 $Q2$ 中查询出来的最高分。

（4）该查询语句为：

```
SELECT studentNo, avg(score) avgScore
FROM( SELECT studentNo, courseNo, max(score) score
      FROM Score
      GROUP BY studentNo, courseNo ) a
GROUP BY studentNo
HAVING count( * )>=5
  AND avg(score)=
      ( SELECT max(avgScore)                            --子查询 Q2
        FROM ( SELECT studentNo, avg(score) avgScore    --子查询 Q1,结果作为查询表 x
              FROM ( SELECT studentNo, courseNo, max(score) score
                    FROM Score
                    GROUP BY studentNo, courseNo ) b
              GROUP BY studentNo
```

```
        HAVING count(*)>=5) AS x
    )
```

注意：在查询表中，如果查询的列是表达式，可以给该表达式取一个别名，这样在 SELECT 语句中就可以直接使用该别名。例如，在本例的查询表中，将表达式 avg (score)取别名 avgScore。

【例 3.56】 查询选修了所有 4 学分课程（即学分为 4 的课程）的同学的学号、姓名以及所选修 4 学分课程的课程名和成绩。

分析：

（1）与例 3.52 及例 3.53 类似，本例也要使用双重否定。在第一重否定中查询 4 学分课程的情况，在第二重否定中查询某学生选修某门 4 学分课程的情况。

（2）该查询表达的含义是查询这样的学生，不存在某门 4 学分的课程他没有选修。

（3）该查询语句为：

```
SELECT a.studentNo, studentName, courseName, score
FROM Student a, Course b, Score c
WHERE a.studentNo=c.studentNo AND b.courseNo=c.courseNo
  AND NOT EXISTS
    (SELECT * FROM Course x
      WHERE creditHour=4          --查询 4 学分课程的情况
      AND NOT EXISTS              --判断学生 a.studentNo 是否选修课程 x.courseNo
        (SELECT * FROM Score
          WHERE studentNo=a.studentNo AND courseNo=x.courseNo)
    )
  AND creditHour=4          --只显示满足上述要求的学生所选修 4 学分课程的课程名和成绩
```

3.5 集合运算

SQL 支持集合运算。SELECT 语句查询的结果是集合，多个 SELECT 语句的结果可以进行集合操作，传统的集合操作主要包括并 UNION、交 INTERSECT、差 EXCEPT 运算，在执行集合运算时要求参与运算的查询结果的列数一样，其对应列的数据类型必须一致。

【例 3.57】 查询"信息管理学院"1999 年出生的同学的学号、出生日期、班级名称和所属学院以及"会计学院"1998 年出生的同学的学号、出生日期、班级名称和所属学院。

```
SELECT studentNo, birthday, className, institute
FROM Student a, Class b
WHERE a.classNo=b.classNo AND year(birthday)=1999
  AND institute='信息管理学院'
UNION
SELECT studentNo, birthday, className, institute
```

```
FROM Student a, Class b
WHERE a.classNo=b.classNo AND year(birthday)=1998
    AND institute='会计学院'
```

该查询实际上是查询"信息管理学院"1999年出生的或"会计学院"1998年出生的同学的学号、出生日期、班级名称和所属学院，上述 SQL 语句可以改写为：

```
SELECT studentNo, birthday, className, institute
FROM Student a, Class b
WHERE a.classNo=b.classNo
    AND(year(birthday)=1999 AND institute='信息管理学院' OR
        year(birthday)=1998 AND institute='会计学院')
ORDER BY institute
```

【例 3.58】　查询同时选修了 001 号和 005 号课程的同学的学号和姓名。

```
SELECT a.studentNo, studentName
FROM Student a, Score b
WHERE a.studentNo=b.studentNo AND courseNo='001'
INTERSECT
SELECT a.studentNo, studentName
FROM Student a, Score b
WHERE a.studentNo=b.studentNo AND courseNo='005'
```

本例也可以用下面的 SQL 语句实现。

```
SELECT a.studentNo, studentName
FROM Student a, Score b
WHERE a.studentNo=b.studentNo AND courseNo='001'
    AND a.studentNo IN (SELECT studentNo FROM Score WHERE courseNo='005')
```

注意：SQL Server 数据库不支持交运算 INTERSECT，交运算完全可以用其他运算替代。

【例 3.59】　查询没有选修"计算机原理"课程的同学的学号和姓名。

```
SELECT studentNo, studentName
FROM Student
EXCEPT
SELECT DISTINCT a.studentNo, studentName
FROM Student a, Score b, Course c
WHERE a.studentNo=b.studentNo AND b.courseNo=c.courseNo AND courseName='计算机原理'
```

本例也可以用下面的 SQL 语句实现。

```
SELECT studentNo, studentName
FROM Student
WHERE studentNo NOT IN
        (SELECT studentNo
        FROM Score x, Course y
```

　　　　WHERE x.courseNo=y.courseNo AND courseName='计算机原理')

　　注意：SQL Server 数据库不支持差运算 EXCEPT，差运算完全可以用其他运算替代。

3.6　SQL 查询一般格式

　　SQL 查询语句 SELECT 共有 6 个子句，其中 SELECT 和 FROM 是必需的，其他是可选项，它们必须严格按照如下顺序排列。

```
SELECT [ALL|DISTINCT]<目标列表达式>[[AS]<别名>]
                    [,<目标列表达式>[[AS]<别名>]…]
FROM <表名|视图名|查询表>[[AS]<别名>]
    [,<表名|视图名|查询表>[[AS]<别名>]…]
[WHERE <条件表达式>]
[GROUP BY <列名 1>[,<列名 2>…]
   [HAVING <条件表达式>]]
[ORDER BY <列名表达式>[ASC|DESC][,<列名表达式>[ASC|DESC]…]]
```

　　说明：＜＞（尖括号）表示替换语法项，使用时不要输入尖括号，如＜表名＞使用时可替换为 Score；［］（方括号）表示可选语法项，使用时不要输入方括号；{}（大括号）表示必选语法项，使用时不要输入大括号；|（竖线）表示或选语法项（只能选择其中一项），如 ALL|DISTINCT 表示只能选择 ALL 或 DISTINCT 使用，默认表示选择 ALL；…（省略号）表示重复语法项，它必须出现在可选语法项中，表示该可选语法项中位于省略号左边的所有内容可重复多次。其他说明如下：

　　(1) ＜目标列表达式＞可以是下面的可选格式：

[<表名|别名>.] * ,[<表名|别名>.]<列名>,<函数>,<聚合函数>

　　(2) FROM 子句指定查询所涉及的表、视图或查询表。为了操作方便，常常给表取一个别名，称为元组变量。

　　(3) WHERE 子句给出查询的条件，随后的＜条件表达式＞中可以使用下面的谓词运算符。

- 比较运算符：＞,＞＝,＜,＜＝,＝,＜＞,!＝;
- 逻辑运算符：AND,OR,NOT;
- 范围运算符：[NOT] BETWEEN…AND;
- 集合运算符：[NOT] IN;
- 空值运算符：IS [NOT] null;
- 字符匹配运算符：[NOT] LIKE;
- 存在量词运算符：[NOT] EXISTS。

　　在 WHERE＜条件表达式＞中可以包含子查询，但不可以直接使用聚合函数，若要使用聚合函数，必须引出一个子查询，如例 3.48 所示。

【例 3.60】　查询每一个同学的学号以及该同学所修课程中成绩最高的课程的课程号和相应成绩。

```
SELECT studentNo, courseNo, score
FROM Score a
WHERE score=(SELECT max(score)
             FROM Score
             WHERE studentNo=a.studentNo)
```

(4) GROUP BY 子句表示的含义是：首先按<列名1>进行分组，<列名1>值相同的分为一组；在同组情况下，再按<列名2>进行分组，<列名2>值相同的分为一组；以此类推。包含 GROUP BY 子句时，SELECT 子句通常选择 GROUP BY 的分组属性以及聚合属性(通常是将聚合函数作用于聚合属性，如 avg(score)，sum(creditHour)等)输出。

(5) HAVING 子句给出分组后的选择条件，用来选择满足条件的分组。随后的<条件表达式>中可以直接使用聚合函数，也可以使用子查询。

【例 3.61】　查询学生人数不低于 500 的学院的学院名称及学生人数。

```
SELECT institute, count(*)人数
FROM Student a, Class b
WHERE a.classNo=b.classNo
GROUP BY institute
HAVING count(*)>=500
```

【例 3.62】　查询平均分最高的课程的课程号、课程名和平均分。如果一个学生选修同一门课程多次，则选取最高成绩。

```
SELECT a.courseNo, courseName, avg(score)最高平均分
FROM Course a, ( SELECT studentNo, courseNo, max(score) score
                FROM Score
                GROUP BY studentNo, courseNo ) AS b
WHERE a.courseNo=b.courseNo
GROUP BY a.courseNo, courseName
HAVING avg(score)=
        ( SELECT max(avgScore)
          FROM ( SELECT avg(score) avgScore
                 FROM ( SELECT studentNo, courseNo, max(score) score
                        FROM Score
                        GROUP BY studentNo, courseNo ) AS c
                 GROUP BY courseNo ) AS x
        )
```

(6) ORDER BY 子句实现对查询结果的排序，它是 SQL 查询的最后一个操作，必须放在最后。其中的<列名表达式>可以是列名，也可以是表达式。如果是表达式，则先计算表达式的值，然后排序输出。排序有升序 ASC 和降序 DESC，默认为升序。

(7) 集合运算。SELECT 语句之间可以进行集合运算,包括并 UNION、交 INTERSECT、差 EXCEPT 运算。

本 章 小 结

(1) SQL 称为结构化查询语言,目前几乎所有的关系数据库系统都提供了对 SQL 的支持。SQL 语句在具体的关系数据库系统中都作了相应的扩展,据此来丰富 SQL 的功能。SQL 语句主要包括数据定义 DDL 语言、数据控制 DCL 语言和数据操纵 DML 语言,SQL 通过这些语言来实现对数据库的操作。

(2) SQL 的使用也有多种方式,一种是联机交互使用,在这种方式下,操作员通过数据库系统提供的 SQL 环境来对数据库进行独立的操作,如 MS SQL Server 提供的查询分析器,Oracle 数据库提供的 PL/SQL 等。本章介绍的全部内容属于这种方式。另外一种是与应用程序相连接的方式,通过 API、ODBC、ADO、JDBC 等中间件来实现对数据库的访问,SQL 语句被嵌入到相应的开发工具中,如 Java、Delphi、JSP、ASP 等。

(3) 连接运算是关系数据库中使用最广泛的一种运算,包括等值连接、自然连接、非等值连接、自表连接和外连接等。

(4) SQL 查询提供了丰富的数据分类、统计和计算的功能,其统计功能是通过聚合函数来实现的,分类功能是通过分组运算来实现的,并且统计和分组往往结合在一起实现丰富的查询功能。

分组运算的目的是为了细化聚合函数的作用对象。如果不对查询结果进行分组,则聚合函数作用于整个查询结果(如果没有 WHILE 子句或 WHILE 子句中没有选择条件,则聚合函数作用于关系表中的所有元组);如果对查询结果进行分组,则聚合函数分别作用于每个组中的所有元组,最后按组输出聚合查询结果。SQL 语句中通过使用 GROUP BY 和 HAVING 子句来实现分组运算。

(5) 在 SQL 查询中,一个 SELECT-FROM-WHERE 查询语句称为一个查询块,将一个查询块嵌入在另一个查询块的 WHERE 子句或 HAVING 子句中,称为**嵌套子查询**。

SQL 嵌套查询分为**相关子查询**和**非相关子查询**。非相关子查询是指子查询的结果不依赖于上层查询;相关子查询是指当上层查询的元组发生变化时,其子查询必须重新执行。

SQL 语句可以构造非常复杂的查询,可以将选择、投影、连接、分组聚合、子查询等操作混合使用,从而完成几乎所有的查询操作。

习　题　3

一个图书管理数据库 BookDB 的模式如图 3-32～图 3-36 所示。请基于该数据库模式用 SQL 语句完成如下操作。

属性含义	属性名	类型	宽度	小数位
分类号	classNo	字符型	3	
分类名称	className	字符型	20	

图 3-32　图书分类表 BookClass 的模式

属性含义	属性名	类型	宽度	小数位
出版社编号	publisherNo	字符型	4	
出版社名称	publisherName	字符型	20	

图 3-33　出版社表 Publisher 的模式

属性含义	属性名	类型	宽度	小数位
图书编号	bookNo	字符型	10	
分类号	classNo	字符型	3	
图书名称	bookName	字符型	40	
作者姓名	authorName	字符型	8	
出版社编号	publisherNo	字符型	4	
出版号	publishingNo	字符型	17	
单价	price	数值型	7	2
出版时间	publishingDate	日期型	8	
入库时间	shopDate	日期型	8	
入库数量	shopNum	整型		

图 3-34　图书表 Book 的模式

属性含义	属性名	类型	宽度	小数位
读者编号	readerNo	字符型	8	
姓名	readerName	字符型	8	
性别	sex	字符型	2	
身份证号	identitycard	字符型	18	
工作单位	workUnit	字符型	50	
最大借书数量	borrowCount	整型		

图 3-35　读者表 Reader 的模式

属性含义	属性名	类型	宽度	小数位
读者编号	readerNo	字符型	8	
图书编号	bookNo	字符型	10	
借阅日期	borrowDate	日期型	8	
应归还日期	shouldDate	日期型	8	
归还日期	returnDate	日期型	8	

图 3-36　借阅表 Borrow 的模式

数据库模式导航图如图 3-37 所示。

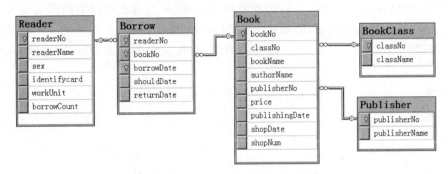

图 3-37　BookDB 数据库模式导航图

3.1　查询 1991 年出生的读者姓名、工作单位和身份证号。

3.2　查询图书名中含有"数据库"的图书的详细信息。

3.3　查询在 2015—2016 年之间入库的图书编号、出版时间、入库时间和图书名称，并按入库时间的降序排序输出。

3.4　查询读者"喻自强"借阅的图书编号、图书名称、借书日期和归还日期。

3.5　查询借阅了清华大学出版社出版的图书的读者编号、读者姓名、图书名称、借书日期和归还日期。

3.6　查询会计学院没有归还所借图书的读者编号、读者姓名、图书名称、借书日期和应归还日期。

3.7　查询在 2015—2016 年之间借阅但还未归还图书的读者编号、读者姓名以及这些借阅未归还图书的图书编号、图书名称和借书日期。

3.8　查询每种类别图书的分类号、分类名称、最高价格和平均价格，并按最高价格的升序输出。

3.9　查询每个读者在借（即借阅未归还）的图书数量、读者编号、读者姓名和工作单位，并按借书数量的降序排序输出。

3.10　查询每个出版社出版的每种类别的图书平均价格，要求显示出版社名称、图书类别名称和平均价格。

3.11　查询在借图书的总价不低于 200 元的读者编号、读者姓名和在借图书总价。

3.12　查询从来没有借过书的读者姓名和工作单位(分别使用 IN 子查询和存在量词子查询表达)。

3.13　查询目前没有在借"经济类"图书的读者编号、读者姓名和出生日期(分别使用 IN 子查询和存在量词子查询表达)。

3.14　查询既借阅过"政治经济学"图书又借阅过"数据库系统概念"图书的读者编号、读者姓名以及这两种图书的图书名称、借书日期和归还日期。

3.15　查询借阅过图书名称中包含"数据库"的所有图书的读者编号、读者姓名以及他们所借阅的这些图书的图书名称、借阅日期和归还日期。

3.16　查询至少借阅过读者"张小娟"所借阅过的所有图书的读者编号、读者姓名和工作单位。

3.17　查询至少有 3 本在借图书的读者编号、读者姓名以及在借图书的图书编号、图书名称,按读者编号升序、借阅日期降序排序输出。

3.18　查询所借阅的图书(包括已归还的图书)总价最高的读者编号、读者姓名和借书总价。

第4章

数据库建模

学习目标

本章介绍实体-联系模型的基本概念、概念设计过程以及如何将 E-R 模型转化为关系模型。通过本章学习,要求深入理解 E-R 模型的基本概念和约束;熟练掌握运用 E-R模型进行数据库概念模型设计的方法和原则;能在独立分析现实世界应用需求的基础上设计出正确的 E-R 图,并能熟练运用 E-R 模型转换规则,将设计出的 E-R 图转化为关系模型。

学习方法

E-R 模型是一种语义模型,是现实世界到信息世界的事物及事物之间关系的抽象表示。因此,在学习过程中,能根据具体应用需求,反复运用抽象的方法进行 E-R 模型设计。为便于理解,本章以学生熟悉的大学选课系统为例进行介绍和讨论,因此读者在学习时能结合实际,深入领会 E-R 模型的设计方法与设计原则。另外,本章概念较多,要多做 E-R 模型设计练习,以加深对基本概念的深入理解。

学习指南

本章的重点是 4.2 节～4.8 节,难点是 4.3 节和 4.6 节。

本章导读

数据库建模即数据库概念设计,是数据库设计的基础。它的任务是分析数据库中必须存储的信息及这些信息之间的关系,并通过一种高级数据模型来表示,使其描述的数据及处理符合用户与开发者的意图。

E-R 模型是一种使用非常广泛的数据建模工具,它是通过将现实世界中的事物及其关系建模为实体、实体的属性和实体之间的联系,并通过 E-R 图进行描述,具有很强的表达能力。本章主要介绍基于 E-R 模型的基本概念、设计方法和设计原则。建议可围绕下列问题进行学习。

(1) 数据库设计包括哪些步骤?每个步骤的目的是什么?

(2) 什么是概念模型?为什么在进行数据库设计时要先进行概念模型设计?

(3) E-R 模型的主要思想是什么?E-R 模型与面向对象模型的异同点是什么?

(4) 实体与实体集的区别是什么?联系与联系集的区别是什么?

(5) 什么是联系的映射基数?它是如何确定的?作用是什么?

(6) 码的作用是什么？超码、候选码和主码之间的联系是什么？

(7) 如何区分强实体集和弱实体集？

(8) E-R 模型有哪些设计原则？

(9) 衡量一个 E-R 模型设计"好坏"的依据是什么？

(10) 如何将 E-R 模型转换为关系模型？

4.1　数据库设计过程

数据库设计就是根据各种应用处理的要求、硬件环境及操作系统的特性等，将现实世界中的数据进行合理组织，并利用已有的数据库管理系统(DBMS)来建立数据库系统的过程。具体地说，是对于一个给定的应用环境，构造出最优的数据库逻辑模式和物理模式，并以此来建立数据库及其应用系统，使之能够有效地存储和管理数据，满足用户的信息要求和处理要求。数据库设计过程通常可分为如下 6 个步骤。

1. 需求分析

该步骤是了解和分析系统将要提供的功能及未来数据库用户的数据需求。例如，分析系统具有哪些功能需求，哪些数据要存储在数据库中，使用数据的业务规则是什么，数据之间有什么联系及约束，哪些数据会被频繁访问，有哪些性能需求等等，即了解用户真正希望从数据库中得到什么。为完成这个任务，数据库设计者必须同应用领域的专家和用户进行深入沟通和交流。这是整个设计过程的基础，也是最困难和耗时的一步。

这一阶段的分析结果是形成用户的需求规格说明。现在已有很多方法和工具对这一阶段搜集到的信息进行组织和描述(具体方法与工具请参见软件工程和信息系统分析与设计等相关书籍)。

2. 概念设计

根据需求分析中得到的信息，设计者此阶段需选择适当的工具将这些需求转化为数据库的概念模型。一般是先建立各个子系统(即对应外模式的局部应用)的概念模型，再综合得到整个系统的概念模型。本书主要介绍基于 E-R 模型的数据库概念设计，其目的是通过实体、联系、属性等概念和工具精确地描述系统的数据需求、数据联系及约束规则。E-R 模型与面向对象数据模型类似，是一种通用的概念设计数据模型，不受数据库采用的逻辑数据模型(如层次模型、网状模型和关系模型等)的规则和限制的影响，可以根据数据库系统的具体实现，转化为特定的逻辑数据模型。本章将重点介绍 E-R 模型建模方法。

3. 逻辑设计

本步骤是将数据库的概念设计转化为所选择的数据库管理系统支持的逻辑数据模型，即数据库模式。由于本书只讨论关系数据库，因此逻辑数据库设计的任务是将 E-R 模型转化为关系数据库模式，本章 4.8 节将介绍具体转化方法。

在得到整个系统的全局逻辑模型(即关系数据库模式)之后，再经过第 4 步的模式求精得到优化的全局逻辑模型，最后再定义各子系统的局部逻辑模型(即外模式，局部应用的视图)。视图可通过 7.3 节中的 SQL 语句进行定义和更新。

4. 模式求精

以关系数据理论作指导,对已得到的关系数据库模式进行分析,找出潜在的问题并加以改进和优化,如减少数据冗余,消除更新、插入与删除异常等。需求分析与概念设计显得比较主观,而模式求精则是基于完善的关系数据理论进行的。模式求精理论将在第5 章介绍。

5. 物理设计

考虑数据库要支持的负载和应用需求,为逻辑数据库选取一个最适合现实应用的物理结构,包括数据库文件组织格式、内部存储结构、建立索引、表的聚集等。数据库物理设计将在 8.5 节介绍。

6. 应用与安全设计

一个数据库系统必须指出哪些用户可以访问数据库以及他们通过哪些存储过程访问数据库。而且还要描述每个用户在每个过程中所扮演的角色。对于每个角色,必须明确他们能够存取数据库的哪些部分,不能存取哪些部分。现有数据库管理系统都已提供了多种支撑技术。数据库应用与安全设计将在 9.3 节介绍。

可以看出,第 1 步需求分析得到的结果是建立 E-R 模型的基础,第 3 步逻辑设计是依赖于所建立的 E-R 模型进行的。因此 E-R 模型与前 3 个步骤关系密切。

通常来讲,对数据库设计过程的划分是对设计过程中包含的各种步骤的一种分类,但实际上,完整的数据库设计是不可能一蹴而就的,它往往是上述 6 个步骤的不断反复。

4.2　E-R 模型基本概念及表示

在现实世界中,事物内部以及事物之间存在着各种各样的联系。事物内部的联系表现为组成事物的各个特征之间的联系,而事物之间的联系通常表现为不同事物之间的联系。E-R 模型采用了实体集、联系集和属性 3 个基本概念分别描述事物、联系及特征。

4.2.1　实体与实体集

实体是客观世界中可区别于其他事物的“事物”或“对象”。例如,学校中的每个学生都是一个实体,每门课程也都是一个实体。实体具有两个特征:

(1) 独立存在。一个实体的存在不依赖于其他实体。例如一学生的存在不取决于其他学生实体是否存在。

(2) 可区别于其他实体。每个实体有一组性质,其中一部分性质的取值可以唯一地标识每个实体。例如,学号“1201600258”可以唯一地标识学生“李小勇”。每门课程是一个实体,可用课程号唯一标识。

实体既可以是有形的、实在的事物,如一名**教师**、一本**书**等;也可以是抽象的、概念上存在的事物,如一门**课程**、一个**专业**、一次**订货**、一次**借书**、一次**选课**、一次**存款**或**取款**等。不过,二者都应是组织或机构"感兴趣"的事物。

实体集是指具有相同类型即相同性质(或属性)的实体集合。例如,所有学生的集合可定义为**学生**实体集,所有课程的集合可定义为**课程**实体集,所有订货单的集合可定义为**订货单**实体集。注意,实体集可以相交。例如,教师的集合定义为**教师**实体集,所有人的集合定义为**人员**实体集,其中的一个实体可以是**教师**中的实体,也可以是**学生**中的实体,可以既是**教师**中的实体又是**学生**中的实体,也可以都不是。

4.2.2 属性

实体是通过一组属性来描述的,**属性**是实体集中每个实体都具有的特征描述。在一实体集中,所有实体都具有相同的属性。例如,**学生**实体集中的每个实体都具有学号、姓名、性别、出生日期、年龄、所学专业、电话号码、家庭住址、所在班级等属性。**课程**实体集中的每个实体都具有课程号、课程名称、学分、课时数等属性。

对一个属性来说,每个实体都拥有自己的属性值。例如,学生李小勇的具体属性值为<1201600258,李小勇,男,1998-09-09,18,计算机科学与技术,027-87009999,湖北省武汉市中山路56号,20160803>。

一个属性所允许的取值范围或集合称为该属性的域。例如,学号的域可定义为由10位数字字符组成的字符串集合,姓名的域可定义为长度为20个字符组成的字符串集合,年龄的域可以是10~80之间的正整数的集合等。描述**学生**实体集的数据字典如图4-1所示。

属性名	属性类别	域 及 约 束	实　例
学号	主码	char(10),10位数字组成,其中第1位数字代表学生类别,如:1-本科生,2-硕士生,3-博士生,4-独立学院本科生,5-专科生;接下来4位数字代表入学年份;最后5位数字为序号。不允许取空值	1201600258
姓名		varchar(20),不允许取空值	李小勇
性别		char(2),取值范围:{'男', '女'}	男
出生日期		datetime,取值范围:1900-01-01~当前	1998-09-09
年龄	派生属性	smallint,取值范围:10~80	18
所学专业		varchar(30)	计算机科学与技术
电话号码	多值属性	varchar(13),每个电话号码由数字字符加连字符'-'组成	027-87009999
家庭地址	复合属性	varchar(60)	湖北省武汉市中山路56号
所在班级		char(8),前4位数字代表年级	20160803

图 4-1　描述学生实体集的数据字典

1. 属性的分类

E-R 模型中的属性可按如下类型划分。

(1) 简单属性和复合属性。**简单属性**是指不能再分为更小部分的属性。而**复合属性**是指可以进一步划分为更小部分的属性。

例如,**学生**实体集的家庭住址可以进一步设计成包括省份、城市、街道等成分的属性。如果用户希望在某些时候访问整个属性,而在另一些时候访问属性的一个成分,那么在设计模式时使用复合属性则是一个较好的选择。复合属性可将相关属性聚集起来,使模型更清晰。注意,复合属性可以是层次的,如复合属性家庭住址的成分属性街道可以进一步划分为街道编号、街道名称、公寓编号三个子成分属性。

(2) 单值属性和多值属性。如果某属性对一个特定实体任何时候都只能有单独的一个值,则称该属性为**单值属性**,否则为**多值属性**。

例如,对某个特定的学生实体而言,其学号只有一个值,这样的属性为单值属性。而在某些情况下对某个特定实体而言,一个属性可能对应于一组值,如**学生**实体集的电话号码。由于每个学生可以有 0 个、1 个或多个电话号码(如宿舍电话,移动电话及实验室电话等),即该实体集中不同的学生实体在属性电话号码上可能有不同数目的值,因此电话号码为多值属性。

(3) 派生属性。如果某属性的值可以从其他相关属性或实体(集)派生出来,则该属性称为**派生属性**。例如,**学生**实体集的年龄,它可由当前日期和出生日期的值计算得到,因此年龄为派生属性。又如,假设**学生**实体集有一个属性已修学分(表示该学生所选修课程的学分合计),它可以通过统计该学生所选修所有**课程**实体的学分之和来获得该属性的值,因此已修学分也是派生属性。

当实体在某个属性上没有值或值未知时可使用空值(NULL)。例如,如果某学生还没有分配专业或不知道其专业,则该学生所学专业的值为 NULL。未知的值可能是缺失的(即值存在,只不过没有采集到该信息)或不知道的(即并不知道该值是否真的存在)。例如,如果某个学生出生日期的值为 NULL,则认为该值是缺失的。

在 E-R 图中,实体集用矩形表示,属性用椭圆表示,多值属性用双椭圆表示,派生属性用虚线椭圆表示,属性与实体之间用连线表示。**学生**实体集和**课程**实体集的 E-R 图表示分别如图 4-2 和图 4-3 所示,其中加下画线的属性为实体集的主码(请参见 4.3.2 节)。

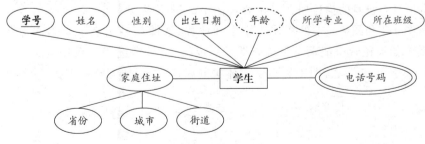

图 4-2　学生实体集

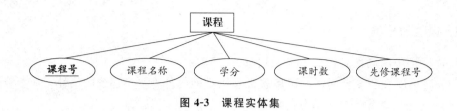

图 4-3　课程实体集

2. 多值属性的变换

在 E-R 图中,也可以给出多值属性更具体的表示方式。一个可选的建模方案是:将多值属性转换为多个单值属性进行表示。例如,可将多值属性电话号码建模为移动电话、宿舍电话、实验室电话、家庭电话 4 个单值属性,如图 4-4 所示。该方案存在明显的不足:一是缺少弹性,如果需要存储第 5 个、第 6 个电话则需要修改模型;二是浪费存储空间,因为并不是所有的学生都有 4 个电话需要存储。

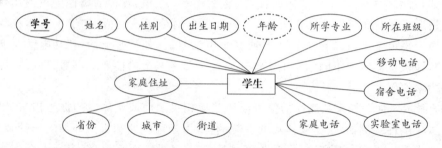

图 4-4　学生实体集中的多值属性转换为多个单值属性表示

多值属性的另一个可选建模方案是:将多值属性单独建模为一个弱实体集,它依赖于原实体集而存在,请参见 4.4 节。

4.2.3　联系与联系集

联系(relationship)是指多个实体间的相互关联,例如学生李小勇选修了数据库系统原理课程。**联系集**是同类联系的集合。形式化地说,联系集是 $n(n \geqslant 2)$ 个实体集上的数学关系,这些实体集不必互异。如果 $E_1, E_2, \cdots, E_n$ 为 n 个实体集,那么**联系集** R 是 $\{(e_1, e_2, \cdots, e_n) \mid e_1 \in E_1, e_2 \in E_2, \cdots, e_n \in E_n\}$ 的一个子集,而 $(e_1, e_2, \cdots, e_n)$ 是一个**联系**。联系集也可具有自身的描述属性。在 E-R 图中,用菱形表示联系(集)。

考虑图 4-2 和图 4-3 中的实体集**学生**和**课程**,**选课**联系集表示**学生**与**课程**之间的选课联系。如果还希望记录学生选修课程的成绩,则可为**选课**联系集定义一个属性成绩,如图 4-5 所示。注意,图中省略了实体集的属性(以下如无特殊需要,实体集的属性

图 4-5　选课联系集

都不再标明,建议采用图 4-1 所示的数据字典对每一个实体集的属性进行比较精确的描述)。

1. 多联系

给定的各实体之间可以有多种不同的联系,即多个不同的联系集可以定义在一些相同的实体集上,我们称之为实体之间的**多联系**。如图 4-6 所示,**教师**实体集与**学生**实体集之间不仅存在**授课**联系集,也存在**指导**联系集(如指导研究生)。

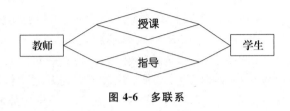

图 4-6　多联系

2. 实体的角色

实体在联系中的作用称为**实体的角色**。由于参与一个联系的实体集通常是不同的,因而角色是隐含的并且常常不需声明。但是,当参与联系集的实体来自相同的实体集时,则需要声明角色,即同一个实体集在一个联系集中参与的次数大于一次,且每次以不同的角色参与时,必须用显式的角色名来定义一个实体参与联系的方式。在图 4-7 中,**先修要求**联系集表示主课程与先修课程之间的联系,其联系的形式是(Course1,Course2)。其中 Course1、Course2 都是**课程**实体集中的实体,但是它们扮演不同的角色,Course1 代表主课程,Course2 代表先修课程,在图中分别用"主课程"和"先修课程"来表示实体所扮演的角色。

3. 联系集的度

参与联系集的实体集的数目称为**联系集的度**,如二元(binary)联系集的度为 2,三元联系集的度为 3。例如,联系集**选课**是二元联系集,它涉及两个实体集。数据库系统中的大多数联系集都是二元的。但是,偶尔也会有涉及三个及以上实体集的联系集。例如,如需知道学生选修课程的任课教师信息,可以在联系集**选课**中增加**教师**实体集,形成一个新的三元"**选课-任教**"联系集,如图 4-8 所示。

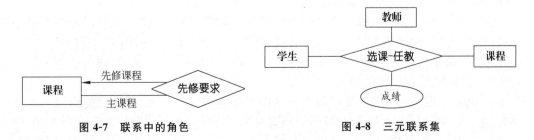

图 4-7　联系中的角色　　　　　　　　　图 4-8　三元联系集

4.3　约　　束

E-R 模型可定义一些数据库中数据必须满足的完整性约束。本节将讨论映射基数约束、码约束、依赖约束及参与约束。另外,还会介绍多值联系的概念。

4.3.1　映射约束

实体集 A 中的一个实体通过某联系集 R 能与实体集 B 中的实体相联系的数目,称为实体集 A 到实体集 B 之间的联系集 R 的**映射基数**(mapping cardinality),简称为联系集 R 的**映射基数**。在二元联系中,共有 3 种映射基数:1:1(一对一)、1:m(一对多)(反过来看就是多对一 m:1)和 m:n(多对多)。说明:不要求 A 与 B 是不同的实体集。

(1) 一对一:A 中的一个实体至多(允许不)同 B 中的一个实体相联系,B 中的一个实体也至多(允许不)同 A 中的一个实体相联系。

例如,对于由实体集**销货单**和**发票**参与的联系集**开发票**,假设一个销货单对应开一张发票,则**开发票**为实体集**销货单**和**发票**之间的一对一联系集,如图 4-9 所示。可以看出,存在部分销货单还没有开发票,但每一张发票都有唯一对应的销货单。

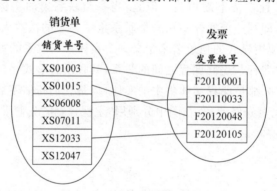

图 4-9　一对一联系集开发票

(2) 一对多:A 中的一个实体可以同 B 中的任意数目(可以为 0)的实体相联系,而 B 中的一个实体至多(允许不)同 A 中的一个实体相联系。

反过来看的多对一:A 中的一个实体至多(允许不)同 B 中的一个实体相联系,而 B 中的一个实体可以同 A 中任意数目(可以为 0)的实体相联系。

例如,对于由实体集**班级**和**学生**参与的联系集**包含**,假设一个班级可以包含多名学生,但一名学生只能归属于某一个班级,则**包含**为从实体集**班级**到**学生**的一对多联系集,或为从实体集**学生**到**班级**的多对一联系集,如图 4-10 所示。可以看出,每一个班级都包含学生,但存在部分学生没有对应的班级。

再如,对于由实体集**课程**和**学院**参与的联系集**归属**,假设一门课程只能归属于一个学院,但一个学院可以负责多门课程,则**归属**为从实体集**课程**到**学院**的多对一联系集,或为从实体集**学院**到**课程**的一对多联系集,如图 4-11 所示。可以看出,每一门课程都有归属的学院,但存在部分学院没有负责的课程。

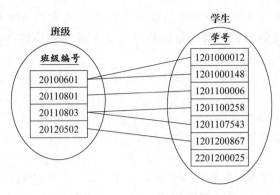

图 4-10 一对多联系集包含

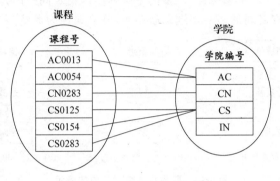

图 4-11 多对一联系集归属

（3）多对多：A 中的一个实体可以同 B 中任意数目（可以为 0）的实体相联系，而 B 中的一个实体也可以同 A 中任意数目（可以为 0）的实体相联系。

例如，对于由实体集**学生**和**课程**参与的联系集**选课**，假设一个学生可以选修多门课程，且一门课程允许被多个学生选修，则**选课**为实体集**学生**与**课程**之间的多对多联系集，如图 4-12 所示。可以看出，每一个学生都选修了课程，但有的课程没有学生选修。

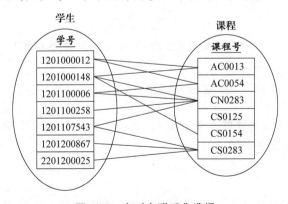

图 4-12 多对多联系集选课

说明：实体集 A 与 B 之间联系集 R 的映射基数是多对多，可理解为是由两个一对多的映射基数所组成的，即 A 到 B 之间的一对多的映射基数（即 A 中的一个实体通过某联

系集 R 能同时与 B 中的多个实体相联系),以及 B 到 A 之间的一对多的映射基数。

显然,某个联系集的映射基数是根据该联系集在现实世界的业务规则而定义的,是属于语义范畴的概念。

在 E-R 图中,为了反映联系集的映射基数,采用"→"表示指向参与联系集中的"一"方实体集,线段"——"表示参与联系集中的"多"方实体集。如图 4-13(a)所示,实体集**销货单**与**发票**之间的一对一**开发票**联系集,表示一个销货单与一张发票一一对应;如图 4-13(b)所示,实体集**班级**与**学生**之间的一对多**包含**联系集,表示一个班级可以包含多个学生,但一个学生只能归属于一个班级;如图 4-13(c)所示,实体集**课程**与**学院**之间的多对一**归属**联系集,表示一门课程只能归属于一个学院负责,但一个学院可以管理多门课程。如图 4-7 所示,主课程与先修课程(即**课程**实体集内部)之间的多对一**先修要求**联系集,表示一门主课程至多指定一门先修课程,但多门主课程可以指定同一门先修课程;如图 4-5 所示,实体集**学生**与**课程**之间的多对多**选课**联系集,联系属性为成绩。

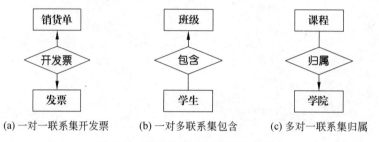

(a) 一对一联系集开发票   (b) 一对多联系集包含   (c) 多对一联系集归属

图 4-13 联系集的映射基数的表示

一对多(或多对一)的联系集也可以有自己的联系属性。如图 4-14 所示,实体集**学院**与**教师**之间的一对多**聘用**联系集,表示一名教师只能受聘于一个学院,但一个学院可以聘用多名教师,联系属性为聘用日期。

图 4-14 带联系属性的一对多(或多对一)联系集

4.3.2 码约束与联系集的属性安置

从概念上讲,各个实体或联系是互异的,因此如何区分给定实体集中的实体或给定联系集中的联系是非常重要的。

1. 实体集的码

超码(super key)是实体集中能够唯一标识一个实体的一个或多个属性的集合。显然,超码中可能包含一些无关紧要的属性。如果 SK 是一个超码,那么 SK 的任意超集(即包含超码的属性集)也是超码。

设 SK 是实体集的一个超码,如果它的任意真子集都不能成为超码,这样的最小超码称为**候选码**(candidate key)。显然,给定一个实体集,可能存在多个候选码。此时,数据库设计者可以从多个候选码中选择一个作为实体集的**主码**(primary key)。

候选码的选择必须慎重。通常人名不能作为候选码,因为可能存在多个人同名。一个组织或结构可以产生自己的唯一标识符,如学号、教师编号、课程号、员工编号等。也可以使用某些属性的组合作为候选码。如可使用姓名、出生日期、住址的组合作为候选码,因为两个人在这些属性上的值都相等几乎是不可能的。

候选码和超码是实体集客观存在的特性,它们表示实体集中任意两个实体不允许在码属性上有相同的值。而主码是被数据库设计者主观选定的。当一个实体集存在多个候选码时,应该如何选择主码呢? 通常的原则是:

(1) 选择属性长度最短的候选码;

(2) 尽量选择包含单个属性的码,而不是复合候选码;

(3) 选择在数据库系统生命周期内属性值最少变化的候选码;

(4) 选择在数据库系统生命周期内更可能包含唯一值的候选码。

在 E-R 图中,通过在属性名上加下画线来表示主码。如图 4-2 的学号和图 4-3 的课程号分别是实体集**学生**和**课程**的主码。

2. 联系集的码

每一个实体集,要求必须存在候选码并选择其中的一个候选码作为主码,用于唯一标识该实体集中的一个实体。同样,每一个联系集,也要求必须存在候选码并选择其中的一个候选码作为主码,用于唯一标识该联系集中的一个联系。

假设 R 是一个涉及实体集 $E_1, E_2, \cdots, E_n$ 的联系集,$PK(E_i)$ 代表实体集 E_i 的主码属性(集),而 $(e_1, e_2, e_3, \cdots, e_n)$ 是 R 的一个联系,那么

$$PK(E_1) \bigcup PK(E_2) \bigcup \cdots \bigcup PK(E_n)$$

就构成了联系集的一个超码。

二元联系集的主码选择依赖于联系集的映射基数,具体如下:

- 一对一联系集:主码可以使用参与联系集中的任何一方实体集的主码;
- 一对多(多对一)联系集:主码由"多"的一方实体集的主码组成;
- 多对多联系集:主码由参与联系集中所有实体集的主码组成。

例如,对于图 4-13(a)所示的一对一联系集**开发票**,其主码可为**销货单**实体集的主码销货单号或**发票**实体集的主码发票编号;对于图 4-14 所示的一对多联系集**聘用**,其主码应为多方实体集**教师**的主码教师编号;对于图 4-5 所示的多对多联系集**选课**,其主码应由**学生**实体集的主码学号与**课程**实体集的主码课程号共同组成。

3. 联系集的属性安置

联系集可以有属性,也可以没有属性,要根据应用语义而定,但多值联系必有属性。二元联系集的属性安置,要依据联系集的映射基数而定,具体如下:

- 一对一联系集的属性:可安置于任一边的实体集上;
- 一对多联系集的属性:可安置于联系集上,也可安置在多的那一边的实体集上;

- 多对多联系集的属性：描述相关联实体集间的交互性语义,因此,联系属性只能安置于联系集上,不能放到相关联的实体集上去。

例如,对于图4-14所示的一对多联系集**聘用**,其联系属性聘用日期就可以安置在多方实体集**教师**中,即可以将聘用日期直接定义为多方实体集**教师**的属性。即使将聘用日期作为联系属性建模,在转化为逻辑模型之后,也是将聘用日期安置到**教师**表中去。

4.3.3　依赖约束

实体集间的联系含有各种不同的语义,各实体在联系集中的成员资格也是不一样的。有的实体集完全独立于其他实体集而存在,有的实体集依赖于另一实体集的存在而存在。

依赖约束是指联系中一种实体的存在依赖于该联系集中联系或其他实体集中实体的存在。因此,具有如下两种依赖约束：

(1) 联系中一种实体的存在依赖于该联系集中联系的存在,称为实体集与联系集之间的依赖约束,并将依赖于联系集而存在的实体集称为**依赖实体集**;

(2) 联系中一种实体的存在依赖于其他实体集中实体的存在,称为实体集之间的依赖约束,并将依赖于其他实体集而存在的实体集称为**弱实体集**(见4.4节)。

1. 实体集与联系集之间的依赖约束

对于商品销售业务,伴随着商品销售业务的发生,会产生**销货单**(或**购货单**)。如果将**销货单**建模为实体集,则在**销货单**实体集与**商品**实体集之间存在着多对多的**商品销售**联系集,联系属性有销售数量、销售单价等,如图4-15所示。**销货单**实体集的存在是依赖于**商品销售**联系集的存在,也就是说,没有商品销售联系,就没有销货单实体,即**销货单**实体集与**商品销售**联系集之间存在依赖约束,**销货单**是**依赖实体集**。为了区分,本书约定依赖实体集采用带填充背景的矩形表示,它所依赖的联系集用带填充背景的菱形表示(也可以不去区分依赖实体集和它所依赖的联系集)。**商品销售**联系集反映的是一张销货单或一种商品的销售明细情况,即一张销货单销售了哪些商品以及销售情况(销售数量和销售单价等),或一种商品在哪些销货单中被销售了以及销售情况。

图4-15　销货单依赖实体集

2. 实体集之间的依赖约束

例如,在大学选课系统中,一门课程一次可能会同时开设多个**教学班**(或**开课班**)供学生选修,因此,**开课班**实体集依赖于**课程**实体集而存在,即没有课程,不可能有开课班。这种依赖约束通常被建模为弱实体集和标识联系集,请参见4.4节。

4.3.4　参与约束

如果实体集 A 中的每个实体都参与到联系集 R 中至少一个联系中,则称实体集 A 全部参与联系集 R。如果实体集 A 中只有部分实体参与到联系集 R 的联系中,则称实体集 A 部分参与联系集 R。在 E-R 图中,全部参与用双实线表示。除了弱实体集之外,在 E-R 图中我们没有特别去强调参与约束。

例如,图 4-12 所示**选课**联系集中,所有学生至少选修了一门课程,但是存在部分课程 (CS0125)没有任何学生选修。

4.3.5　多值联系

多值联系是指在同一个给定的联系集中,相关联的相同实体之间可能存在多个联系。如图 4-16 所示的实体集**客户**与**银行**之间的多对多**贷款**联系集,表示一个客户可以向多个银行贷款,同时一个银行可以向多个客户发放贷款,联系集的属性有:贷款编号、贷款日期、贷款金额等。

图 4-16　多值联系贷款

该 E-R 模型存在如下问题:

(1) 当一个客户向同一个银行申请多笔贷款时,则联系集中无法唯一标识一个联系。即**贷款**不仅是一个多对多联系,而且是一个多值联系;

(2) 如果由多个银行联合发放一笔贷款,或由多个客户共同借一笔贷款,则会出现数据冗余问题(在联系集中反映该笔贷款的贷款编号、贷款日期等要重复多遍)。

根据 4.3.2 节的讨论可知,多对多**贷款**联系集的主码是由**客户**实体集的主码客户编号与**银行**实体集的主码银行编号共同构成。这样,对于多值联系**贷款**,将出现主码{客户编号,银行编号}无法标识同一个**客户**在同一个**银行**发生的多次**贷款**联系了!

该问题的一种直观的解决办法就是,再从多值联系的联系属性中选择若干个标识性属性与联系集相关联的实体集的主码一道构成多值联系的主码。例如,对于图 4-16 所示的多值联系**贷款**,可以选择{客户编号,银行编号,贷款编号}作为联系集的主码,其中贷款编号为联系属性,它用于区分同一个**客户**在同一个**银行**发生的多次**贷款**业务。

该解决办法违背了 E-R 模型关于联系集主码的确定原则,而且仍然没有解决第 (2)个数据冗余的问题。一种更好的解决办法就是,将多值联系建模为依赖实体集或弱实体集,见 4.6.3 节。

4.4　弱实体集

　　到此为止,我们一直假设一个实体集的属性都包含了一个码。而在现实世界中存在一类实体集,其属性不足以形成主码,它们必须依赖于其他实体集的存在而存在,称这样的实体集为**弱实体集**(weak entity set)。与此相对,其属性可以形成主码的实体集称为强实体集。弱实体集所依赖的实体集称为**标识实体集**(identifying entity set)。弱实体集必须与一个标识实体集相关联才有意义,该联系集称为**标识联系集**(identifying relationship set)。

　　例如,在大学选课系统中,一门课程一次可能会同时开设多个**教学班**(或**开课班**)供学生选修,**开课班**实体集有开课班号、年份、学期、上课时间、上课地点等属性(这里假设一个开课班只有一个上课时间和上课地点)。如果一个开课班对应多个上课时间和上课地点,则{上课时间,上课地点}为多值属性集合。

　　在**开课班**实体集中,假设开课班号的值是某课程所开设教学班的序号,则不同课程的开课班号可能有相同的值(当然,也可以假设一个开课班的开课班号的值具有全局唯一性,这样的话,**开课班**就是强实体集了)。例如,用 01 表示某门课程第一个开课班号,则有多门课程时,就会有多个 01 班,因此开课班号不能作为**开课班**实体集的主码。同理,开课班号、年份、学期等属性及其任何属性集均不能唯一标识实体集**开课班**中的实体,即**开课班**实体集中的任何属性或属性集都不能成为其主码。因此,**开课班**实体集是一个弱实体集,它依赖于**课程**实体集而存在。

　　既然弱实体集没有主码,那么如何标识其中的实体呢?我们知道,弱实体集是依赖于标识实体集而存在的,能否考虑利用所依赖的标识实体集的主码来标识其中的实体呢?假设每门课程的开课班号可用来区分属于该门课程的不同教学班,即一门课程不存在两个具有相同开课班号的教学班,那么可使用标识实体集中的主码课程号与开课班号结合起来唯一标识实体集**开课班**中的实体。对于给定的标识实体集,一个弱实体集中用来标识弱实体的属性(集)称为该弱实体集的**部分码**(partial key)。弱实体集中的实体由其标识实体集中的主码与其部分码共同标识。在上述例子中,实体集**开课班**的部分码为开课班号。请读者思考,如果每门课程每学期的开课班的开课班号只保证在本学期不重复,则其部分码应由哪些属性组成?

　　对于弱实体集,必须满足下列限制:

　　(1) 标识实体集和弱实体集必须是"一对多"联系集(一个标识实体可以与一个或多个弱实体相联系,但一个弱实体只能与一个标识实体联系)。

　　(2) 弱实体在标识联系集中是全部参与。

　　在 E-R 图中,使用双矩形表示弱实体集,双菱形表示标识联系集,用虚下画线表示弱实体的部分码。图 4-17 描述了弱实体集**开课班**及其与标识实体集**课程**之间的标识联系集**排课**。注意标识联系集可以不需要联系属性,因为任何所需的联系属性都可直接定义为弱实体集的属性。

　　对于**排课**联系集而言,一个**排课**联系(如安排"操作系统"课程的"01 教学班")中的一个**开课班**实体(如"操作系统 01 教学班")的存在是依赖于**课程**实体集中的一门**课程**实体(如"操作系统")的存在,也就是说,如果没有"操作系统"课程,就不会有"操作系统 01 教学班",因此,**开课班**实体集与**课程**实体集之间存在依赖约束。

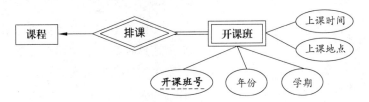

图 4-17　弱实体集开课班与标识联系集排课

在 4.2.2 节提到,多值属性的另一个可选建模方案是:将多值属性单独建模为一个弱实体集。例如,可将多值属性电话号码建模为弱实体集**联系电话**,它有 2 个属性:电话号码、电话用途,其中电话号码为部分码,如图 4-18 所示。弱实体集**联系电话**的属性也可以定义为:电话类别、电话号码,其中,电话类别为部分码,取值为"移动电话""宿舍电话""实验室电话""家庭电话"等。

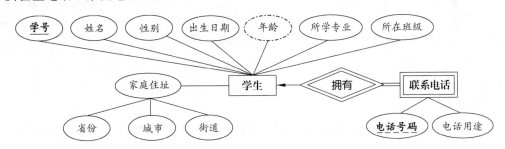

图 4-18　学生实体集中的多值属性转换为弱实体集表示

4.5　扩展 E-R 特征

1. 类层次

实体集中可能包含一些子集,该子集中的实体可能具有不被该实体集中所有实体所共享的一些属性。例如,可将**学生**实体集划分为本科生和研究生两类。对于**本科生**实体集可定义自己的属性兴趣爱好,而**研究生**实体集可定义自己的属性研究方向、导师。

如果希望**本科生**和**研究生**实体集也具有**学生**实体集的语义,就要求**本科生**和**研究生**实体集都必须具有**学生**实体集的所有属性。这样,**本科生**实体集的属性是由**学生**实体集的属性加上自己的属性兴趣爱好构成,即**本科生**实体集继承了**学生**实体集的全部属性。

实体集可根据多个不同特征进行分类。如按学生的学习方式,可分为"全日制学生"和"在职学生"两类。当一个实体集按多种特征分类后,一个实体可能同时属于多个分类。例如，某学生可能既是研究生，又是在职学生。而且一个子类可继续细化为子类。如**研究生**实体集可进一步分为硕士研究生和博士研究生两类。**硕士研究生**实体集可定义自己的属性类别，表示公费还是自费；**博士研究生**实体集可定义自己的属性科研补贴。

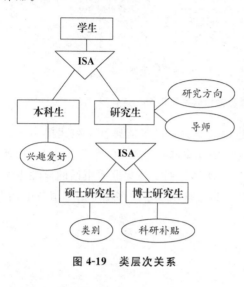

图 4-19 类层次关系

E-R 模型使用实体集的继承和 ISA 联系来描述这种概念上的层次关系。图 4-19 描述了**学生**实体集的层次关系。

ISA 为"is a"的含义，表示高层实体和低层实体之间的"父类-子类"联系，称为"类层次"，也称为"特殊化"或"属性继承"（即子类会继承父类的所有属性）。ISA 关系可从两个方向进行设计。从自上而下方向，首先设计**学生**实体集，然后根据属性的不同，将学生具体化（specification）为本科生和研究生，研究生可进一步具体化为硕士研究生和博士研究生。从自下而上方向，首先设计出本科生和研究生，然后再将它们的共同属性提取出来，泛化（generalization）为学生。

2. 聚合

前面讨论的 E-R 模型的联系都是指实体间的关联，如果需要表示联系间的联系，该如何处理呢？

考虑实体集**学生**和弱实体集**开课班**之间的**选课**联系集。学校教务部门需要安排教师录入学生考试成绩，并要求记录成绩的录入日期。直观上，**录入成绩**应是**选课**联系集与**教师**实体集之间的联系集，而不是**学生**或**开课班**（弱）实体集与**教师**实体集之间的联系集。

为了定义像**录入成绩**这样的联系集，E-R 模型引入了新功能——**聚合**（aggregation）。聚合是一种抽象，它将一个联系集及其相关联的实体集抽象为一个**联系实体集**（或称为高层实体集）对待，然后建立该联系实体集与其他实体集之间的联系集。例如，将包含联系集**选课**及其相关联的（弱）实体集**学生**和**开课班**的聚合（虚线框表示）参与到**录入成绩**联系集中，如图 4-20(a) 所示；或直接将**联系实体集选课**参与到**录入成绩**联系集中，如图 4-20(b) 所示，其中内部包含菱形框的带填充背景的矩形表示联系实体集，菱形框中标示的是联系集的名称，它可以同时作为联系实体集的名称。这样就建立了联系之间的联系。因此，当欲建立联系间的联系时，可考虑使用聚合实现。

说明：为了节省篇幅，在图 4-20、图 4-21 中都没有将弱实体集**开课班**所依赖的标识实体集**课程**和标识联系集**排课**（见图 4-17）画出来。

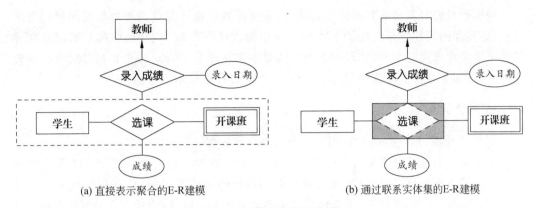

(a) 直接表示聚合的E-R建模　　　　　(b) 通过联系实体集的E-R建模

图 4-20　聚合的 E-R 建模

4.6　E-R 建模问题

前面已经介绍了运用 E-R 模型对现实世界进行建模的基本方法和原理。在讨论如何运用 E-R 模型进行数据库概念设计之前,本节先讨论一些实用的设计原则。

4.6.1　E-R 建模的基本原则

1. 忠实性

设计应忠实于应用需求,这是首要的也是最重要的原则。即实体集、联系集、属性都应当反映现实世界,应根据所了解的现实世界去建模。

例如,对于图 4-21 中的联系集**任教**,是一对多还是多对多的联系集,则应取决于建立数据库的学校的教务管理办法。如果规定每一个开课班只能安排一名教师任教,但一名教师可任教多个开课班,则**任教**是从实体集**教师**到弱实体集**开课班**的一对多联系集,如图 4-21(a)所示;如果规定一个开课班也可能安排多名教师共同任教,则**任教**就是实体集**教师**与弱实体集**开课班**之间的多对多联系集,联系属性为任教角色(如"主讲""指导实验""辅导"等),如图 4-21(b)所示。

(a) 一对多的**任教**联系集　　　　　(b) 多对多的**任教**联系集

图 4-21　任教联系集

2. 简单性

除非有绝对需要,否则不要在设计中增加更多成分。

现实世界的对象可能具有许多特征,但在进行概念设计时只需要对数据库使用者所关心、感兴趣的属性建模。如学生选课时希望提供任课教师的学位、职称和聘用日期等信息供学生在选课时参考,则可在**教师**实体集中定义学位、职称、聘用日期等属性。而教师的身高、工资等特征在选课时并不重要,故在此设计中可不必考虑。

3. 避免冗余

在 E-R 模型设计中,一个原则是一个对象只存放在一个地方。

一个不好的设计可能会有信息重复。例如,如果在学生的每次选课记录中都存放学生和课程的所有信息,这样会造成大量冗余。理想的做法是,每种信息只出现在一个地方。第 5 章将介绍如何科学、规范地设计关系数据库的方法,以去掉冗余及其附带问题。

4. 选择实体集还是属性

在对现实世界进行抽象和概括时,实体与属性的划分取决于被建模的实际应用及被讨论属性的相关语义。但实体和属性并没有形式上可以截然划分的界限。通常满足下述两条规则的事物,均可作为属性对待:

(1) 作为属性,不能再具有要描述的性质,即属性不可分。

(2) 属性不能和其他实体相联系。

对于复合属性,可将该复合属性的每一个子部分直接建模为一个属性,而不必建模为实体集。例如,**学生**实体集中的家庭住址可分成省份、城市、街道三个部分,因此可将省份、城市、街道分别单独作为**学生**实体集的属性进行建模。

对于一个事物,如果需要描述它的若干个性质,可考虑作为实体集建模。例如,**开课班**实体集中的上课地点,如果除了教室编号之外,还需要描述更多的信息,如所在教学楼、电话号码、教室类型、教室容量等,则需将属性上课地点转化为实体集**教室**,以实现教室管理功能。

假设一个**教室**允许安排多个**开课班**上课(上课时间不能冲突),一个**开课班**也需要安排多个时间上课,且不同时间可能安排在相同的或不同的**教室**上课,则**教室**实体集与**开课班**弱实体集之间存在多对多的“**排时间教室**”联系集,上课时间为联系集的属性。如图 4-22 所示。说明:“**排时间教室**”不仅是多对多的联系集,而且是多值联系,请参见 4.6.3 节的进一步讨论。

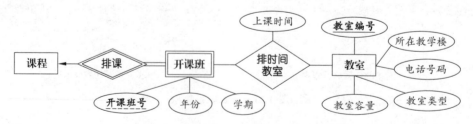

图 4-22　将属性上课地点转化为实体集教室

选择实体集还是属性时常犯如下两个错误:

（1）将一实体集的主码作为另一实体集的属性,而不是使用联系;

（2）将相关实体集的主码属性作为联系集的属性。因为联系集已隐含了实体集的主码属性。

5. 选择实体集还是联系集

一事物是描述为实体集还是联系集没有一个绝对的标准。但通常原则是,实体对应于现实世界中实际存在的事物,是名词;而联系对应的概念一般为一种动作,即描述实体间的一种行为。如**学生**、**教师**和**课程**是名词,可作为实体集建模,而**选课**、**授课**是动词,一般作为联系集建模。

依赖约束和多值联系可能会导致将联系集建模为依赖实体集或弱实体集,请参见4.6.2节和4.6.3节。

6. 多元联系转化为二元联系

如图4-23(a)所示的是**供应商**、**项目**、**零件**之间的多对多三元联系集"**供需**",联系属性有需求量、供应量等。

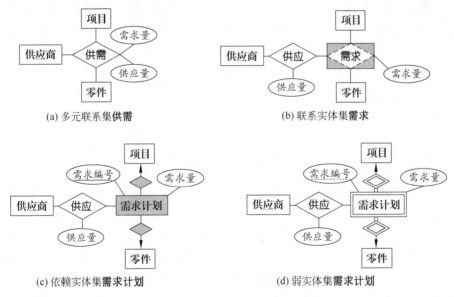

(a) 多元联系集**供需**　　　　　　(b) 联系实体集**需求**

(c) 依赖实体集**需求计划**　　　　(d) 弱实体集**需求计划**

图 4-23　三元联系转化为二元联系的一般方法

将三元联系转化为二元联系的一般方法是:通过聚合将二元联系集建模成一个**联系实体集**,再加上它与原来联系的实体集之间的二元联系,如图4-23(b)所示;或者建立一个**依赖实体集**或**弱实体集**,再与原实体集之间建立二元联系,如图4-23(c)、图4-23(d)所示。首先需要将原来的三元联系**供需**转化为两个二元联系**需求**和**供应**,分离之后的语义更明确,表达更清楚,先单独反映**项目**与**零件**之间的**需求**联系,联系属性为需求量,再反映**需求**的供应情况,联系属性为供应量。其中,图4-23(c)、图4-23(d)分别将**需求**联系集转化为**需求计划**依赖实体集或弱实体集。

事实上,一个多元联系集总可以用一组不同的二元联系集代替。简单起见,考虑一个抽象的三元联系集 R,它将实体集 A、B 和 C 联系起来。用实体集 E 替代联系集 R,并建立三个联系集:R_A(联系 E 和 A)、R_B(联系 E 和 B)和 R_C(联系 E 和 C)。

如果联系集 R 有标识属性,那么将这些标识属性赋给实体集 E;否则,为 E 建立一个特殊的标识属性(因为每个实体集都应该至少有一个属性,以区别实体集中的各个成员)。针对联系集 R 中的每个联系 (a_i, b_i, c_i),在实体集 E 中创建一个新的实体 e_i。然后,在三个新联系集中,分别插入新联系如下:

在 R_A 中插入 (e_i, a_i);

在 R_B 中插入 (e_i, b_i);

在 R_C 中插入 (e_i, c_i)。

可以将这一过程直接推广到 n 元联系集的情况。因此,概念上可以限制 E-R 模型中只包含二元联系集。

再来分析一个三元联系的实例,如图 4-8 所示的三元联系集"**选课-任教**",描述了**学生**、**课程**、**教师**之间的多对多的联系语义。如果将其转化为**学生**与**课程**之间的**选课**以及**教师**与**课程**之间的**授课**两个二元联系,如图 4-24 所示,则这两个二元联系不能反映学生所选修课程是由谁授课的联系语义。问题出在一门课程可能会安排多个开课班,从而会安排多名教师授课(不同于一个开课班安排多名教师任教的语义),而学生只是选择其中的一个开课班进行修读。

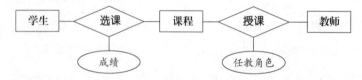

图 4-24　**图 4-8 所示的三元联系"选课-任教"转化为二元联系的方案**

由于学生选修某门课程只是选择该课程的一个开课班进行修读,因此为了在转化为二元联系后能够反映学生所选修课程是由谁授课的语义,可以将**学生**、**课程**、**教师**之间的三元联系转化为**学生**、**开课班**、**教师**之间的三元联系,如图 4-25(a)所示。

如果不将图 4-8 或图 4-25(a)所示的三元联系"**选课-任教**"转化为二元联系,则会出现如下问题:若一门**课程**或一个**开课班**还没有**学生**选修,则在系统中就无法表达该**课程**或该**开课班**是安排哪位(些)**教师**授课的信息,因为构成多元联系的实体缺一不可。而实际的教学管理语义应该是:先根据各专业的招生人数和教学计划预估计一个学期每门**课程**需开设的**开课班**数量,并产生依赖于**课程**实体集的**开课班**弱实体集;然后对每一个**开课班**安排任课**教师**、上课时间和上课地点(参见图 4-21、图 4-22);最后由**学生**进行选课。

由于教务管理的语义是先安排开课班的任课教师,再由学生选课(不仅是选择课程,而且要选择老师),因此,按照三元联系转化为二元联系的一般方法,有如下转化方案。

(1) 先在实体集**开课班**与**教师**之间建立一个二元联系集**任教**,再在联系实体集**任教**与**学生**实体集之间建立二元联系集**选课**,如图 4-25(b)所示。假设**任教**是多对多的联系语义(如图 4-21(b)所示),则联系实体集**任教**的主码是{课程号,开课班号,教师编号},

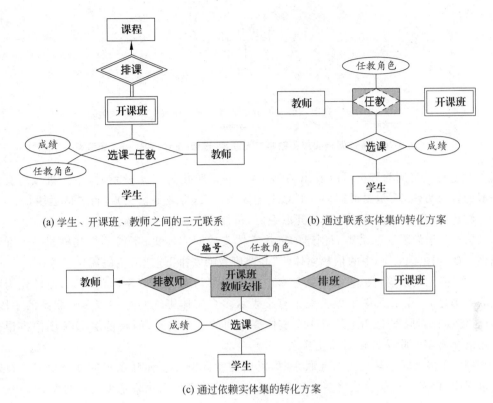

(a) 学生、开课班、教师之间的三元联系　　(b) 通过联系实体集的转化方案

(c) 通过依赖实体集的转化方案

图 4-25　三元联系"选课-任教"转化为二元联系的实例

即某课程的每一个开课班所安排的每一名教师形成一个联系实体。注意,**学生**选课的语义是:选择了某课程的某**开课班**,也就选择了为该开课班所安排的所有任课**教师**,而不能选择为该开课班所安排的某个(些)任课教师。因此,图 4-25(b)中的二元联系集**选课**不能反映学生选课的语义。

(2) 先在(弱)实体集**开课班**与**教师**之间引入一个依赖实体集(或弱实体集)"**开课班教师安排**",再在依赖实体集"**开课班教师安排**"与**学生**实体集之间建立一个二元联系集**选课**,如图 4-25(c)所示。该方案本质上与图 4-25(b)所示的方案相同,差别在于联系实体集与依赖实体集(或弱实体集)的主码不同。联系实体集**任教**的主码是{课程号,开课班号,教师编号};而依赖实体集"**开课班教师安排**"的主码是编号,{课程号,开课班号}和教师编号分别是参照(弱)实体集**开课班**和**教师**的外码。因此,该方案中的二元联系集**选课**也不能反映学生选课的语义。

正确的转化方案如图 4-26 所示,它间接地表示了**学生、开课班、教师**之间的多对多三元联系"**选课-任教**"。这是因为,若**学生**选修了某课程的某**开课班**,则可间接地通过**开课班**与**教师**之间的联系集**任教**来获得为该**开课班**所安排的所有任课**教师**(即为该**学生**授课的**教师**)。

说明: 如果**任教**是一对多的联系语义(如图 4-21(a)所示),则该转化方案与图 4-25(b)的转化方案等价。

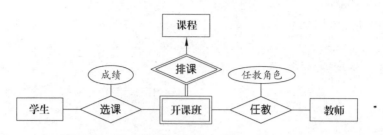

图 4-26   通过间接实现关联将三元联系"选课-任教"转化为二元联系

通过对该实例的分析可以看出,在将多元联系转化为二元联系时,不能机械地套用一般的转化方法,而是要根据多元联系上的联系语义(即业务语义)进行灵活运用。

注意,在将多元联系转化为二元联系时,可能会带来如下问题。

(1) 对于为表示联系集而创建的依赖实体集或弱实体集,不得不为其创建一个标识属性。如为图 4-25(b)中的依赖实体集"**开课班教师安排**"创建的主码属性编号。

(2) 多元联系集可以直接地表示多个实体集参与到一个联系集的关系,而转化为二元联系集之后,在 E-R 图中就丢失了直接表示多个实体集之间存在着多元联系的手段。因此,建议在高层 E-R 图中建立多个实体集之间的多元联系,而在低层 E-R 图中再根据应用语义将多元联系转化为二元联系。

(3) 在多元联系转化为二元联系时,需要注意保持原多元联系上的联系语义。在转化过程中,仍然有可能无法将多元联系集上的约束转变为二元联系集上的约束。

4.6.2   依赖约束的建模

前面已经讨论过弱实体集的建模问题,解决了弱实体集与标识实体集之间的依赖约束的建模问题(见图 4-17)。对于多值属性的建模问题,解决的方法之一就是将多值属性建模为弱实体集,将多值属性所转换得到的弱实体集与原实体集之间的依赖约束建模为标识联系集(见图 4-18)。

在 4.3.3 节中,图 4-15 表达了商品销售业务中的**销货单**依赖实体集与**商品销售**联系集之间的依赖约束的建模方法。如果还需要进一步反映该笔销货单是哪个员工经销?是哪个客户采购?则可以进一步建立**销货单**实体集与**员工**实体集之间的多对一**经销**联系集,以及**销货单**实体集与**客户**实体集之间的多对一**采购**联系集。同理,**销货单**实体集与**经销**、**采购**联系集之间也存在着依赖约束。因此,**销货单**实体集是同时依赖于**商品销售**、**经销**和**采购**联系集的**依赖实体集**,如图 4-27 所示。

根据上述分析可以看出,依赖于联系集而存在的实体集一般是指伴随着业务发生而形成的单据。如**员工**、**客户**、**商品**之间发生**销售/购买**商品等业务时,会伴随着产生**销货单/购货单**。在 E-R 建模时,一般将依赖于业务的发生而产生的**销货单/购货单**等直接建模为**依赖实体集**(而不是联系集),并将它直接与所依赖的联系集关联起来。

说明:如果一笔商品销售业务可以由多名员工共同经销,一笔商品销售业务可以由多个客户联合采购,则员工与销货单实体集之间的经销联系集、客户与销货单实体集之间的采购联系集都是多对多的联系集。

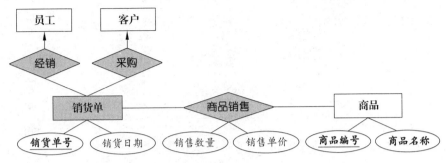

图 4-27　商品销售业务中实体集与联系集的依赖约束建模

类似的业务有：**领料员/采购员、仓库保管员、材料**之间发生的"**出库/入库**"业务会伴随着产生**出库单/入库单**；**读者、图书管理员、图书**之间发生的"**借书**"业务会伴随着产生**借书单**；**客户、员工、现金**之间发生的"**存款/取款**"业务会伴随着产生**存款单/取款单**；**病人、医生、药品**之间发生的"**诊断**"业务会伴随着产生**病历记录-处方单**；**旅客、员工、客房**之间发生的"**入住**"业务会伴随着产生**入住单**；**司机、警察、违章处罚目录**之间发生的"**违章处罚**"业务会伴随着产生**违章处罚单**；**员工、游客、景点**之间发生的"**旅游**"业务会伴随着产生**旅游安排单**；**公交车、车站**之间发生的"**运行安排**"业务会伴随着产生**公交线路**。

对于商品销售业务，直观上的建模思路有如下几种，下面分别对它们进行分析。

(1) 首先在**员工**与**客户**实体集之间建立多对多的**销售/购买**联系集，再通过聚合在**销售/购买**联系集（即联系实体集）与**商品**实体集之间建立**商品销售**联系集，如图 4-28 所示。

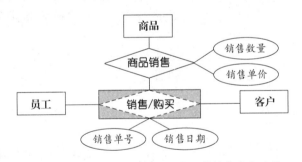

图 4-28　以"员工"和"客户"为中心的销售业务建模

由于一个**员工**与一个**客户**之间可能会发生多次**销售/购买**业务，因此，**销售/购买**联系集不仅是多对多联系，而且是多值联系。根据 4.6.3 节关于多值联系的建模方法可知，只需要将多值联系集单独建模为一个依赖实体集或弱实体集即可。将多值联系集**销售/购买**转化为**销货单/购货单**依赖实体集建模之后，图 4-28 所示的 E-R 图将转化为图 4-27 所示的 E-R 图，这是殊途同归。

(2) 首先在**员工**与**商品**实体集之间建立多对多的**销售商品**联系集，联系属性有销售日期、销售数量、销售单价等；再通过聚合在**销售商品**联系集（即联系实体集）与**客户**实体集之间建立**进货**联系集，如图 4-29 所示。

该建模思路存在如下两个问题。

① 数据冗余。由于多对多**销售商品**联系集的属性中，有的属性只依赖于一次销售商

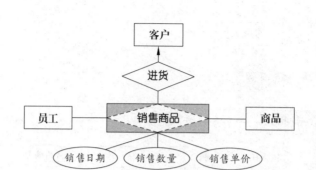

图 4-29　以"员工"和"商品"为中心的销售业务建模

品业务,而不依赖于该次销售商品业务中销售的每一件商品,如销售日期等属性,这样将造成数据冗余。解决的办法是,将只与一次销售商品业务相关而与该次销售商品业务销售的商品无关的属性(如销售日期等)独立出来,构成**销售单**(或**销货单**)实体集(独立为实体集后,需要增加属性销售单号)。因为**销售单**(或**销货单**)实体集是依赖于**销售**(从卖方角度看的动作)、**购买**(从买方角度看的动作)等联系而存在的,因此一般将它单独建模为依赖实体集,并在建模时直接将它与所依赖的联系集关联起来。

② 多值联系。由于一个**员工**与一件**商品**之间可能发生多次销售,因此,**销售商品**不仅是多对多联系,而且是多值联系。

(3) 首先在**客户**与**商品**实体集之间建立多对多的**购买商品**联系集,联系属性有购买日期、购买数量、购买单价等;再通过聚合在**购买商品**联系集与**员工**实体集之间建立**办理**联系集,如图 4-30 所示。该建模思路与第(2)种建模思路类似,存在着相同的问题。

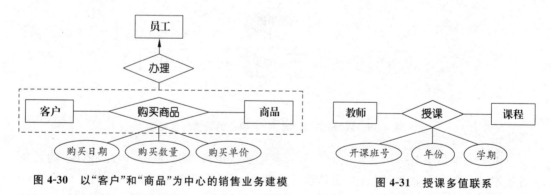

图 4-30　以"客户"和"商品"为中心的销售业务建模　　　图 4-31　授课多值联系

4.6.3　多值联系的建模

例如,图 4-31 所示的是实体集**教师**与**课程**之间的多对多**授课**联系集。由于一个教师可能会讲授同一门课程多次,即**授课**联系集是多值联系。

为了唯一标识多值联系中的多个联系,可以考虑将多值联系建模为一个**依赖实体集**或**弱实体集**,该弱实体集依赖于与它相关联的各个实体集,或该依赖实体集依赖于与它相关联的各个联系集。也就是说,多值联系的建模问题可转化为依赖约束的建模问题。

在实际的 E-R 建模应用中,要根据实际业务的语义,选择将多值联系建模为弱实体集或依赖实体集。

1. 将多值联系建模为弱实体集

为了唯一标识多值联系中的多个联系,可以考虑将多值联系建模为一个弱实体集,它同时依赖于与多值联系相关联的各个实体集。这样,将与多值联系相关联的各个实体集的主码和弱实体集的部分码相结合,可以唯一标识多值联系中的多个联系。

由于教师**"授课"**的语义是安排该教师**"任教"**某课程的一个或多个教学班,因此,可将**教学班(或开课班)**建模为同时依赖于**课程**实体集和**教师**实体集的弱实体集,它的属性有开课班号、年份、学期等,其中开课班号为部分码,对应的标识联系集分别是**排课**和**任教**。建模结果如图 4-32 所示。由于**开课班**弱实体集同时依赖**课程**和**教师**实体集,因此,需要通过{课程号,教师编号,开课班号}共同标识一个**开课班**弱实体。

图 4-32　将授课多值联系建模为同时依赖于课程和教师实体集的开课班弱实体集

一方面,如果一个开课班还没有明确任课教师,则该**开课班**弱实体就无法存在(因为主码属性不能取空值),显然这样的依赖约束不能满足教学管理的要求。另一方面,如果一个开课班需要安排多名教师任教,则**教师**与**开课班**之间存在多对多的**任教**联系集(见图 4-21(b)),而弱实体集与其所依赖的标识实体集之间只能存在多对一的标识联系集。因此,应该将**开课班**建模为仅依赖于**课程**实体集的弱实体集,同时弱实体集**开课班**也依赖于联系集**任教**。建模结果如图 4-33 所示。如果再增加**学生**实体集和**选课**联系集,就与图 4-26 的建模结果一致了。真是条条道路通罗马呀。说明:如果一个开课班只能安排一名教师任教,则**教师**与**开课班**之间的**任教**应该是一对多的联系集,而不是多对多的联系集。

图 4-33　将授课多值联系建模为只依赖于课程实体集的开课班弱实体集

2. 将多值联系建模为依赖实体集

为了唯一标识多值联系中的多个联系,当然也可以将**开课班**直接建模为一个同时依赖于**排课**、**任教**联系集的依赖实体集,此时开课班号为主码,要求能够唯一标识所有课程在所有学期开设的教学班(即开课班号全局不允许出现重号)。建模结果如图 4-34 所示。

图 4-34　将授课多值联系建模为同时依赖于排课和任教联系集的开课班依赖实体集

考虑图 4-8 所示的三元联系集,**课程**、**教师**、**学生**之间不仅存在多对多的三元联系,而且是多值联系(请读者去分析学生与教师之间的关系),因此,直观上分析,一种转化方案是先引入一个**开课班**实体集,然后在**开课班**与**课程**、**教师**、**学生**实体集之间分别建立**排课**、**任教**、**选课**二元联系集,可以认为,**开课班**是同时依赖于**排课**、**任教**、**选课** 3 个二元联系集的依赖实体集;另一种转化方案是先建立**课程**实体集的弱实体集**开课班**,然后在**开课班**与**教师**、**学生**实体集之间分别建立**任教**、**选课**二元联系集,可以认为,**开课班**是同时依赖于**任教**、**选课** 2 个二元联系集的依赖实体集。

再看一个例子,对于图 4-22 所示的多对多"**排时间教室**"联系集,假设一个**开课班**可能安排多个时间上课,且不同时间可能安排在相同的或不同的**教室**上课,则"**排时间教室**"联系集可能是多值联系,因为一个**开课班**可能在不同的上课时间使用同一个**教室**。因此,可以考虑将"**排时间教室**"联系集建模为一个同时依赖于**开课班**和**教室**(弱)实体集的时间安排弱实体集,它的属性是上课时间(作为部分码),如图 4-35 所示。

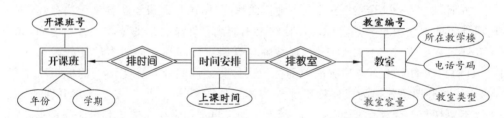

图 4-35　将多值联系排时间教室建模为同时依赖于开课班和教室的弱实体集时间安排

对于图 4-35 所示的同时依赖于**开课班**和**教室**(弱)实体集的**时间安排**弱实体集,要求排上课时间和排上课教室必须同时完成,显然这样的依赖约束不满足教学管理的需要。实际的教学管理语义应该是:先安排开课班的上课时间,再安排上课教室。根据该教学管理语义,应该将**时间安排**建模为仅依赖于**开课班**的弱实体集,同时弱实体集**时间安排**也依赖于联系集**排教室**。建模结果如图 4-36 所示。

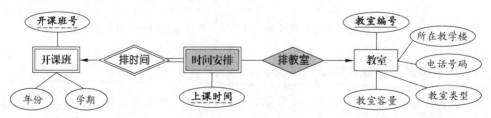

图 4-36　将多值联系排时间教室建模为仅依赖于开课班的弱实体集时间安排

4.7　数据库概念设计实例——大学选课系统

数据库概念设计是根据需求分析中得到的信息,并采用适当的数据模型将这些需求转化为数据库的概念模型。在此阶段,设计者只关注如何描述数据及数据之间的关系,而不必关心将要使用的数据库管理系统,更不用了解数据库的底层物理存储细节。本节以一个简化的大学选课系统为例,采用 E-R 图描述其数据库概念模型。

4.7.1　概念设计任务

概念设计即 E-R 模型设计主要是根据需求分析规格说明书完成如下任务:

(1) 定义实体集及属性、实体集的主码,用 E-R 图描述被建模的实体集。

(2) 定义联系集及属性、联系集的主码、角色、映射基数、依赖约束和参与约束以及多值联系等,用 E-R 图描述被建模的联系集。

(3) 利用扩展 E-R 特征对对象进行分类及聚合。

(4) 去除冗余数据,并保证满足所有数据需求不冲突。

(5) 对照需求分析规格说明书检查 E-R 模型,看其是否包含了所有数据,能否满足所有功能需求等。

4.7.2　系统需求分析

需求分析是数据库概念设计的基础。本节给出一个简化的大学选课系统的需求分析,重点是功能需求分析、数据需求分析和业务规则及完整性约束分析。

1. 需求概述和系统边界

随着学分制的普及,大学选课管理系统已成为大学信息管理系统中的重要组成部分。本系统面向全校师生,对学院、班级、教师、学生、课程等基本信息以及排课、课程选修及成绩等进行统一管理。同时,该系统可根据考试成绩计算学生学分,以实现选课及成绩管理的科学化、系统化、自动化,最大限度地为老师和学生提供方便和提高管理效率。本系统不考虑课程退选、改选和考试安排等。

2. 功能需求分析

通过与某大学选课系统数据库用户的深入交流与沟通,大学选课系统主要应提供如下功能。

(1) 学院基本信息管理。提供学院基本信息录入、维护与查询功能,包括:

• 工作人员录入学院基本信息;

• 工作人员修改、增加及删除学院基本信息;

• 所有用户可根据学院名称查询学院基本信息。

(2) 班级基本信息管理。提供班级基本信息录入、维护与查询功能,包括:

* 工作人员录入班级基本信息;
* 工作人员修改、增加及删除班级基本信息;
* 所有用户可根据班级编号、班级名称查询班级基本信息。

(3) 学生基本信息管理。提供学生基本信息录入、维护与查询功能,包括:

* 工作人员根据教务处所提供的学生名单录入学生基本信息;
* 工作人员或学生本人可修改学生基本信息;
* 工作人员增加、删除学生基本信息;
* 所有用户可根据学生姓名、学号查询学生基本信息。

(4) 教师基本信息管理。提供教师基本信息录入、维护与查询功能,包括:

* 工作人员根据教务处所给教师名单录入教师基本信息;
* 工作人员或教师本人可修改教师的基本信息;
* 工作人员增加或删除教师基本信息;
* 所有用户可根据教师姓名、编号查询教师基本信息。

(5) 课程基本信息管理。提供课程基本信息录入、维护与查询功能,包括:

* 工作人员根据教务处所给课程资料录入课程基本信息;
* 工作人员可修改、增加及删除课程基本信息;
* 所有用户可根据课程名称、课程号查询课程基本信息。

(6) 排课管理。提供课表录入及调整功能,包括:

* 课表录入:工作人员根据教务处安排的开课表将开课班信息录入系统;
* 冲突检查:系统能自动检查排课冲突;
* 排课调整:工作人员根据学校政策和教务处有关规定,对不满足开课条件的开课班进行调整,如取消或合并开课班等。

(7) 课表查询。提供不同方式查询开课班信息,包括:

* 按课程代码查询:所有用户可根据课程代码查询相应课程开课情况及各开课班选课信息;
* 按课程名称查询:所有用户可根据课程名称查询相应课程开课情况及各开课班选课信息;
* 按教师代码查询:所有用户可根据教师代码查询相应教师开课情况及其各开课班选课情况;
* 按教师姓名查询:所有用户可根据教师姓名查询相应教师开课情况及其各开课班选课情况;
* 按专业名称查询:所有用户可查询各学期某专业开课情况及选课信息。

(8) 学生选课管理。提供选课、退选和改选功能,包括:

* 学生选课:学生根据自己专业要求和个人兴趣进行选课,即选择开课班;
* 冲突检查:自动检查学生选课冲突;
* 约束检查:根据学校政策和教务处有关规定自动检查各种选课约束;
* 课表查询:学生在选课过程中和选课结束后,可随时查询其选课情况;

- 退选改选：选课成功后,学生可在规定时间内退选和改选课程。

（9）学生成绩管理。提供学生考试成绩录入、修改及查询功能,包括:

- 学生成绩录入：任课教师要求在规定时间内将考试成绩录入到系统中;
- 成绩审核与维护：工作人员负责对成绩进行审核并维护;
- 学生成绩查询：学生可查询本人全部课程的考试成绩及学分情况;教师可根据学生学号或姓名、班级编号或班级名查询某学生或某班所有学生的考试成绩。

（10）用户及权限管理。提供用户管理、权限分配、登录及权限验证等功能,包括:

- 系统管理员增加、删除用户;
- 系统管理员对用户角色及权限进行分配;
- 用户登录及权限验证;
- 系统管理员更改用户密码。

大学选课系统的功能模块如图 4-37 所示。

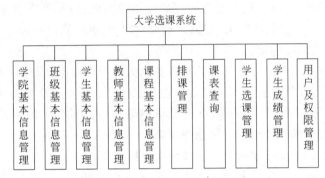

图 4-37 大学选课系统功能模块

3. 数据需求分析

数据库的数据需求可以根据与用户的交流和设计者自己对企业或组织的业务分析得到,主要描述业务中涉及的各实体对象需要采集哪些数据? 各业务发生时需要采集哪些数据? 作为概念设计中确定实体集、联系集的基础。在对一个业务功能的数据需求(通常对应于业务表格或单据)进行描述时,可能会包含多个基本对象的属性,这是发现实体集之间联系的重要途径之一,也是定义用户界面和报表的依据。

某大学选课系统的数据需求分析如下。

（1）学院：包括学院编号、学院名称、学院地址等信息,由学院编号唯一标识。

（2）班级：需记录班级编号、班级名称、年级、班级人数、所属学院等信息,由班级编号唯一标识。

（3）学生：需存储学号、姓名、性别、出生日期、家庭住址、电话号码、所属班级等信息,由学号唯一标识。其中,家庭住址是复合属性,由省份、城市、街道组成;电话号码是多值属性,可能有多个,如移动电话、宿舍电话、实验室电话、家庭电话等。由于年龄是从出生日期直接计算出来的派生属性,因此不将年龄作为存储属性。

（4）教师：要求记录教师编号、教师姓名、职称、学位、所属学院、聘用日期等信息,由教师编号唯一标识。

(5) 课程：需记录课程号、课程名称、课时、学分、先修课、所属学院等信息,由课程号唯一标识。

(6) 开课班(教学班)：它是依赖于课程实体集的弱实体集,需存储课程号、开课班号、年份、学期、上课时间、上课地点、教室容量、选课人数、任课老师等信息,开课班号为部分码。

(7) 教室：需记录教室编号、所在教学楼、电话号码、教室类型、教室容量等信息,由教室编号唯一标识。

(8) 学生选课及成绩登录业务：需要记录学号、课程号、开课班号、成绩、录入日期等信息。

4. 业务规则及完整性约束分析

在数据需求分析的同时,还要进行相应的完整性约束分析,主要包括：①码约束,即指出实体集的码属性；②关联约束,即映射约束、参与约束和依赖约束等；③用户自定义完整性约束,如属性取值约束、业务关系约束等。

完整性约束主要来源于业务规则。与业务相关的操作规范、管理章程、规章制度、行业标准、会计准则和计算方法等都可以称为业务规则。业务规则实质上也可以理解为一组条件和在此条件下的操作,是一组准确凝练的语句,用于描述、约束及控制企业的结构、运作和战略,是应用程序中的一段业务逻辑。

某大学选课系统的业务规则及完整性约束分析如下。

(1) 一所大学由多个**学院**组成；一个**学院**有多个**班级**,一个**班级**只能属于某一个学院。

(2) 一个**班级**有多名**学生**,但一个**学生**只能属于某一个**班级**；**班级**中的班级人数为派生属性,它的值可通过统计学生实体集中属于该班学生的人数而得到；一个**班级**最多允许安排 60 名学生。

(3) 一个**学院**可聘用多名**教师**,但一名**教师**只能在一个**学院**任职,需要反映**教师**的聘用日期。

(4) 学生可进一步分**本科生**和**研究生**两种类型,其中**本科生**需记录兴趣爱好,**研究生**需记录研究方向；一名**教师**可以指导多名**研究生**,但一名**研究生**只能选择一名指导**教师**。

(5) 一个**学院**可管理多门**课程**,但一门**课程**只能归属于一个**学院**管理；**课程**中学分的值不能超过 6。

(6) 每门**课程**每个学期可安排多个**开课班**(**教学班**)进行授课。

(7) 一个**开课班**可安排多个上课时间、上课地点授课,且每次授课可能安排在相同的或不同的上课地点。

(8) 一个教室可以提供给多个**教学班**使用,且一个**教学班**的多次授课也可能安排在相同的或不同的**教室**。

(9) 开课班中的教室容量为派生属性,它的值取自该开课班所安排授课教室的教室容量(如果一个**开课班**安排了多个授课**教室**,则取多个教室中最小的教室容量)；选课人数也是派生属性,它的值由选修该开课班的学生人数统计得到。教室容量和选课人数是为了方便实现"一个开课班的选课人数不能超过该**开课班**所安排**教室**的教室容量"约束而增加的。

(10) 一个**开课班**可以安排多名**教师**任教,且一名**教师**可以任教多个**开课班**,需记录**教师**任教**开课班**的任教角色。

(11) 一个**开课班**可被多个**学生**选修,且每个**学生**可选修多个**开课班**,需记录**学生**选修**课程**的成绩;成绩只能在 0~100 分之间。

(12) 某课程考试结束后,教师需在规定时间内将所任教开课班的学生的考试成绩录入系统,并要求记录录入日期。一个教师可录入多个选课学生的成绩,但一个选课学生的成绩只能由一个教师录入。

(13) 需要对**课程**之间的先修关系进行设置,一门主课程至多可以指定一门先修课程,但一门先修课程可对应于多门主课程。

(14) 对于设置了先修关系的课程,只有在已经选修过某门课程的先修课程之后才允许选修该课程。

(15) 一个学生不允许同一学期选修同一门课程开设的多个教学班(即同一学期只允许选修同一门课程开设的一个教学班),且一个学生同一学期选修的所有开课班不允许时间冲突。

(16) 一个学生同一学期所选修课程的总学分不能超过 32。

(17) 一名教师同一学期所任教的多个开课班不允许时间冲突。

(18) 一个教室同一学期所安排的多个教学班在时间上不能冲突。

(19) 一个开课班的选课人数不能超过该开课班所安排教室的教室容量。

(20) 对选修人数少于 15 人的开课班需取消或进行开课班合并调整。

(21) 当一门课程分多个学期开设时,如大学英语Ⅰ、大学英语Ⅱ,则当作不同课程看待,即具有不同的课程号,但序列课程之间需设置先修关系。

(22) 各种编号的编码规则:

① 学院编号的编码规则:由 2 位字母组成,字母的含义为学院缩写。

② 班级编号的编码规则:由 8 位数字组成,其中前 4 位数字代表年级,后 4 位数字为序号。

③ 学号的编码规则:由 10 位数字组成,其中第 1 位数字代表学生类别,如:1-本科生,2-硕士生,3-博士生,4-独立学院本科生,5-专科生;接下来 4 位数字代表入学年份;最后 5 位数字为序号。

④ 教师编号的编码规则:由 5 位数字组成。

⑤ 课程号的编码规则:由 2 位字母加 4 位数字组成,其中 2 位字母代表**课程**归属**学院**的缩写,4 位数字的最后 1 位表示该**课程**的学分数。

⑥ 开课班号的编码规则:由 8 位数字组成,其中前 4 位数字代表年份,接下来 1 位数字代表学期,最后 3 位数字为同一门**课程**的多个**开课班**序号。

⑦ 教室编号的编码规则:由 1 位字母加 6 位数字组成,其中字母代表校区,前 2 位数字代表教学楼,接下来 2 位数字代表**教室**所在楼层,最后 2 位数字为序号。

4.7.3 数据库概念设计

数据库概念设计的主要步骤是:①理解需求分析;②发现基本实体集,并通过分析它们之间的核心业务,发现核心联系集;③进一步完善并增加必要的实体集和联系集;④定义完整的 E-R 图和数据字典。

1. 确定基本实体集及属性

根据数据需求和业务规则分析,可定义如下的基本实体集及其属性。

(1) **学院**(Institute)实体集:具有学院编号、学院名称、学院地址等属性,其数据字典如图 4-38 所示。

属性名	含义	类 别	域及约束	实 例
instituteNo	学院编号	主码	char(2),由 2 位字母组成,代表学院的缩写。不允许取空值	CS
instituteName	学院名称		varchar(30),不允许取空值	计算机学院
instituteAddress	学院地址		varchar(40)	麦庐校园荟庐楼

图 4-38　学院(Institute)实体集的数据字典

(2) **班级**(Class)实体集:具有班级编号、班级名称、年级、班级人数等属性,其中,班级人数为派生属性,它的值可通过统计所在班学生的人数而得到,其数据字典如图 4-39 所示;而且班级与学院之间存在多对一的联系。

属性名	含义	类 别	域及约束	实 例
classNo	班级编号	主码	char(8),前 4 位数字代表年级,不允许取空值	20160803
className	班级名称		varchar(30),不允许取空值	计算机科学与技术 1603 班
grade	年级		int	2016
classNumber	班级人数	派生	smallint,不允许超过 60	46

图 4-39　班级(Class)实体集的数据字典

(3) **学生**(Student)实体集:具有学号、姓名、性别、出生日期、家庭住址、电话号码等属性,其中,家庭住址为复合属性,它由省份、城市、街道组成;电话号码为多值属性。该实体集的数据字典如图 4-40 所示;而且学生与班级之间存在多对一的联系。

(4) 学生实体集的子集——**本科生**实体集(Undergraduate)和**研究生**实体集(Graduate),它们具有**学生**实体集的所有属性。此外,**本科生**实体集有附加属性兴趣爱好(interest),研究生实体集有附加属性研究方向(direction)。

属性名	含义	类 别	域 及 约 束	实 例
studentNo	学号	主码	char(10)，由 10 位数字字符组成，其中第 1 位数字代表学生类别，如：1-本科生，2-硕士生，3-博士生，4-独立学院本科生，5-专科生；接下来 4 位数字代表入学年份，最后 5 位数字为序号。不允许取空值	1201600258
studentName	姓名		varchar(20)，不允许取空值	李小勇
sex	性别		char(2)，取值范围：{'男'，'女'}	男
birthday	出生日期		datetime	1998-09-09
phoneNumber	电话号码	多值	varchar(13)，每个电话号码由数字字符加连字符'-'组成	186079199999，027-87009999
province	省份	复合	varchar(20)，复合属性家庭住址的成分	湖北省
city	城市	复合	varchar(20)，复合属性家庭住址的成分	武汉市
street	街道	复合	varchar(20)，复合属性家庭住址的成分	中山路 56 号

图 4-40 学生（Student）实体集的数据字典

（5）**教师**（Teacher）实体集：具有教师编号、教师姓名、职称、学位等属性，其数据字典如图 4-41 所示；而且教师与学院之间存在多对一的联系，教师与研究生之间存在一对多的联系。

属性名	含义	类 别	域 及 约 束	实 例
teacherNo	教师编号	主码	char(5)，由 5 位数字组成；不允许取空值	04012
teacherName	教师姓名		varchar(20)，不允许取空值	万家乐
title	职称		varchar(20)	教授
degree	学位		varchar(10)	博士
hireDate	聘用日期	联系	datetime，它是教师实体集与学院实体集之间的多对一联系集聘用（Engage）的联系属性	2000-07-15

图 4-41 教师（Teacher）实体集的数据字典

（6）**课程**（Course）实体集：具有课程号、课程名称、学分、课时数等属性，其数据字典如图 4-42 所示；而且课程与学院之间存在多对一的联系，课程与课程之间存在多对一的"先修要求"联系。

（7）**教室**（Classroom）实体集：具有教室编号、所在教学楼、电话号码、教室类型、教室容量等属性，其数据字典如图 4-43 所示。

属性名	含义	类别	域及约束	实例
courseNo	课程号	主码	char(4),由2位字母加4位数字组成,其中2位字母代表课程归属学院的缩写,4位数字的最后1位表示该课程的学分数;不允许取空值	CS0154
courseName	课程名称		varchar(20),不允许取空值	数据库系统原理
creditHour	学分		smallint	4
courseHour	课时数		smallint	80

图 4-42   课程(Course)实体集的数据字典

属性名	含义	类别	域及约束	实例
classroomNo	教室编号	主码	char(7),由1位字母加6位数字组成,其中字母代表校区,前2位数字代表教学楼,接下来2位数字代表教室所在楼层,最后2位数字为序号。不允许取空值	C020301
buliding	所在教学楼		varchar(40)	东湖校区梅园豫章路群庐楼
phoneNum	电话号码		varchar(13),由数字字符加连字符'-'组成	0791-87009999
type	教室类型		varchar(10)	多媒体
capacity	教室容量		int	80

图 4-43   教室(Classroom)实体集的数据字典

2. 主要业务局部概念建模

根据功能需求和业务规则分析可知,大学选课系统数据库概念设计中需要解决如下主要业务的局部概念建模问题。

1) 核心业务"排课"的局部概念建模

(1) 排课是根据本学期需开课的**课程**安排**开课班**,重点是安排上课时间和上课地点;由于**开课班**是依赖于**课程**实体集的,因此可将**开课班**建模为**课程**的弱实体集,标识联系集为**排课**,如图4-17所示。**开课班**(CourseClass)弱实体集应包含开课班号(部分码)、年份、学期、教室容量、选课人数等基本属性,其数据字典如图4-44所示。

(2) 为了便于管理,**开课班**弱实体集的属性上课地点已单独建模为实体集**教室**;并且开课班与教室之间存在多对多的多值联系**时间安排**。

(3) 在4.6.3节已经讨论了多对多的多值联系**时间安排**的建模问题,建模结果如图4-36所示,其中,引入了一个依赖于**开课班**的弱实体集**时间安排**和**排时间**标识联系集,以及多对一的**排教室**联系集。**时间安排**(TimeSchedule)弱实体集的属性有上课时间(作为部分码),其数据字典如图4-45所示。

属性名	含义	类别	域及约束	实例
cClassNo	开课班号	部分码	char(8)，由 8 位数字组成，其中前 4 位数字代表年份，接下来 1 位数字代表学期，最后 3 位数字为序号；不允许取空值	20171003
year	年份		int	2017
semester	学期		smallint	1
capacity	教室容量	派生	int	80
enrollNumber	选课人数	派生	int	76

图 4-44 开课班（CourseClass）弱实体集的数据字典

属性名	含义	类别	域及约束	实例
time	上课时间	部分码	char(3)，第 1 位表示周几，第 2 位表示第几节开始，第 3 位表示至第几节结束，如 257 表示周二第 5 至 7 节。不允许取空值	312

图 4-45 时间安排（TimeSchedule）弱实体集的数据字典

2）核心业务"安排任课教师""学生选课"的局部概念建模

（1）与安排任课教师和学生选课业务相关的实体集有**学生**、**课程**和**教师**，它们之间构成一个多对多的三元联系"选课-任教"，如图 4-8 所示。

（2）由于安排任课教师和学生选课业务都不是直接针对**课程**实体集，而是针对依赖于**课程**实体集的**开课班**弱实体集，如图 4-25(a)所示；因此**"选课-任教"**三元联系可转化为**排课**、**任教**、**选课** 3 个二元联系，如图 4-26 所示。其中，**学生**与**开课班**之间存在多对多的**选课**联系，联系属性有成绩；**教师**与**开课班**之间存在多对多的**任教**联系，联系属性有任教角色。

3）其他主要业务的局部概念建模

（1）**学生**实体集可划分为**本科生**和**研究生**两个子集，如图 4-19 所示。

（2）**课程**之间的先修关系可建模为具有"先修课程"角色和具有"主课程"角色的**课程**实体之间的一对多联系集**先修要求**，如图 4-7 所示。

（3）"教师录入成绩"业务可建模为**教师**实体集与**选课**联系集（即联系实体集）之间的联系集录入成绩，如图 4-20 所示。

3. 定义联系集及属性

根据前面的分析，联系集及其属性可定义如下。

（1）**设置**（Set）联系集：实体集**学院**（Institute）与**班级**（Class）之间的一对多联系集，表明一个学院可设置多个班级，但一个班级只能属于一个学院。该联系集没有联系属性。

（2）**归属**（Have）联系集：实体集**学院**（Institute）与**课程**（Course）之间的一对多联系集，表明一个学院可管理多门课程，但一门课程只能归属于一个学院管理（其任课教师可来自多个学院)。该联系集没有联系属性。

（3）**聘用**（Engage）联系集：实体集**学院**（Institute）与**教师**（Teacher）之间的一对多联系集，表明一个学院可聘用多名教师，但一名教师只能受聘于一个学院。联系属性为聘用日期（hireDate），已经直接建模到教师（Teacher）实体集中去了。

（4）**包含**（Own）联系集：实体集**班级**（Class）与**学生**（Student）之间的一对多联系集，表明一个班级可包含多名学生，但一名学生只能属于一个班级。该联系集没有联系属性。

（5）**排课**（Arrange）标识联系集：实体集**课程**（Course）与弱实体集**开课班**（CourseClass）之间的一对多标识联系集，表明一门课程可同时开设多个教学班。该联系集没有联系属性。

（6）**选课**（Enroll）联系集：实体集**学生**（Student）与弱实体集**开课班**（CourseClass）之间的多对多联系集，表明一个学生可以选修多个开课班，且一个开课班可以被多名学生选修，联系属性为成绩（score）。**选课**联系集的数据字典如图 4-46 所示。

属性名	含义	类 别	域 及 约 束	实 例
score	成绩		smallint，0～100 之间的整数	95
recordDate	录入日期	联系	datetime，它是选课联系集与教师实体集之间的多对一联系集录入成绩（Record)的联系属性	2017-07-08

图 4-46　选课（Enroll）**联系集的数据字典**

（7）**任教**（Teach）联系集：实体集**教师**（Teacher）与弱实体集**开课班**（CourseClass）之间的多对多联系集，表明一个教师可以任教多个开课班，且一个开课班可能安排多名老师任教，联系属性为任教角色（teachRole）。**任教**联系集的数据字典如图 4-47 所示。

属性名	含义	类 别	域 及 约 束	实 例
teachRole	任教角色		varchar(20)	主讲前 5 章

图 4-47　任教（Teach）**联系集的数据字典**

（8）**排时间**（ScheduleTime）标识联系集：**开课班**（CourseClass）与弱实体集**时间安排**（TimeSchedule）之间的一对多标识联系集。该联系集没有联系属性。

（9）**排教室**（ScheduleClassroom）联系集：弱实体集**时间安排**（TimeSchedule）与实体集**教室**（Classroom）之间的多对一联系集。该联系集没有联系属性。

（10）**指导**（Supervise）联系集：实体集**教师**（Teacher）与**研究生**（Graduate）之间的一对多联系集，表明一名教师可指导多名研究生，但一名研究生只能由一名教师指导。该联系集没有联系属性。

（11）**先修要求**（Require）联系集：是由具有先修课程（PriorCourse）角色和具有主课程（MainCourse）角色的**课程**（Course）实体之间的一对多联系集，表明一门主课程至多指定一门先修课程，但一门先修课程可对应于多门主课程。该联系集没有联系属性。

请读者思考，如果一门课程允许指定多门先修课程，且一门先修课程可对应于多门主课程,则先修要求联系集是多对多的,此时该如何建模?

(12) **录入成绩**(Record)联系集:实体集**教师**(Teacher)与联系集**选课**(Enroll)之间的一对多联系集,联系属性为录入日期(recordDate),已经直接建模到**选课**(Enroll)联系集中去了。该联系通过聚合表示。

4. 完整的 E-R 图

综上所述,可给出简化的某大学选课系统的完整 E-R 图,如图 4-48 所示。

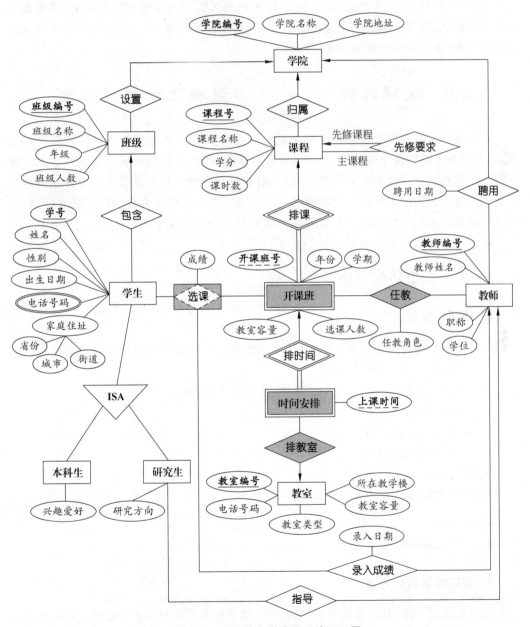

图 4-48　简化的大学选课系统 E-R 图

为了简化 E-R 图,并突出 E-R 图用于描述实体集之间(或实体集与联系集之间)的联系的作用,建议实体集的属性通过数据字典精确定义,不在 E-R 图中出现,E-R 图只用来描述实体集、联系集及联系属性。

图 4-48 已经相当复杂了,而现实的大学选课系统的功能远比这里给出的功能还要复杂,如还应包括专业教学计划、课程类别(如必修课、选修课、限定选修课;公共基础课、专业基础课、专业课;专业主干课、非专业主干课等)、教材管理、学生评教、考试安排、毕业要求和毕业资格审查,以及班级辅导员、班主任管理(需要管理一个班级所安排的历任辅导员、班主任信息)等。因此,实际系统的 E-R 图是无法在一张纸上画出来的,可能需要分若干个层次、几页纸画出。在这样的 E-R 图中,实体集可能多次出现,而实体集的属性只出现一次(通常在实体集第一次出现的地方给出)。

4.8 逻辑设计——E-R 模型转化为关系模型

E-R 模型和关系模型都是对现实世界的抽象。而 E-R 模型只是描述数据库的概念模式,若要被关系数据库所接受,必须进行信息转化,即将 E-R 模型转化为关系数据库所支持的逻辑模式——关系模式。幸运的是,用 E-R 图描述的数据库模式可以使用标准方法很方便地转化为关系模式。关系模式的定义通常应包括模式名称、属性集(属性名称、值域及约束)、主码及外码等。本节主要介绍 E-R 图向关系模型的转化方法,并以图 4-48 所示的大学选课系统 E-R 图转化作为实例说明。

4.8.1 E-R 模型转化方法

1. 强实体集转化方法

将强实体集映射成关系模式很直接,只需将实体集的每个属性对应为关系模式的属性,实体集的码作为关系模式的码。

设强实体集 E 具有 $a_1, a_2, \cdots, a_n$ 属性,其转化的关系模式定义如下:

- 关系模式名:E;
- 属性集:a_1, a_2, $\cdots$, a_n;
- 主码:实体集 E 的主码;
- 外码:无。

例如,由**课程**(Course)实体集转化的关系模式为(加下画线的属性表示它是主码成员):

Course (**courseNo**, courseName, creditHour, courseHour)

2. 弱实体集转化方法

与强实体集不同,弱实体集没有主码属性,其元组需借助标识实体集的主码来标识。因此,弱实体集对应的关系模式属性由弱实体集本身的描述属性加上所依赖的标识实体集的主码属性组成,其主码由所依赖的标识实体集主码和弱实体集的部分码组成。

设弱实体集 A 具有属性集 $\{a_1,a_2,\cdots,a_m\}$,且 $\{p_1,p_2,\cdots,p_k\}$ 为 A 的部分码($\forall p_i \in \{a_1,a_2,\cdots,a_m\}, 1\leqslant i\leqslant k, k\leqslant m$);$B$ 是 A 所依赖的标识实体集且主码为属性集 $\{b_1,b_2,\cdots,b_n\}$,则 A 转化的关系模式定义如下:

- 关系模式名:A;
- 属性集:$\{a_1,a_2,\cdots,a_m\}\bigcup\{b_1,b_2,\cdots,b_n\}$;
- 主码:$\{b_1,b_2,\cdots,b_n\}\bigcup\{p_1,p_2,\cdots,p_k\}$;
- 外码:参照关系 B 的属性 $b_1,b_2,\cdots,b_n$。

例如,由**开课班**(CourseClass)弱实体集转化的关系模式为(外码属性成员用斜体表示):

```
CourseClass (courseNo, cClassNo, year, semester, capacity, enrollNumber)
```

3. 联系集转化方法

1) 联系集一般转化方法

一个联系集也可转化为一个关系模式。由一个联系集映射而成的关系模式的属性,由来自参与联系的所有实体集的主码属性和联系本身的描述属性组成。对于二元联系,生成模式的主码可使用 4.3.2 节所给出的规则确定。

- 一对一联系集:主码可选择任何一个参与实体集的主码;
- 一对多(多对一)联系集:主码由"多"的一方实体集的主码组成;
- 多对多联系集:主码由所有参与实体集的主码的并集组成。

设 R 是一联系集,其描述属性集为 $\{a_1,a_2,\cdots,a_m\}$;参与 R 的所有实体集 ES 的主码的并集形成属性集合 $\{b_1,b_2,\cdots,b_n\}$,则由 R 转化的关系模式定义如下:

- 关系模式名:R;
- 属性集:$\{a_1,a_2,\cdots,a_m\}\bigcup\{b_1,b_2,\cdots,b_n\}$;
- 主码:按映射基数对应规则确定;
- 外码:参照参与关系 $E_i \in ES$ 及各自对应的主码属性 $b_1,b_2,\cdots,b_n$。

2) 一对多或一对一联系集的转化

对于一对多或一对一联系集可不转化为单独的关系模式,而采用下列方法转化。

- 若 A 到 B 联系集为一对多联系,则在由 B 转化的关系模式中增加 A 的主码属性(这些属性即为参照 A 主码的外码)及联系集的描述属性。
- 若 A 到 B 联系集为一对一联系,则将某一方的主码属性及联系集的描述属性增加到另一方实体集所转化的关系模式中去。

这样,可减少关系模式的数量及模式冗余。例如,**聘用**(Engage)联系集为**学院**(Institute)实体集与**教师**(Teacher)实体集之间的一对多联系集。该联系集可通过在**教师**(Teacher)实体集的关系模式中增加**学院**(Institute)实体集的主码属性 instituteNo 及**聘用**(Engage)联系集的描述属性聘用日期(hireDate)实现,即为:

```
Teacher (teacherNo, tearcherName, title, degree, hireDate, instituteNo)
```

其中,instituteNo 为外码,它参照 Institute 关系模式的主码 instituteNo。

3) 标识联系集的转化

按联系集一般转化方法,由于标识联系集没有自己的描述属性(见 4.4 节),其模式应由所依赖的标识实体集的主码和弱实体集的部分码组成。例如,标识联系集**排课**(Arrange)的关系模式应为 Arrange(courseNo, cClassNo)。可以发现,该关系模式已被包含在弱实体集**开课班**(CourseClass)的关系模式 CourseClass(***courseNo***, **cClassNo**, year, semester, capacity, enrollNumber)中。可见,标识联系集的关系模式是冗余的,故其不需独立转化为一个关系模式。

4. 复合属性及多值属性转化方法

(1) 对于复合属性,应为每个子属性创建一个单独的属性,而不是为复合属性自身创建一个单独的属性。例如,由**学生**(Student)实体集转化而来的关系模式为:

Student (**studentNo**, studentName, sex, birthday, province, city, street)

E-R 图中的家庭地址(address)属性被其复合属性 province、city、street 代替。

(2) 对于多值属性,则必须为其创建一个新的关系模式,其属性为多值属性所在的实体集或联系集的主码属性和该多值属性对应的属性组成,主码为全部属性。

设 M 为多值属性,M 对应的属性为 A;E 为 M 所在的实体集或联系集,且 E 的主码为属性集 $\{b_1, b_2, \cdots, b_n\}$,则由 M 转化的关系模式定义如下:

- 关系模式名: M;
- 属性集: $A \cup \{b_1, b_2, \cdots, b_n\}$;
- 主码: $A \cup \{b_1, b_2, \cdots, b_n\}$;
- 外码: 参照关系 E 的主码属性 $b_1, b_2, \cdots, b_n$。

例如,**学生**(Student)实体集的电话号码(phoneNumber)为多值属性,其转化成的关系模式为:

PhoneNumber (***studentNo***, **pNumber**)

5. 类层次转化方法

将类层次转化为关系模式有两种方法。

(1) 父类实体集和子类实体集分别转化为单独的模式。其中,父类实体集对应的关系模式属性为父类实体集的属性(即公共属性),而各子类实体集对应的模式由该子类的特殊属性和父类实体集的主码属性组成。它们的主码与父类实体集的主码相同。

(2) 只将子类实体集转化为关系模式,其属性由父类的全部属性和子类的特殊属性组成。

例如,按第 1 种方法,父类**学生**(Student)和子类**本科生**(Undergraduate)、**研究生**(Graduate)可转化为 3 个关系模式:

Student (**studentNo**, studentName, sex, birthday, province, city, street)
Undergraduate (***studentNo***, interest)
Graduate (***studentNo***, direction)

而按第 2 种方法,则只转化为两个关系模式:

Undergraduate (**studentNo**, studentName, sex, birthday, province, city, street, interest)

Graduate (**studentNo**, studentName, sex, birthday, province, city, street, direction)

第 1 种方法是通用的方法,任何时候均可采用。第 2 种方法的缺陷之一是不能表示既不是本科生又不是研究生的学生(如专科生);另一个缺陷是当一个学生既是本科生又是研究生(如本硕连读)时,其公共属性的值重复存储了两次。因此,第 2 种方法应有条件地使用。

6. 聚合转化方法

聚合是一种抽象。内层联系集(即联系实体集)按其映射基数决定是否需要单独转化为一个独立的关系模式;外层联系集也是按其映射基数决定是否需要单独转化为一个独立的关系模式,且外层联系集的主码根据映射基数不同分别由内层联系集的主码、外层实体集的主码按不同方式产生。

下面就不同的映射基数分几种情况进行讨论。

(1) 内层联系集 $r1$ 和外层联系集 $r2$ 都是多对多的,如图 4-49 所示。内层联系集 $r1$ 和外层联系集 $r2$ 都需要转化为单独的关系模式,其转化得到的关系模式如图 4-50 所示。

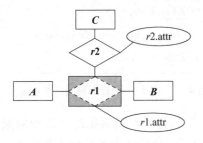

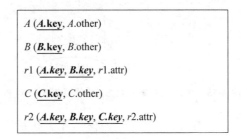

A (**A.key**, A.other)

B (**B.key**, B.other)

$r1$ (**A.key**, **B.key**, $r1$.attr)

C (**C.key**, C.other)

$r2$ (**A.key**, **B.key**, **C.key**, $r2$.attr)

图 4-49 内外层联系集都为多对多　　图 4-50 图 4-49 的聚合所对应的关系模式

(2) 内层联系集 $r1$ 一对多,外层联系集 $r2$ 多对多,如图 4-51 所示。内层联系集 $r1$ 不需要转化为单独的关系模式,外层联系集 $r2$ 需要转化为单独的关系模式,其转化得到的关系模式如图 4-52 所示。

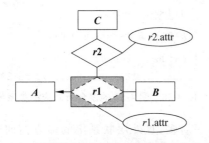

A (**A.key**, A.other)

B (**B.key**, B.other, **A.key**, $r1$.attr)

C (**C.key**, C.other)

$r2$ (**B.key**, **C.key**, $r2$.attr)

图 4-51 内层联系集一对多,外层联系集多对多　　图 4-52 图 4-51 的聚合所对应的关系模式

(3) 内层联系集 *r*1 多对多,外层联系集 *r*2 多对一,且外层联系集的一方指向聚合,如图 4-53 所示。内层联系集 *r*1 需要转化为单独的关系模式,外层联系集 *r*2 不需要转化为单独的关系模式,其转化得到的关系模式如图 4-54 所示。

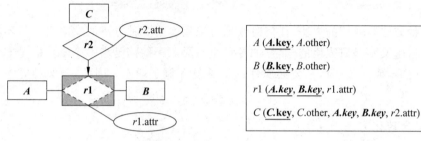

图 4-53　内层联系集多对多,外层联系集多对一　　图 4-54　图 4-53 的聚合所对应的关系模式

(4) 内层联系集 *r*1 多对多,外层联系集 *r*2 一对多,且外层联系集的多方指向聚合,如图 4-55 所示。内层联系集 *r*1 需要转化为单独的关系模式,外层联系集 *r*2 不需要转化为单独的关系模式,其转化得到的关系模式如图 4-56 所示。

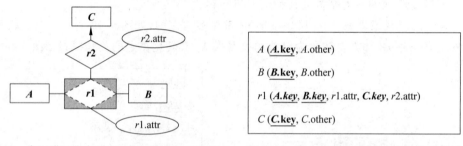

图 4-55　内层联系集多对多,外层联系集一对多　　图 4-56　图 4-55 的聚合所对应的关系模式

(5) 内层联系集 *r*1 一对多,外层联系集 *r*2 多对一,且外层联系集的一方指向聚合,如图 4-57 所示。内层联系集 *r*1 和外层联系集 *r*2 都不需要转化为单独的关系模式,其转化得到的关系模式如图 4-58 所示。

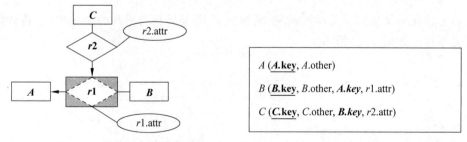

图 4-57　内层联系集一对多,外层联系集多对一　　图 4-58　图 4-57 的聚合所对应的关系模式

(6) 内层联系集 *r*1 一对多,外层联系集 *r*2 一对多,且外层联系集的多方指向聚合,如图 4-59 所示。内层联系集 *r*1 和外层联系集 *r*2 都不需要转化为单独的关系模式,其转化得到的关系模式如图 4-60 所示。

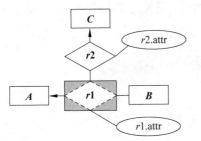

图 4-59 内层联系集一对多,外层联系集多对一

A (**A.key**, A.other)

B (**B.key**, B.other, **A.key**, r1.attr, **C.key**, r2.attr)

C (**C.key**, C.other)

图 4-60 图 4-59 的聚合所对应的关系模式

例如,由联系实体集**选课**(Enroll)和联系集**录入成绩**(Record)共同转化而成的关系模式为:

Enroll (**studentNo**, **courseNo**, **cClassNo**, score, **teacherNo**, recordDate)

4.8.2 大学选课系统 E-R 模型转化实例

根据上述方法,图 4-48 中大学选课数据库 E-R 图可转化为以下关系模式:

1. 由实体集转化而来的关系模式

(1) **学院**(Institute)实体集转化的关系模式如下,属性定义如图 4-61 所示。

Institute (**instituteNo**, instituteName, instituteAddress)

属性名	数据类型	属性描述
instituteNo	char(2)	学院编号
instituteName	varchar(30)	学院名称
instituteAddress	varchar(40)	学院地址

图 4-61 学院 Institute 关系模式的定义

(2) **班级**(Class)实体集转化的关系模式如下,属性定义如图 4-62 所示。

Class (**classNo**, className, grade, classNumber, **instituteNo**)

属性名	数据类型	属性描述
classNo	char(8)	班级编号
className	varchar(30)	班级名称
grade	int	年级
classNumber	smallint	班级人数
instituteNo	char(2)	学院编号

图 4-62 班级 Class 关系模式的定义

（3）学生（Student）实体集转化的关系模式如下，属性定义如图 4-63 所示。

Student (**studentNo**, studentName, sex, birthday, province, city, street, *classNo*)

属性名	数据类型	属性描述
studentNo	char(10)	学号
studentName	varchar(20)	姓名
sex	char(2)	性别
birthday	datetime	出生日期
province	varchar(20)	省份
city	varchar(20)	城市
street	varchar(20)	街道
classNo	char(8)	班级编号

图 4-63　学生 Student 关系模式的定义

（4）教师（Teacher）实体集转化的关系模式如下，属性定义如图 4-64 所示。

Teacher (**teacherNo**, tearcherName, title, degree, hireDate, *instituteNo*)

（5）课程（Course）实体集转化的关系模式如下，属性定义如图 4-65 所示。

Course (**courseNo**, courseName, creditHour, courseHour, *priorCourseNo*, *instituteNo*)

属性名	数据类型	属性描述
teacherNo	char(5)	教师编号
teacherName	varchar(20)	教师姓名
title	varchar(20)	职称
degree	varchar(10)	学位
hireDate	datetime	聘用日期
instituteNo	char(2)	学院编号

属性名	数据类型	属性描述
courseNo	char(4)	课程号
courseName	varchar(20)	课程名称
creditHour	smallint	学分
courseHour	smallint	课时数
priorCourseNo	char(4)	先修课程编号
instituteNo	char(2)	学院编号

图 4-64　教师 Teacher 关系模式的定义　　　图 4-65　课程 Course 关系模式的定义

（6）教室（Classroom）实体集转化的关系模式如下，属性定义如图 4-66 所示。

Classroom (**classroomNo**, building, phoneNum, type, capacity)

（7）开课班（CourseClass）弱实体集转化的关系模式如下，属性定义如图 4-67 所示。

CourseClass (**courseNo**, **cClassNo**, year, semester, capacity, enrollNumber)

属性名	数据类型	属性描述
classroomNo	char(7)	教室编号
buliding	varchar(40)	所在教学楼
phoneNum	varchar(13)	电话号码
type	varchar(10)	教室类型
capacity	int	教室容量

图 4-66 教室 Classroom 关系模式的定义

属性名	数据类型	属性描述
courseNo	char(4)	课程号
cClassNo	char(8)	开课班号
year	int	年份
semester	smallint	学期
capacity	int	教室容量
enrollNumber	int	选课人数

图 4-67 开课班 CourseClass 关系模式的定义

（8）**时间安排**（TimeSchedule）弱实体集转化的关系模式如下，属性定义如图 4-68 所示。

TimeSchedule (***courseNo***, ***cClassNo***, ***time***, *classroomNo*)

属性名	数据类型	属性描述
studentNo	char(10)	学号
cClassNo	char(8)	开课班号
time	char(3)	上课时间
classroomNo	char(7)	教室编号

图 4-68 时间安排 TimeSchedule 关系模式的定义

2. 由联系集转化而来的关系模式

（1）**选课**（Enroll）联系集转化的关系模式如下，属性定义如图 4-69 所示。

Enroll (***studentNo***, ***courseNo***, ***cClassNo***, score, ***teacherNo***, recordDate)

属性名	数据类型	属性描述
studentNo	char(10)	学号
courseNo	char(4)	课程号
cClassNo	char(8)	开课班号
score	smallint	成绩
teacherNo	char(5)	教师编号
recordDate	datetime	录入日期

图 4-69 选课 Enroll 关系模式的定义

（2）**任教**（Teach）联系集转化的关系模式如下，属性定义如图 4-70 所示。

Teach (***courseNo***, ***cClassNo***, ***teacherNo***, teachRole)

属性名	数据类型	属性描述
courseNo	char(4)	课程号
cClassNo	char(8)	开课班号
teacherNo	char(5)	教师编号
teachRole	varchar(20)	任教角色

图 4-70　任教 Teach 关系模式的定义

说明：

（1）联系集**排课**（Arrange）、**排时间**（ScheduleTime）都为标识联系集，不必生成单独的关系模式；

（2）联系集**设置**（Set）、**归属**（Have）、**聘用**（Engage）、**包含**（Own）、**指导**（Supervise）、**排教室**（ScheduleClassroom）、**录入成绩**（Record）和**先修要求**（Require）都是一对多或多对一联系集，它们都没有生成单独的关系模式，而是采用在"多"方实体集的模式中增加"一"方实体集主码属性和联系集的描述属性的方式实现。

3. 由多值属性转化而来的关系模式

电话号码（phoneNumber）多值属性转化的关系模式如下，属性定义如图 4-71 所示。

PhoneNumber (***studentNo***, **pNumber**)

属性名	数据类型	属性描述
studentNo	char(10)	学号
pNumber	varchar(13)	电话号码

图 4-71　电话号码 PhoneNumber 关系模式的定义

另外，在 E-R 模型中还可以对多值属性进行转换，一是转换为多个单值属性建模，如图 4-4 所示；二是转换为弱实体集建模，如图 4-18 所示。例如，学生实体集的多值属性电话号码可转换为弱实体集**联系电话**（Telephone），其转化的关系模式如下，属性定义如图 4-72 所示。

Telephone (***studentNo***, **teleNumber**, telePurpose)

属性名	数据类型	属性描述
studentNo	char(10)	学号
teleNumber	varchar(13)	电话号码
telePurpose	varchar(20)	电话用途

图 4-72　联系电话 Telephone 关系模式的定义

4. 由类层次转化而来的关系模式

(1) **本科生**（Undergraduate）实体集转化的关系模式如下，属性定义如图 4-73 所示。

Undergraduate (***studentNo***, interest)

属性名	数据类型	属性描述
studentNo	char(10)	学号
interest	varchar(20)	兴趣爱好

图 4-73　本科生 Undergraduate 关系模式的定义

(2) **研究生**（Graduate）实体集转化而来的关系模式如下，属性定义如图 4-74 所示。

Graduate (***studentNo***, direction, ***teacherNo***)

属性名	数据类型	属性描述
studentNo	char(10)	学号
direction	varchar(25)	研究方向
teacherNo	char(5)	导师编号

图 4-74　研究生 Graduate 关系模式的定义

本 章 小 结

　　数据库设计是将现实世界中的数据进行合理组织，并利用已有的数据库管理系统（DBMS）来建立数据库系统的过程。它包括 6 个步骤：需求分析、概念设计、逻辑设计、模式求精、物理设计以及应用与安全设计。E-R 模型具有丰富的语义表达能力和图形化的表现形式，已成为数据库概念设计即数据建模中被广泛使用的工具。本章以大学选课系统为例，深入介绍运用 E-R 模型对现实世界进行建模的方法和设计原则，主要内容如下。

　　(1) E-R 模型是不受任何 DBMS 约束的面向用户的表达方法，能够形象、直接地表示现实世界中的客观实体（entity）、属性（attribute）以及实体之间的联系（relationship）。

　　(2) **实体**是客观世界中可区别于其他事物的"事物"或"对象"。相同类型的实体组成的集合称为**实体集**。实体既可以是有形的、实在的事物，也可以是抽象的、概念上存在的事物。

　　(3) 实体是通过一组属性来描述的，其属性是实体集中每个实体都具有的性质。每个属性所允许的取值范围或集合称为该属性的**域**。

　　(4) **联系**是两个或两个以上实体之间的关系。相同类型联系组成的集合称为**联系集**。联系也可拥有自身的描述属性。

(5) **超码**是实体集(或联系集)中能够唯一标识一个实体(或联系)的一个或多个属性的集合。当一个超码的任意真子集都不能成为超码时,称该最小超码为**候选码**。候选码和超码是实体集客观存在的特性,而**主码**是被数据库设计者从多个超码中主观选定的。

(6) 实体集 A 中的一个实体通过某联系集 R 能与实体集 B 中的实体相联系的数目,称为实体集 A 到实体集 B 之间的联系集 R 的**映射基数**。联系集的映射基数可决定联系集的主码属性、联系集的属性安置以及联系集是否需要单独转化为关系模式。

(7) 当一个实体集的所有属性都不足以形成主码,就称该实体集为**弱实体集**。相反,其属性可以形成主码的实体集称为强实体集。弱实体集所依赖的实体集称为**标识实体集**。标识实体集和弱实体集之间必须是"一对多"的联系,并且弱实体集中的实体在联系集中是全部参与的。

(8) **依赖约束**是指联系中一种实体的存在依赖于该联系集中联系或其他实体集中实体的存在。它分两种情况:①联系中一种实体的存在依赖于其他实体集中实体的存在,即两个有关联的实体集之间存在依赖约束,建模方法是:将依赖于其他实体集的存在而存在的实体集建模为**弱实体集**;②联系中一种实体的存在依赖于该联系集中联系的存在,即实体集与联系集之间存在依赖约束,建模方法是:将依赖于联系集而存在的实体集(通常是伴随着业务发生而形成的单据)建模为**依赖实体集**(而不是联系集),并在建模时直接将该依赖实体集与它所依赖的联系集关联起来。

(9) **多值联系**是指在同一个给定的联系集中,相关联的相同实体之间可能存在多个联系。多值联系的建模方法是:将多值联系集单独建模为一个**弱实体集**或**依赖实体集**,该弱实体集依赖于与它相关联的各个实体集,或该依赖实体集依赖于与它相关联的各个联系集。也就是说,多值联系的建模问题可转化为依赖约束的建模问题。在实际的 E-R 建模应用中,要根据实际业务的语义,选择将多值联系建模为弱实体集或依赖实体集。

(10) 当前的数据库系统不方便直接处理多元联系,需要将其转化为多个二元联系。一个三元联系转化为二元联系的一般方法是:通过聚合将二元联系建模成一个**联系实体集**,再加上它与原来联系的实体集之间的二元联系;或者建立一个依赖实体集或弱实体集,再与原实体集之间建立二元联系。

(11) E-R 模型使用继承和 ISA 联系来描述实体集之间概念上的层次关系。当欲建立联系间的联系时,可使用聚合实现。

(12) E-R 模型和关系模型都是对现实世界的抽象。但是,E-R 模型只是描述数据库的概念模型,若要被关系数据库所接受,必须进行信息转化,即将 E-R 模型转化为关系数据库所支持的逻辑模式——关系模式。

习　题　4

4.1　请简要解释下列术语:实体、实体集、属性、域、联系、联系集、多联系、角色、映射基数、超码、候选码、主码、多值联系、依赖约束、参与约束、弱实体、类层次、聚合。

4.2　某企业的**供应商**、**商品**、**仓库**之间存在多对多的三元联系集"**供应-库存**",如图 4-75 所示。请在调研企业应用需求的基础上,将该三元联系集转化为二元联系集。

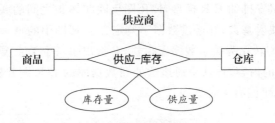

图 4-75 三元联系集"供应-库存"

4.3 请将图 4-16 所示的多值联系集"**贷款**"分别建模为一个"**贷款单**"依赖实体集或弱实体集,并画出相应的 E-R 图。

4.4 假定一个销售公司的业务涉及如下基本实体:

(1) **职工**:职工号、姓名、性别、电话、住址;

(2) **商品**:商品编号、商品名称、型号、计量单位、供货商、进货单价、库存数量、销售单价;

(3) **供货商**:制造商编号、制造商名称、联系电话、通信地址;

(4) **客户**:客户编号、客户名称、联系电话、通信地址。

假设每种商品可从多个供货商采购,每个供货商可供应多种商品;每个供货商的每种商品可销售给多个客户,每个客户可购买多个供货商提供的多种商品。请根据你对销售公司业务的理解进行数据库设计,要求:

(1) 定义必要的实体集及其属性。

(2) 设计该销售系统的 E-R 模型,E-R 图重点反映实体集之间的联系和联系属性,需标出联系的映射基数。

(3) 将 E-R 模型转化为关系数据库模式,并指出每一个关系模式的主码和外码。

4.5 为本章 4.7 节的大学选课系统安排期末考试考场,供学生和教师查询考试信息。要求如下:

(1) 一门课程的所有开课班应安排在相同时间进行考试,不同课程的开课班可以安排在相同或不同的时间进行考试;

(2) 一个开课班的学生可能安排在多个考场参加考试,一个考场也可以包含同一门课程的多个开课班的学生,但不允许将选修不同课程的学生安排在同一考场考试(该语义也可以进行修改);

(3) 一个考场根据参加考试的学生人数安排 2 至 4 名监考老师,其中指定一名老师为主监考老师;

(4) 一个学生选修的多门课程不能安排在同一时间进行考试;

(5) 一个老师不能安排在同一时间参加多个考场的监考;

(6) 一个教室在同一时间不能安排多场考试;

(7) 安排在同一考场参加考试的学生人数不能超过该教室的考试容量(通常情况下,一个教室的考试容量不会超过其上课容量的一半)。

请你在对教务处进行调研的基础上进行数据库设计,要求:

(1) 定义必要的实体集及其属性。

(2) 设计该考试安排的 E-R 模型,E-R 图反映实体集之间的联系和联系属性,需标出联系的映射基数;并通过数据字典定义 E-R 图中的每一个实体集的属性。

(3) 将 E-R 模型转化为关系数据库模式,并指出每一个关系模式的主码和外码。

4.6　试根据图 4-76 的内容,设计交通违章处罚数据库的 E-R 图并转化为关系模式。注意,一张违章单可能有多种处罚。

交通违章通知书
通知书编号: WZ 1100
姓名:××× 驾驶执照号:×××××× 地址:×××××××××× 电话:××××××
车牌照号:×××××× 型号:×××××× 生产厂家:×××××× 生产日期:××××××
违章日期:×××××× 时间:×××××× 地点:×××××× 违章记载:××××××
处罚方式: 警告 □ 罚款 ☑ 暂扣驾驶执照 ☑
警察编号:××× 警察签字:×××
被处罚人签字:×××

图 4-76　交通违章通知书的内容

4.7　在本章 4.7 节大学选课系统的基础上,考虑专业教学计划、课程类别(如必修课、选修课、限定选修课;公共基础课、专业基础课、专业课;专业主干课、非专业主干课等)、教材管理、学生评教、毕业要求和毕业资格审查,以及班级辅导员、班主任管理(需要管理一个班级所安排的历任辅导员、班主任信息)等业务需求,业务需求的具体含义自行调研,请设计相应的 E-R 模型,并转化为关系数据库模式。

第5章

关系数据理论与模式求精

学习目标

本章从如何构造一个好的关系模式这一问题出发,逐步深入介绍基于函数依赖的关系数据库规范化理论和方法,包括函数依赖定义、函数依赖集理论、范式定义及分解算法等。本章的学习目标为熟练掌握函数依赖和关系数据库各种范式的基本概念和定义,并能运用基本函数依赖理论对关系模式逐步求精,以满足最终应用需求。

学习方法

本章内容理论性较强,涉及的概念较多且不易理解。首先,要正确理解函数依赖的概念,它是指一个关系模式中属性之间的制约关系,属于语义范畴的概念,只能根据现实世界中数据的语义来确定;其次,要结合实例,深入理解部分依赖和传递依赖带来的关系模式异常问题;另外,要多实践和练习,在函数依赖理论指导下对给定关系模式进行范式分解,从而巩固所学知识。

学习指南

本章的重点是 5.1 节、5.2 节和 5.4 节,难点是 5.3 节。

本章导读

一个"好"的关系模式应该是数据冗余尽可能少,且不会发生插入异常、删除异常和更新异常等问题。为得到一个"好"的关系模式,模式分解是常用的方法。但模式分解时应考虑分解后的模式是否具有无损连接、保持依赖等特性。关系数据理论就是用来指导设计者设计出"好"的关系模式以及对已有的模式进行模式求精。学习本章时可围绕下列问题进行:

(1) 一个数据冗余的关系模式会导致什么异常?对一个数据冗余的关系模式进行不正确分解后又会导致什么问题?衡量一个关系模式"好坏"的依据是什么?

(2) 什么是函数依赖?它与候选码有何关系?

(3) 什么是部分函数依赖和传递函数依赖?它们分别会导致哪些异常?

(4) 什么是函数依赖集闭包?如何利用 Armstrong 公理计算?

(5) 什么是属性闭包?如何利用属性闭包方法计算关系模式的超码和候选码?

(6) 什么是正则覆盖?正则覆盖唯一吗?

(7) 什么是无损连接分解?判断无损连接分解的条件是什么?

(8) 什么是保持依赖分解?它有什么用处?

（9）基于函数依赖理论的关系模式具有哪几种范式？它们之间的关系是什么？

（10）为什么要将关系模式分解为 BCNF 范式和 3NF 范式？

（11）为什么要进行模式求精？如何对关系模式进行求精？

5.1　问题提出

数据库模式设计好坏是数据库应用系统成败的关键。对同一应用而言，不同设计者可能会设计出不同的数据库模式。那么什么样的数据库模式是一个"好"的模式？又如何设计出一个"好"模式？这正是本章要解决的问题。本节将描述两个问题：数据冗余导致的问题和模式分解导致的问题。

1. 数据冗余导致的问题

数据冗余是指同一信息在数据库中存储了多个副本，它可能引起下列问题。

- **冗余存储**：信息被重复存储，导致浪费大量存储空间。
- **更新异常**：当重复信息的一个副本被修改，所有副本都必须进行同样的修改。因此当更新数据时，系统要付出很大的代价来维护数据库的完整性，否则会面临数据不一致的危险。
- **插入异常**：只有当一些信息事先已经存放在数据库中时，另外一些信息才能存入数据库中。
- **删除异常**：删除某些信息时可能丢失其他信息。

【例 5.1】　考虑学生选课关系模式 SCE（studentNo，studentName，courseNo，courseName，score），属性集｛studentNo，courseNo｝是唯一候选码，也是主码。如果允许一名学生选修多门课程，且一门课程可被多个学生选修，则该关系模式的关系实例中可能出现数据冗余，如图 5-1 所示。

studentNo	studentName	courseNo	courseName	score
S0700001	李小勇	C001	高等数学	98
S0700001	李小勇	C002	离散数学	82
S0700001	李小勇	C006	数据库系统原理	56
S0700002	刘方晨	C003	计算机原理	69
S0700002	刘方晨	C004	C 语言程序设计	87
S0700002	刘方晨	C005	数据结构	77
S0700002	刘方晨	C007	操作系统	90
S0700003	王红敏	C001	高等数学	46
S0700003	王红敏	C002	离散数学	38
S0700003	王红敏	C007	操作系统	50

图 5-1　学生选课关系模式 SCE 的关系实例

这种冗余会带来下列不好结果。

- 冗余存储：学生姓名和课程名被重复存储多次。
- 更新异常：当修改某学生的姓名或某课程的课程名时，可能只修改了部分副本的信息，而其他副本未被修改到。
- 插入异常：如果某学生没有选修课程，或某门课程未被任何学生选修时，则该学生或该课程信息不能存入数据库；否则，违背了实体完整性原则（主码值不能为空）。
- 删除异常：当一学生的所有选修课程信息都被删除时，则该学生的信息将被丢失。同样，当删除某门课程的全部学生选修信息时，该课程的信息也将被丢失。

关系模式 SCE 之所以会产生上述问题，是由于该模式中某些属性之间存在依赖关系，导致数据冗余而引起的。在 SCE 中，存在的属性依赖关系有：studentNo 确定 studentName，courseNo 确定 courseName，{studentNo，courseNo}共同确定 score。

如果将 SCE 分解为 S(studentNo，studentName)，C(courseNo，courseName)和 E(studentNo，courseNo，score)3 个关系模式，则 SCE 中原有的 3 种属性依赖关系就分别分解到每个单独的关系模式中去了，这样就不会再出现上述异常现象，且数据冗余也得到了有效控制。

函数依赖理论正是用来改造关系模式，通过分解较大的关系模式来消除其中不合适的数据依赖，以解决数据冗余及其带来的各种问题。理想情况下，我们希望没有模式冗余，但有时出于性能方面考虑，可能会接受一些带有冗余的模式。

2. 模式分解导致的问题

SCE 转化为 S、C 和 E 3 个较小的关系模式之后，可减少冗余和消除各种异常。因此，直观上我们可得出这样的结论，冗余引起的问题可通过将一个关系模式分解为一些包含了原关系模式属性集的较小的关系模式集来解决，那么：

(1) 什么样的关系模式需要进一步分解为较小的关系模式集？

(2) 是否所有的模式分解都是有益的？

针对第一个问题人们已提出了关系模式应满足的条件即范式要求(5.3 节讨论)。通过这些范式，可以判断一个关系模式满足哪种范式要求，进而可知该模式可能存在哪些特定问题。因此，使用范式来考察特定的关系模式，有助于决定是否应该进一步分解一个已有关系模式。如果给定的关系模式不满足应用所要求的范式，那么就应选择特定的分解方法将其分解成满足范式要求的更小的关系模式集合。针对第二个问题，先来看一个实例。

【例 5.2】 设一关系模式 STU(studentNo，studentName，sex，birthday，native，classNo)，其中 studentNo 为主码。假设将 STU 分解为以下两个子模式：

```
STU1(studentNo,studentName)
STU2(studentName,sex,birthday,native,classNo)
```

该分解存在的缺陷之一是可能导致信息损失。我们知道，在设计关系模式 STU 时，考虑到可能存在同名的学生，故将 studentNo 属性作为 STU 的主码，以唯一标识 STU 中的每个学生元组。假设关系模式 STU 的关系实例中有以下两个元组：

(S0700005,王红,男,1992-04-26,江西省南昌市,CS0702)

(S0800005,王红,女,1995-08-10,湖北省武汉市,CP0802)

如图 5-2 所示,首先将 STU 模式下的这两个元组分解为 STU1、STU2 模式下的元组；然后利用自然连接,试图根据分解后的元组还原原来的元组。结果显示,还原后除了得到原来的两个元组外,还多出了两个新元组。表面上看得到了更多的元组,但实际上得到的信息却变少了,因为无法区分哪个信息是属于哪个王红的？显然,这种分解是要尽量避免发生的,称之为**有损分解**(lossy decomposition)。反之,如果能够通过连接分解后所得到的较小关系完全还原被分解关系的所有实例,则称之为**无损分解**(lossless decomposition),也称该分解具有**无损连接**特性。

studentNo	studnetName	sex	birthday	native	classNo
S0700005	王红	男	1992-04-26	江西省南昌市	CS0702
S0800005	王红	女	1995-08-10	湖北省武汉市	CP0802

studentNo	studnetName
S0700005	王红
S0800005	王红

studnetName	sex	birthday	native	classNo
王红	男	1992-04-26	江西省南昌市	CS0702
王红	女	1995-08-10	湖北省武汉市	CP0802

studentNo	studnetName	Sex	birthday	native	classNo
S0700005	王红	男	1992-04-26	江西省南昌市	CS0702
S0700005	王红	女	1995-08-10	湖北省武汉市	CP0802
S0800005	王红	男	1992-04-26	江西省南昌市	CS0702
S0800005	王红	女	1995-08-10	湖北省武汉市	CP0802

图 5-2　有损分解举例

上述分解的另一缺陷是部分属性之间的依赖关系已丢失。在 STU 中,属性 studentNo 是主码,可确定其中的全部属性。但是将关系模式 STU 分解为 STU1 和 STU2 后,由于属性 sex、birthday、age、native 和 classNo 等与属性 studentNo 分属于不同的关系模式中,那么这些属性对 studentNo 的依赖关系也就不再存在。也就是说,这种分解不是**保持依赖**(dependency preserving)的分解。而我们希望看到的是,被分解关系模式上的所有依赖关系都应该在分解得到的关系模式上保留。

因此,一个"好"的关系模式应该是数据冗余应尽可能少,且不会发生插入异常、删除异常和更新异常等问题。而且,当为减少冗余进行模式分解时,应考虑分解后的模式是否具有**无损连接**、**保持依赖**等特性。本章下列各节将讨论函数依赖、范式、函数依赖理论和模式分解算法等概念,并利用它来解决数据冗余和模式分解所引发的问题。

5.2　函数依赖定义

函数依赖(functional dependency,FD)是一种完整性约束,是现实世界事物属性之间的一种制约关系,它广泛地存在于现实世界之中。

1. 函数依赖

定义 5.1　设 $r(R)$ 为关系模式，$\alpha \subseteq R$，$\beta \subseteq R$。对任意合法关系 r 及其中任两个元组 t_i 和 t_j，$i \neq j$，若 $t_i[\alpha] = t_j[\alpha]$，则 $t_i[\beta] = t_j[\beta]$，则称 α **函数确定** β，或 β **函数依赖于** α，记作 $\alpha \to \beta$。

为了便于理解，可用椭圆表示属性或属性集，圆弧表示函数依赖，箭头指向被函数确定的属性集，则 $\alpha \to \beta$ 的函数依赖图如图 5-3 所示。

【例 5.3】　图 5-4 所示的是满足函数依赖 $AB \to C$ 的关系模式 $r(A,B,C,D)$ 的一个关系实例。从图中可以看出，对于任意两个在属性集 $\{A,B\}$ 上取值相同的元组，它们在属性 C 上的取值也相同。例如，对于第 1 个和第 2 个元组：$t_1[A,B] = t_2[A,B] = (a1,b1)$，且 $t_1[C] = t_2[C] = c1$。如果在图中再增加一个元组 $(a1,b1,c2,d1)$，此时就违背了函数依赖 $AB \to C$。

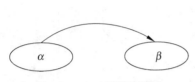

图 5-3　$\alpha \to \beta$ 函数依赖图

A	B	C	D
$a1$	$b1$	$c1$	$d1$
$a1$	$b1$	$c1$	$d2$
$a1$	$b2$	$c2$	$d1$
$a2$	$b1$	$c3$	$d1$

图 5-4　满足函数依赖 $AB \to C$ 的一个关系实例

对于函数依赖，需做如下说明：

（1）函数依赖不是指关系模式 $r(R)$ 的某个或某些关系实例满足的约束条件，而是指关系模式 $r(R)$ 的所有关系实例均要满足的约束条件。

（2）函数依赖是语义范畴的概念，只能根据数据的语义来确定函数依赖，是不能够被证明的。例如，"姓名→年龄"这个函数依赖只有在没有重名的条件下成立。如果有相同名字的人，则"年龄"就不再函数依赖于"姓名"了。

（3）数据库设计者可以对现实世界作强制的规定。例如，在上例中，设计者可以强行规定不允许同名人出现，因而使函数依赖"姓名→年龄"成立。这样当插入某个元组时该元组上的属性值必须满足规定的函数依赖，若发现有同名人存在，则拒绝插入该元组。

（4）码约束是函数依赖的一个特例。码属性（集）相当于定义 5.1 中的 α，关系模式中的所有属性相当于定义 5.1 中的 β。

2. 平凡与非平凡函数依赖

定义 5.2　在关系模式 $r(R)$ 中，$\alpha \subseteq R$，$\beta \subseteq R$。若 $\alpha \to \beta$，但 $\beta \nsubseteq \alpha$，则称 $\alpha \to \beta$ 是**非平凡函数依赖**。否则，若 $\beta \subseteq \alpha$，则称 $\alpha \to \beta$ 是**平凡函数依赖**。

非平凡函数依赖和平凡函数依赖的依赖图分别如图 5-5(a) 和图 5-5(b) 所示。对于任一关系模式，平凡函数依赖都是必然成立的，它不反映新的语义。例如 $A \to A$ 在所有包含属性 A 的关系模式上都是满足的，因为对所有满足 $t_i[A] = t_j[A]$，都有 $t_i[A] = t_j[A]$。同样 $AB \to A$ 也在所有包含 A 属性的关系模式中都是满足的。因此若不特别声明，总是讨论非平凡函数依赖。

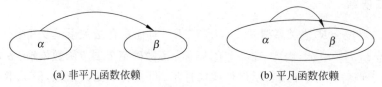

(a) 非平凡函数依赖　　　　　　　(b) 平凡函数依赖

图 5-5　非平凡函数依赖及平凡函数依赖图

3. 完全函数依赖和部分函数依赖

定义 5.3　在关系模式 $r(R)$ 中，$\alpha \subseteq R$，$\beta \subseteq R$，且 $\alpha \rightarrow \beta$ 是非平凡函数依赖。若对任意的 $\gamma \subset \alpha$，$\gamma \rightarrow \beta$ 都不成立，则称 $\alpha \rightarrow \beta$ 是**完全函数依赖**，简称**完全依赖**。否则，若存在非空的 $\gamma \subset \alpha$，使 $\gamma \rightarrow \beta$ 成立，则称 $\alpha \rightarrow \beta$ 是**部分函数依赖**，简称**部分依赖**。

$\alpha \rightarrow \beta$ 是完全依赖，意指 β 不依赖于 α 的任何子属性（集），而部分依赖则是指 β 依赖于 α 的部分属性（集）。部分依赖 $\alpha \rightarrow \beta$ 的依赖图如图 5-6 所示。

图 5-6　部分依赖 $\alpha \rightarrow \beta$ 的依赖图

可以看出，当 α 是单属性时，则 $\alpha \rightarrow \beta$ 完全函数依赖总是成立的。例如，在关系模式 SCE 中，存在下列完全依赖：

studentNo→studentName

courseNo→courseName

{studentNo,courseNo}→score

而下列依赖则是部分依赖：

{studentNo,courseNo}→studentName

{studentNo,courseNo}→courseName

部分依赖导致的数据冗余及各种异常已在例 5.1 中分析过。

4. 传递函数依赖

定义 5.4　在关系模式 $r(R)$ 中，设 $\alpha \subseteq R$，$\beta \subseteq R$，$\gamma \subseteq R$。若 $\alpha \rightarrow \beta$，$\beta \rightarrow \gamma$，则必存在函数依赖 $\alpha \rightarrow \gamma$；若 $\alpha \rightarrow \beta$，$\beta \rightarrow \gamma$ 和 $\alpha \rightarrow \gamma$ 都是非平凡函数依赖，且 $\beta \nrightarrow \alpha$，则称 $\alpha \rightarrow \gamma$ 是**传递函数依赖**，简称**传递依赖**。

传递依赖 $\alpha \rightarrow \gamma$ 的依赖图如图 5-7 所示。与部分依赖一样，传递依赖也可能会导致数据冗余及产生各种异常。

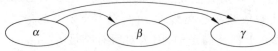

图 5-7　传递依赖 $\alpha \rightarrow \gamma$ 的依赖图

【例 5.4】　在关系模式 SCI(studentNo, classNo, className, institute)中,属性 studentNo 函数确定属性 classNo,属性 classNo 函数确定 className 和 institute。因此,关系模式 SCI 中存在下列函数依赖:

```
studentNo→{classNo,className,institute}
classNo→{className,institute}
```

由于关系模式 SCI 中存在传递依赖 studentNo→{className,institute},故也导致了下列数据冗余、更新异常、插入异常及删除异常。

(1) 数据冗余:由于每一个班的学生都是同一学院,且具有相同的班级名称,因此班级名称和学院的信息会重复出现,重复次数与该班学生人数相同。

(2) 更新异常:当班级在学院之间调整时(虽然实际上很少发生),比如信息学院某班的学生全部调整到计算机学院,修改时必须同时更新该班所有学生的 institute 属性值。

(3) 插入异常:如果因种种原因(如刚刚成立)某个班目前暂时没有学生,就无法把这个班的信息存入数据库(不能插入主码为空值的元组)。

(4) 删除异常:如果因种种原因某个班需要删除全部学生信息,则在删除该班学生信息的同时,把这个班的信息也丢掉了。

函数依赖是指关系模式中属性之间存在的一种约束关系。这种约束关系既可以是现实世界事物或联系的属性之间客观存在的约束,也可以是数据库设计者根据应用需求或设计需要强加给数据的一种约束。但不论是哪种约束,一旦确定,进入数据库中的所有数据都必须严格遵守。因此,正确了解数据的意义及确定属性之间的函数依赖关系,对设计一个好的关系模式是十分重要的。

5.3　范　　式

给定一个关系模式,需要确定它是否是一个"好"的设计。如果不是,则需要将其分解为一些小的关系模式。因此,首先需要了解当前关系模式中属性之间的关系。

基于函数依赖理论,关系模式可分成第一范式(1NF),第二范式(2NF),第三范式(3NF)和 Boyce-Codd 范式(BCNF)。这几种范式的要求一个比一个严格,它们之间的联系为 BCNF⊂3NF⊂2NF⊂1NF。即满足 BCNF 范式的关系模式一定满足 3NF 范式,满足 3NF 范式的关系模式一定满足 2NF 范式,满足 2NF 范式的关系模式一定满足 1NF 范式。

5.3.1　第一范式(1NF)——码

定义 5.5　如果一关系模式 $r(R)$ 的每个属性对应的域值都是不可分的,则称 $r(R)$ 属于**第一范式**,记为 $r(R) \in 1NF$。

第一范式的目标是:将一个实体集的数据划分成称为二维表的逻辑单元,当设计好关系模式(即表头结构)后,需要为其指定**主码**,用于唯一标识表体中的每一行(即元组)。

关系数据库的关系模式至少应是第一范式。图 5-8 所示的关系模式是一个非规范化的关系模式。因为 address 的值域是可分的。

studentNo	studentName	sex	birthday	age	address			classNo
					province	city	street	

图 5-8　非规范化的关系模式

将上述关系模式变为图 5-9 所示的形式才是满足 1NF 范式的关系模式。

studentNo	studentName	sex	birthday	age	province	city	street	classNo

图 5-9　1NF 规范化后的关系模式

5.3.2　第二范式(2NF)——全部是码

定义 5.6　设有一关系模式 $r(R)$，$\alpha \subseteq R$。若 α 包含在 $r(R)$ 的某个候选码中，则称 α 为**主属性**，否则 α 为**非主属性**。

在关系模式 SCE 中，属性集{studentNo,CourseNo}是 SCE 的唯一候选码。因此，属性 studentNo 和 courseNo 为主属性，其余属性为非主属性。

定义 5.7　如果一个关系模式 $r(R) \in 1NF$，且所有非主属性都完全函数依赖于 $r(R)$ 的候选码，则称 $r(R)$ 属于**第二范式**，记为 $r(R) \in 2NF$。

由于 SCE 中存在依赖关系 studentNo→studentName 和 courseNo→courseName，即非主属性 studentName 和 courseName 部分依赖于 SCE 的候选码，故 SCE $\notin$ 2NF。

也就是说，对于满足第一范式(1NF)的关系模式，如果有复合候选码(即多个属性共同构成的候选码)，那么非主属性不允许依赖于部分的候选码属性，必须依赖于全部的候选码属性——**全部是码**。

第二范式的目标是：将只部分依赖于候选码(即依赖于候选码的部分属性)的非主属性通过关系模式分解移到其他表中去。

违背了 2NF 的关系模式，即存在非主属性对候选码的部分依赖，则可能导致例 5.1 所述的数据冗余及异常问题。对于非 2NF 的关系模式，可通过分解进行规范化，以消除部分依赖。如将关系模式 SCE 分解为关系模式 S、C 和 E。这样在每个关系模式中，所有非主属性对候选码都是完全函数依赖，因此都属于 2NF。

第二范式虽然消除了由于非主属性对候选码的部分依赖所引起的冗余及各种异常，但并没有排除传递依赖。根据 2NF 定义，例 5.4 中的关系模式 SCI 满足 2NF，但由于其存在传递依赖，故仍然存在冗余及各种异常。因此，还需要对其进一步规范化。

5.3.3　第三范式(3NF)——仅仅是码

定义 5.8　如果一个关系模式 $r(R) \in 2NF$，且所有非主属性都直接函数依赖于 $r(R)$ 的候选码(即不存在非主属性传递依赖于候选码)，则称 $r(R)$ 属于**第三范式**，记为

$r(R) \in 3NF$。

也就是说,对于满足第二范式(2NF)的关系模式,非主属性不能依赖于另一个(组)非主属性(这样就形成了对候选码的传递依赖),即非主属性只能直接依赖于候选码——**仅仅是码**。

第三范式的目标是:将不直接依赖于候选码(即传递依赖于候选码)的非主属性通过关系模式分解移至其他表中去。

总之,所有的非主属性应该直接依赖于(即不能存在传递依赖,这是 3NF 的要求)全部的候选码(即必须完全依赖,不能存在部分依赖,这是 2NF 的要求)。

【例 5.5】 $r(R) = r(A, B, C, D)$,函数依赖集 $F = \{AB \to C, B \to D\}$。$r(R)$ 的候选码为 AB,$r(R) \notin 2NF$,因为函数依赖 $B \to D$ 中的左部属性 B 只是候选码的一部分,即 D 部分依赖于候选码 AB。可将 $r(R)$ 分解为 $r_1(R_1) = r_1(A, B, C)$、$r_2(R_2) = r_2(B, D)$,则分解得到的 $r_1(R_1)$ 和 $r_2(R_2)$ 都属于 3NF,$r_1(R_1)$ 的候选码为 AB,$r_2(R_2)$ 的候选码为 B。

【例 5.6】 $r(R) = r(A, B, C)$,函数依赖集 $F = \{A \to B, B \to C\}$。$r(R)$ 的候选码为 A,$r(R) \in 2NF$,但 $r(R) \notin 3NF$,因为函数依赖 $B \to C$ 中的左部属性 B 不是候选码。可将 $r(R)$ 分解为 $r_1(R_1) = r_1(A, B)$、$r_2(R_2) = r_2(B, C)$,则分解得到的 $r_1(R_1)$ 和 $r_2(R_2)$ 都属于 3NF,$r_1(R_1)$ 的候选码为 A,$r_2(R_2)$ 的候选码为 B。

【例 5.7】 $r(R) = r(A, B, C, D, E)$,函数依赖集 $F = \{AB \to C, B \to D, C \to E\}$。$r(R)$ 的候选码为 AB,$r(R) \notin 2NF$,因为函数依赖 $B \to D$ 中的左部属性 B 只是候选码的一部分,即 D 部分依赖于候选码 AB。

【例 5.8】 $r(R) = r(A, B, C)$,函数依赖集 $F = \{AB \to C, C \to A\}$。$r(R)$ 的候选码为 AB 或 BC,$r(R) \in 3NF$,因为关系模式 $r(R)$ 没有非主属性,也就不可能有非主属性对候选码的部分依赖和传递依赖。

对于非 3NF 的关系模式,可通过分解进行规范化,以消除部分依赖和传递依赖。例如,可将例 5.7 中的 $r(R)$ 分解为 $r_1(R_1) = r_1(A, B, C)$、$r_2(R_2) = r_2(B, D)$、$r_3(R_3) = r_3(C, E)$,显然该分解得到的 $r_1(R_1)$、$r_2(R_2)$ 和 $r_3(R_3)$ 都属于 3NF,$r_1(R_1)$ 的候选码为 AB,$r_2(R_2)$ 的候选码为 B,$r_3(R_3)$ 的候选码为 C。

5.3.4　Boyce-Codd 范式(BCNF)

下面介绍能排除所有部分依赖和传递依赖的 BCNF 范式。

定义 5.9　给定关系模式 $r(R) \in 1NF$,函数依赖集 F,若 F^+(表示 F 的闭包,5.4.1 节讨论)中的所有函数依赖 $\alpha \to \beta (\alpha \subseteq R, \beta \subseteq R)$ 至少满足下列条件之一:

(1) $\alpha \to \beta$ 是平凡函数依赖(即 $\beta \subseteq \alpha$);

(2) α 是 $r(R)$ 的一个超码(即 α 中包含 $r(R)$ 的候选码)。

则称 $r(R)$ 属于 **Boyce-Codd 范式**,记为 $r(R) \in BCNF$。

换句话说,在关系模式 $r(R)$ 中,如果 F^+ 中的每一个非平凡函数依赖 $\alpha \to \beta$ 中的左部属性集 α 都包含候选码,则 $r(R) \in BCNF$。必须说明的是,为确定 $r(R)$ 是否满足 BCNF,必须考虑 F^+ 而不是 F 中的每个函数依赖。

直观上,若一关系模式 $r(R)$ 满足 BCNF,则其所有非平凡函数依赖都是由"候选码"

确定的依赖关系。这样,关系实例 r 中的每个元组都可看作是一个实体或联系,即由候选码来标识并由其余属性来描述。因此,从函数依赖角度可得出,一个满足 BCNF 的关系模式必然满足下列结论:

(1) 所有非主属性都完全函数依赖于每个候选码;

(2) 所有主属性都完全函数依赖于每个不包含它的候选码;

(3) 没有任何属性完全函数依赖于非候选码的任何一组属性。

因此,BCNF 不仅排除了任何属性(包括主属性和非主属性)对候选码的部分依赖和传递依赖,而且排除了主属性之间的传递依赖,其依赖关系如图 5-10 所示。其中,类似 "$\alpha \rightarrow \beta, \beta \rightarrow$ 非主属性 1,非主属性 1$\rightarrow$非主属性 2" 的函数依赖都是不可能存在的。

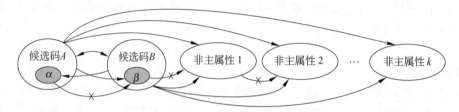

图 5-10　BCNF 关系模式中的函数依赖

因此,BCNF 确保了通过函数依赖不能再检查出任何冗余,即只考虑函数依赖关系时,BCNF 已是最好的范式。

下面给出几个例子。

【例 5.9】　$r(R)=r(A,B,C)$,$F=\{A \rightarrow B, B \rightarrow C\}$。$r(R)$ 的候选码为 A,$r(R) \notin$ BCNF,因为函数依赖 $B \rightarrow C$ 中的左部属性 B 不是超码。

【例 5.10】　$r(R)=r(A,B,C)$,$F=\{AB \rightarrow C, C \rightarrow A\}$。$r(R)$ 的候选码为 AB 或 BC,$r(R) \notin$ BCNF,因为 $C \rightarrow A$ 的左部属性 C 不是超码。

【例 5.11】　$r(R)=r(A,B,C)$,$F=\{AB \rightarrow C, BC \rightarrow A\}$。$r(R)$ 的候选码为 AB 或 BC,$r(R) \in$ BCNF,因为两个函数依赖中的左部属性 AB 或 BC 都是 $r(R)$ 的候选码。

对于非 BCNF 的关系模式,可通过分解进行规范化,以消除部分依赖和传递依赖。例如,可将例 5.9 中的 $r(R)$ 分解为 $r_1(R_1)=r_1(A,B)$、$r_2(R_2)=r_2(B,C)$,或 $r_1(R_1)=r_1(A,B)$、$r_2(R_2)=r_2(A,C)$。显然,这两种分解得到的 $r_1(R_1)$ 和 $r_2(R_2)$ 都属于 BCNF。但是,后一种分解不是保持依赖分解(参见例 5.23)。

因此,满足 BCNF 要求的模式分解,可能不是保持依赖分解。

下面从 BCNF 的定义出发给出 3NF 的另一种定义。

定义 5.10　给定关系模式 $r(R) \in$ 1NF,函数依赖集 F,若对 F^+ 中的所有函数依赖 $\alpha \rightarrow \beta (\alpha \subseteq R, \beta \subseteq R)$ 至少满足下列条件之一:

(1) $\alpha \rightarrow \beta$ 是平凡函数依赖(即 $\beta \subseteq \alpha$);

(2) α 是 $r(R)$ 的一个超码(即 α 中包含 $r(R)$ 的候选码);

(3) $\beta - \alpha$ 中的每个属性是 $r(R)$ 的候选码的一部分。

则称 $r(R)$ 属于**第三范式**,记为 $r(R) \in$ 3NF。

从定义 5.9 和定义 5.10 可以看出,3NF 与 BCNF 的前两个条件是相同的,区别之处在于第3个条件。注意,第3个条件没有要求 $\beta-\alpha$ 中的每个属性必须包含在 $r(R)$ 的一个候选码中。因此当 $r(R)$ 有多个候选码时, $\beta-\alpha$ 中的每个属性可以包含在 $r(R)$ 的不同候选码中。3NF 的放松之处在于**允许存在主属性对候选码的传递依赖和部分依赖**。

如图 5-11 所示,在满足 3NF 关系模式中,仍然存在主属性 a 部分依赖于候选码 B,主属性 b 部分依赖于候选码 C;以及主属性 a 传递依赖于候选码 C,主属性 a 传递依赖于主属性 c。

图 5-11 3NF 关系模式中的函数依赖

【**例 5.12**】 $r(R)=r(A,B,C)$, $F=\{AB\rightarrow C,C\rightarrow A\}$。 $r(R)$ 的候选码为 AB 或 BC,由例 5.8 和例 5.10 可知, $r(R)\in$ 3NF 但 $r(R)\notin$ BCNF。

3NF 与 BCNF 比较如下:

(1) BCNF 比 3NF 严格。BCNF 要求所有的非平凡函数依赖 $\alpha\rightarrow\beta$ 中的 α 是超码,而 3NF 则放松了该约束,允许 α 不是超码。因此可推出,若关系模式属于 BCNF 就一定属于 3NF。反之,则不一定成立。

(2) 3NF 存在信息冗余和异常问题,而 BCNF 是基于函数依赖理论能够达到的最好关系模式。

(3) BCNF 分解是无损分解,但不一定保持依赖分解;而 3NF 分解既是无损分解,又是保持依赖分解。

5.4 函数依赖理论

5.4.1 函数依赖集闭包

对于给定关系模式 $r(R)$ 及其函数依赖集 F,有时只考虑给定的函数依赖集是不够的,而需要考虑在 $r(R)$ 上总是成立的所有函数依赖。

【**例 5.13**】 给定关系模式 $r(R)=r(A,B,C)$ 及函数依赖集 $F=\{A\rightarrow B,B\rightarrow C\}$,证明 $A\rightarrow C$ 成立。

证明:假设对于关系实例 r 中的任意元组 $t_i,t_j,i\neq j$,满足 $t_i[A]=t_j[A]$。由于存在 $A\rightarrow B$,则可推出 $t_i[B]=t_j[B]$。又由于 $B\rightarrow C$,则又可推出 $t_i[C]=t_j[C]$。

因此, $t_i[A]=t_j[A]\Rightarrow t_i[C]=t_j[C]$。按定义 5.1 有 $A\rightarrow C$。证毕。

定义 5.11 若给定函数依赖集 F,可以证明其他函数依赖也成立,则称这些函数依赖被 F **逻辑蕴涵**。

定义 5.12 令 F 为一函数依赖集, F 逻辑蕴涵的所有函数依赖组成的集合称为 F 的**闭包**,记为 F^+。

现在的问题是如何计算一个给定函数依赖集 F 的闭包。这里介绍一组称为 Armstrong 公理的推理规则，可通过反复运用它们计算 F^+。

设关系模式 $r(R)$，$\alpha \subseteq R$，$\beta \subseteq R$，$\gamma \subseteq R$，则有下列规则。

（1）自反律（reflexivity rule）：若存在 $\beta \subseteq \alpha$，则有 $\alpha \rightarrow \beta$；

（2）增补律（augmentation rule）：若存在 $\alpha \rightarrow \beta$，则有 $\gamma\alpha \rightarrow \gamma\beta$；

（3）传递律（transitivity rule）：若存在 $\alpha \rightarrow \beta$ 且 $\beta \rightarrow \gamma$，则有 $\alpha \rightarrow \gamma$。

Armstrong 公理的有效性是指由 F 出发，根据其推导出来的每个函数依赖一定在 F^+ 中。Armstrong 公理的完备性是指 F^+ 中的每个函数依赖一定可以从 Armstrong 公理推导出来。有关这些规则的有效性和完备性证明可参见相关文献。尽管 Armstrong 公理是完备的，但直接利用它来计算 F^+ 不太方便。下面3个推论直接可用于 F^+ 的计算。

（1）合并律（union rule）：若有 $\alpha \rightarrow \beta$ 且 $\alpha \rightarrow \gamma$，则有 $\alpha \rightarrow \beta\gamma$。

（2）分解律（decomposition rule）：若有 $\alpha \rightarrow \beta\gamma$，则有 $\alpha \rightarrow \beta$ 和 $\alpha \rightarrow \gamma$。

（3）伪传递律（pseudotransitivity rule）：若有 $\alpha \rightarrow \beta$ 且 $\beta\gamma \rightarrow \delta$，则有 $\alpha\gamma \rightarrow \delta$。

以上3个推论的正确性可通过 Armstrong 公理的3个规则证明，留给读者自己完成。

有了上述规则，推导 F 逻辑蕴涵的函数依赖就简单得多。在前面的例子 $r(R) = r(A,B,C)$ 和 $F = \{A \rightarrow B, B \rightarrow C\}$ 中，可以直接利用传递律证明 $A \rightarrow C$ 成立，而不必再使用定义。

为了介绍如何使用上述规则，再举一例说明。

【例 5.14】 令 $r(R) = r(A,B,C,G,H,I)$，函数依赖集 $F = \{A \rightarrow B, A \rightarrow C, CG \rightarrow H, CG \rightarrow I, B \rightarrow H\}$。可以列出 F^+ 中的几个依赖：

（1）由传递律可得 $A \rightarrow H$，因为 $A \rightarrow B$ 且 $B \rightarrow H$；

（2）由合并律可得 $CG \rightarrow HI$，因为 $CG \rightarrow H$，$CG \rightarrow I$；

（3）由伪传递律可得 $AG \rightarrow I$，因为 $A \rightarrow C$ 且 $CG \rightarrow I$。

还可以使用上述规则推导出更多的函数依赖，读者可自行推导。

5.4.2 属性集闭包

如果想要判断一个给定的函数依赖 $\alpha \rightarrow \beta$ 是否在函数依赖集 F 的闭包中，不用计算 F^+ 就可以判断出来。

定义 5.13 令 $r(R)$ 为关系模式，F 为函数依赖集，$A \subseteq R$ 的属性集，则称在函数依赖集 F 下由 A 函数确定的所有属性的集合为 F 下**属性集 A 的闭包**，记为 A^+。

计算 A 的闭包 A^+ 的算法如图 5-12 所示。

【例 5.15】 $r(R) = r(A, B, C, G, H, I)$，$F = \{A \rightarrow B, A \rightarrow C, CG \rightarrow H, CG \rightarrow I, B \rightarrow H\}$，计算 $(AG)^+$。算法的执行步骤如下，结果为 $closure = ABCGHI$。

步骤	FD	*closure*
1.	赋初值	AG
2.	$A \rightarrow B$	ABG
3.	$A \rightarrow C$	$ABCG$
4.	$CG \rightarrow H$	$ABCGH$
5.	$CG \rightarrow I$	$ABCGHI$

```
closure := A;
repeat          /* 外循环 */
    temp := closure;
    for each α→β∈F do        /* 内循环 */
        if α⊆closure
            closure := closure∪β;
            if closure = R
                break;
until (closure = temp or closure = R );
```

图 5-12　计算 F 下 A^+ 算法

算法在外循环的第一次执行过程中,当内循环循环执行 4 次(即遍历到 F 中的函数依赖 $CG \rightarrow I$)后,$closure$ 就已经为 $ABCGHI$(即 R),算法终止。因此,$(AG)^+ = ABCGHI$。

计算属性集闭包的作用可归纳如下:

(1) 验证 $\alpha \rightarrow \beta$ 是否在 F^+ 中:看是否有 $\beta \subseteq \alpha^+$。

(2) 判断 α 是否为 $r(R)$ 的超码:通过计算 α^+,看其是否包含 R 的所有属性。例如,$(AG)^+ = ABCGHI$,则 AG 为 $r(R)$ 的超码。

(3) 判断 α 是否为 $r(R)$ 的候选码:若 α 是超码,可检验 α 包含的所有子集的闭包是否包含 R 的所有属性。若不存在任何这样的属性子集,则 α 是 $r(R)$ 的候选码。

(4) 计算 F^+:对于任意 $\gamma \subseteq R$,可通过找出 γ^+,对任意的 $S \subseteq \gamma^+$,可输出一个 $\gamma \rightarrow S$。

【例 5.16】　$r(R)$ 和 F 定义同例 5.15,判断 AG 是否为 $r(R)$ 的候选码。

例 5.15 已计算出 $(AG)^+ = ABCGHI$,则还要进一步分别计算 A^+ 和 G^+。经计算得,$A^+ = ABCH$、$G^+ = G$,它们都不包含 R 的所有属性,因此 AG 为 $r(R)$ 的候选码。

对于一个给定的关系模式 $r(R)$ 及函数依赖集 F,如何找出它的所有候选码,这是基于函数依赖理论和范式概念判断该关系模式是否是"好"模式的基础,也是对一个"不好"的关系模式进行分解的基础。

给定关系模式 $r(R)$ 及函数依赖集 F,找出它的所有候选码的一般步骤如下:

(1) 找出函数依赖集 F 中在所有函数依赖右方都没有出现的属性集 X,属性集 X 中的每一个属性都一定是候选码中的属性。

(2) 找出函数依赖集 F 中在所有函数依赖右方出现但左方没有出现的属性集 Y,属性集 Y 中的属性都不可能是候选码中的属性。

(3) 如果 X 非空,则基于 F 计算 X^+,并开始发现所有候选码:

① 如果 $X^+ = R$,则 X 是关系模式 $r(R)$ 的唯一候选码;

② 如果 $X^+ \neq R$,则

- 首先,试着发现是否能够通过增加 1 个属性与 X 联合起来构成候选码,例如,若存在 $\alpha \in R - X - Y$,使 $(X \cup \{\alpha\})^+ = R$,则 $(X \cup \{\alpha\})$ 是关系模式 $r(R)$ 的一个候选码;继续试着增加另一个属性,若存在 $\beta \in R - X - Y - \{\alpha\}$,使 $(X \cup \{\beta\})^+ = R$,则

$(X\bigcup\{\beta\})$是关系模式$r(R)$的另一个候选码；……。记找到的所有属性的集合为Z，即$\forall\alpha\in Z$，使$(X\bigcup\{\alpha\})^+=R$。

- 接下来，还可以试着发现是否能够通过增加2个或多个属性与X联合起来构成候选码，例如，若存在$\{\alpha,\beta\}\subseteq R-X-Y-Z$，使$(X\bigcup\{\alpha,\beta\})^+=R$；则$(X\bigcup\{\alpha,\beta\})$也是关系$r(R)$的一个候选码……

(4) 如果X为空，则从F中的每一个函数依赖$\alpha\to u$开始(先从左边属性较少的函数依赖开始)：

① 如果$\alpha^+=R$，则α是关系模式$r(R)$的一个候选码；

② 如果$\alpha^+\neq R$，类似地，试着发现是否能够通过增加1个属性与α联合起来构成候选码；再试着发现是否能够通过增加2个或多个属性与α联合起来构成候选码。

【例 5.17】　给定关系模式$r(R)=r(A,B,C,D)$，函数依赖集$F=\{B\to C,D\to A\}$，找出$r(R)$的所有候选码。

(1) 属性集BD没有在函数依赖的右部出现，故BD为候选码的一部分；

(2) 由于$(BD)^+=BDCA=R$，所以BD为关系模式$r(R)$的唯一候选码。

【例 5.18】　给定关系模式$r(R)=r(A,B,C,D,E)$，函数依赖集$F=\{A\to B,BC\to E,ED\to A\}$，找出$r(R)$的所有候选码。

(1) 属性集CD没有在函数依赖的右部出现，故$X=CD$为候选码的一部分；

(2) 因$(CD)^+=CD\neq R$，故CD不是候选码；

(3) 由于没有在函数依赖右部出现但左部不出现的属性，故$Y=\varnothing$；

(4) 在属性集$R-X-Y=ABE$中寻找与X联合起来构成候选码的属性(集)：

$(\{A,CD\})^+=ACDBE=R$，故ACD为候选码；

$(\{B,CD\})^+=BCDEA=R$，故BCD为候选码；

$(\{E,CD\})^+=ACDBE=R$，故ECD为候选码。

因此，关系模式$r(R)$的候选码有ACD、BCD和ECD。

【例 5.19】　设关系模式$r(R)=r(A,B,C,D,E,G)$，函数依赖集$F=\{B\to ADE,A\to BE,AC\to G,BC\to D\}$，找出$r(R)$的所有候选码。

(1) 属性C没有在函数依赖的右部出现，故$X=C$为候选码的一部分；

(2) 因$C^+=C\neq R$，故C不是候选码；

(3) 在函数依赖右部出现但左部不出现的属性有DEG，故$Y=DEG$；

(4) 在属性集$R-X-Y=AB$中寻找与X联合起来构成候选码的属性(集)：

$(\{A,C\})^+=ACBEGD=R$，故AC为候选码；

$(\{B,C\})^+=BCADEG=R$，故BC为候选码。

因此，关系模式$r(R)$的候选码有AC和BC。

*5.4.3　正则覆盖

定义 5.14　给定函数依赖集F及$\alpha\to\beta\in F$，如果去除α或β中的某个属性A不会改变F^+，则称属性A是无关的。

定义 5.15　给定函数依赖集F及$\alpha\to\beta\in F$，若$A\in\alpha$，且F逻辑蕴涵$(\alpha-A)\to\beta$(即

$(\alpha-A)\rightarrow\beta\in F^+)$,则属性 A 在 α 中是无关的(**左无关**)。

定义 5.16　给定函数依赖集 F 及 $\alpha\rightarrow\beta\in F$,若 $A\in\beta$,且 $(F-\{\alpha\rightarrow\beta\})\bigcup\{\alpha\rightarrow(\beta-A)\}$ 逻辑蕴涵 F(即 $\alpha\rightarrow\beta\in((F-\{\alpha\rightarrow\beta\})\bigcup\{\alpha\rightarrow(\beta-A)\})^+)$,则属性 A 在 β 中是无关的(**右无关**)。

例如,在 F 上有函数依赖 $AB\rightarrow C$ 和 $A\rightarrow C$,则 B 在 $AB\rightarrow C$ 的左半部是无关的,因为 F 已包含了 $A\rightarrow C$。再如,在 F 上有函数依赖 $AB\rightarrow CD$ 和 $A\rightarrow C$,则 C 在 $AB\rightarrow CD$ 的右半部是无关的,因为 $\{AB\rightarrow D,A\rightarrow C\}$ 逻辑蕴涵 F。

设 $r(R)$ 为关系模式,F 是函数依赖集,则检测 $\alpha\rightarrow\beta$ 上的属性 A 左无关或右无关的算法分别如图 5-13(a)或图 5-13(b)所示。

```
if A∈α
    γ:=α-{A};
    计算 F下γ的闭包γ⁺;
    if β∈γ⁺
        A在α中是无关的;
```

（a）左无关属性检测算法

```
if A∈β
    F':=(F-{α→β})⋃{(α→(β-A)};
    计算 F'下α的闭包α⁺;
    if A∈α⁺
        A在β中是无关的;
```

（b）右无关属性检测算法

图 5-13　无关属性检测算法

【例 5.20】　设 $F=\{AB\rightarrow CD,A\rightarrow E,E\rightarrow C\}$,证明 C 在 $AB\rightarrow CD$ 中为无关属性。

证明：由于 C 是 $AB\rightarrow CD$ 中的右边属性,依图 5-9(b)的算法,

(1) 计算 F'：$F'=\{AB\rightarrow D,A\rightarrow E,E\rightarrow C\}$；

(2) 计算 F' 下 $(AB)^+$：$(AB)^+=ABCDE$；

(3) 判断 C 是否属于 $(AB)^+$：$C\in ABCDE$。

因此,C 是 $AB\rightarrow CD$ 中的无关属性。证毕。

定义 5.17　**正则覆盖**(canonical cover)F_c 是一个函数依赖集,使得 F 逻辑蕴涵 F_c 中的所有函数依赖,F_c 逻辑蕴涵 F 中的所有函数依赖,而且必须具有下列特性:

(1) F_c 中的任何函数依赖都不包含无关属性;

(2) F_c 中函数依赖的左半部都是唯一的,即 F_c 中不存在两个函数依赖 $\alpha\rightarrow\beta_1$ 和 $\alpha\rightarrow\beta_2$。

根据上述性质,计算 F 的正则覆盖 F_c 分为两个步骤:

(1) 合并函数依赖:将 F 中所有形如 $\alpha\rightarrow\beta_1$、$\alpha\rightarrow\beta_2$ 的函数依赖合并为 $\alpha\rightarrow\beta_1\beta_2$,得到新函数依赖集 F'。

(2) 去除无关属性:对 F' 中的每个函数依赖,依次判断是否包含无关属性。若发现无关属性,则用去除无关属性后的函数依赖代替 F' 中的原函数依赖。

注意:上述两个步骤是一个不断循环的过程,直到 F' 中的函数依赖集不再改变。这是因为去除某函数依赖的无关属性后,F' 中可能会产生新的左半部相同的函数依赖,需进一步做函数依赖合并和无关属性去除工作。最后得到的 F' 即为 F_c。

【例 5.21】　考虑关系模式 $r(R)=r(A,B,C)$ 和函数依赖集 $F=\{A\rightarrow BC,B\rightarrow C,A\rightarrow B,AB\rightarrow C\}$,计算 F 的正则覆盖 F_c。

第 1 步,合并函数依赖:将 $A{\rightarrow}BC$ 和 $A{\rightarrow}B$ 合并为 $A{\rightarrow}BC$,$F'=\{A{\rightarrow}BC,B{\rightarrow}C,$ $AB{\rightarrow}C\}$。

第 2 步,去除无关属性:对于 $AB{\rightarrow}C$,根据图 5-13(a)的算法可检测 A 是无关的。因此,去除无关属性 A 后,$AB{\rightarrow}C$ 变为 $B{\rightarrow}C$,而 $B{\rightarrow}C$ 已在 F' 中存在,则 $F'=$ $\{B{\rightarrow}C,A{\rightarrow}BC\}$。

对于 $B{\rightarrow}C$,由于其左右两边都为单属性,故不存在无关属性。

对于 $A{\rightarrow}BC$,根据图 5-13(b)的算法可检测 C 是无关的。因此,去除无关属性 C 后,$A{\rightarrow}BC$ 变为 $A{\rightarrow}B$,则 $F'=\{B{\rightarrow}C,A{\rightarrow}B\}$。

F' 中的函数依赖左半部都是唯一的,且都不存在无关属性,因此 $F_c=$ $\{B{\rightarrow}C,A{\rightarrow}B\}$。

对于正则覆盖,需做如下说明:

(1) 可以证明 F_c 与 F 具有相同的闭包;

(2) F_c 不包含无关属性,每个依赖是最小的,且是必要的;

(3) 正则覆盖不一定唯一。

5.4.4　无损连接分解

定义 5.18　给定关系模式 $r(R)$ 及函数依赖集 F,记 $r_1(R_1)$、$r_2(R_2)$ 分别为分解后的子模式,若 $r(R)$ 的任意一个满足函数依赖集 F 的关系实例 r 都有 $\Pi_{R_1}(r){\bowtie}\Pi_{R_2}(r)=r$,则称该分解对于 F 是**无损连接**的。

也就是说,无损连接分解能够根据分解后的关系模式的关系实例通过连接来还原原来的关系实例。在 5.1 节中已指出,将一个关系模式分解成若干个较小的关系模式时,保证分解无损是很重要的,因此必须给出判定分解是否是无损的标准。

定义 5.19　给定关系模式 $r(R)$ 及函数依赖集 F,则将关系模式 $r(R)$ 分解成 $r_1(R_1)$ 和 $r_2(R_2)$ 的分解是**无损连接分解**,当且仅当 F^+ 包含函数依赖 $R_1{\bigcap}R_2{\rightarrow}R_1$ 或 $R_1{\bigcap}$ $R_2{\rightarrow}R_2$。

因此,当一个关系模式分解为两个关系模式时,该分解为无损连接分解的充要条件是两个分解关系模式的公共属性包含 $r_1(R_1)$ 的一个候选码或 $r_2(R_2)$ 的一个候选码。

现在可以明白,例 5.2 将关系模式 STU 分解为 STU1 和 STU2 的分解为什么不是无损连接分解。这是因为 STU1 和 STU2 的属性集的交集是 studentName,而 studentName 既不是 STU1 也不是 STU2 的候选码。

【例 5.22】　假设 $r(R)=r(A,B,C,D,E)$,$F=\{A{\rightarrow}BC,CD{\rightarrow}E,B{\rightarrow}D,E{\rightarrow}A\}$,则可将 $r(R)$ 进行两种不同的分解。

分解 1:$r_1(R_1)=(A,B,C)$,$r_2(R_2)=(A,D,E)$;

分解 2:$r_1(R_1)=(A,B,C)$,$r_2(R_2)=(C,D,E)$。

对于分解 1,$R_1{\bigcap}R_2=A$,且 $A{\rightarrow}R_1$,故此分解是无损连接分解。而对于分解 2,$r_1(R_1){\bigcap}r_2(R_2)=C$,且 $C{\not\rightarrow}R_1$、$C{\not\rightarrow}R_2$,故此分解不是无损连接分解。

5.4.5　保持依赖分解

关系数据库模式分解的另一个目标是保持依赖。

定义 5.20　给定关系模式 $r(R)$ 及函数依赖集 F，$r_1(R_1),r_2(R_2),\cdots,r_n(R_n)$ 为 $r(R)$ 的分解。F 在 R_i 的投影为闭包 F^+ 中所有只包含 R_i 属性的函数依赖的集合，记为 F_i。即如果 $\alpha \to \beta$ 在 F_i 中，则 α 和 β 的所有属性均在 R_i 中。

定义 5.21　称具有函数依赖集 F 的关系模式 $r(R)$ 的分解 $r_1(R_1),r_2(R_2),\cdots,r_n(R_n)$ 为**保持依赖分解**，当且仅当 $(F_1 \bigcup F_2 \bigcup \cdots \bigcup F_n)^+ = F^+$。

【例 5.23】　设关系模式 $r(R)=r(A,B,C)$，$F=\{A\to B,B\to C\}$，有两种分解：$r_1(R_1)=r_1(A,B)$，$r_2(R_2)=r_2(B,C)$；$r_1(R_1)=r_1(A,B)$，$r_2(R_2)=r_2(A,C)$。显然，前一种分解是保持依赖分解；而后一种分解不是保持依赖分解，因为分解后，函数依赖 $B\to C$ 既不能从 F 在 R_1 的投影 F_1 中推导出来，也不能从 F 在 R_2 的投影 F_2 中推导出来。

文献[3]给出了两个检测是否保持依赖分解的算法，其中一个是指数级（需要计算 F^+），另一个是多项式级的。本书不做讨论，有兴趣的读者可进一步阅读。

5.5　模式分解算法

现在，可给出具有函数依赖的数据库设计目标为：BCNF、无损连接及保持依赖。但由于有时不能同时达到这 3 个目标，就不得不在 BCNF 和 3NF 中做出选择，而这应取决于实际应用需求。本节将讨论 3NF 和 BCNF 分解算法。

5.5.1　BCNF 分解算法

先给出 BCNF 分解算法的一般描述。

设 $r(R)$ 为关系模式且 $r(R) \notin$ BCNF，非平凡函数依赖 $\alpha \to \beta$ 违反了 BCNF 的函数依赖。这时，可将 $r(R)$ 分解为 $r_1(R_1)$ 和 $r_2(R_2)$，其中 $R_1=\alpha\beta$，$R_2=R-(\beta-\alpha)$。若 $r_2(R_2)$ 不属于 BCNF，则继续分解下去，直到所有结果模式都为 BCNF。

图 5-14 说明了 $r(R)$ 如何被分解为两个重叠关系模式。其中一个关系模式包含了 $\alpha \to \beta$ 中的所有属性，而另一个关系模式包含了位于 $\alpha \to \beta$ 依赖左边的属性和不属于 $\alpha\beta$ 的属性，即除了只属于 β 而不属于 α 的所有属性。

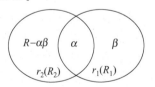

图 5-14　不满足 BCNF 的模式分解

【例 5.24】　$r(R)=r(A,B,C)$，$F=\{AB\to C,C\to A\}$，判断关系模式 $r(R)$ 是否属于 BCNF。如果不是，则进行 BCNF 分解。

例 5.10 已经证明 $r(R) \notin$ BCNF。按上述算法，$r(R)$ 可分解为 $r_1(R_1)=r_1(A,C)$ 和 $r_2(R_2)=r_2(B,C)$。分解后的 $r_1(R_1)$ 和 $r_2(R_2)$ 都属于 BCNF，不需再做分解。

BCNF 分解算法如图 5-15 所示。其中，"$\beta \not\subseteq \alpha$"表示 $\alpha \to \beta$ 是非平凡函数依赖，"$\alpha \bigcup \beta \subseteq R_i$"表示 $\alpha \to \beta$ 是关系模式 $r_i(R_i)$ 上的函数依赖，"$\alpha \to R_i \notin F^+$"表示 α 不是关系模式 $r_i(R_i)$ 的超码。

```
result :={R};      //为简化描述,以关系模式的属性集 R_i 代表关系模式 r_i (R_i)
done :=false;
计算 F^+;
while (not done) do
    if 在 result 中存在关系模式 R_i ∉ BCNF
        选择一个函数依赖 α→β∈ F^+ 满足 (β⊄α∧α∪β⊆R_i) ∧ (α→R_i ∉ F^+ ∧α∩β=∅);
        result:= (result-R_i)∪(R_i-β)∪(α,β);
    else
        done:=true;
```

图 5-15　BCNF 分解算法

需要指出的是：

（1）该算法得到的分解不仅是 BCNF 分解，而且是无损分解。

（2）算法中使用的函数依赖集是 F^+ 而不是 F。

（3）用该算法生成的 BCNF 分解不是唯一的。

【例 5.25】　$r(R)=r(A,B,C,D,G,H)$，$F=\{A\rightarrow BC, DG\rightarrow H, D\rightarrow A\}$，判断关系模式 $r(R)$ 是否属于 BCNF？如果不是，则进行 BCNF 分解。

因为 DG 为关系模式 $r(R)$ 的候选码，则 $A\rightarrow BC$ 的左部属性 A 不是超码，因此 $r(R)$ $\notin$ BCNF。按 BCNF 分解算法，关系模式 $r(R)$ 可分解为：

步骤 1. 根据函数依赖 $A\rightarrow BC$，分解关系模式 $r(R)$ 为

$r_1(R_1)=r_1(A,B,C)$，　　$F_1=\{A\rightarrow BC\}$　　　　——A 是候选码，$r_1(R_1)\in$ BCNF

$r_2(R_2)=r_2(A,D,G,H)$，$F_2=\{DG\rightarrow H, D\rightarrow A\}$——$DG$ 是候选码

步骤 2. 因为 $D\rightarrow A$ 的左部属性 D 不是关系模式 $r_2(R_2)$ 的超码，即 $r_2(R_2)\notin$ BCNF。同理，根据函数依赖 $D\rightarrow A$，分解关系模式 $r_2(R_2)$ 为

$r_{21}(R_{21})=r_{21}(D,A)$，　　$F_{21}=\{D\rightarrow A\}$　　　　——D 是候选码，$r_{21}(R_{21})\in$ BCNF

$r_{22}(R_{22})=r_{22}(D,G,H)$，$F_{22}=\{DG\rightarrow H\}$　　——DG 是候选码，$r_{22}(R_{22})\in$ BCNF

最后，分解后得到的关系模式 $r_1(\underline{A},B,C)$、$r_{21}(\underline{D},A)$ 和 $r_{22}(\underline{D},\underline{G},H)$ 都属于 BCNF。

【例 5.26】　$r(R)=r(A,B,C,D,G,H)$，$F=\{AB\rightarrow GH, CD\rightarrow GH, B\rightarrow A, D\rightarrow B\}$，判断关系模式 $r(R)$ 是否属于 BCNF？如果不是，则进行 BCNF 分解。

因为 CD 为关系模式 $r(R)$ 的候选码，则 $AB\rightarrow GH$ 的左部属性 AB 不是超码，因此 $r(R)\notin$ BCNF。按 BCNF 分解算法，关系模式 $r(R)$ 可分解为：

步骤 1. 根据函数依赖 $AB\rightarrow GH$，分解关系模式 $r(R)$ 为

$r_1(R_1)=r_1(A,B,G,H)$，$F_1=\{AB\rightarrow GH\}$　　——AB 是候选码，$r_1(R_1)\in$ BCNF

$r_2(R_2)=r_2(A,B,C,D)$，　$F_2=\{B\rightarrow A, D\rightarrow B\}$　——CD 是候选码，丢失函数依赖

　　　　　　　　　　　　　　　　　　　　　　　　　　　　$CD\rightarrow GH$

步骤 2. 因为 $B\rightarrow A$ 的左部属性 B 不是关系模式 $r_2(R_2)$ 的超码，即 $r_2(R_2)\notin$ BCNF。同理，根据函数依赖 $B\rightarrow A$，分解关系模式 $r_2(R_2)$ 为

$r_{21}(R_{21})=r_{21}(B,A)$，　　$F_{21}=\{B\rightarrow A\}$　　　　——B 是候选码，$r_{21}(R_{21})\in$ BCNF

$r_{22}(R_{22})=r_{22}(B,C,D)$，$F_{22}=\{D\rightarrow B\}$　　　——CD 是候选码

步骤 3. 因为 $D{\to}B$ 的左部属性 D 不是关系模式 $r_{22}(R_{22})$ 的超码,即 $r_{22}(R_{22})\notin$ BCNF。同理,根据函数依赖 $D{\to}B$,分解关系模式 $r_{22}(R_{22})$ 为

$r_{221}(R_{221})=r_{221}(D,B),\quad F_{221}=\{D{\to}B\}$　　——D 是候选码,$r_{221}(R_{221})\in$ BCNF

$r_{222}(R_{222})=r_{222}(C,D),\quad F_{222}=\{\varnothing\}$　　——CD 是候选码,$r_{222}(R_{222})\in$ BCNF

最后,分解后得到的关系模式 $r_1(\underline{A},\underline{B},G,H)$、$r_{21}(\underline{B},A)$、$r_{221}(\underline{D},B)$ 和 $r_{222}(\underline{C},D)$ 都属于 BCNF。

*5.5.2　3NF 分解算法

图 5-16 所示的是 3NF 分解算法。

```
计算 F 的一个正则覆盖 Fc;
i:=0;
for each α→β∈Fc do
    if αβ⊈Rj (j=1,2,…,i)
        i:=i+1;
        Ri:=αβ;
if 没有任何 Rj (j=1,2,…,i) 包含 R 的候选码
    i:=i+1;
    Ri:=r(R) 的任一候选码;
return(R1,R2,…,Ri)
```

图 5-16　3NF 分解算法

【例 5.27】　$r(R)=r(A,\ B,\ C,\ D,\ G,\ H)$,$Fc=\{A{\to}BC,\ DG{\to}H,\ D{\to}A\}$,判断 $r(R)$ 是否属于 3NF? 如果不是,则进行 3NF 分解。

计算可知,DG 为 $r(R)$ 的候选码,因此 Fc 中存在部分依赖和传递依赖,故 $r(R)\notin$ 3NF。可根据 3NF 分解算法将 $r(R)$ 分解成满足 3NF 的关系模式:

步骤 1. 根据上述三个函数依赖依次进行分解得:

$r_1(R_1)=r_1(\underline{A},\ B,\ C)$,$Fc_1=\{A{\to}BC\}$——$A$ 是候选码,$r_1(R_1)\in$ 3NF

$r_2(R_2)=r_2(\underline{D},\ \underline{G},\ H)$,$Fc_2=\{DG{\to}H\}$——$DG$ 是候选码,$r_2(R_2)\in$ 3NF

$r_3(R_3)=r_3(\underline{D},\ A)$,$Fc_3=\{D{\to}A\}$——$D$ 是候选码,$r_3(R_3)\in$ 3NF

步骤 2. 由于 $r(R)$ 的候选码 DG 已被 $r_2(\underline{D},\ \underline{G},\ H)$ 包含,故分解结束。

因此,$r(R)$ 的分解结果为 $r_1(\underline{A},\ B,\ C)$、$r_2(\underline{D},\ \underline{G},\ H)$ 和 $r_3(\underline{D},\ A)$,它们都属于 3NF。

【例 5.28】　$r(R)=r(A,B,C,D,G,H)$,$F=\{AB{\to}GH,CD{\to}GH,B{\to}A,D{\to}B\}$,判断关系模式 $r(R)$ 是否属于 3NF? 如果不是,则进行 3NF 分解。

计算可知,CD 是关系模式 $r(R)$ 的候选码,因此关系模式 $r(R)$ 中存在部分和传递函数依赖,故 $r(R)\notin$ 3NF。按 3NF 分解算法,分解关系模式 $r(R)$ 的步骤如下。

步骤 1. 计算 F_c:

(1) 因为在 F 下有 $B^+=ABGH$,所以 $AB{\to}GH$ 中的 A 是左无关属性,去掉无关属

性 A 后，$F=\{B{\rightarrow}GH,CD{\rightarrow}GH,B{\rightarrow}A,D{\rightarrow}B\}$；

（2）因为在 F 下有 $D^+=DBAGH$，所以 $CD{\rightarrow}GH$ 中的 C 是左无关属性，去掉无关属性 C 后，$F=\{B{\rightarrow}GH,D{\rightarrow}GH,B{\rightarrow}A,D{\rightarrow}B\}$；

（3）因为在 $F'=\{(F-\{D{\rightarrow}GH\})\bigcup\{D{\rightarrow}H\}\}=\{B{\rightarrow}GH,D{\rightarrow}H,B{\rightarrow}A,D{\rightarrow}B\}$ 下 $D^+=DBAGH$，所以 $D{\rightarrow}GH$ 中的 G 是右无关属性，去掉无关属性 G 后，$F=\{B{\rightarrow}GH,D{\rightarrow}H,B{\rightarrow}A,D{\rightarrow}B\}$；

（4）合并左边相同依赖后，$F=\{B{\rightarrow}AGH,D{\rightarrow}BH\}$；

（5）因为在 $F'=\{(F-\{D{\rightarrow}BH\})\bigcup\{D{\rightarrow}B\}\}=\{B{\rightarrow}AGH,D{\rightarrow}B\}$ 下 $D^+=DBAGH$，所以 $D{\rightarrow}BH$ 中的 H 是右无关属性，去掉无关属性 H 后，最后得到 $F_c=\{B{\rightarrow}AGH,D{\rightarrow}B\}$。

步骤 2. 分解关系模式 $r(R)$：

$r_1(R_1)=r_1(B,A,G,H)$，$F_{c1}=\{B{\rightarrow}AGH\}$ ——B 是候选码，$r_1(R_1)\in$ 3NF

$r_2(R_2)=r_2(D,B)$，$F_{c2}=\{D{\rightarrow}B\}$ ——D 是候选码，$r_2(R_2)\in$ 3NF

步骤 3. 由于 $r(R)$ 的候选码 CD 没有被 $r_1(R_1)$ 或 $r_2(R_2)$ 包含，故增加如下关系模式：

$r_3(R_3)=r_3(C,D)$ ——CD 是候选码，$r_3(R_3)\in$ 3NF

最后，分解后得到的关系模式 $r_1(\underline{B},A,G,H)$、$r_2(\underline{D},B)$ 和 $r_3(\underline{C},D)$ 都属于 3NF。

对 3NF 分解算法做如下说明：

（1）该算法能保证 3NF 分解是无损连接分解和保持依赖分解。

（2）该算法是基于 F 的正则覆盖 F_c 中的函数依赖集进行的。由于正则覆盖可能有多个，因此分解结果可能不是唯一的。而且算法执行的结果是依赖于 F_c 中函数依赖的考虑顺序。如例 5.27 中，若按函数依赖 $AB{\rightarrow}D$、$AC{\rightarrow}B$、$B{\rightarrow}C$ 的顺序分解，则 $r(R)$ 只能分解为 $r_1(A,B,D)$ 和 $r_2(A,B,C)$ 两个子模式。因为当根据 $B{\rightarrow}C$ 进行分解时，BC 属性已包含在 R_2 中，不需要再分解了。

5.6　数据库模式求精

1. 模式求精的必要性及步骤

如果设计者能深入分析应用需求，并正确设计出所有的实体集和联系集，则由 E-R 图转换而来的关系模式通常不需要进行太多的规范化。可以验证，由 4.8.2 节得到的大学选课系统的数据库模式已满足 BCNF 要求，不需要做太多优化工作。

然而，E-R 图设计是一个复杂且主观的过程，并且有些约束关系并不能通过 E-R 图来表达的。一些不"好"的关系模式可能忽略数据之间的约束关系而产生冗余，特别是在设计大型数据库模式时更可能发生。另外，关系模式除了由 E-R 图转换得到外，也可能由其他方式得到，如设计者的即席关系模式设计结果。因此，进一步对关系模式进行模式求精显得十分必要。

模式求精是运用关系理论（如函数依赖理论、多值依赖理论等）对已有关系模式进行

结构调整、分解、合并和优化,以满足应用系统的功能及性能等需求。基于函数依赖理论的模式求精步骤可概括如下:

(1) 确定函数依赖。根据需求分析得到的数据需求,确定关系模式内部各属性之间以及不同关系模式的属性之间存在的数据依赖关系。

(2) 确定关系模式所属范式。按照数据依赖关系对关系模式进行分析,检测是否存在部分依赖或传递依赖,以确定该模式属于第几范式。

(3) 分析是否满足应用需求。按照需求分析得到的数据处理要求,分析现有模式是否满足应用需求,并决定是否需要进行模式合并或分解。

(4) 模式分解。根据范式要求(是选择 BCNF 还是 3NF),运用规范化方法将关系模式分解成所要求的关系模式。

(5) 模式合并。在分解过程中可能进行模式合并。如当查询经常涉及多个关系模式的属性时,系统将经常进行连接操作,而连接运算的代价是相当高的,此时,可考虑将这几个关系模式合并为一个关系模式。

2. 模式求精实例

【例 5.29】 假设大学选课系统中课程与教师的关系模式可设计为:

```
CourseTeacher (courseNo, courseName, creditHour, courseHour,
            teacherNo, teacherName, title, degree, teachNumber)
```

其中,属性集{courseNo, teacherNo}是主码,teachNumber 的含义是讲授次数。试对该模式进行求精,以达到 BCNF 要求。

步骤 1. 分析函数依赖关系及判断范式。

通过分析关系模式 CourseTeacher 可知,存在以下函数依赖:

```
courseNo→{courseName, creditHour, courseHour}
teacherNo→{teacherName, title, degree}
{courseNo, teacherNo}→teachNumber
```

显然,存在非主属性对主码的部分依赖,故 CourseTeacher 不属于 3NF,更不属于 BCNF。

步骤 2. 模式分解。

由于存在部分函数依赖:courseNo→{courseName, creditHour, courseHour},违背了 BCNF 条件,依 BCNF 分解算法,可将关系模式 CourseTeacher 分解为以下两个关系模式:

```
Course (courseNo, courseName, creditHour, courseHour)
Teaching (courseNo, teacherNo, teacherName, title, degree, teachNumber)
```

可验证关系模式 Course 已满足 BCNF 要求,且是无损分解(因为公共属性 courseNo 是 Course 的主码)。而在关系模式 Teaching 中,由于存在部分函数依赖:teacherNo→{teacherName, title, degree},因此可以进一步分解为:

```
Teacher (teacherNo, teacherName, title, degree)
NewTeaching (courseNo, teacherNo, teachNumber)
```

可验证关系模式 Teacher 和 NewTeaching 都已满足 BCNF 要求,且是无损分解(因为公共属性 teacherNo 是 Teacher 的主码)。

步骤 3. 综合上述分解结果,关系模式 CourseTeacher 可以分解为如下满足 BCNF 要求的三个关系模式。

```
Course (courseNo, courseName, creditHour, courseHour)
Teacher (teacherNo, teacherName, title, degree)
NewTeaching (courseNo, teacherNo, teachNumber)
```

仔细分析可以发现,上述得到的结果关系模式,等价于一个由实体集 Course 和 Teacher 以及它们之间的多对多联系集 NewTeaching 构成的 E-R 图转化而来的关系模式。因此,模式求精是数据库设计过程中非常重要的一步,可在关系数据理论的指导下检查和改进设计中存在的不足和缺陷,以保证最终的设计结果尽可能地满足应用需求。

本 章 小 结

为了解决关系模式可能存在数据冗余以及更新、插入和删除异常的问题,本章介绍了基于函数依赖的关系数据库规范化理论和方法,以将关系数据库模式形式化为不同的"范式"。本章主要内容小结如下:

(1) 一个"好"的关系模式应该是数据冗余应尽可能少,且不会发生插入异常、删除异常、更新异常等问题。而且,当为减少冗余进行模式分解时,应考虑分解后的模式是否满足无损连接和保持依赖等特性。

(2) **函数依赖**是指关系模式中属性之间存在的一种约束关系。这种约束关系既可以是现实世界事物或联系的属性之间客观存在的约束,也可以是数据库设计者根据应用需求或设计需要强加给数据的一种约束。无论是哪种约束,一旦确定了,进入数据库中的所有数据都必须严格遵守。

(3) $\alpha \rightarrow \beta$ 是**完全函数依赖**意指 β 不依赖于 α 的任何子属性(集),而**部分函数依赖**则是指 β 依赖于 α 的部分属性(集)。

(4) 若 $\alpha \rightarrow \beta, \beta \rightarrow \gamma$,且 $\beta \nsubseteq \alpha, \gamma \nsubseteq \beta, \beta \nrightarrow \alpha$,则必存在函数依赖 $\alpha \rightarrow \gamma$,并称 $\alpha \rightarrow \gamma$ 是**传递函数依赖**。

(5) 如果一个关系模式 $r(R)$ 的每个属性对应的域值都是不可分的,则称 $r(R)$ 属于**第一范式(1NF)**。第一范式是关系模型的最基本要求。

(6) 如果一个关系模式 $r(R)$ 属于第一范式,且所有非主属性都完全函数依赖于 $r(R)$ 的候选码,则称 $r(R)$ 属于**第二范式(2NF)**。2NF 消除了由于非主属性对候选码的部分依赖所引起的冗余以及各种异常,但没有排除传递依赖。

(7) 如果一个关系模式 $r(R)$ 属于第二范式,且所有非主属性都直接函数依赖于 $r(R)$ 的候选码(即不存在非主属性传递依赖于候选码),则称 $r(R)$ 属于**第三范式(3NF)**。3NF 消除了由于非主属性对候选码的传递依赖所引起的冗余以及各种异常。

(8) 在关系模式 $r(R)$ 中,如果每一个非平凡函数依赖 $\alpha \rightarrow \beta$ 的左部属性集 α 都包含候选码,则称 $r(R)$ 属于 **Boyce-Codd 范式**(**BCNF**)。

一个满足 BCNF 的关系模式必然满足:①所有非主属性都完全函数依赖于每个候选码;②所有主属性都完全函数依赖于每个不包含它的候选码;③没有任何属性完全函数依赖于非候选码的任何一组属性。

在关系模式 $r(R)$ 中,如果每一个非平凡函数依赖 $\alpha \to \beta$ 的左部属性集 α 都包含候选码或 $\beta - \alpha$ 是候选码的一部分,则 $r(R)$ 属于**第三范式**。3NF 放松了 BCNF 要求,允许存在主属性对候选码的传递依赖和部分依赖。

(9) 3NF 与 BCNF 的比较:①BCNF 比 3NF 严格,若关系模式属于 BCNF 就一定属于 3NF,反之则不一定成立;②3NF 存在信息冗余和异常问题,而 BCNF 是基于函数依赖理论能够达到的最好关系模式;③BCNF 分解是无损分解但不一定是保持依赖分解,而 3NF 分解既是无损分解又是保持依赖分解。

(10) 函数依赖集 F **逻辑蕴涵**的所有函数依赖组成的集合称为 F 的**闭包**,可运用 Armstrong 公理和推论进行推导。

(11) 在函数依赖集 F 下由 A 函数确定的所有属性的集合为 F 下属性集 A 的**闭包**。计算属性集闭包算法可用于:①验证 $\alpha \to \beta$ 是否在 F^+ 中;②判断 α 是否为 $r(R)$ 的超码;③判断 α 是否为 $r(R)$ 的候选码;④计算 F^+。

(12) **正则覆盖** F_c 是一个函数依赖集,使得 F 逻辑蕴涵 F_c 中的所有函数依赖,F_c 逻辑蕴涵 F 中的所有函数依赖。正则覆盖必须具有下列特性:①F_c 中的任何函数依赖都不包含无关属性;②F_c 中函数依赖的左半部都是唯一的。

(13) **无损连接分解**是指能够根据分解后的关系模式的关系实例通过连接运算还原原来的关系实例。当一关系模式 $r(R)$ 分解为两个关系 $r_1(R_1)$ 和 $r_2(R_2)$ 时,该分解为无损连接分解的充要条件是两个分解关系模式的公共属性包含 $r_1(R_1)$ 的一个候选码或 $r_2(R_2)$ 的一个候选码。

(14) 称具有函数依赖集 F 的关系模式 $r(R)$ 的分解 $r_1(R_1), r_2(R_2), \cdots, r_n(R_n)$ 为**保持依赖分解**,当且仅当 $(F_1 \bigcup F_2 \bigcup \cdots \bigcup F_n)^+ = F^+$。

(15) **模式求精**是运用关系理论对已有关系模式进行结构调整、分解、合并和优化,以满足应用系统的功能及性能等需求。基于函数依赖理论的模式求精步骤为:①确定函数依赖;②确定模式所属范式;③分析是否满足应用需求;④模式分解;⑤模式合并。

习 题 5

5.1 简要解释下列术语:函数依赖、平凡函数依赖与非平凡函数依赖、完全函数依赖与部分函数依赖、传递函数依赖、函数依赖集闭包、属性闭包、无损连接分解、保持依赖分解、1NF、2NF、3NF、BCNF。

*5.2 简要解释下列术语:无关属性、正则覆盖。

5.3 说明数据冗余可能引起的问题,给出插入异常、删除异常和更新异常的实例。

5.4 列出图 5-17 所示关系实例中存在的所有非平凡、最简化形式的函数依赖。

A	B	C	D	E
1	2	3	4	5
1	4	3	4	5
1	2	4	4	1
2	4	5	5	2

图 5-17   关系实例一

5.5   列出图 5-18 所示关系实例中存在的所有非平凡、最简化形式的函数依赖。

学号	姓名	学院	专业	课程	成绩
04001	张桃花	信息学院	计算机	数据库	92
04002	王井冈	信息学院	计算机	数据库	85
04002	王井冈	信息学院	计算机	操作系统	92
04003	李杏花	信息学院	信息管理	金融学	85
04004	赵长江	管理学院	市场营销	会计学	92
04004	赵长江	管理学院	市场营销	管理学	88
04005	陈鄱阳	管理学院	工商管理	会计学	88

图 5-18   关系实例二

5.6   利用 Armstrong 公理推导下列 3 个推论:

(1) 合并律(union rule): 若有 $\alpha \rightarrow \beta$ 且 $\alpha \rightarrow \gamma$,则有 $\alpha \rightarrow \beta\gamma$。

(2) 分解律(decomposition rule): 若有 $\alpha \rightarrow \beta\gamma$,则有 $\alpha \rightarrow \beta$ 且 $\alpha \rightarrow \gamma$。

(3) 伪传递律(pseudotransitivity rule): 若有 $\alpha \rightarrow \beta$ 且 $\beta\gamma \rightarrow \delta$,则有 $\alpha\gamma \rightarrow \delta$。

5.7   对于关系模式 $r(R) = r(A, B, C, D, E)$ 和函数依赖集 $F = \{A \rightarrow BC, CD \rightarrow E, B \rightarrow D, E \rightarrow A\}$,试计算:

(1) A^+,B^+;

(2) $r(R)$ 的候选码。

5.8   对于关系模式 $r(R) = r(A, B, C, D, E)$ 和函数依赖集 $F = \{A \rightarrow BC, CD \rightarrow E, B \rightarrow D, E \rightarrow A\}$,证明分解 $r_1(R_1) = r_1(A, B, C)$ 和 $r_2(R_2) = r_2(A, D, E)$ 是无损连接分解。

5.9   对于关系模式 $r(R) = r(A, B, C, D, E, G)$ 和函数依赖集 $F = \{AB \rightarrow C, AC \rightarrow B, AD \rightarrow E, B \rightarrow D, BC \rightarrow A, E \rightarrow G\}$,判断下列分解是否是保持依赖分解?是否是无损连接分解?

(1) $\{AB, BC, ABDE, EG\}$;

(2) $\{ABC, ACDE, ADG\}$。

5.10   对于关系模式 $r(R) = r(A, B, C, D)$,对下列每个函数依赖分别完成: ①列出 $r(R)$ 的候选码; ②指出 $r(R)$ 最高满足哪种范式(1NF、2NF、3NF 或 BCNF); ③若 $r(R)$ 不属于 BCNF,则将其分解为满足 BCNF。

(1) $F_1 = \{C \rightarrow D, C \rightarrow A, B \rightarrow C\}$;

(2) $F_2 = \{ABC \rightarrow D, D \rightarrow A\}$;

(3) $F_3 = \{A \rightarrow B, BC \rightarrow D\}$。

*5.11 对于关系模式 $r(R) = r(A, B, C, D, E, F)$,对下列每个函数依赖分别完成:①列出 $r(R)$ 的所有候选码;②判断 $r(R)$ 是否满足 3NF? ③若 $r(R)$ 不属于 3NF,则将其分解为满足 3NF。

(1) $F_1 = \{A \rightarrow BDE, B \rightarrow AE, AC \rightarrow F, BC \rightarrow AD\}$;

(2) $F_2 = \{A \rightarrow CDF, F \rightarrow A, AE \rightarrow C, EF \rightarrow BD\}$。

第 6 章

关系数据库设计实例——网上书店

学习目标

通过本章学习,加深对 E-R 模型和关系数据理论的进一步理解,并熟练掌握关系数据库的设计步骤与方法,从而具备正确设计关系数据库的基本能力。另外,在学习过程中还要体会到,正确的数据库设计不是一蹴而就的,它是一个循序渐进和反复设计的过程。

学习方法

本章主要介绍如何将所学的数据库设计理论指导具体应用设计实践。在学习本章内容的同时,要多回顾和复习前两章所学内容。在进行需求分析和建立 E-R 模型时,能运用抽象方法对具体应用业务流程和系统功能进行分析、提炼和归纳。

学习指南

本章的重点是 6.1~6.3 节,难点是 6.1.4、6.1.5 节和 6.2.2 节。

本章导读

本章综合运用第 4 章和第 5 章所学知识,给出了一个完整的关系数据库设计实例。在学习时,要学会如何在需求描述的基础上进行需求分析,如何根据需求分析确定实体集、联系集及其属性,如何根据得到的 E-R 图生成关系模式,以及如何对得到的关系模式进行求精。在学习本章之前,要回顾以前学过的知识:

(1) 数据库设计通常包括哪几个步骤? 各个步骤之间的联系是什么?

(2) 为什么要进行需求分析?

(3) 需求分析的任务是什么? 有哪些需求分析方法?

(4) 为什么不能直接设计出数据库的关系模式,而要先设计概念模型?

(5) 请至少列出两种可用于描述概念模型的工具,并对它们进行比较。

(6) E-R 模型是如何表达概念模型的?

(7) 如何确定实体集和联系集? 实体集和联系集的主码分别是如何确定的?

(8) E-R 模型的设计原则是什么?

(9) 数据的关联在关系模式中是如何表示的?

(10) 如何通过 E-R 图得到关系模式?

(11) 数据冗余会带来什么问题? 关系模式分解又会带来什么问题?

（12）什么样的关系模式是一个"好"的关系模式？

（13）什么是关系模式的范式？如何判断一个关系模式属于哪个范式？

（14）如何进行 BCNF 和 3NF 范式分解？

6.1　系统需求分析

需求分析就是分析用户需求，是设计数据库的第一步。该步骤主要是通过详细调查现实世界要处理的对象，并在此基础上确定系统的功能。下面主要分析网上书店的业务处理流程、功能需求、数据需求及业务规则和完整性约束等。

6.1.1　需求概述和系统边界

随着 Internet 和 Web 技术的迅速发展，电子商务已经被广大互联网用户所接受。作为图书销售与电子商务相结合的产物，网上书店以其具有销售成本较低、交易活动不受时空限制、信息传递迅速灵活等优势，已受到广大读者的喜爱与青睐。

网上书店是以网站作为交易平台，将图书的基本信息通过网站发布到 Web 中。然后，客户可通过 Web 查看图书信息并提交订单，实现图书的在线订购。订单提交后，书店职员将对订单及时处理，以保证客户能在最快时间内收到图书。一个基于 B2C 的网上书店系统需求描述如下。

该网上系统支持 4 类用户：游客、会员、职员和系统管理员。游客可以随意浏览图书及网站信息，但只有在注册为网站会员后才能在线购书。游客注册成功后即为普通会员，当其购书总额达到一定数量时可升级为不同等级的 VIP 会员，以享受相应的优惠折扣。会员登录系统后，可进行的主要操作有：通过不同方式（如书名、作者、出版社等）搜索图书信息，网上订书，在线支付，订单查询与修改，发布留言等。书店工作人员以职员身份注册登录后，可进行的主要操作有：维护与发布图书信息，处理订单，安排图书配送和处理退货等。系统管理员的主要职责是维护注册会员和职员的信息。

请为该网上书店设计数据库 E-R 图和关系模式。要求保存所需全部信息，并高效地支持上述各种应用。由于网上书店功能比较复杂，本设计不考虑网上支付和退货功能。

6.1.2　主要业务处理流程

业务需求分析是根据现实世界对象需求，描述应用的具体业务处理流程，并分析哪些业务是计算机可以完成，而哪些业务是不能由计算机完成。

网上书店主要业务包括：图书信息发布与查询、订购图书、处理订单并通知配送公司送书等。本节只给出网上书店的核心业务"订单生成"及"订单受理"处理流程，如图 6-1 所示。

6.1.3　功能需求分析

功能需求分析是描述系统应提供的功能和服务。根据上述需求概述和业务流程，通

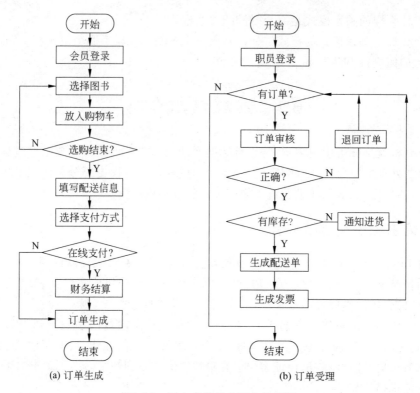

图 6-1　网上书店的主要业务流程

过与网上书店人员的沟通与交流,网上书店主要功能需求分析如下。

（1）用户管理。主要提供会员及职员基本信息录入、维护与查询功能,包括:

- 会员注册信息录入、维护与查询;
- 职员注册信息录入、维护与查询;
- 系统管理员审核会员资格、列入黑名单;
- 系统管理员修改及删除会员、职员信息;
- 会员升级管理。

（2）图书管理。主要提供图书基本信息录入与维护,以及图书采购、入库、信息发布等功能,包括:

- 图书基本信息录入、维护与查询;
- 图书采购管理:当库存数量不足或出版社有新书出版时,书店职员负责图书采购;
- 图书入库管理:当订购的图书到货后办理图书入库(一次订购的图书可能分多次到货,因而需要多次办理入库手续),并增加新图书信息、更新图书库存数量;
- 图书信息发布:网上发布新书信息、图书推荐信息、促销信息等,并及时更新。

（3）网上订书管理。主要提供图书选购、订单管理及发票管理等功能,包括:

- 网上选购图书:会员将需订购的图书放入购物车中并填写购买数量;
- 订单生成:将选购的图书生成订单,并填写配送信息和发票信息,每个订单可分多个配送单进行配送,配送单的配送明细信息由会员设置;

- 订单更新：会员提交的订单在职员审核受理之前允许会员修改订单的内容或删除订单；
- 订单受理：订单生成后，职员对订单进行审核；
- 发票生成：按会员要求，生成发票信息。

（4）配送管理。主要提供配送信息维护及配送单管理，包括：

- 配送公司信息录入、维护与查询；
- 配送单生成、维护与查询；
- 配送情况跟踪。

（5）出版社管理。主要提供出版社信息录入、维护与查询功能。

（6）留言管理。主要对留言及回复信息进行管理，包括：

- 会员发布留言：会员可在网站发表留言或评论；
- 职员回复留言：书店职员可回复留言。

（7）权限管理。主要提供权限分配、登录及权限验证等功能，包括：

- 系统管理员分配权限；
- 用户登录及权限验证；
- 用户密码重设。

网上书店主要功能模块如图 6-2 所示。

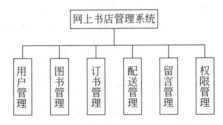

图 6-2　网上书店管理系统主要功能模块

6.1.4　数据需求分析

根据功能需求分析的结果，网上书店系统的数据需求分析如下。

（1）**会员**注册信息：包括姓名、登录密码、性别、出生日期、地址、邮政编码、电话、电子邮箱、单位等信息。系统检查所有信息填写正确后提示**会员**注册成功，并返回会员编号（唯一标识）。当会员购书总额达到一定数量（即不同等级 VIP 所要求的购书总额的阀值，称为等级购书额定）时，可升级为不同等级的 VIP 会员，因此，**会员**还需要维护购书总额、会员等级、等级购书额定、会员折扣等信息。

（2）**职员**注册信息：包括姓名、登录密码、性别、出生日期、部门、薪水、住址、电话、电子邮箱等信息。系统检查所有信息填写正确后提示**职员**注册成功，并返回职员编号（唯一标识）。

（3）**图书**信息：包括 ISBN、书名、作者、版次、类别、出版社名称、出版年份、库存数量、定价、图书折扣、内容简介、目录等。ISBN 为图书的唯一标识。

（4）图书**采购单**：包括采购单号（按时间顺序生成）、出版社、采购日期、采购人、采购总金额、入库状态、**采购明细**(包括 ISBN、书名、采购数量、采购单价、采购金额)等。采购单号为**采购单**的唯一标识,由系统按时间顺序生成。入库状态记录了该采购单的当前入库情况,包括"未入库""已部分入库""已全部入库"等状态。

(5) **入库单**:包括入库单号、对应采购单号、入库日期、入库人、验收人、**入库明细**(包括 ISBN、书名、入库数量)等。

(6) **订单**:包括订单号、订购日期、应收总金额、会员折扣、实收总金额、付款方式、订单状态、**订单明细**(包括 ISBN、书名、订购数量、定价、应收金额、图书折扣、实收金额、配送状态等)和发票信息(如发票单位等),每个订单用订单编号唯一标识,由系统按时间顺序生成,后提交的订单具有更大的订单号。订单状态记录了该订单的当前处理状态,包括"未审核""退回""已审核""已部分配送""已全部配送""已处理结束"等状态。订单明细中的配送状态记录了该图书的当前配送状态,包括"未配送""已部分配送""已全部配送""已部分送到""已全部送到"等状态。

(7) **配送单**:要求记录配送单号、对应订单号、配送日期、**配送信息**(收货人、送货地址、邮政编码、联系电话等)、**配送明细**(包括 ISBN、书名、配送数量等)、是否拆送、发票编号、配送状态等。配送信息默认从会员注册信息中获取,也可重新填写。配送状态记录了该配送单的当前配送状态,包括"未发货""已发货""已送到"等状态。配送单由配送单号标识。每个订单的配送单号是由订单号加上系统按时间顺序生成的流水号组成。

(8) **发票**:用发票的实际发票编号唯一标识。

(9) **出版社信息**:包括出版社编号、出版社名称、出版社地址、邮政编码、联系人、联系电话、传真、电子邮箱等信息。出版社编号是出版社的唯一标识。

(10) **配送公司**信息:包括公司编号、公司名称、公司地址、邮政编码、联系人、联系电话、传真、电子邮箱等信息。公司编号是配送公司的唯一标识。

(11) **留言信息**:需记录留言人、留言日期、留言内容等信息;**回复留言**:需记录回复人、回复日期、回复内容等信息。

6.1.5　业务规则及完整性约束分析

基于上述功能需求和数据需求,通过进一步了解,网上书店业务规则及完整性约束如下。

(1) 所有用户均可搜索图书信息,但只有注册会员才能在网上提交订单;只有注册职员才能维护图书信息及受理订单。

(2) 当普通会员购书总额达到 10 000 元,即升级为三级 VIP 会员,享受售价 9.5 折优惠;购书总额达到 20 000 元,升级为二级 VIP 会员,享受售价 9 折优惠;购书总额达到 30 000 元,升级为一级 VIP 客户,享受售价 8.5 折优惠。会员提交的订单审核通过后,系统自动更新该会员的累计购书总额,并根据累计购书总额自动更新会员的等级。

(3) 采购单中的入库状态记录了该采购单的当前入库情况,包括"未入库""已部分入库""已全部入库"等状态。每一次办理入库手续后,需要自动更新该入库单所对应的采购单的入库状态的值。当一个采购单中所采购的所有图书都办理入库后,则更新该采购单的入库状态为"已全部入库"。

（4）系统需记录每种图书的当前库存数量，图书入库时系统自动增加库存数量，图书出库时系统自动减少库存数量；当库存数量低于某一阈值时，则通知补货。

（5）选购的图书必须放入购物车后才能生成订单。

（6）订单受理前允许会员删除所选图书，修改订购数量、配送信息和发票单位，甚至取消订单。但是订单审核通过后，则不允许再做任何修改。

（7）职员受理订单时，如发现订单及配送单信息填写不正确，则退回客户重新填写。

（8）同一订单可订购多种图书，且每种图书的订购数量可以不同。每种图书的实收金额由系统自动计算产生，计算公式为：实收金额＝订购数量×定价×图书折扣×会员折扣。

（9）每个订单可分多个配送单进行配送，配送单的配送明细信息由会员设置。因此会员在生成订单之后需要进一步进行配送设置，包括填写配送信息，定义配送明细，同时还需要选择：如果一个配送单中的所有图书不是同时有货，则需说明是否自动拆送。会员在提交配送方案后，系统应该自动检查该配送方案是否正确（即一个订单所对应的多个配送单是否正好将该订单所订购的所有图书全部安排配送了）。

（10）一张订单的每一个配送单对应开一张发票，但一张订单的所有发票的发票单位都相同。

（11）配送单中的图书采取先到先发货原则进行配送。如果一个配送单中所购图书均有库存，则生成该配送单的发票，更新库存数量，安排配送。若一配送单中的图书未同时有货（通知尽快进货），且会员选择可以拆送，则系统会自动拆分成不同配送单发货；但是，配送单中的某种图书只有库存有足够存书时才能安排配送。

（12）一个配送单只能由一个配送公司进行配送（不同配送单可以由不同配送公司配送）；一个配送公司可以承接多次配送业务。

（13）配送单中的配送状态记录了该配送单的当前配送状态，包括"未发货""已发货""已送到"等状态。需要根据配送单的配送进展情况及时更新配送单的配送状态的值。

（14）订单明细中的配送状态记录了该图书的当前配送状态，包括"未配送""已部分配送""已全部配送""已部分送到""已全部送到"等状态。每一次更新配送单的配送状态之后，需要自动更新该配送单所对应的订单明细中相关图书的配送状态的值。当订单明细中的某种图书全部送到后，则更新该图书的配送状态为"已全部送到"。

（15）订单中的订单状态记录了该订单的当前处理状态，包括"未审核""退回""已审核""已部分配送""已全部配送""已处理结束"等状态。每一次更新订单明细的配送状态之后，需要自动更新该订单明细所对应的订单中的订单状态的值。当一个订单中所订购的所有图书的配送状态均为"已全部送到"时，则更新该订单的订单状态为"已处理结束"。

（16）一种图书只由一个出版社出版，而一个出版社可出版多种图书。

（17）一个会员可发表多条留言，一个职员可回复多条留言，但假设一条会员发布的留言至多只回复一次。

6.2　数据库概念设计

6.2.1　确定基本实体集及属性

实体集是具有相同类型及相同性质(或属性)的实体集合。通常,一个实体对应一个事物,是名词。发现实体集的步骤可归纳为:

(1) 找出需求分析中出现的具有一组属性的"名词";

(2) 分析这些"名词"信息是否需要存储。对于不需要存储的"名词"不必建模为实体集;

(3) 分析这些"名词"是否依赖于其他对象存在。如果是,可考虑建模为依赖实体集、弱实体集或联系集。

由 6.1.4 节的分析可知,网上书店系统中出现的"名词"主要有:会员、职员、图书、出版社、配送公司、订单、配送单、采购单、入库单、购物车、留言和发票等。那么,这些"名词"哪些需要建模为实体集呢?

显然,**会员**、**职员**、**图书**、**出版社**、**配送公司**等都是对应为有形的人、物或单位,且都具有一组属性且部分属性能唯一标识每个实体,而且它们需要存储到数据库中供查询用,因此可直接建模为基本实体集。

购物车用于临时存放购书信息,包括选购图书的书号、名称、订购数量和订购价格。订单成功提交后,购物车中的信息将全部存放到订单中去。现有的电子商务网站中,有的网站不保留购物车信息,关闭浏览器后,购物车自动清空;但有些网站(如亚马逊)会保留购物车信息,这样即使关闭浏览器,或者在异地重新登录后,仍然可以继续购物,购物完成后,再自动清空。这里假设购物车信息不需保留,故不必建模为一个实体集。

根据 4.6 节的分析可知,可以将伴随着业务发生而形成的**订单**、**采购单**、**配送单**、**入库单**等建模为依赖实体集或弱实体集。我们将这些伴随着主要业务建模而形成的依赖实体集、弱实体集都放在 6.2.2 节主要业务局部概念建模中去分析。

发票是提供给会员的购书凭证。每张发票有唯一的发票编号。由于每个配送单对应生成一张发票,而且发票并没有太多的属性需要存储,因此这里不将发票建模为实体集,而是将发票编号建模为**配送单**弱实体集的属性,发票单位建模为**订单**实体集的属性(假设一个**订单**生成的一张或多张发票的发票单位相同)。详见 6.2.2 节。

综上所述,**会员**、**职员**、**图书**、**出版社**、**配送公司**、**留言**等可建模为基本实体集。确定了基本实体集后,接下来就是确定各基本实体集的属性和主码。

确定属性的总原则是,只需要将那些与应用相关的特征建模为实体集的属性。对于网上书店,图书的重量、印刷单位等信息不必建模为图书实体集的属性。

确定了属性后,还要进一步分析属性是简单属性还是复合属性,是单值属性还是多值属性等,具体方法详见 4.2.2 节。

接下来,就是选择由哪些属性来构成实体集的主码,即能唯一标识各个实体的属性或属性集。当一实体集存在多个候选码时,可按 4.3.2 节中的原则选择主码。

确定属性时一个容易犯的错误是：**一实体集将其他实体集的主码作为其属性，而不是使用联系集**。换句话说，当一实体集需将另一实体集的主码作为其属性时，需通过建模为联系集来解决。

根据上述原则，各基本实体集的属性定义如下。

（1）**职员**（Employee）实体集。其属性有：职员编号（employeeNo）、登录密码（empPassword）、姓名（empName）、性别（sex）、出生日期（birthday）、部门（department）、职务（title）、薪水（salary）、住址（address）、电话（telephone）、电子邮箱（email）等。图 6-3 为**职员**实体集的数据字典。说明：限于篇幅，后面会略去大部分实体集和联系集的数据字典。

属性名	含　义	类别	域及约束
employeeNo	职员编号	主码	char(10)，不允许取空值
empPassword	登录密码		char(10)，不能少于 6 位
empName	姓名		varchar(20)，不允许取空值
sex	性别		char(2)，取值范围：{'男', '女'}
birthday	出生日期		datetime
department	部门		varchar(30)
title	职务		varchar(20)
salary	薪水		numeric
address	住址		varchar(40)
telephone	电话		char(13)，由数字字符加连字符'-'组成
email	电子邮箱		varchar(20)

图 6-3　职员（Employee）实体集的数据字典

（2）**会员**（Member）实体集。其属性有：会员编号（memberNo）、登录密码（memPassword）、姓名（memName）、性别（sex）、出生日期（birthday）、电话（telephone）、电子邮箱（email）、地址（address）、邮政编码（zipCode）、单位（unit）、购书总额（totalAmount）、会员等级（memLevel）、等级购书额定（levelSum）、会员折扣（memDiscount）等。会员实体集的数据字典如图 6-4 所示。

（3）**图书**（Book）实体集。其属性有：书号（ISBN）、书名（bookTitle）、作者（author）、出版日期（publishDate）、版次（version）、类别（category）、库存数量（stockNumber）、定价（price）、图书折扣（bookDiscount）、内容简介（introduction）、目录（catalog）等。注意，出版社名称为出版社实体集的相关属性，应通过建模为联系集解决。

（4）**出版社**（Press）实体集。其属性有：出版社编号（pressNo）、出版社名称（pressTitle）、出版社地址（address）、邮政编码（zipCode）、联系人（contactPerson）、联系电话（telephone）、传真（fax）、电子邮箱（email）等。

属性名	含　义	类别	域 及 约 束
memberNo	会员编号	主码	char(10),不允许取空值
memPassword	登录密码		char(10),不能少于6位
memName	姓名		varchar(20),不允许取空值
sex	性别		char(2),取值范围：{'男', '女'}
birthday	出生日期		datetime
telephone	电话		char(13),由数字加连字符'-'组成,不允许取空值
email	电子邮箱		varchar(20)
address	住址		varchar(40),不允许取空值
zipCode	邮政编码		char(6),不允许取空值
unit	单位		varchar(40),不允许取空值
totalAmount	购书总额	派生	numeric,从订单实体集中统计得到
memLevel	会员等级		char(1),取值范围：{'1', '2', '3'},分别代表一级、二级、三级VIP会员
levelSum	等级购书额定		numeric
memDiscount	会员折扣		float

图6-4　会员(Member)实体集的数据字典

(5) **配送公司**(Company)实体集。其属性有：公司编号(companyNo)、公司名称(companyTitle)、公司地址(address)、邮政编码(zipCode)、联系人(contactPerson)、联系电话(telephone)、传真(fax)、电子邮箱(email)等。

(6) **留言**(Message)实体集。其属性有：留言编号(messageNo)、留言日期(messageDate)、留言内容(messageContent)、回复日期(replyDate)、回复内容(replyContent)等。注意,留言人和回复人等信息要通过建立会员与留言、职员与留言之间的联系集解决。

6.2.2　主要业务局部概念建模

由6.1节分析可知,网上书店系统中的主要业务有：订单生成、配送设置、订单审核、图书配送、图书采购、图书入库等。下面分别对它们进行建模分析。

1. 订单生成与订单审核

订单生成涉及**会员**、**图书**等基本实体集,并会伴随着生成**订单**和**订单明细**。根据4.6.2节的分析可知,伴随着"订购"业务而形成的**订单**(OrderSheet)需要单独建模为**依赖实体集**,属性有：订单号(orderNo)、订购日期(orderDate)、应收总金额(tolAmtReceivable)、实收总金额(tolPaidAmt)、会员折扣(memDiscount)、付款方式

（payWay）、是否付款（paidFlag）、订单状态（orderState）、发票单位（invoiceUnit）等，其数据字典如图 6-5 所示。其中，应收总金额、实收总金额为派生属性，可通过**订单明细**汇总得到；会员折扣也是派生属性，它的值取会员实体集中该会员对应属性的当前值；发票单位属性的值默认取会员的单位属性的值，可以进行修改。

属性名	含　义	类别	域 及 约 束
orderNo	订单号	主码	char(15)，不允许取空值
orderDate	订购日期		datetime，不允许取空值
tolAmtReceivable	应收总金额	派生	numeric，从图书订购联系集中统计得到
tolPaidAmt	实收总金额	派生	numeric，从图书订购联系集中统计得到
memDiscount	会员折扣	派生	float，取会员实体集中该会员对应属性的当前值
payWay	付款方式		char(1)，取值范围：{'L', 'S'}，分别表示在线支付(on-line payment)、上门付款(on-site payment)
paidFlag	是否付款		char(1)，取值范围：{'Y', 'N'}
orderState	订单状态		char(1)，取值范围：{'A', 'B', 'C', 'D', 'E', 'F'}，分别代表"未审核""退回""已审核""已部分配送""已全部配送""已处理结束"
invoiceUnit	发票单位		varchar(40)，默认取会员实体集的 unit 属性当前值，并允许修改

图 6-5　订单（OrderSheet）实体集的数据字典

　　订单实体集与**图书**实体集之间存在多对多的**图书订购**（即**订单明细**）联系集，联系属性有订购数量、定价、应收金额、图书折扣、实收金额、配送状态等。其中，应收金额、实收金额为派生属性，可通过订购数量、定价、会员折扣、图书折扣等属性计算得到；定价、图书折扣也是派生属性，它们的值分别取**图书**实体集中该图书对应属性的当前值。**订单**实体集与**会员**、**职员**实体集之间分别存在着多对一的**订购**、**审核**联系集，如图 6-6 所示。说明，为了不使 E-R 图过于复杂，并未将实体集、联系集的所有属性在图中画出来。

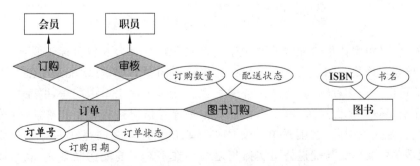

图 6-6　订单生成与订单审核业务的建模

2. 配送设置与图书配送

一张订单所订购的图书可拆分成不同的配送单发货,但一个配送单不能包含不同订单的图书。因此,会员在生成订单之后需要进一步进行配送设置,包括填写配送信息和送书明细,同时还需要选择:如果一个配送单中的所有图书不是同时有货,是否需要自动拆送。

伴随着配送设置会生成**配送单**和**配送明细**。由于**配送单**是依附于**订单**的,因此可将**配送单**(ShipSheet)建模为**订单**的弱实体集,属性有:配送单号(shipNo)、配送日期(shipDate)、收货人(receiver)、送货地址(shipAddress)、邮政编码(zipCode)、联系电话(shipTel)、是否拆送(separatedFlag)、发票编号(invoiceNo)、配送状态(shipState)等,配送单号为部分码,其数据字典如图6-7所示。

属性名	含　义	类别	域 及 约 束
shipNo	配送单号	部分码	char(4),不允许取空值
receiver	收货人		varchar(20),默认取会员实体集中该会员的memName属性当前值,并允许修改
shipAddress	送货地址		varchar(40),默认取会员实体集中该会员的address属性当前值,并允许修改
zipCode	邮政编码		char(6),默认取会员实体集中该会员的zipCode属性当前值,并允许修改
shipTel	联系电话		varchar(15),默认取会员实体集中该会员的telephone属性当前值,并允许修改
separatedFlag	是否拆送		char(1),取值范围:{'Y', 'N'}
invoiceNo	发票编号		varchar(20)
shipDate	配送日期	联系	datetime,它是实体集配送单与配送公司之间的多对一联系集配送(Ship)的联系属性
shipState	配送状态	联系	char(1),取值范围:{'A', 'B', 'C'},分别代表"未发货""已发货""已送到"。它是实体集配送单与配送公司之间的多对一联系集配送(Ship)的联系属性

图6-7　配送单(ShipSheet)弱实体集的数据字典

一方面,**订单**实体集与**配送单**弱实体集之间存在一对多的**包含**标识联系集;另一方面,**配送单**弱实体集与**图书**实体集之间存在多对多的**图书配送**(即**配送明细**)联系集,一个配送单可以配送多种图书,反之一种图书也会在多个配送单中配送,联系属性有配送数量。在会员设置的配送单基础上,由职员根据库存情况进行调整和确认,并分派给**配送公司**进行配送。因此,在**配送单**弱实体集与**职员**实体集之间存在多对一的**分派**联系集;在**配送单**弱实体集与**配送公司**实体集之间存在多对一的**配送**联系集,联系属性有配送日期、配送状态,如图6-8所示。

图书配送联系集反映的是**配送明细**信息,即一个配送单中需要配送哪些图书?每一

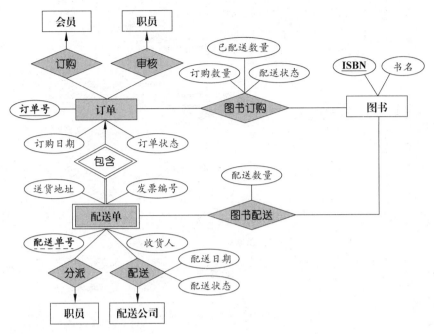

图 6-8　配送设置与图书配送业务的建模

种图书的配送数量是多少？为了"核对"一个订单所订购的所有图书是否已经配送完毕，需要在**图书配送**联系集与**图书订购**联系集（即**配送明细**与**订单明细**）之间进行"配送核对"，它是多对一的汇总核对功能。同时，可在**图书订购**（即**订单明细**）联系集中增加一个派生属性已配送数量，它可在**图书配送**（即**配送明细**）联系集中按订单号、图书编号汇总得到。如果一个**订单明细**的已配送数量与订购数量的值相同，则可将该**订单明细**的配送状态置为"已全部配送"；如果同一个**订单**的所有**订单明细**的配送状态都为"已全部配送"，则可将该订单的订单状态置为"已全部配送"。如果一个**订单**的所有**配送单**的配送状态都为"已送到"，则可将该**订单**的订单状态置为"已处理结束"。

　　另一种可选建模方案是：将**配送单**建模为强实体集，而**图书配送**建模为实体集**配送单**与联系实体集**图书订购**之间的多对多联系集，如图 6-9 所示。

3. 图书采购与图书入库

　　图书采购涉及**职员**（采购员）、**出版社**、**图书**等基本实体集，并会伴随着生成**采购单**和**采购明细**。根据 4.6.2 节的分析可知，伴随着"采购"业务而形成的**采购单**（PurchaseSheet）需要单独建模为**依赖实体集**，属性有：采购单号（purchaseNo）、采购日期（purDate）、采购总金额（purAmount）、是否入库（storedFlag）等，其中采购总金额为派生属性，可通过**图书采购**（即**采购明细**）联系集汇总得到。**采购单**实体集与**图书**实体集之间存在多对多的**图书采购**联系集，联系属性有采购数量、采购单价、采购金额等，其中采购金额为派生属性；**采购单**实体集与**职员**实体集之间存在多对一的**采购**联系集；**采购单**实体集与**出版社**实体集之间存在多对一的**供应**联系集，如图 6-10 所示。

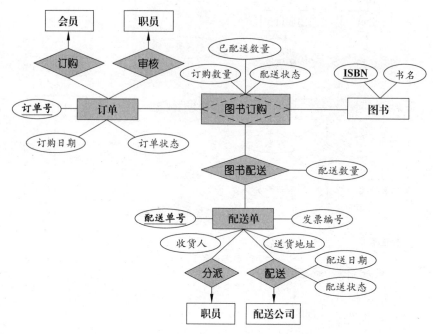

图 6-9　配送设置与图书配送业务的另一种建模方案

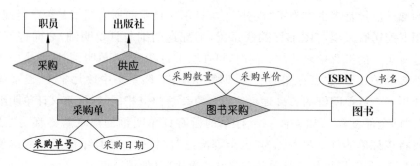

图 6-10　图书采购业务的建模

图书采购联系集反映的就是**采购明细**，即一个采购单中采购了哪些图书？每一种图书的采购数量和单价分别是多少？显然在一个采购单的采购明细中，每一种图书只能出现一次。假设同一种图书允许在一个采购单的采购明细中出现多次（如不同价格采购的同一种**图书**在**采购明细**中需要作为不同的联系出现），即**图书采购**是**多值联系**，则可以将**图书采购**联系集建模为**采购明细**（PurchaseBook）**弱实体集**，属性有：序号（serialNo）、采购数量（purQuantity）、采购单价（purPrice）等，序号为部分码，它依赖于**采购单**实体集而存在，如图 6-11 所示。建模为**采购明细**弱实体集后，在一个**采购单**中可以方便地表示同一种**图书**以不同价格采购的情况。

图书采购到货后需要办理图书"入库"手续。由于**入库单**是依附于**采购单**的，因此可将**入库单**（StoreSheet）建模为**采购单**的弱实体集，属性有：入库单号（storeNo）、入库日期（storeDate）等，入库单号为部分码。一方面，**采购单**实体集与**入库单**弱实体集之间存在

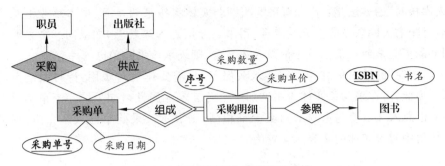

图 6-11　图书采购业务的改进建模

一对多的**拥有**标识联系集。另一方面，图书入库会涉及到**职员**（采购员和仓库保管员）、**图书**等基本实体集，**入库单**弱实体集与**图书**实体集之间存在多对多的**图书入库**联系集，联系属性有入库数量；**入库单**弱实体集与**职员**（采购员）实体集之间存在多对一的**入库**联系集；**入库单**弱实体集与**职员**（仓库保管员）实体集之间存在多对一的**验收**联系集，如图 6-12 所示。

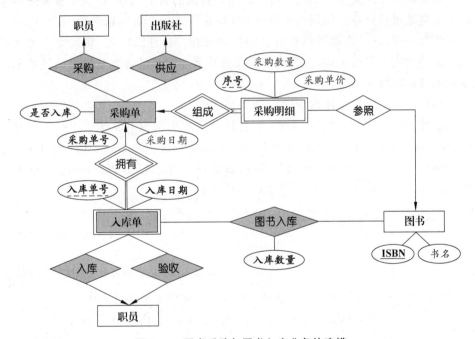

图 6-12　图书采购与图书入库业务的建模

　　一个**采购单**采购的图书可能分多次到货入库，因此，在**图书入库**联系集与**采购明细**弱实体集之间需要进行"入库核对"。一方面，一笔**采购明细**可能分多次入库；另一方面，虽然规定一笔**图书入库**（即**入库明细**）只能来自于一个**采购单**的**采购明细**，但由于在一个**采购单**中同一种图书可能在**采购明细**中出现多次，导致在**入库明细**中同一种图书的多个采购明细可能需要合并入库。因此，**图书入库**联系集与**采购明细**弱实体集之间的"入库核对"是多对多的。

"入库核对"的方法是：首先对**采购明细**弱实体集按采购单号、图书编号汇总采购数量；然后对**图书入库**联系集按采购单号、图书编号汇总入库数量，如果同一个采购单中每一种**图书**的汇总采购数量都等于汇总入库数量，则表示该**采购单**已入库完毕。

"入库核对"的核对信息并不需要永久保存，只需要作为对账用，待对账结束后就可以删除。为此，可在**采购单**实体集中增加一个是否入库属性。如果同一个**采购单**中每一种图书的汇总入库数量与汇总采购数量都相同，则表示该**采购单**已入库完毕，则可将**采购单**实体集中对应实体的是否入库置为"Y"。

6.2.3 定义联系集及属性

通常，联系对应的概念为一种动作，即描述实体间的一种行为。因此，当发现两个或多个实体之间的某种行为需要记录时，可建模为一个联系集。在确定了基本实体集并讨论了主要业务的局部概念建模之后，将相关实体集关联起来的联系集也就发现得差不多了。

确定联系集的一个重要任务是分析所建模联系集的映射基数，即参与联系的实体集中的一个实体通过该联系集能同时与另一个实体集中多少个实体相联系(参见 4.3 节)。

同实体集一样，联系集也可以有自己的描述属性。要注意的是，联系集已包含了所有参与该联系的实体集的主码属性，故在 E-R 图中**参与联系的实体集的主码属性不要作为联系集的描述属性画出**。

基于前面设计得到的实体集，可确定如下联系集。

(1) **图书订购**(OrderBook)联系集：它是**订单**实体集和**图书**实体集之间的多对多联系集，其描述属性有：订购数量(quantity)、定价(price)、应收金额(amtReceivable)、图书折扣(bookDiscount)、实收金额(paidAmt)、已配送数量(shippedQuantity)、配送状态(shipState)等。图 6-13 为图书订购联系集的数据字典。

属性名	含 义	类别	域 及 约 束
quantity	订购数量		int
price	定价	派生	numeric，取**图书**实体集中该图书对应属性的当前值
amtReceivable	应收金额	派生	numeric，由 quantity×price 计算得到
bookDiscount	图书折扣	派生	float，取**图书**实体集中该图书对应属性的当前值
paidAmt	实收金额	派生	numeric，由 amtReceivable × bookDiscount × memDiscount 计算得到，其中 memDiscount 为订单实体集中的属性
shippedQuantity	已配送数量	派生	int，从**图书配送**联系集中统计得到
shipState	配送状态	派生	char(1)，取值范围：{'A', 'B', 'C', 'D', 'E'}，分别代表"未配送""已部分配送""已全部配送""已部分送到""已全部送到"

图 6-13 图书订购(OrderBook)联系集的数据字典

（2）**订购**（Order）联系集：**订单**实体集和**会员**实体集之间的多对一联系集，没有联系属性。

（3）**审核**（Check）联系集：**订单**实体集和**职员**实体集之间的多对一联系集，没有联系属性。

（4）**包含**（Include）标识联系集：**订单**实体集和**配送单**弱实体集之间的一对多联系集，没有联系描述。

（5）**图书配送**（ShipBook）联系集：**配送单**弱实体集和**图书**实体集之间的多对多联系集，其描述属性有：配送数量（shipQuantity）。

（6）**分派**（Assign）联系集：**配送单**弱实体集和**职员**实体集之间的多对一联系集，没有联系属性。

（7）**配送**（Ship）联系集：**配送单**弱实体集和**配送公司**实体集之间的多对一联系集，其描述属性有：配送日期（shipDate）、配送状态（shipState），已建模为**配送单**弱实体集的属性。

（8）**组成**（Compose）标识联系集：**采购单**实体集和**采购明细**弱实体集之间的一对多联系集，没有联系属性。

（9）**参照**（Reference）联系集：**采购明细**弱实体集和**图书**实体集之间的多对一联系集，没有联系属性。

（10）**拥有**（Hold）标识联系集：**采购单**实体集和**入库单**弱实体集之间的一对多联系集，没有联系属性。

（11）**采购**（Purchase）联系集：**采购单**实体集和**职员**实体集之间的多对一联系集，没有联系属性。

（12）**供应**（Supply）联系集：**采购单**实体集和**出版社**实体集之间的多对一联系集，没有联系属性。

（13）**图书入库**（StoreBook）联系集：**入库单**弱实体集和**图书**实体集之间的多对多联系集，其描述属性有：入库数量（quantity）。

（14）**入库**（Store）联系集：**入库单**弱实体集和**职员**实体集之间的多对一联系集，没有联系属性。

（15）**验收**（Accept）联系集：**入库单**弱实体集和**职员**实体集之间的多对一联系集，没有联系属性。

（16）**发布**（Release）联系集：**会员**实体集与**留言**实体集之间的一对多联系集，其描述属性有：留言日期（releaseDate）、留言内容（messageContent），已建模为**留言**实体集的属性。

（17）**回复**（Reply）联系集：**职员**实体集与**留言**实体集之间的一对多联系集，其描述性属性有：回复日期（replyDate）、回复内容（replyContent）等，已建模为留言实体集的属性。

（18）**属于**（Belong）联系集：**图书**实体集和**出版社**实体集之间的多对一联系集，没有联系属性。

6.2.4　完整 E-R 模型

综上所述,包括全部实体集、联系集及其描述属性的 E-R 图如图 6-14 所示。注意,图中省略了实体集属性。

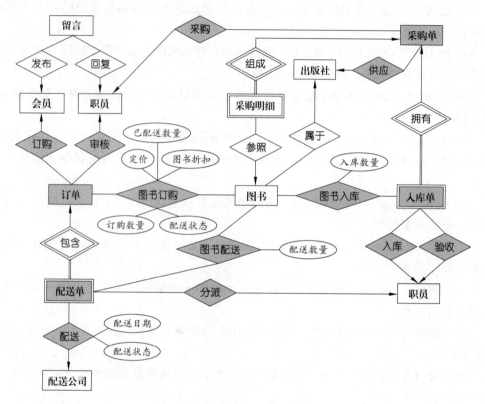

图 6-14　网上书店总 E-R 图

6.2.5　检查是否满足需求

经检查,图 6-14 所示的 E-R 图已基本包含了全部需求信息描述。但是,仍然发现还存在一些问题。

(1)数据冗余。会员等级、等级购书额定、会员折扣等信息在每个**会员**中都冗余存储,可考虑将它独立出来,单独建立一个**会员等级**(MemClass)实体集,属性有会员等级(memLevel)、等级购书额定(levelSum)、会员折扣(memDiscount)等;**会员**与**会员等级**实体集之间存在多对一的**引用**(Citation)联系集,如图 6-15 所示。

(2)业务规则脱离现实需求。例如,如果图书有多个作者,如何处理? 如果一个会员需要同时保留多个常用的**配送信息**(收货人、送货地址、邮政编码、联系电话等),以便在订单生成之后进行配送设置时供会员选择每个**配送单**的**配送信息**,又该如何处理? 这些问题留给读者去思考解决。再如,对于留言的"发布"与"回复"业务,现规定的业务规则为:

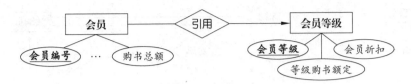

图 6-15　会员实体集与会员等级实体集之间的引用联系集

① 一个会员可以发布多条留言,且一条留言只能由一个会员发布;

② 一条留言由某个职员至多回复一次,但一个职员可以对多条留言进行回复。

显然,该业务规则不能较好地满足现实需求。可考虑将留言"发布"与"回复"业务的业务规则修改为:

① 一个会员可以发布多条留言,且一条留言只能由一个会员发布;

② 对于一条留言(即一个主题),一个职员可以回复多次,也可以多个职员进行回复;

③ 其他会员也可以对某会员的一条留言进行多次回复,包括会员本人也可对自己已经发布的一条留言进行回复。

分析该业务规则可知,**会员**(Member)实体集与**留言**(Message)实体集之间的一对多**发布**(Release)联系集的语义并没有变化;对于"回复"业务,不仅**留言**实体集分别与**职员**、**会员**实体集之间存在多对多的"回复"联系,而且这种"回复"联系是多值联系,因为一个**职员**或**会员**可以对同一条留言进行多次"回复"。

由于"回复"业务是依赖于**留言**实体集,且一个留言允许有多个回复,因此,可考虑如下的"回复"业务建模方案:

① 建立一个**留言**实体集的**留言回复**(MessageReply)弱实体集,属性有回复编号(replyNo),起部分码作用,标识联系集是**指向**(Direct);

② 在**职员**实体集与**留言回复**弱实体集之间存在一对多的**回复 1**(Reply1)联系集,在**会员**实体集与**留言回复**弱实体集之间存在一对多的**回复 2**(Reply2)联系集,联系属性均为回复日期(replyDate)、回复内容(replyContent)。

改进的"留言"和"回复"业务的建模结果如图 6-16 所示。

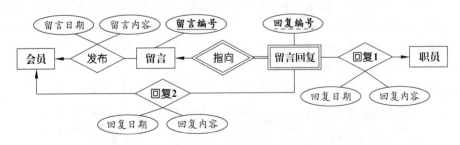

图 6-16　改进的"留言"和"回复"业务的建模结果

结合上述分析,最后可得到改进的总 E-R 图,如图 6-17 所示。

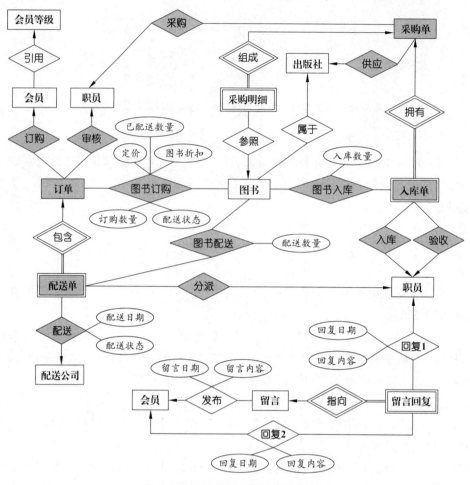

图 6-17　改进的网上书店总 E-R 图

6.3　数据库逻辑设计

设计出 E-R 图后，可根据 4.8 节所给出的原则将 E-R 图转换为数据库模式。通常是每个实体集（包括强和弱实体集）都对应于一个关系表。而联系集则应根据映射基数决定具体转换方式。图 6-17 所示的 E-R 图可转为如下数据库关系模式，其中主码属性加粗体和下画线、外码属性加粗斜体以示区分。

（1）职员 Employee 表：由**职员**（Employee）实体集转化而来，如图 6-18 所示。

属性名称	数据类型	属性描述
employeeNo	char(10)	职员编号
empPassword	char(10)	登录密码
empName	varchar(20)	姓名

图 6-18　职员 Employee 表

属性名称	数据类型	属性描述
sex	char(2)	性别
birthday	datetime	出生日期
department	varchar(30)	部门
title	varchar(20)	职务
salary	numeric	薪水
address	varchar(40)	住址
telephone	varchar(15)	电话
email	varchar(20)	电子邮箱

图 6-18　（续）

（2）会员 Member 表：由**会员**（Member）实体集转化而来，如图 6-19 所示。

属性名称	数据类型	属性描述
memberNo	char(10)	会员编号
memPassword	char(10)	登录密码
memName	varchar(20)	姓名
sex	char(2)	性别
birthday	datetime	出生日期
telephone	varchar(15)	电话
email	varchar(20)	电子邮箱
address	varchar(40)	住址
zipCode	char(6)	邮政编码
unit	varchar(40)	单位
totalAmount	numeric	购书总额
memLevel	char(1)	会员等级

图 6-19　会员 Member 表

（3）会员等级 MemClass 表：由**会员等级**（MemClass）实体集转化而来，如图 6-20
所示。

属性名称	数据类型	属性描述
memLevel	char(1)	会员等级
levelSum	numeric	等级购书额定
memDiscount	float	会员折扣

图 6-20　会员等级 MemClass 表

（4）图书 Book 表：由**图书**（Book）实体集和**属于**（Belong）联系集共同转化而来，如图 6-21 所示。由于联系集 Belong 是一对多联系，故可合并到 Book 表中来。

属性名称	数据类型	属性描述
ISBN	char(17)	书号
bookTitle	varchar(30)	书名
author	varchar(40)	作者
publishDate	datetime	出版日期
version	int	版次
category	varchar(20)	类别
stockNumber	int	库存数量
price	numeric	定价
bookDiscount	float	图书折扣
introduction	varchar(500)	内容简介
catalog	varchar(500)	目录
pressNo	char(12)	出版社编号

图 6-21　图书 Book 表

（5）出版社 Press 表：由**出版社**（Press）实体集转化而来，如图 6-22 所示。

属性名称	数据类型	属性描述
pressNo	char(12)	出版社编号
pressTitle	varchar(40)	出版社名称
address	varchar(40)	出版社地址
zipCode	char(6)	邮政编码
contactPerson	varchar(12)	联系人
telephone	varchar(15)	联系电话
fax	varchar(15)	传真
email	varchar(20)	电子邮箱

图 6-22　出版社 Press 表

（6）配送公司 Company 表：由**配送公司**（Company）实体集转化而来，如图 6-23 所示。

（7）留言 Message 表：由**留言**（Message）实体集和**发布**（Release）联系集共同转化而来，如图 6-24 所示。由于联系集 Release 是一对多联系，故可合并到 Message 表中来。

属性名称	数据类型	属性描述
companyNo	char(12)	公司编号
companyTitle	varchar(40)	公司名称
address	varchar(40)	公司地址
zipCode	char(6)	邮政编码
contactPerson	varchar(12)	联系人
telephone	varchar(15)	联系电话
fax	varchar(20)	传真
email	varchar(20)	电子邮箱

图 6-23　配送公司 Company 表

属性名称	数据类型	属性描述
messageNo	char(10)	留言编号
memberNo	char(10)	发布会员编号
releaseDate	datetime	留言日期
messageContent	varchar(100)	留言内容

图 6-24　留言 Message 表

（8）留言回复 MessageReply 表：由**留言回复**（MessageReply）弱实体集和标识联系集**指向**（Direct）以及联系集**回复 1**（Reply1）、**回复 2**（Reply2）共同转化而来，如图 6-25 所示。由于联系集 Direct、Reply1、Reply2 都是一对多联系，故可合并到 MessageReply 表中来。

属性名称	数据类型	属性描述
messageNo	char(10)	留言编号
replyNo	char(4)	回复编号
employeeNo	char(10)	回复职员编号
memberNo	char(10)	回复会员编号
replyDate	datetime	回复日期
replyContent	varchar(100)	回复内容

图 6-25　留言回复 MessageReply 表

（9）订单 OrderSheet 表：由**订单**（OrderSheet）实体集以及**订购**（Order）、**审核**（Check）联系集转化而来，如图 6-26 所示。由于联系集 Order、Check 都为一对多联系，故可合并到 OrderSheet 表中来。

（10）订单明细 OrderBook 表：由**图书订购**（OrderBook）多对多联系集转化而来，如图 6-27 所示。

属性名称	数据类型	属性描述
orderNo	char(15)	订单编号
memberNo	char(10)	会员编号
employeeNo	char(10)	职员编号
orderDate	datetime	订购日期
tolAmtReceivable	numeric	应收总金额
tolPaidAmt	numeric	实收总金额
memDiscount	float	会员折扣
payWay	char(1)	付款方式
paidFlag	char(1)	是否付款
orderState	char(1)	订单状态
invoiceUnit	varchar(40)	发票单位

图 6-26 订单 OrderSheet 表

属性名称	数据类型	属性描述
orderNo	char(15)	订单编号
ISBN	char(17)	图书编号
quantity	int	订购数量
price	numeric	定价
amtReceivable	numeric	应收金额
bookDiscount	float	图书折扣
paidAmt	numeric	实收金额
shippedQuantity	int	已配送数量
shipState	char(1)	配送状态

图 6-27 订单明细 OrderBook 表

(11) 配送单 ShipSheet 表：由**配送单**（ShipSheet）弱实体集和**包含**（Include）标识联系集以及联系集**分派**（Assign）、**配送**（Ship）转化而来，如图 6-28 所示。由于联系集 Include、Assign 和 Ship 都是一对多联系，故可合并到 ShipSheet 表中来。

属性名称	数据类型	属性描述
orderNo	char(15)	订单编号
shipNo	char(4)	配送单号
receiver	varchar(20)	收货人
shipAddress	varchar(40)	送货地址
zipCode	char(6)	邮政编码
shipTel	varchar(15)	联系电话
separatedFlag	char(1)	是否拆送
invoiceNo	varchar(20)	发票编号
shipDate	datetime	配送日期
shipState	char(1)	配送状态
companyNo	char(12)	配送公司编号
employeeNo	char(10)	职员编号

图 6-28　配送单 ShipSheet 表

（12）配送明细 ShipBook 表：由**图书配送**（ShipBook）多对多联系集转化而来，如图 6-29 所示。

属性名称	数据类型	属性描述
orderNo	char(15)	订单号
shipNo	char(4)	配送单号
ISBN	char(17)	图书编号
shipQuantity	int	配送数量

图 6-29　配送明细 ShipBook 表

（13）采购单 PurchaseSheet 表：由**采购单**（PurchaseSheet）实体集以及**采购**（Purchase）、**供应**（Supply）联系集转化而来，如图 6-30 所示。由于联系集 Purchase 和 Supply 都是一对多联系，故可合并到 PurchaseSheet 表中来。

属性名称	数据类型	属性描述
purchaseNo	char(15)	采购单号
purDate	datetime	采购日期
purAmount	numeric	采购总金额
storedFlag	char(1)	是否入库
employeeNo	char(10)	职员编号
pressNo	char(12)	出版社编号

图 6-30　采购单 PurchaseSheet 表

（14）采购明细 PurchaseBook 表：由**采购明细**（PurchaseBook）弱实体集和标识联系**集组成**（Compose）以及联系集**参照**（Reference）转化而来，如图 6-31 所示。由于联系集 Compose 和 Reference 都是一对多联系，故可合并到 PurchaseBook 表中来。

属性名称	数据类型	属性描述
purchaseNo	char(15)	采购单号
serialNo	char(4)	序号
ISBN	char(17)	图书编号
purQuantity	int	采购数量
purPrice	numeric	采购单价
storedQuantity	int	已入库数量

图 6-31　采购明细 PurchaseBook 表

（15）入库单 StoreSheet 表：由**入库单**（StoreSheet）弱实体集和标识联系集**拥有**（Hold）以及联系集**入库**（Store）、**验收**（Accept）转化而来，如图 6-32 所示。由于联系集 Hold、Store 和 Accept 都是一对多联系，故可合并到 StoreSheet 表中来。

属性名称	数据类型	属性描述
purchaseNo	char(15)	采购单号
storeNo	char(4)	入库单号
storeDate	datetime	入库日期
sEmployeeNo	char(10)	入库职员编号
aEmployeeNo	char(10)	验收职员编号

图 6-32　入库单 StoreSheet 表

（16）入库明细 StoreBook 表：由**图书入库**（StoreBook）多对多联系集转化而来，如图 6-33 所示。

属性名称	数据类型	属性描述
purchaseNo	char(15)	采购单号
storeNo	char(4)	入库单号
ISBN	char(17)	图书编号
quantity	int	入库数量

图 6-33　入库明细 StoreBook 表

6.4　模式求精

通常,如果能仔细分析用户需求,并正确识别出所有的实体集和联系集,由 E-R 图生成的数据库模式往往不需要太多的进一步模式求精。然而,如果一个实体集中的属性之间存在函数依赖(不包括主码依赖关系),则需要根据函数依赖理论将其规范化。

如果直接根据图 6-4 所示的**会员**(Member)实体集的数据字典转化得到一个关系模式,可以发现该关系模式中存在一个对非主属性的函数依赖关系:memLevel →{levelSum, memDiscount},由此导致的问题是数据冗余,即每一个相同等级会员都需要存放 levelSum 和 memDiscount 信息。该关系模式不满足 BCNF,因此需要对它进行分解。依据 BCNF 分解算法,该关系模式可分解为以下两个关系模式:

```
Member(memberNo,memPassword, memName, sex, birthday, telephone, email,
        address, zipCode, totalAmount,memLevel)
MemClass(memLevel,levelSum, memDiscount)
```

这就是图 6-19 和图 6-20 所示的关系模式。可以验证,它们都满足 BCNF 要求,且分解是无损分解(因为公共属性 memLevel 是 MemClass 的主码)。

本 章 小 结

本章综合运用前两章所学知识,给出了一个网上书店的数据库设计实例,包括需求分析、概念数据库设计和逻辑数据库设计。主要内容小结如下:

(1)需求分析包括业务流程分析、功能分析和业务规则分析。系统设计人员要根据用户的需求描述和系统边界,与用户进行深入交流和沟通,分析各个应用业务的具体流程。然后,根据业务流程,抽象出所开发系统拟实现的具体功能。最后,根据功能描述,进一步确定具体的业务规则和数据约束。

(2)概念数据库设计即 E-R 模型设计,包括实体集、联系集及属性的确定。实体集通常是功能分析中出现的具有一组属性且需要存储的"名词"。而联系集对应的概念为一种动作,即描述实体集间的一种行为。当两个或多个实体集之间的某种行为需要记录时,可建模为一个联系集。确定联系集的难点是分清联系集的映射基数并确定主码属性。属性的确定原则是,只需要将那些与应用相关的特征建模为实体集或联系集的属性。

(3)逻辑数据库设计是根据 E-R 模型转换为数据库模式,并对数据库模式求精。该步骤应根据 E-R 图转换规则和模式求精的步骤依次进行。在进行数据库模式转换时要注意联系集的转化:多对多联系集转化为一个单独的关系表;一对多或多对一联系集与"多"方实体集的表合并;一对一联系集与任何一方实体集的表合并。

通过本章的分析和设计过程可以看出:

(1)正确的数据库设计不是一蹴而就的,而是一个循序渐进和反复设计的过程。因此,在完成 E-R 模型设计后,还需仔细检查是否包含了所有的需求,如果没有,则需对已得出的 E-R 模型进行调整甚至重新设计。

(2) 如果能仔细分析用户需求,并正确识别出所有的实体集和联系集,由 E-R 图转换生成的数据库模式并不需要太多的进一步模式求精。然而,如果一个实体集中的属性之间可能存在函数依赖(不包括主码依赖关系),则需要根据函数依赖理论将其规范化。

习　题　6

6.1 某高校的图书管理系统需求描述如下:

(1) 该系统有图书管理员和读者两类用户。

(2) 实现按图书类别、ISBN、图书名称、关键词(每种图书最多可同时录入 4 个关键词)、出版社或作者(每种图书可能同时有多个作者)等手段检索图书信息;实现图书的借出和归还管理,并可对图书的借用情况进行各种查询和统计。

(3) 图书管理员负责添加、删除和更新图书信息。所有图书实行分类管理,每一种图书属于且仅属于某一类;每一种图书由 ISBN 唯一标识;每一种图书可能库存多册。

(4) 图书管理员负责添加、删除和更新读者信息。读者分教师、职工、研究生和本科生等几种类别,对于不同类别的读者可以同时借阅图书的册数不一样,图书的借期也不一样。

(5) 读者可以按规定在一定期限内借阅一定数量的图书,同一种图书仅允许在借 1 册,只有图书有库存时才能借阅。读者可以预订目前借不到的图书。一旦预订的图书被归还或购买入库,系统立即按预约的顺序通知预订者。

(6) 读者逾期不归还图书的,每本每天按一定的标准(如 0.1 元/本·天)收取罚金;丢失图书的可以买相同版次的新书归还(图书管理员对归还的新书按丢失图书的信息编码入库)或按原价 3 倍的金额进行赔偿(图书管理员需要删除丢失图书的库存信息)。

请对学校图书馆的业务需求进行调查,在调查的基础上完成:

(1) 分别画出借书、还书业务的处理流程。

(2) 设计该图书管理系统的 E-R 模型,E-R 图反映实体集之间的联系和联系属性,需标出联系的映射基数;并通过数据字典定义 E-R 图中的每一个实体集、联系集的属性。

(3) 将 E-R 模型转化为关系数据库的逻辑模型,并指出每一个关系模式的主码和外码,要求设计的关系模式满足 3NF。

6.2 一音像商店拟采用计算机管理音像(包括光碟和录像带)的销售与出租,需求描述如下:

• 该商店大约有 1000 盘录像带和 5000 张光碟,这些音像可从多家供应商订购;

• 为便于搜索,需要对光碟和录像带进行分类,如警匪片、言情片、计算机软件等;

• 所有录像带和光碟都有一个条形码,可使用条形码扫描仪进行销售和出租;

- 所有客户也有一个条形码,记录客户购买或租借的音像;
- 客户可预订光碟或录像带,当预订的音像归还和已添新货时通知客户来取;
- 提供灵活的查询机制回答用户查询。

请为该音像商店进行数据库设计,要求:

(1) 定义必要的实体集及其属性。

(2) 设计该音像商店的 E-R 模型,E-R 图重点反映实体集之间的联系和联系属性,需标出联系的映射基数。

(3) 将 E-R 模型转化为关系数据库的逻辑模型,并指出每一个关系模式的主码和外码,要求设计的关系模式满足 3NF。

6.3　宾馆管理系统的主要功能: 顾客管理、员工管理、客房预订、入住登记、宾馆购物、退房结账等。请你在对宾馆业务调研的基础上进行数据库设计,要求:

(1) 分别画出客房预订、入住登记和退房结账的业务处理流程。

(2) 设计该宾馆管理系统的 E-R 模型,E-R 图反映实体集之间的联系和联系属性,需标出联系的映射基数;并通过数据字典定义 E-R 图中的每一个实体集、联系集的属性。

(3) 将 E-R 模型转化为关系数据库的逻辑模型,并指出每一个关系模式的主码和外码,要求设计的关系模式满足 3NF。

6.4　医院门诊管理系统主要有病人、医院工作人员和系统管理员 3 类用户,主要功能包括: 门诊服务(挂号、划价与收费、药品发放等),就诊服务(医生诊断、化验与检查、开处方等),药品采购与库存管理,医务人员管理,病人及(电子)病历管理等。请你在对医院门诊业务调研的基础上进行数据库设计,要求:

(1) 定义必要的实体集及其属性。

(2) 设计该医院门诊管理系统的 E-R 模型,E-R 图重点反映实体集之间的联系和联系属性,需要标出联系的映射基数。

(3) 将 E-R 模型转化为关系数据库的逻辑模型,并指出每一个关系模式的主码和外码,要求设计的关系模式满足 3NF。

第7章

chapter 7

SQL 数据定义、更新及数据库编程

学习目标

结构化查询语言(structured query language,SQL)是关系数据库的标准语言,SQL语言由4部分组成,包括数据定义语言(DDL)、数据操纵语言(DML)、数据控制语言(DCL)和其他。现代数据库管理系统如 SQL Server、Oracle 等对 SQL 进行了扩展,引入了编程技术来解决更复杂的操作,主要包括流控制语句、游标、触发器和存储过程。本章主要介绍 SQL 数据定义语言 DDL,SQL 数据操纵语言 DML 中的数据更新(包括数据插入、删除和修改)操作,以及 T-SQL 语法、游标、触发器和存储过程。本章的教学目标主要有两个,一是要求读者熟练掌握数据库模式的建立、修改和删除操作以及数据元组的插入、删除与修改操作;二是要求读者熟练掌握触发器和存储过程的建立与使用,并运用触发器和存储过程完成对数据库的复杂操作。

学习方法

本章重在实验,因此要求读者结合课堂讲授的知识,强化上机实训,通过实训加深对课堂上学过的有关概念和知识点的理解,以便达到融会贯通的学习目标。本章所有的语法和案例都是基于 SQL Server 2014 数据库管理系统实现的。

学习指南

本章的重点是 7.1 节、7.2 节、7.5 节、7.6 节和 7.7 节,难点是 7.6 节和 7.7 节。

本章导读

(1) SQL 语句如何实现对数据库模式的建立、修改与删除?

(2) SQL 语句如何实现数据元组的插入、删除与修改?

(3) 在 SQL 的 DDL 语句中如何实现完整性约束? 实现完整性约束的方法有哪些?

(4) 如何将数据库的对象(如基本表、索引)建立在特定的物理文件上?

(5) 将数据库对象建立在特定的物理文件上,其目的是什么?

(6) 建立视图的目的是什么? 视图主要用于什么操作?

(7) 为什么引出游标? 游标的作用是什么?

(8) 存储过程的主要作用是什么? 它在哪里执行?

(9) 触发器有几种类型? 其主要作用是什么? 它什么时候执行?

(10) 触发器涉及两张特殊表,这两张特殊表保存什么内容? 起什么作用?

（11）触发器的执行需要授权吗？是否触发器越多越好？当一张表上建立了多个触发器时，其可能的触发顺序是什么？会出现触发器的递归调用吗？如果出现递归调用，带来的后果是什么？

7.1 SQL 数据定义语言

数据库中的关系集合必须由数据定义语言 DDL 来定义，包括：数据库模式、关系模式、每个属性的值域、完整性约束、每个关系的索引集合和关系的物理存储结构等。

SQL 数据定义语言包括：

- 数据库的定义：创建、修改和删除；
- 基本表的定义：创建、修改和删除；
- 视图的定义：创建和删除；
- 索引的定义：创建和删除。

这些对象的创建、修改和删除方式如表 7-1 所示。

表 7-1　SQL 数据定义

操 作 对 象	创　　建	修　　改	删　　除
数据库	CREATE DATABASE	ALTER DATABASE	DROP DATABASE
基本表	CREATE TABLE	ALTER TABLE	DROP TABLE
视图	CREATE VIEW		DROP VIEW
索引	CREATE INDEX		DROP INDEX

7.1.1　数据库的定义

数据库保存了企业所有的数据，以及相关的一些控制信息，如安全性和完整性约束、关系的存取路径等。数据库包含了基本表、视图、索引以及约束等对象，在定义这些对象之前，必须首先创建数据库，然后在数据库中定义所有的对象。数据库与其对象之间的关系如图 7-1 所示。从图中可以看出，数据库作为一个整体存放在外存的物理文件中。物理文件有两种：一是数据文件，存放数据库中的对象数据；二是日志文件，存放用于恢复数据库的冗余数据（参见第 10 章）。一个数据库可以有多个物理文件，可以将一个或若干个物理文件设置为一个逻辑设备；一个数据库可以有多个逻辑设备，必须在创建数据库时进行定义。定义数据库对象时只需要指明该对象存放在哪个逻辑设备上，而不必关心更多的物理细节；由逻辑设备与物理文件进行联系，从而实现数据库的逻辑模式与存储模式的独立。

1. 数据库的创建

一个数据库创建在物理介质（如硬盘）的 NTFS 分区或者 FAT 分区的一个或多个文

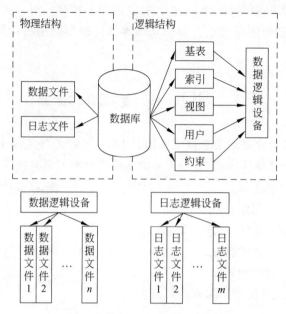

图 7-1　数据库与其对象之间的关系

件上,它预先分配了将要被数据库和事务日志所使用的物理存储空间。存储数据的文件叫做**数据文件**(data file),这些文件用来存储数据库对象的定义和实例数据;存储日志的文件叫做**日志文件**(log file)。数据文件和日志文件统称为**物理文件**或**磁盘文件**。在创建一个新的数据库的时候,仅仅是创建了一个空壳,必须在这个空壳中创建对象(如基本表等),然后才能使用这个数据库。

当创建了一个数据库,与该数据库相关的描述信息会存入到系统的**数据字典**(即数据库**系统表**)中。

在创建数据库的时候,必须定义数据库的名字、逻辑设备名和物理文件名。

创建数据库操作的语法为:

```
CREATE DATABASE <databaseName>
[ ON [ PRIMARY ] {<filespec>[, … n ] } [,
    { FILEGROUP <filegroupName>{<filespec>[, … n ] } [, … n ] } ] ]
[ LOG ON {<filespec>[, … n ] } ]
```

其中,[, … n]表示它所在语法项中的所有左边内容可以重复 n 次,每一次的内容由逗号分隔。其他说明如下:

(1) $<\boldsymbol{filespec}>$::=([NAME=$<logicalFileName>$,]
　　　　　　　FILENAME= '$<osFileName>$'[, SIZE=$<size>$]
　　　　　　　[, MAXSIZE= { $<maxSize>$ | UNLIMITED }]
　　　　　　　[, FILEGROWTH= $<growthIncrement>$])

$<filespec>$描述了磁盘文件(包括数据文件和日志文件)的逻辑文件名(也称为磁盘文件的别名)、物理文件名(也称为操作系统文件名)以及磁盘文件的初始大小、最大可扩展大小和每次扩展存储空间的步长。

（2）<$databaseName$>：被创建的数据库的名字，满足如下要求：

* 长度可以从 1 到 30，第一个字符必须是字母，或下画线_，或字符@；
* 在首字符后的字符可以是字母、数字或者前面规则中提到的字符；
* 名称中不能有空格。

（3）ON：指定数据库中的数据文件。数据文件又可分为主（primary）逻辑设备中的数据文件、用户逻辑设备（组）中的数据文件。

（4）PRIMARY：描述在主逻辑设备中创建的数据文件。对于一个数据库来说，只能有一个主逻辑设备。在主逻辑设备中第一个数据文件称为主文件。如果主逻辑设备没有指明，则创建数据库时所描述的第一个数据文件将作为主文件。主文件通常用来存储数据库系统表等数据库的系统管理信息，同时也存放没有分配具体逻辑设备的数据库对象。数据库系统表中包含了所有数据库对象和对象的定义（即数据库逻辑结构，包括全局逻辑结构和局部逻辑结构，其中基本表、约束等的定义就是全局逻辑结构，视图定义就是局部逻辑结构和外模式/模式映像），以及这些数据库对象到逻辑设备的映射表、逻辑设备及逻辑设备上的对象到数据文件的映射表（相当于模式/内模式映像）等。

（5）FILEGROUP <$filegroupName$>：描述在用户逻辑设备（组）中创建的数据文件，其中<$filegroupName$>为用户逻辑设备（组）的名字。

（6）LOG ON：指定数据库中的日志文件。如果没有指定 LOG ON，系统将自动创建单个的日志文件。

【例 7.1】 建立学生成绩数据库 ScoreDB。

```
CREATE DATABASE ScoreDB
ON                                              --创建数据文件
    (  NAME=ScoreDB,                            --逻辑文件名,也称为数据文件的别名
       FILENAME='e:\SQLDatabase\ScoreDB.mdf',   --数据文件的物理文件名
       SIZE=5,
       MAXSIZE=10,
       FILEGROWTH=1 )
LOG ON                                          --创建日志文件
    (  NAME=ScoreLog,                           --逻辑文件名,也称为日志文件的别名
       FILENAME='e:\SQLDatabase\ScoreLog.ldf',  --日志文件的物理文件名
       SIZE=2,
       MAXSIZE=5,
       FILEGROWTH=1 )
```

本例的含义是：在磁盘 e:\SQLDatabase 目录下，创建一个 ScoreDB 数据库，只有一个主逻辑设备，对应一个数据文件 ScoreDB.mdf，该文件初始大小为 5MB，最大可扩展为 10MB；如果初始文件装不下数据，每次自动按 1MB 进行扩展，直到 10MB 为止。日志文件为 ScoreLog.ldf，该文件初始大小为 2MB，最大可扩展为 5MB；如果初始文件装不下数据，每次自动按 1MB 进行扩展，直到 5MB 为止。

【例 7.2】 建立一个复杂的数据库 MyTempDB。

```
CREATE DATABASE MyTempDB
ON                           --创建数据文件
  PRIMARY                    --创建主逻辑设备中的数据文件,共有1个
    ( NAME=TempDev,          --逻辑文件名,也称为数据文件的别名
      FILENAME='d:\TempData\TempDev.mdf',    --数据文件的物理文件名
      SIZE=5,
      FILEGROWTH=2 ),
  FILEGROUP TempHisDev       --创建第1个用户逻辑设备(组)中的数据文件,共有1个
    ( NAME=TempHisDev1,      --用户逻辑设备(组)TempHisDev中的数据文件别名
      FILENAME='d:\TempData\TempHisDev1.mdf',  --TempHisDev中的物理文件名
      SIZE=10,
      FILEGROWTH=5 ),
  FILEGROUP TempBakDev       --创建第2个用户逻辑设备(组)中的数据文件,共有3个
    ( NAME=TempBakDev1,      --用户逻辑设备(组)TempBakDev中第1个数据文件别名
      FILENAME='d:\TempData\TempBakDev1.mdf',      --TempBakDev中第1个物理文件名
      SIZE=5,
      FILEGROWTH=2),
    ( NAME=TempBakDev2,      --用户逻辑设备(组)TempBakDev中第2个数据文件别名
      FILENAME='d:\TempData\TempBakDev2.mdf',    --TempBakDev中第2个物理文件名
      SIZE=5,
      FILEGROWTH=2 ),
    ( NAME=TempBakDev3,      --用户逻辑设备(组)TempBakDev中第3个数据文件别名
      FILENAME='d:\TempData\TempBakDev3.mdf',      --TempBakDev中第3个物理文件名
      SIZE=5,
      FILEGROWTH=2 )
LOG ON                       --创建日志文件,共有2个
    ( NAME='TempLogDev1',    --第1个日志文件别名
      FILENAME='d:\TempData\TempLogDev1.ldf',  --第1个日志文件的物理文件名
      SIZE=5MB,
      FILEGROWTH=2MB),
    ( NAME='TempLogDev2',    --第2个日志文件别名
      FILENAME='d:\TempData\TempLogDev2.ldf',    --第2个日志文件的物理文件名
      SIZE=5MB,
      FILEGROWTH=2MB )
```

在本例中,共有 2 个日志文件 TempLogDev1.ldf 和 TempLogDev2.ldf;共有 5 个数据文件,分别在 3 个逻辑设备中。其中,主逻辑设备中有一个数据文件 TempDev.mdf;用户逻辑设备(组)TempHisDev 中有一个数据文件 TempHisDev1.mdf;用户逻辑设备(组)TempBakDev 中有 3 个数据文件 TempBakDev1.mdf、TempBakDev2.mdf 和 TempBakDev3.mdf。

2. 数据库的修改

数据库在运行过程中,可以依据数据量的大小进行修改。

修改数据库操作的语法为：

```
ALTER DATABASE <databaseName>
{   ADD FILE {<filespec>[, … n ] } [TO FILEGROUP  <filegroupName>]
    | ADD LOG FILE {<filespec>[, … n ] }
    | REMOVE FILE <logicalFileName>
    | ADD FILEGROUP <filegroupName>
    | REMOVE FILEGROUP <filegroupName>
    | MODIFY FILE <filespec>
    | MODIFY FILEGROUP <filegroupName><filegroupProperty>
}
```

其中：

- $<databaseName>$：指定被修改的数据库的名字；
- ADD FILE：指定添加到数据库中的数据文件；
- TO FILEGROUP $<filegroupName>$：指定文件添加到名为$<filegroupName>$的逻辑设备(组)中；
- ADD LOG FILE：指定添加到数据库中的日志文件；
- REMOVE FILE：从数据库系统表中删除该文件，并物理删除该文件；
- ADD FILEGROUP：指定添加到数据库中的逻辑设备(组)；
- $<filegroupName>$：逻辑设备(组)的名称；
- REMOVE FILEGROUP：从数据库系统表中删除该逻辑设备(组)，并删除在这个逻辑设备(组)中的所有数据文件；
- MODIFY FILE：指定要修改的文件，包含该文件的名称、大小、增长量和最大容量；
- $<filegroupProperty>::=\{\ \{$ READONLY $|$ READWRITE $\}$
  $\qquad\qquad\qquad\qquad |\ \{$ READ_ONLY $|$ READ_WRITE $\}$
  $\qquad\qquad\qquad\qquad |$ NAME$=\ <newFilegroupName>\ \}$

注意：一次只可以修改其中的一个选项。

【例 7.3】　修改 MyTempDB 数据库。

```
ALTER DATABASE MyTempDB
MODIFY FILE ( NAME=TempHisDev1,
              SIZE=20MB )
```

将逻辑文件名(即别名)为 TempHisDev1 的磁盘文件的初始大小修改为 20MB。

3. 数据库的删除

删除数据库时，系统会同时从数据库系统表中将该数据库的描述信息一起删除，有的数据库系统还会自动删除与数据库相关联的物理文件。

删除数据库操作的语法为：

```
DROP DATABASE <databaseName>
```

7.1.2　基本表的定义

创建了数据库后,就可以在数据库中建立基本表。通过将基本表与逻辑设备相关联,使得一个基本表可以放在一个数据文件上,也可以放在多个数据文件上。

SQL 中的基本数据类型是:

- 整型：int(4B)、smallint(2B)、tinyint(1B);
- 实型：float、real(4B)、decimal(p, n)、numeric(p, n);
- 字符型：char(n)、varchar(n)、text;
- 二进制型：binary(n)、varbinary(n)、image;
- 逻辑型：bit,只能取 0 和 1,不允许为空;
- 货币型：money(8B, 4 位小数)、small money(4B, 2 位小数);
- 时间型：datetime(4B, 从 1753-01-01 开始)、smalldatetime(4B, 从 1900-01-01 开始)。

其中：image 为存储图像的数据类型,text 存放大文本数据。

1. 创建基本表

当创建了一个基本表,与该基本表相关的描述信息会存入到数据库系统表中。

创建基本表操作的语法为:

```
CREATE TABLE <tableName>
    ( <columnName1><dataType> [DEFAULT <defaultValue>] [NULL | NOT NULL] [,
     <columnName2><dataType> [DEFAULT <defaultValue>] [NULL | NOT NULL] … ]
     [, [CONSTRAINT <constraintName1>] {UNIQUE | PRIMARY KEY}
          (<columName1> [, <columnName2> … ]) [, … n ] ]
     [, [CONSTRAINT <constraintName2>]
          FOREIGN KEY (<columName1> [, <columnName2> … ])
          REFERENCE [<dbName>.owner.]<refTable>
              (<refColumn1> [, <refColumn2> … ]) [, … n ] ]
    ) [ON <filegroupName>]
```

其中：

- $<tableName>$：基本表的名称,最多可包含 128 个字符;
- $<columnName>$：基本表中的列名,在表内唯一;
- $<dataType>$：指定列的数据类型;
- DEFAULT $<defaultValue>$：为列设置默认值,属于可选项;
- NULL | NOT NULL：为列设置是否允许为空值,属于可选项;
- $<constraintName>$：定义约束的名字,属于可选项;
- UNIQUE：建立唯一约束;
- PRIMARY KEY：建立主码约束;
- FOREIGN KEY：建立外码约束;

- ON ＜*filegroupName*＞：将数据库对象放在指定的逻辑设备（组）上，该逻辑设备（组）必须是在创建数据库时定义的，或者使用数据库的修改命令已加入到数据库中的逻辑设备（组），缺省该项时自动将对象建立在主逻辑设备上。

建议：最好不要将用户数据库对象（如基本表、索引等）建立在主逻辑设备上，因为主逻辑设备存放了数据库的系统管理信息。

【例 7.4】　建立学生成绩管理数据库中的 5 个基本表。

```
CREATE TABLE Course (
    courseNo      char(3)                        NOT NULL,      --课程号
    courseName    varchar(30)   UNIQUE           NOT NULL,      --课程名
    creditHour    numeric(1)    DEFAULT 0        NOT NULL,      --学分
    courseHour    tinyint       DEFAULT 0        NOT NULL,      --课时数
    priorCourse   char(3)                        NULL,          --先修课程
    /*建立命名的主码约束和匿名的外码约束*/
    CONSTRAINT CoursePK PRIMARY KEY (courseNo),
    FOREIGN KEY (priorCourse) REFERENCES Course(courseNo)
)
CREATE TABLE Class (
    classNo       char(6)                        NOT NULL,      --班级号
    className     varchar(30)   UNIQUE           NOT NULL,      --班级名
    institute     varchar(30)                    NOT NULL,      --所属学院
    grade         smallint      DEFAULT 0        NOT NULL,      --年级
    classNum      tinyint                        NULL,          --班级人数
    CONSTRAINT ClassPK PRIMARY KEY (classNo)
)
CREATE TABLE Student (
    studentNo     char(7)                        NOT NULL
      CHECK (studentNo LIKE '[0-9][0-9][0-9][0-9][0-9][0-9][0-9]'), --学号
    studentName   varchar(20)                    NOT NULL,      --姓名
    sex           char(2)                        NULL,          --性别
    birthday      datetime                       NULL,          --出生日期
    native        varchar(20)                    NULL,          --籍贯
    nation        varchar(30)   DEFAULT '汉族'   NULL,          --民族
    classNo       char(6)                        NULL,          --所属班级
    CONSTRAINT StudentPK PRIMARY KEY (studentNo),
    CONSTRAINT StudentFK FOREIGN KEY (classNo) REFERENCES Class(classNo)
)
CREATE TABLE Term (
    termNo        char(3)                        NOT NULL,      --学期号
    termName      varchar(30)                    NOT NULL,      --学期描述
    remarks       varchar(10)                    NULL,          --备注
    CONSTRAINT TermPK PRIMARY KEY (termNo)
)
CREATE TABLE Score (
```

```
    studentNo      char(7)                    NOT NULL,            --学号
    courseNo       char(3)                    NOT NULL,            --课程号
    termNo         char(3)                    NOT NULL,            --学期号
    score          numeric(5,1) DEFAULT 0     NOT NULL
        CHECK (score BETWEEN 0.0 AND 100.0),                      --成绩
    /*建立1个由3个属性构成的命名主码约束以及3个命名外码约束*/
    CONSTRAINT ScorePK PRIMARY KEY (studentNo, courseNo, termNo),
    CONSTRAINT ScoreFK1 FOREIGN KEY (studentNo) REFERENCES Student(studentNo),
    CONSTRAINT ScoreFK2 FOREIGN KEY (courseNo) REFERENCES Course(courseNo),
    CONSTRAINT ScoreFK3 FOREIGN KEY (termNo) REFERENCES Term(termNo)
)
```

上述5个基本表的建立都缺省了 ON $<filegroup\_name>$,因此这些基本表的数据(即关系实例)将存放在主逻辑设备上。

【例7.5】 在 MyTempDB 数据库中建立 TempTable 表,放在 TempBakDev 逻辑设备(组)上。

```
CREATE TABLE TempTable (
    xno        char(3)      NOT NULL,
    xname      varchar(2)   NOT NULL,
    PRIMARY KEY (xno)
) ON TempBakDev
```

2. 基本表的修改

可以通过 ALTER TABLE 命令来修改基本表的结构,如扩充列等。

修改基本表操作的语法为:

• 增加列(新增一列的值为空值)。

```
ALTER TABLE <tableName>
    ADD <columnName><dataType>
```

• 增加约束。

```
ALTER TABLE <tableName>
    ADD CONSTRAINT <constraintName>
```

• 删除约束。

```
ALTER TABLE <tableName>
    DROP <constraintName>
```

• 修改列的数据类型。

```
ALTER TABLE <tableName>
    ALTER COLUMN <columnName><newDataType>
```

其中,$<tableName>$为要修改的基本表名。

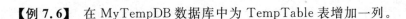

【例 7.6】　在 MyTempDB 数据库中为 TempTable 表增加一列。

```
ALTER TABLE TempTable
    ADD xsex int DEFAULT 0
```

【例 7.7】　在 MyTempDB 数据库中为 TempTable 表的 xname 列修改数据类型。

```
ALTER TABLE TempTable
    ALTER COLUMN xname char(10)
```

【例 7.8】　在 MyTempDB 数据库中为 TempTable 表的 xname 列增加唯一约束。

```
ALTER TABLE TempTable
    ADD CONSTRAINT UniqueXname UNIQUE(xname)
```

注意：基本表在修改过程中，不可以删除列，一次仅执行一种操作。

3. 基本表的删除

当某个基本表不使用时，可以删除它。删除基本表操作的语法为：

```
DROP TABLE <tableName>[RESTRICT | CASCADE]
```

其中：$<tableName>$ 为被删除的基本表名。

若选择 RESTRICT，则该基本表的删除有限制条件，即该基本表不能有视图、触发器以及被其他基本表所引用（如检查约束 CHECK，外码约束 FOREIGN KEY），该项为默认项。

若选择 CASCADE，则该基本表的删除没有限制条件，在删除基本表的同时，也删除建立在该基本表上的所有索引、完整性规则、触发器和视图等。

删除基本表时，系统会同时从数据库系统表中将该基本表的描述一起删除。

【例 7.9】　删除 TempTable 表。

```
DROP TABLE TempTable
```

注意：SQL Server 不支持［RESTRICT | CASCADE］选项，其删除的限制条件是在创建基本表时定义的，详见 9.2 节的数据库完整性。

7.1.3　索引的定义

如果数据有序，则检索速度是非常快的，对基本表中的记录进行排序有两种方案：一是对记录进行物理上的重新组织，这点很难做到；二是不改变物理顺序，通过建立索引来实现数据记录的重新排列，称为逻辑排序。

SQL 语言提供索引定义语句对基本表建立索引，由系统自动维护。建立索引后，系统存取数据时会自动选择合适的索引作为存取路径。索引是加快数据检索的一种工具，一个基本表可以建立多个索引，可从不同的角度加快查询速度，但是如果索引建立得较多，会给数据维护带来较大的系统开销。

索引中的记录通常由搜索码值和指针构成，并按照搜索码值进行排序，但不改变基本表中记录的物理顺序。索引和基本表分别存储,如在班级表 Class 中按所属学院 institute 建立的索引 InstituteIdx,它与 Class 表之间的关系可以用图 7-2 来表示。

institute	指针		classNo	className	institute	grade	classNum
会计学院	→		CP1601	注册会计16_01班	会计学院	2016	NULL
会计学院	→		CP1602	注册会计16_02班	会计学院	2016	NULL
会计学院	→		CP1603	注册会计16_03班	会计学院	2016	NULL
金融学院			CS1501	计算机科学与技术15-01班	信息管理学院	2015	NULL
信息管理学院			CS1502	计算机科学与技术15-02班	信息管理学院	2015	NULL
信息管理学院			CS1601	计算机科学与技术16-01班	信息管理学院	2016	NULL
信息管理学院			ER1501	金融管理15-01班	金融学院	2015	NULL
信息管理学院	→		IS1501	信息管理与信息系统15-01班	信息管理学院	2015	NULL
信息管理学院	→		IS1601	信息管理与信息系统16-01班	信息管理学院	2016	NULL

图 7-2　索引与基本表的关系

数据库的索引一般是按照 B$^+$ 树结构来存储的,但也有 Hash 索引和二进制位索引等。索引的类型有聚集或非聚集两种,图 7-2 所示的是非聚集索引,也就是普通索引,一个基本表可以建立多个普通索引。关于索引的内容详见第 8 章。

聚集索引在每个基本表上仅能建立一个,聚集索引是按搜索码值的某种顺序(升序/降序)来重新组织基本表中记录的存放顺序,即索引的顺序就是基本表中记录的存放顺序,因此每个基本表最多只能建一个聚集索引。聚集索引可以极大地提高查询速度,但是给搜索码属性的修改带来困难,一般建立了聚集索引的基本表很少对搜索码属性进行更新操作,仅执行查询操作,这在数据仓库中使用得较多。

创建索引后,与该索引相关的描述信息会保存到数据库系统表中去。

1. 索引的建立

建立索引操作的语法为:

```
CREATE [UNIQUE] [CLUSTERED | NONCLUSTERED]
INDEX <indexName>
ON  <tableName>(<columnName1>[ASC | DESC] [, <columnName2>[ASC | DESC] …] )
[ON <filegroupName>]
```

其中:

- UNIQUE:表示建立唯一索引;
- CLUSTERED | NONCLUSTERED:表示建立聚集或非聚集索引,默认为非聚集索引;
- $<indexName>$:索引的名称,索引是数据库中的对象,因此索引名在一个数据库中必须唯一;
- $<tableName>$ ($<columnName1>$ [ASC | DESC] [, $<columnName2>$ [ASC | DESC] …]):指出为哪个基本表关于哪些属性建立索引,其中[ASC | DESC]为按升序还是降序建立索引,默认为升序;
- ON $<filegroupName>$:指定索引存放在哪个逻辑设备(组)上,该逻辑设备(组)必须是在创建数据库时定义的,或者使用数据库修改命令已加入到数据库中的逻辑设备(组),缺省该项时自动将该索引建立在主逻辑设备上。

【例 7.10】　在班级表中按所属学院建立一个非聚集索引 InstituteIdx。

```
CREATE NONCLUSTERED INDEX InstituteIdx ON Class(institute)
```

【例 7.11】　在学生表中,首先按班级编号的升序,然后按出生日期的降序建立一个非聚集索引 ClassBirthIdx。

```
CREATE INDEX ClassBirthIdx ON Student(classNo, birthday DESC)
```

2. 索引的删除

索引一旦建立,用户就不需要管理它了,由系统自动维护。如果某个基本表经常要执行插入、删除和修改操作,系统会花费很多时间来维护索引,从而降低对基本表的更新速度,因此可删除那些不经常使用的索引。删除索引操作的语法为:

```
DROP INDEX <indexName> ON <tableName>
```

删除索引时,系统会同时从数据库系统表中将该索引的描述信息一起删除。

【例 7.12】　删除班级表 Class 中建立的 InstituteIdx 索引。

```
DROP INDEX InstituteIdx ON Class
```

7.2　SQL 数据更新语言

SQL 数据更新语句包括 3 条:插入 INSERT、删除 DELETE 和修改 UPDATE。这 3 条语句用于对基本表的元组进行增加、删除和修改。

7.2.1　插入数据

SQL 插入语句是将新的元组插入到基本表中,其插入方式有两种:一是插入一个元组,二是插入子查询的结果,后者是一次插入多个元组。

1. 插入一个元组

语法:

```
INSERT INTO <tableName>[ ( <columnName1>[, <columnName2>… ] ) ]
    VALUES ( <value1>[, <value2>… ] )
```

其中:

- $<tableName>$:要插入元组的基本表名;
- $<columnName1>$ [, $<columnName2>$ …]:指明被插入的元组按 $<columnName1>$ [, $<columnName2>$ …]指定的属性和顺序插入到 $<tableName>$中,该项可以省略,若省略,表示必须按照 $<tableName>$ 表的所有属性和顺序插入新元组;

- <value1>［，<value2> … ］：指明被插入元组的具体属性值，常量的个数和顺序必须与<columnName1>［，<columnName2> … ］相对应。如果<tableName>表中存在<columnName1>［，<columnName2> … ］中没有指定的属性，则被插入元组在这些属性上自动取空值。

该语句的功能是：将新元组插入到指定的基本表中。

注意：如果不在<columnName1>［，<columnName2> … ］中出现的属性被定义为 NOT NULL 约束，则该插入语句会报错。

【例 7.13】 将一个新学生元组('1500006','李相东','男','1998-10-21 00：00','云南','撒呢族','CS1502')插入到学生表 Student 中。

```
INSERT INTO Student VALUES
    ('1500006', '李相东', '男', '1998-10-21 00:00', '云南', '撒呢族', 'CS1502')
```

本例表名 Student 后没有指定列名，表示按照 Student 表定义的属性顺序将新元组插入到 Student 表中。

【例 7.14】 将一个新学生元组（姓名：章李立，出生日期：1999-10-12 00：00，学号：1500007）插入到学生表 Student 中。

```
INSERT INTO Student(studentName, birthday, studentNo)
    VALUES('章李立', '1999-10-12 00:00', '1500007')
```

本例按照指定属性的顺序向学生表 Student 插入一个新元组，被插入元组在没有列出的属性列自动取空值或默认值。从该例中可以看到，插入新元组时，被插入元组的属性值的个数和顺序可以与基本表结构定义的属性个数和顺序不一致。

2. 插入多个元组

SQL 提供将一个查询结果插入到一个基本表中的方法，由于查询结果可能是多条记录，故这种插入方式称为多元组插入。

语法：

```
INSERT INTO <tableName>[(<columnName1>[, <columnName2>… ]) ]
    <query>
```

其中：

- <tableName>：要插入元组的基本表名；
- <columnName1>［，<columnName2> … ］：指明被插入的元组按<columnName1>［，<columnName2> … ］指定的属性顺序插入到<tableName>表中，该项可以省略，若省略则<query>语句查询出来的结果必须与<tableName>表结构相同；
- <query>：由 SELECT 语句引出的一个查询。

【例 7.15】 将少数民族同学的选课信息插入到 StudentNation 表中。

首先创建一个基本表 StudentNation。

```
CREATE TABLE StudentNation (
  studentNo    char(7)                    NOT NULL,        --学号
  courseNo     char(3)                    NOT NULL,        --课程号
  termNo       char(3)                    NOT NULL,        --学期号
  score        numeric(5,1)   DEFAULT 0   NOT NULL         --成绩
     CHECK ( score BETWEEN 0.0 AND 100.0 ),
  CONSTRAINT StudentNationPK PRIMARY KEY (studentNo, courseNo, termNo)
)
```

然后执行如下插入语句：

```
INSERT INTO StudentNation
    SELECT *
    FROM Score
    WHERE studentNo IN ( SELECT studentNo FROM Student WHERE nation<>'汉族' )
```

【例 7.16】　将汉族同学的选课信息插入到 StudentNation 表中。

```
INSERT INTO StudentNation(studentNo, courseNo, termNo)
  SELECT studentNo, courseNo, termNo
  FROM Score
  WHERE studentNo IN ( SELECT studentNo FROM Student WHERE nation='汉族' )
```

该查询指明仅将汉族同学的学号、课程号和学期号插入到 StudentNation 表中，其成绩列自动取 0 值，而不是空值 NULL，这是因为在定义 StudentNation 表时该列设置了默认值为 0。

7.2.2　删除数据

如果要删除表中的某些元组，可以使用删除命令，其语法为：

```
DELETE FROM <tableName> [WHERE <predicate>]
```

其中：

- <tableName>：要删除元组的基本表名；
- [WHERE <predicate>]：指出被删除的元组所满足的条件，该项可以省略，若省略则表示删除基本表中的所有元组，WHERE 子句中可以包含子查询。

【例 7.17】　删除学号为 1600001 同学的选课记录。

```
DELETE FROM Score
WHERE studentNo='1600001'
```

【例 7.18】　删除选修了"高等数学"课程的选课记录。

```
DELETE FROM Score
WHERE courseNo IN ( SELECT courseNo FROM Course WHERE courseName='高等数学' )
```

【例 7.19】　删除平均分在 60～70 分之间的同学的选课记录。

```
DELETE FROM Score
WHERE studentNo IN
  ( SELECT studentNo
    FROM Score
    GROUP BY studentNo
    HAVING avg(score) BETWEEN 60 AND 70 )
```

7.2.3　修改数据

如果要对基本表中的数据进行修改,可以使用 SQL 的修改数据命令,其语法为:

UPDATE <*tableName*>
SET <*columnName1*>=<*expr1*>[, <*columnName2*>=<*expr2*>…]
[FROM { <*tableName1*>| <*queryName1*>| <*viewName1*>} [[AS] <*aliasName1*>]
　　　　 [, {<tableName2>| <queryName2>| <viewName2>} [[AS] <aliasName2>] …]]
[WHERE <predicate>]

其中:
- $<tableName>$:要进行修改数据的基本表名;
- SET $<columnName1>$= $<expr1>$ [, $<columnName2>$= $<expr2>$ …]:用表达式的值替代指定属性列的值,一次可以修改多个属性列的值,之间以逗号分隔;
- [WHERE $<predicate>$]:指出被修改的元组所满足的条件,该项可以省略,若省略,表示修改基本表中的所有元组,WHERE 子句中可以包含子查询。

【例 7.20】　将王红敏同学在 151 学期选修的 002 课程的成绩改为 88 分。

```
UPDATE Score
SET score=88
WHERE courseNo='002' AND termNo='151' AND studentNo IN
     ( SELECT studentNo FROM Student WHERE studentName='王红敏' )
```

也可以写成:

```
UPDATE Score
SET score=88
FROM Score a, Student b
WHERE a.studentNo=b.studentNo
  AND courseNo='002' AND termNo='151' AND studentName='王红敏'
```

【例 7.21】　将注册会计 16_02 班的男同学的成绩都增加 5 分。

```
UPDATE Score
SET score=score+5
FROM Score a, Student b, Class c
WHERE a.studentNo=b.studentNo AND b.classNo=c.classNo
  AND className='注册会计 16_02 班' AND sex='男'
```

【例 7.22】　将学号为 1600001 同学的出生日期修改为 1999 年 5 月 6 日出生,籍贯修改为福州。

```
UPDATE Student
SET birthday='1999-5-6 00:00', native='福州'
WHERE studentNo='1600001'
```

注意:插入、删除和修改操作会破坏数据的完整性,如果违反了完整性约束条件,其操作会失败。

【例 7.23】　将每个班级的学生人数填入到班级表的 ClassNum 列中。

```
UPDATE Class SET classNum=sCount
FROM Class a,
    ( SELECT classNo, count(*) sCount
      FROM Student
      GROUP BY classNo ) b
WHERE a.classNo=b.classNo
```

7.3　视　　图

视图是虚表,是从一个或几个基本表(或视图)中导出的表,在数据库系统表中仅存放了创建视图的语句,不存放视图对应的数据。当基本表中的数据发生变化时,从视图中查询出的数据也随之改变。

视图实现了数据库管理系统三级模式中的外模式,基于视图的操作包括:查询、删除、受限更新和创建基于该视图的新视图,视图的主要作用是:

(1) 简化用户的操作;

(2) 使用户能以多种角度看待同一数据库模式;

(3) 对重构数据库模式提供了一定程度的逻辑独立性;

(4) 能够对数据库中的机密数据提供一定程度的安全保护;

(5) 适当地利用视图可以更清晰地表达查询。

7.3.1　创建视图

使用视图前必须首先创建视图,其语法为:

```
CREATE VIEW <viewName>[ ( <columnName1>[, <columnName2>… ] ) ]
    AS <query>
    [WITH CHECK OPTION]
```

其中:

- $<viewName>$:新建视图的名称,该名称在一个数据库中必须唯一;
- $<columnName1>$ [, $<columnName2>$ …]:视图中定义的列名。如果列名省略不写,则视图的列名自动取 $<query>$ 语句查询出来的列名。如果存在下列

3种情况之一,则必须写视图的列名:

① <*query*>查询中的某个目标列是聚合函数或表达式;

② <*query*>查询中出现了多表连接中名称相同的列名;

③ 在视图中需要为某列取新的名称更合适。

- AS <*query*>:查询语句,不允许含有 ORDER BY 子句;
- [WITH CHECK OPTION]:如果使用该选项,则表示在对视图进行更新(插入、删除或修改)操作时必须进行合法性检查,只有当更新操作的结果满足创建视图中谓词条件(即<*query*>查询语句中的条件表达式)时,该更新操作才被允许。

数据库管理系统在执行 CREATE VIEW 语句时,只是把创建视图的语句存入数据库系统表中,并不执行其中的<*query*>查询语句;在对视图进行查询时,才会按创建视图的语句从基本表中将数据查询出来。

【例 7.24】　创建仅包含 1999 年出生的学生视图 StudentView1999。

```
CREATE VIEW StudentView1999
AS
    SELECT *
    FROM Student
    WHERE year(birthday)=1999
```

本例省略了视图的列名,自动取查询出来的列名。

由于本例没有使用 WITH CHECK OPTION 选项,因此下面的插入语句可以执行:

```
INSERT INTO StudentView1999 VALUES
    ( '1500008', '李相东', '男', '1998-10-21 00:00', '云南', '哈尼族', 'CS1501' )
```

执行该插入语句之后,学生元组('1500008', '李相东', '男', '1998-10-21 00:00', '云南', '哈尼族', 'CS1501')被插入到基本表 Student 中去了。但是,插入之后再对视图 StudentView1999 进行查询时,并不能查询出刚刚插入的学生元组,这是因为刚插入的学生元组并不满足创建视图中的条件 year(birthday)=1999。

【例 7.25】　创建仅包含 1999 年出生的学生视图 StudentView1999Chk,并要求在对该视图进行更新操作时,进行合法性检查(即保证更新操作要满足创建视图中的谓词条件)。

```
CREATE VIEW StudentView1999Chk
AS
  SELECT *
  FROM Student
  WHERE year(birthday)=1999
  WITH CHECK OPTION
```

本例建立的视图 StudentView1999Chk,其更新操作必须满足下列要求。

(1) 修改操作:自动加上 year(birthday)=1999 的条件;

(2) 删除操作:自动加上 year(birthday)=1999 的条件;

（3）插入操作：自动检查 birthday 属性值是否满足 year(birthday)＝1999 条件，如果不满足，则拒绝该插入操作。

由于本例使用了 WITH CHECK OPTION 选项，因此下面的插入语句可以执行：

```
INSERT INTO StudentView1999Chk VALUES
    ('1500009','李相西','男','1999-10-21 00:00','云南','哈尼族','CS1501')
```

而下面的插入语句不可以执行：

```
INSERT INTO StudentView1999Chk VALUES
    ('1500010','李相南','男','1998-10-21 00:00','云南','哈尼族','CS1502')
```

原因是插入的出生日期违反了 year(birthday)＝1999 条件。

当视图是基于一个基本表创建的，且保留了主码属性，这样的视图称为**行列子集视图**。视图可以建立在一个基本表上，也可以建立在多个基本表上。

【例 7.26】 创建一个包含学生学号、姓名、课程名、获得的学分和相应成绩的视图 ScoreView。

```
CREATE VIEW ScoreView
AS
  SELECT a.studentNo, studentName, courseName, creditHour, score
  FROM Student a, Course b, Score c
  WHERE a.studentNo=c.studentNo AND b.courseNo=c.courseNo
    AND score>=60                           --成绩必须大于等于 60 分才能获得学分
```

【例 7.27】 创建一个包含每门课程的课程编号、课程名称、选课人数和选课平均成绩的视图 SourceView。

```
CREATE VIEW SourceView(courseNo, courseName, courseCount, courseAvg)
AS
  SELECT a.courseNo, courseName, count(*), avg(score)
  FROM Course a, Score b
  WHERE a.courseNo=b.courseNo
  GROUP BY a.courseNo, courseName
```

本例中由于使用聚合函数，必须为视图的属性命名，可以在视图名的后面直接给出属性名，本例也可以用下面的语句替代：

```
CREATE VIEW SourceView1
AS
  SELECT a.courseNo, courseName, count(*) courseCount, avg(Score) courseAvg
  FROM Course a, Score b
  WHERE a.courseNo=b.courseNo
  GROUP BY a.courseNo, courseName
```

视图也可以建立在视图上。

【例 7.28】 创建一个包含每门课程的课程编号、课程名称、选课人数和选课平均成绩的视图 SourceView2,要求该视图选课人数必须在 5 人以上。

```
CREATE VIEW SourceView2
AS
  SELECT *
  FROM SourceView              --基于视图 SourceView
  WHERE courseCount>=5
```

在设计基本表结构时,为了减少数据的冗余存放,往往仅存放基本数据,凡是可以由基本数据导出的数据,在基本表中一般不存储,如在学生 Student 表中没有存放年龄,但是可以建立一个包含年龄属性的视图,这样的视图称为带表达式的视图。

【例 7.29】 创建一个包含学生学号、姓名和年龄的视图 StudentAgeView。

```
CREATE VIEW StudentAgeView
AS
  SELECT studentNo, studentName, year(getdate())-year(birthday) age
  FROM Student
```

7.3.2 查询视图

查询是对视图进行的最主要的操作。从用户的角度来看,查询视图与查询基本表的方式是完全一样的,从系统的角度来看,查询视图的过程是:

(1) 进行有效性检查,检查查询中涉及的基本表和视图是否存在。

(2) 从数据库系统表中取出创建视图的语句,将创建视图中的子查询与用户的查询结合起来,转换成等价的对基本表的查询。

(3) 执行改写后的查询。

【例 7.30】 在 StudentView1999 中查询 CS1601 班同学的信息。

```
SELECT *
FROM StudentView1999          --基于视图 StudentView1999 的查询
WHERE classNo='CS1601'
```

对于该查询,系统首先进行有效性检查,判断视图 StudentView1999 是否存在。如果存在,则从数据库系统表中取出该创建视图的语句,将创建视图中的子查询与用户的查询结合起来,转换为基于基本表的查询。转换后的查询如下:

```
SELECT *
FROM Student
WHERE year(birthday)=1999 AND classNo='CS1601'
```

然后系统执行改写后的查询。

【例 7.31】 在视图 SourceView 中查询平均成绩在 80 分以上的课程信息。

```
SELECT *
FROM SourceView
```

```
WHERE courseAvg>=80
```

视图 SourceView 是一个基于聚合运算的视图,列是 courseAvg,它是经过聚合函数运算的值。由于在 WHERE 子句中,不允许对聚合函数进行运算,因此不可能转换为如下查询:

```
SELECT a.courseNo, courseName, count(*) courseCount, avg(score) courseAvg
FROM Course a, Score b
WHERE a.courseNo=b.courseNo AND courseAvg>=80
GROUP BY a.courseNo, courseName
```

HAVING 子句可以对聚合函数直接作用,因此系统会将该查询转换为如下形式:

```
SELECT a.courseNo, courseName, count(*) courseCount, avg(score) courseAvg
FROM Course a, Score b
WHERE a.courseNo=b.courseNo
GROUP BY a.courseNo, courseName
HAVING avg(score)>=80
```

在查询中,可以同时对基本表和视图进行查询。

【**例 7.32**】　在视图 SourceView 和课程 Course 表中查询课程平均成绩在 75 分以上的课程编号、课程名称、课程平均成绩和学分。

```
SELECT a.courseNo, a.courseName, courseAvg, creditHour
FROM Course a, SourceVIEW b
WHERE a.courseNo=b.courseNo AND courseAvg>=75
```

7.3.3　视图更新

视图更新指通过视图来插入、删除和修改基本表中的数据。由于视图是一个虚表,不实际存放数据,对视图的更新,最终要转换为对基本表的更新,因此,如果创建视图的语句中包含了聚合运算,或 DISTINCT 短语,或目标列中有表达式,则不能对视图进行更新操作。

对视图进行更新操作,其限制条件比较多,建立视图的作用不是利用视图来更新数据库中的数据,而是简化用户的查询,以及达到一定程度的安全性保护,因此尽量不要对视图执行更新操作。

【**例 7.33**】　在 StudentView1999 中将学号为 1600004 同学的姓名修改为张小立。

```
UPDATE StudentView1999
SET studentName='张小立'
WHERE studentNo='1600004'
```

对于该操作,系统首先进行有效性检查,判断视图 StudentView1999 是否存在。如果存在,则从数据库系统表中取出该创建视图的语句,将创建视图中的子查询与用户的查询结合起来,转换为基于基本表的修改。转换后的查询如下:

```
UPDATE Student
```

```
SET studentName='张小立'
WHERE year(birthday)=1999 AND studentNo='1600004'
```

【**例 7.34**】 在视图 StudentView1999 中将学号为 1600004 同学的出生年份由 1999 修改为 2000。

```
UPDATE StudentView1999
SET birthday='2000-05-20 00:00:00.000'
WHERE studentNo='1600004'
```

注意：在视图 StudentView1999Chk 中不能将出生年份修改为 2000，因为该视图对修改操作进行了检查。对视图的插入操作见例 7.24 和例 7.25。

【**例 7.35**】 在视图 StudentView1999 中将学号为 1600006 同学的记录删除。

```
DELETE FROM StudentView1999
WHERE studentNo='1600006'
```

系统将该操作转化为如下的操作：

```
DELETE FROM Student
WHERE year(birthday)=1999 AND studentNo='1600006'
```

【**例 7.36**】 在视图 SourceView 中删除平均成绩大于 80 分的课程记录。

```
DELETE FROM SourceView
WHERE courseAvg>=80
```

数据库管理系统将会拒绝执行该操作，因为视图 SourceView 包含了聚合运算，系统无法将该视图转化为对基本表的操作。

一般来讲，如果是**行列子集视图**，则可以对该视图进行更新操作。对其他类型的视图进行更新操作，具体的数据库管理系统有具体的要求，一般不允许对其进行更新操作。

7.3.4　删除视图

当视图不再使用时，可以删除，其语句的格式为：

```
DROP VIEW <viewName> [CASCADE]
```

其中：CASCADE 为可选项，选择表示级联删除。

该语句从数据库系统表中删除指定的视图，如果该视图上还导出了其他视图，使用 CASCADE 级联删除语句，把该视图和由它导出的所有视图一起删除。

删除基本表时，由该基本表导出的所有视图都必须显式地使用 DROP VIEW 语句删除。

【**例 7.37**】 删除视图及级联视图。

（1）删除视图 StudentView1999

```
DROP VIEW StudentView1999
```

（2）级联删除视图 SourceView

```
DROP VIEW SourceView CASCADE
```

7.4　T-SQL 语言简介

本节简单介绍 T-SQL 语言的变量、运算符、表达式、函数和流程控制语句，为后面使用游标编写存储过程和触发器程序奠定基础。

7.4.1　表达式

1. 变量

SQL Server 变量分为局部变量和全局变量。

（1）局部变量。在变量名前加一个@符号。

（2）全局变量。在变量名前加两个@符号。

SQL Server 声明了若干个系统全局变量，这些全局变量可以直接使用，常用的系统全局变量有如下几种。

① @@*ERROR*：当事务成功时为 0，否则为最近一次的错误号。

② @@*ROWCOUNT*：返回受上一语句影响的行数。

③ @@*FETCH_STATUS*：返回最近一次 FETCH 语句执行后的游标状态。详见7.5.2 节。

④ @@*VERSION*：返回 SQL Server 当前安装的日期、版本和处理器类型。

（3）变量的声明与赋值。

声明变量的语法如下。

```
DECLARE <@variableName><datatype>[, <@variableName><datatype>… ]
```

单个变量赋值的语法如下。

```
SET   <@variableName>=<expr>
```

变量列表赋值的语法如下。

```
SELECT <@variableName>[=<expr | columnName>]
      [, <@variableName>[=<expr | columnName>] … ]
```

【例 7.38】　在 ScoreDB 数据库中，查询 Score 表中的最高成绩，如果最高成绩大于95 分，则显示"very good!"。

```
USE ScoreDB
GO
DECLARE @score numeric
SELECT @score=( SELECT max(score) FROM Score )
```

```
IF @score>95
    PRINT 'very good!'
```

2. 运算符

SQL Serve 提供了丰富的运算符，具体包括如下几种。

（1）算术运算符：＋，－，＊，／，％（取余）。

（2）比较运算符：＞，＞＝，＜，＜＝，＝，＜＞，！＝。

（3）逻辑运算符：AND,OR,NOT。

（4）位运算符：&（按位与），|（按位或），～（按位非），^（按位异或）。

（5）字符串连接运算符：＋。

（6）赋值语句：SELECT（一次可给多个变量赋值）和 SET（一次仅能给一个变量赋值）。

3. 显示表达式的值

使用 SELECT 语句来显示表达式列表，其语法如下。

```
SELECT   <expr>[<aliasName>] [, <expr>[<aliasName>] … ]
```

【例 7.39】 声明两个局部变量 @sno 和 @score，用于接受 SELECT 语句查询返回的结果，并显示其结果。

```
DECLARE @sno char(7), @score numeric
SELECT @sno=a.studentNo, @score=score
FROM Score a, Student b
WHERE courseNo='005' AND a.studentNo=b.studentNo AND studentName='刘方晨'
IF @@ROWCOUNT=0
    PRINT 'Warning: No rows were selected'
ELSE
    SELECT @sno, @score
```

7.4.2　函数

SQL Server 提供了丰富的函数，包括数学函数、字符串函数、日期和时间函数、聚合函数和系统函数等。

1. 数学函数

数学函数主要包括绝对值函数 abs、随机数函数 rand、四舍五入函数 round、上取整函数 ceiling、下取整函数 floor、指数函数 exp、平方根函数 sqrt 等，具体请参见配套的《数据库系统原理与设计实验教程（第 3 版）》。

2. 字符串函数

对函数参数提供的字符串（char 或 varchar）输入值执行操作，返回一个字符串或数值。部分字符串函数如表 7-2 所示。

表 7-2　部分字符串函数

函 数 名	函 数 功 能
charindex(*expr1*，*expr2*［，*start_location*］)	返回字符串中指定表达式的起始位置
left(*character_expr*，*integer_expr*)	返回从字符串左边开始指定字符个数的字符串
len(*string_expr*)	返回给定字符串的长度(不包含尾随空格)
lower(*character_expr*)	将大写字符转换为小写字符后返回字符表达式
ltrim(*character_expr*)	删除起始空格后返回字符表达式
replicate(*character_expr*，*integer_expr*)	以指定的次数重复字符表达式
right(*character_expr*，*integer_expr*)	返回字符串中右边的 *integer_expr* 个字符
rtrim(*character_expr*)	截断所有尾随空格后返回一个字符串
space(*integer_expr*)	返回由重复的空格组成的字符串
str(*float_expr*［，*length*［，*decimal*］］)	由数字数据转换来的字符数据
substring(*expr*，*start*，*length*)	提取子串函数
upper(*character_expr*)	返回将小写字符数据转换为大写的字符表达式

3. 日期和时间函数

对函数参数提供的日期和时间输入值执行操作,返回一个字符串、数字或日期和时间值,日期和时间函数如表 7-3 所示。

表 7-3　日期和时间函数

函 数 名	函 数 功 能
dateadd(*datepart*，*number*，*date*)	在指定日期上加一段时间,返回新的 datetime 值
datediff(*datepart*，*startdate*，*enddate*)	返回两个指定日期的日期和时间边界数
datename(*datepart*，*date*)	返回指定日期的指定日期部分的字符串
datepart(*datepart*，*date*)	返回指定日期的指定日期部分的整数
day(*date*)	返回指定日期中日(day)的整数
getdate()	返回当前系统日期和时间
getutcdate()	返回世界时间坐标或格林尼治标准时间的 datetime 值
month(*date*)	返回指定日期中月(month)的整数
year(*date*)	返回指定日期中年(year)的整数

4. 系统函数

返回有关 SQL Server 中的值、对象和设置的信息,系统函数如表 7-4 所示。

表 7-4　系统函数

函　数　名	函　数　功　能
convert(*data_type*[(*length*)], *expr*[, *style*])	将某种数据类型的表达式转换为另一种数据类型
current_user()	返回当前的用户,等价于 user_name()
datalength(*expr*)	返回任何表达式所占用的字节数
@@ERROR	返回最后执行的 SQL 语句的错误代码
isnull(*check_expr*, *replacement_value*)	使用指定的替换值替换 NULL
@@ROWCOUNT	返回受上一语句影响的行数
session_user()	返回当前会话的用户名
user_name()	返回给定标识号的用户名
host_name()	返回工作站名称
user()	当前数据库用户名

(1) convert 函数。语法如下:

```
convert(data_type[(length)], expr[, style])
```

说明:

* *expr*:任何有效的 SQL Serve 表达式。
* *data_type*:系统所提供的数据类型,包括 bigint 和 sql_variant 等。
* *length*:nchar、nvarchar、char、varchar、binary 或 varbinary 数据类型的可选参数。
* *style*:日期格式样式,将 datetime 或 smalldatetime 数据转换为字符数据(nchar、nvarchar、char、varchar、nchar 或 nvarchar 数据类型);或将 float、real、money 或 smallmoney 数据转换为字符数据(nchar、nvarchar、char、varchar、nchar 或 nvarchar 数据类型)。

表 7-5 描述了将 datetime 或 smalldatetime 转换为字符数据的部分 *style* 值,左侧的两列表示将 datetime 或 smalldatetime 转换为字符数据的 *style* 值。给 *style* 值加 100,可获得包括世纪数位的四位年份(yyyy)。

表 7-5　将 datetime 或 smalldatetime 转换为字符数据的 style 值

不带世纪数位(yy)	带世纪数位(yyyy)	标　准	输入/输出
—	0 或 100(＊)	默认值	mon dd yyyy hh:mi AM(或 PM)
1	101	美国	mm/dd/yyyy
2	102	ANSI	yy.mm.dd

续表

不带世纪数位(yy)	带世纪数位(yyyy)	标　准	输入/输出
3	103	英国/法国	dd/mm/yy
4	104	德国	dd. mm. yy
5	105	意大利	dd-mm-yy
10	110	美国	mm-dd-yy
11	111	日本	yy/mm/dd
12	112	ISO	yymmdd
—	20 或 120(∗)	aODBC 规范	yyyy-mm-dd hh:mm:ss[.fff]

【例 7.40】　将当前系统的时间按 104 格式输出。

```
SELECT convert(char(20), getdate(), 104)
```

运行结果如图 7-3 所示。

【例 7.41】　将当前系统的时间按 120 格式输出。

```
SELECT convert(char(20), getdate(), 120)
```

运行结果如图 7-4 所示。

图 7-3　例 7.40 的运行结果　　　　图 7-4　例 7.41 的运行结果

【例 7.42】　获取当前登录的用户名和主机名。

```
SELECT user_name(), host_name()
```

（2）isnull 函数。语法如下：

```
isnull(check_expr, replacement_value)
```

说明：

• *check_expr*：将被检查是否为 NULL 的表达式，*check_expr* 可以是任何类型的。
• *replacement_value*：在 *check_expr* 为 NULL 时将返回的表达式。*replacement_value* 必须与 *check_expr* 具有相同的类型。

【例 7.43】　在 ScoreDB 数据库中，查询 Score 表中学号 1500002 学生的平均成绩，如果成绩 score 列为空则用 60 分替换。

```
USE ScoreDB
GO
SELECT avg(isnull(score, 60))
FROM Score
WHERE studentNo='1500002'
```

【例 7.44】　在图书借阅数据库 BookDB 中查找读者"张小娟"所借图书的图书名,借阅日期、归还日期,如果没有归还,显示未还书。

```
SELECT bookName, borrowDate, isnull(convert(char(10), returnDate, 120), '未还书')
FROM Reader a, Borrow b, Book c
WHERE a.readerNo=b.readerNo AND b.bookNo=c.bookNo AND readerName='张小娟'
```

7.4.3　流程控制语句

1. 流程控制语句

SQL Server 流程控制语句如表 7-6 所示。

表 7-6　流程控制语句

关　键　字	功　能　描　述
BEGIN…END	定义语句块
BREAK	退出当前层的 WHILE 循环
CASE WHEN [ELSE] END	多分支语句
CONTINUE	重新开始当前层的 WHILE 循环
GOTO label	将程序流程转向到标号 label 处继续执行
IF [ELSE]	分支(选择)语句
RETURN	无条件退出
WAITFOR	为语句的执行设置延迟
WHILE	循环语句

2. 流程控制语句实例

以下实例使用教材中的学生成绩管理数据库 ScoreDB。

【例 7.45】　在学生表 Student 中,如果有蒙古族学生,则显示"存在蒙古族的学生"。

```
IF EXISTS (SELECT * FROM Student WHERE nation='蒙古族')
    PRINT '存在蒙古族的学生'
```

【例 7.46】　列出成绩表 Score 中的所有选课记录,要求根据学期号 termNo 的不同取值分别显示开课时间为 xx 年下半年、xx 年上半年、xx 年暑期小学期,根据成绩 score 的不同取值分别显示等级为优良(80 分及以上)、合格和不及格(小于 60 分)。如'152'显示为"16 年上半年"。

```
SELECT studentNo 学号, courseNo 课程号,
  CASE right(termNo, 1)
```

```
        WHEN '1' THEN left(termNo, 2)+'年下半年'
        WHEN '2' THEN str(convert(tinyint, left(termNo, 2))+1, 2)+'年上半年'
        ELSE str(convert(tinyint, left(termNo, 2))+1, 2)+'年暑期小学期'
    END 开课时间,
    CASE
        WHEN score>=80 THEN '优良'
        WHEN score>=60 THEN '合格'
        ELSE '不及格'
    END 等级
FROM Score
```

【例 7.47】　显示 100～200 之间的素数。

```
/* 对于一个正整数 n,如果除了 1 和自身之外没有其他因子,则该数就称为素数,也称为质数,
** 由于因子是成对出现的,因此,如果在 2～sqrt(n)之间找不到因子,则 n 就是素数。*/
DECLARE @k int, @n int
SET @n=100
WHILE @n<=200               --寻找 100～200 之间的素数
BEGIN
    SET @k=2
    WHILE @k<=sqrt(@n)      --在 2～sqrt(@n)之间找@n 的因子
    BEGIN
        IF @n%@k=0         --表示@k 是@n 的一个因子,因此可以判断@n 不是素数
            BREAK          --退出当前循环
        SET @k=@k+1
    END
    IF @k>sqrt(@n)         --表示@n 是素数,输出它
        PRINT @n
    SET @n=@n+1
END
```

其中:--为单行注释符;/* … */为多行注释符,注释的第一行用/* 开始,接下来的注释行用 ** 开始,最后一个注释行的末尾用 */结束注释。

7.5　游　　标

若要对 SELECT 语句返回的结果值进行逐行处理,必须使用游标。**游标**(cursor)是系统为用户开设的一个数据缓冲区,用于存放 SQL 语句的执行结果。每个游标都有一个名字,用户可以用 SQL 语句逐一从游标中获取记录,并赋给主变量,交由主语言进一步处理。使用游标必须经历 5 个步骤。

(1) 定义游标:DECLARE;

(2) 打开游标:OPEN;

(3) 逐行提取游标集中的行:FETCH;

（4）关闭游标：CLOSE；

（5）释放游标：DEALLOCATE。

7.5.1　游标的定义与使用

1. 定义游标

定义游标的语法为：

```
DECLARE <cursorName> CURSOR
FOR <SQL-Statements>
[ FOR { READ ONLY | UPDATE [OF <columnName_list>] } ]
```

游标在使用前必须先定义，其中：

- *<cursorName>*：定义的游标名称；
- *<SQL-Statements>*：游标要实现的功能程序；
- *<columnName_list>*：属性列名列表；
- [FOR { READ ONLY | UPDATE [OF *<columnName_list>*] }]：READ ONLY 表示当前游标集中的元组仅可以查询，不可以修改；UPDATE [OF *<columnName_list>*]表示可以对当前游标集中的元组进行更新操作。如果有 OF *<columnName_list>*，表示仅可以对游标集中指定的属性列进行修改操作。默认为 UPDATE。

2. 打开游标

游标定义后，如果要使用游标，必须先打开游标。打开游标操作表示：系统按照游标的定义从数据库中将数据检索出来，放在内存的游标集中（如果内存不够，会放在临时数据库中），并为游标集指定一个游标，该游标指向游标集中的第 1 个元组。打开游标的语法是：

```
OPEN <cursorName>
```

3. 获取当前游标值

要对当前游标所指向的元组进行操作，必须获取当前游标所指向的元组，其语法是：

```
FETCH <cursorName> INTO <@variableName_list>
```

获取当前游标的值，必须将当前游标所指向元组的各个属性值分别用变量接收，其变量个数、数据类型必须与定义游标中的 SELECT 子句所定义的属性（或表达式）个数、数据类型相一致。

执行一次该语句，系统将当前游标所指向元组的属性值赋给变量，然后游标自动下移一个元组。当游标移至尾部，不可以再读取游标，必须关闭游标然后重新打开游标。可以通过检查全局变量@@FETCH_STATUS 来判断是否已读完游标集中所有行。不同的数据库检查全局变量的方式不一样，SQL Server 使用@@$FETCH\_STATUS$ 来判断是否已读完游标集中所有行。@@$FETCH\_STATUS$ 的值有：

- 0：FETCH 语句成功，表示已经从游标集中获取了元组值。
- −1：FETCH 语句失败或此行不在结果集中。
- −2：被提取的行不存在。

4. 关闭游标

游标不使用了，必须关闭，其语法为：

```
CLOSE <cursorName>
```

5. 释放游标所占用的空间

关闭了游标，并没有释放游标所占用的内存和外存空间，必须释放游标，其语法为：

```
DEALLOCATE <cursorName>
```

【例 7.48】　创建一个游标，逐行显示选修了"计算机原理"课程的学生姓名、相应成绩和选课学期，最后显示该课程的平均分。

分析：

（1）选修"计算机原理"课程的同学可能不止一个，必须使用游标查询选修该门课程的学生姓名、相应的选课成绩和选课学期，该查询涉及 3 张表：学生表、课程表和选课表，需要使用连接操作，由于仅查询选修了"计算机原理"课程的同学，还需要一个选取操作，定义游标为：

```
DECLARE myCur CURSOR FOR
   SELECT studentName, score, termNo
   FROM Student a, Course b, Score c
   WHERE a.studentNo=c.studentNo AND b.courseNo=c.courseNo
      AND courseName='计算机原理'
   ORDER BY studentName
```

（2）要获得该课程的平均分，必须首先计算选课人数和总分，声明一个计数器变量 @countScore 和一个累加器变量@sumScore，初始值为 0。

（3）声明 3 个变量 @sName、@score 和@termNo，用于接收游标集中当前游标中的学生姓名、选课成绩和选课学期。

（4）由于获取游标当前值的命令 FETCH，每次执行仅从游标集中提取一条记录，并将当前游标移到游标集中的下一条记录上，因此必须通过一个循环来重复提取，直到游标集中的全部记录被提取，全局变量 @@$FETCH\_STATUS$ 用于判断是否正确地从游标集中提取到了记录，@@$FETCH\_STATUS$=0 表示已经正确提取到了游标记录。循环语句为：

```
WHILE (@@FETCH_STATUS=0)
```

（5）在循环体内，首先显示所提取到的学生姓名、选课成绩和选课学期，使用语句：

```
PRINT convert(char(10), @sName)+convert(char(10), @score)+convert(char(10),
    @termNo)
```

该语句保证每列显示 10 个字符。其次，计数器@countScore 进行计数，同时将提取到的成绩累加到变量@sumScore 中。对变量进行赋值运算，语句为：

```
SET @sumScore=@sumScore+@score                --计算总分
SET @countScore=@countScore+1                 --计算选课人数
```

最后，提取下一条游标记录，重复（5），直到全部游标记录处理完毕，退出循环。

（6）处理完全部游标记录后，必须关闭和释放游标，同时对计数器进行判断，如果为 0，表示没有同学选修，其平均分为 0；否则平均分等于总分除以选课人数。

（7）程序如下：

```
/*声明变量及赋初值*/
DECLARE @sName varchar(20), @score tinyint, @termNo char(3)
DECLARE @sumScore int, @countScore smallint
SET @sumScore=0
SET @countScore=0
--定义游标
DECLARE myCur CURSOR FOR
  SELECT studentName, score, termNo
  FROM Student a, Course b, Score c
  WHERE a.studentNo=c.studentNo AND b.courseNo=c.courseNo
    AND courseName='计算机原理'
  ORDER BY studentName
OPEN myCur                                     --打开游标
--获取当前游标的值放到变量@sName、@score 和@termNo 中
FETCH myCur INTO @sName, @score, @termNo
PRINT convert(char(10), '学生姓名')+convert(char(10), '课程成绩')+convert(char
    (10), '选课学期')
PRINT replicate('-', 30)
WHILE ( @@FETCH_STATUS=0 )
BEGIN
  --显示变量@sName、@score 和@termNo 中的值
  PRINT convert(char(10), @sName)+convert(char(10), @score)+convert(char(10),
      @termNo)
  SET @sumScore=@sumScore+@score                --计算总分
  SET @countScore=@countScore+1                 --计算选课人数
  FETCH myCur INTO @sName, @score, @termNo      --获取下一个游标值
END
PRINT replicate('-', 30)
```

```
PRINT '课程平均分'
IF @countScore>0
  PRINT @sumScore/@countScore
ELSE
  PRINT 0.00
CLOSE myCur                        --关闭游标
DEALLOCATE myCur                   --释放游标
```

7.5.2　当前游标集的修改与删除

可以对游标集中的当前元组执行删除和修改操作。

1. 删除游标集中当前行

语法：

```
DELETE FROM <tableName> WHERE CURRENT OF <curserName>
```

从游标中删除一行后，游标定位于被删除的游标之后的一行，必须再用 FETCH 语句得到该行。

2. 修改游标集中当前行

语法：

```
UPDATE <tableName>
SET <columnName>=<expr>[,<columnName>=<expr> … ]
WHERE CURRENT OF <curserName>
```

【例 7.49】　将选修了《高等数学》课程且成绩不及格的学生选课记录显示出来，并从数据库中删除该选课记录。

```
/*声明变量及赋初值*/
DECLARE @sName varchar(20), @score tinyint
--定义游标
DECLARE myCur CURSOR FOR
  SELECT studentName, score
  FROM Student a, Course b, Score c
  WHERE a.studentNo=c.studentNo AND b.courseNo=c.courseNo
    AND courseName='高等数学' AND score<60
OPEN myCur                        --打开游标
--获取当前游标的值放到变量@sName和@score中
FETCH myCur INTO @sName, @score
WHILE ( @@FETCH_STATUS=0 )
BEGIN
  --显示变量@sName和@score中的值
  SELECT @sName 学生姓名, @score 课程成绩
```

```
    --删除当前游标所指的选课记录
    DELETE FROM Score WHERE CURRENT OF myCur
    FETCH myCur INTO @sName, @score              --获取下一个游标值
END
CLOSE myCur                                       --关闭游标
DEALLOCATE myCur                                  --释放游标
```

注意：对游标当前位置的记录进行修改和删除，最终都将转化为对基本表的更新。

7.6 存储过程

存储过程是为了完成特定功能汇集而成的一组命名了的 SQL 语句集合，该集合编译后存放在数据库中，可根据实际情况重新编译。该存储过程可直接在服务器端运行，也可在客户端远程调用运行，远程调用时存储过程还是在服务器端运行。

使用存储过程具有如下优点。

（1）将业务操作封装。可以为复杂的业务操作编写存储过程，放在数据库中。用户可以调用存储过程执行，而业务操作对用户是不可见的。若存储过程仅修改了执行体，而没有修改接口，则用户程序不需要修改，达到了业务封装的效果。

（2）便于事务管理。事务控制可以用在存储过程中，程序员可以依据业务的性质定义事务，并对事务进行相应级别的操作。

（3）实现一定程度的安全性保护。由于存储过程存放在数据库中，且在服务器端运行，因此，对于那些不允许用户直接操作的表或视图，如果用户又需要对这些表或视图进行操作，则可以通过调用存储过程来间接地访问这些表或视图，从而达到一定程度的安全性。这种安全性缘于用户对存储过程只有执行权限，没有查看权限。拥有了存储过程的执行权限，就自动获取了存储过程中对相应表或视图的操作权限，但是这些操作权限仅能通过执行存储过程来实现，一旦脱离存储过程，也就失去了存储过程对所涉及的表或视图的相应操作权限。

注意：对存储过程只需授予执行权限，不需授予表或视图的操作权限。

（4）特别适合统计和查询操作。一般统计和查询，尤其是期末统计，往往涉及数据量大、表多，若在客户端实现，数据流量和网络通信量较大。很多情况下，管理信息系统的设计者，将复杂的查询和统计用存储过程来实现，免去客户端的大量编程。

（5）减少网络通信量。存储过程仅在服务器端执行，客户端只接收结果。由于存储过程与数据一般在一个服务器中，因此可以减少大量的网络通信量。

使用存储过程前，首先要创建存储过程。可以对存储过程进行修改，如果存储过程不需要，可以删除之。创建了存储过程后，必须对存储过程授予执行 EXECUTE 的权限，否则该存储过程仅可以供创建者执行。

7.6.1 创建存储过程

语法如下：

```
CREATE PROCEDURE <procedureName>
    [ ( <@parameterName><datatype>[=<defaultValue>] [OUTPUT]
      [,{ <@parameterName><datatype>[=<defaultValue>] [OUTPUT] } … ] ) ]
AS
    <SQL-Statements>
```

其中：

- ＜*procedureName*＞：过程名，必须符合标识符规则，且在数据库中必须唯一。
- ＜*parameterName*＞：参数名，存储过程可不带参数，参数可以是变量、常量和表达式。
- OUTPUT：输出参数，被调用者获取使用。

如果存储过程的输出参数为一个集合，则该输出参数不在存储过程的参数中声明，而是在存储过程中创建一个临时表来存储该集合值。临时表的表名前需要加一个♯符号，如♯*myTemp*。在存储过程尾部，使用语句 SELECT ＊ FROM ♯*myTemp* 可以将临时表♯*myTemp* 中的结果集合返回给调用者。存储过程结束后，临时表将会被自动删除。

注意：用户只能在当前数据库中创建自定义的存储过程。一个存储过程的最大字节数不超过 128MB，若超过了 128MB，可以将超出的部分编写为另一个存储过程，然后在存储过程中调用。

【例 7.50】　输入某个同学的学号，统计该同学的平均分。

```
CREATE PROCEDURE proStudentByNo1(@sNo char(7))
AS
    SELECT a.studentNo, studentName, avg(score)
    FROM Student a, Score b
    WHERE a.studentNo=b.studentNo AND a.studentNo=@sNo
    GROUP BY a.studentNo, studentName
```

【例 7.51】　输入某同学的学号，使用游标统计该同学的平均分，并返回平均分，同时逐行显示该同学的姓名、选课名称和选课成绩。

```
CREATE PROCEDURE proStudentByNo2(@sNo char(7), @avg numeric(6, 2) OUTPUT )
AS
BEGIN
    DECLARE @sName varchar(20), @cName varchar(20)
    DECLARE @score tinyint, @sum int, @count tinyint
    SELECT @sum=0, @count=0
    --定义、打开、获取游标
    DECLARE curScore CURSOR FOR
        SELECT studentName, courseName, score
        FROM Score a, Student b, Course c
        WHERE b.studentNo=@sNo
            AND a.studentNo=b.studentNo AND a.courseNo=c.courseNo
    OPEN curScore
    FETCH curScore INTO @sName, @cName, @score
```

```
WHILE (@@FETCH_STATUS=0)
BEGIN
    --业务处理
    SELECT @sName, @cName, @score          --逐行显示该同学的姓名、选课名称和成绩
    SET @sum=@sum+@score
    SET @count=@count+1
    FETCH curScore INTO @sName, @cName, @score
END
CLOSE curScore
DEALLOCATE curScore
IF @count=0
    SELECT @avg=0
ELSE
    SELECT @avg=@sum/@count
END
```

本例使用了 SELECT 语句来显示变量的值，即 SELECT $@sName$, $@cName$, $@score$，由于存储过程仅在服务器端执行，因此在存储过程中出现的显示命令，其显示的内容只在服务器端出现，并不返回给客户端，这样的输出结果是没有价值的。该显示内容在调试存储过程时有作用，一旦存储过程调试正确，则可使用存储过程的修改命令将显示命令删除。

SQL Server 数据库还可以返回一个数据集合，该数据集合在客户端的程序中可以被网格类的对象接收，也可以对其进行逐行处理。另外，游标中可以嵌套游标。

【例 7.52】 输入某学院名称，统计该学院每个班级同学的选课信息，返回班级编号、班级名称、课程名称、课程选课人数、课程平均分。

本例使用嵌套游标，读者通过该例，掌握对嵌套游标的使用方法。

分析：

（1）本例涉及两个参数，一个是输入参数：学院名称，设为$@institute$；一个是输出参数，它为一个集合，包含了该学院所有班级的班级编号、班级名称、课程名称、课程选课人数、课程平均分。对于集合输出参数，不在存储过程的参数中声明，而是在存储过程中定义一个临时表来存储该集合，设临时表为$\sharp myTemp$，则在存储过程的尾部使用语句 SELECT * FROM $\sharp myTemp$ 便可将该集合返回给调用者。

（2）声明 5 个临时变量$@classNo$、$@className$、$@courseName$、$@count$ 和$@avg$，分别用于保存查询出来的班级编号、班级名称、课程名称、选课人数和选课平均分。

（3）由于一个学院有多个班级，定义一个游标，设为 $curClass$，根据输入的学院名称，查询该学院所有的班级编号和班级名称，将查询出的班级编号和班级名称放入变量$@classNo$、$@className$ 中。定义游标语句为：

```
DECLARE curClass CURSOR FOR
    SELECT classNo, className
    FROM Class
    WHERE institute=@institute
```

（4）由于一个班级选修了多门课程，需要依据查询出来的班级号，按选课的课程名进行分组计算，统计该班每门课程的选课人数和选课平均分，需要使用第二个游标，将查询出来的该班的选课人数和平均分放入变量@count 和@avg 中。定义游标语句为：

```
DECLARE curCourse CURSOR FOR
    SELECT courseName, count( * ), avg(score)
    FROM Student a, Score b, Course c
    WHERE a.studentNo=b.studentNo AND b.courseNo=c.courseNo
      AND classNo=@classNo
    GROUP BY courseName
```

注意：@classNo 变量的值是从外游标中获取的班级编号。

（5）将查询出来的班级编号、班级名称、课程名称、课程选课人数、课程平均分插入到临时表♯myTemp 中。

其存储过程为：

```
CREATE PROCEDURE proInstitute( @institute varchar(30) )
AS
BEGIN
    DECLARE @className varchar(30), @courseName varchar(30)
    DECLARE @classNo char(6), @count tinyint, @avg numeric(5, 1)
    --创建临时表,存放每个班级的班级编号、班级名称、课程名称、课程选课人数、课程平均分
    CREATE TABLE #myTemp (
        classNo        char(6),
        className      varchar(30),
        courseName     varchar(30),
        classCount     tinyint,
        classAvg       numeric(5, 1)
    )
    --定义游标 curClass,依据输入参数@institute,查找班级编号和名称
    DECLARE curClass CURSOR FOR
        SELECT classNo, className
        FROM Class
        WHERE institute=@institute
    OPEN curClass
    FETCH curClass INTO @classNo, @className
    WHILE (@@FETCH_STATUS=0)
    BEGIN
        --定义游标 curCourse,查找班级编号为@classNo班所选课的课程名称
        --课程选课人数、课程平均分
        DECLARE curCourse CURSOR FOR
            SELECT courseName, count( * ), avg(score)
            FROM Student a, Score b, Course c
            WHERE a.studentNo=b.studentNo AND b.courseNo=c.courseNo
```

```
                 AND classNo=@classNo
            GROUP BY courseName
        OPEN curCourse
        FETCH curCourse INTO @courseName, @count, @avg
        WHILE (@@FETCH_STATUS=0)
        BEGIN
            --将班级编号、班级名称、课程名称、课程选课人数、课程平均分
            --插入到临时表#myTemp中
            INSERT INTO #myTemp VALUES
                ( @classNo, @className, @courseName, @count, @avg )
            --获取下一游标值,取该班下一门课程的课程名、选课人数和平均分
            FETCH curCourse INTO @courseName, @count, @avg
        END
        CLOSE curCourse
        DEALLOCATE curCourse
        --获取游标curClass的下一个值,即取下一个班级
        FETCH curClass INTO @classNo, @className
    END
    CLOSE curClass
    DEALLOCATE curClass
    --显示临时表的内容,同时将临时表的内容返回给调用者
    SELECT * FROM #myTemp
END
```

在本例中,获取班级编号、班级名称不能写成:

```
SELECT @classNo=classNo, @className=className
FROM Class
WHERE institute=@institute
```

这是因为：一个学院有多个班级,该查询返回一个元组集合,而变量@classNo 和 @className 仅接收一个数据,因此必须使用游标,本例定义游标为 curClass。

7.6.2 执行存储过程

存储过程创建后存放在数据库中,当要使用存储过程时,必须执行命令 EXECUTE。
语法:

```
EXECUTE <procedurName>
    [ { [<@parameterName>=] <expr>} |
      { [<@parameterName>=] <@variableName>[OUTPUT] }
    [, { { [<@parameterName>=] <expr>} |
        { [<@parameterName>=] <@variableName>[OUTPUT] } } … ] ]
```

EXECUTE 的参数必须与对应的 PROCEDURE 的参数相匹配。

【例 7.53】 执行存储过程 proStudentByNo1。

```
EXECUTE proStudentByNo1 '1600001'
```

【**例 7.54**】　执行存储过程 proStudentByNo2。

```
DECLARE @avg numeric(6, 2)
EXECUTE proStudentByNo2 '1600001', @avg OUTPUT
SELECT @avg
```

【**例 7.55**】　执行过程 proInstitute。

```
EXECUTE proInstitute '信息管理学院'
```

也可以使用命令：

```
DECLARE @institute varchar(30)
SET @institute='信息管理学院'
EXECUTE proInstitute @institute
```

7.6.3　修改和删除存储过程

1. 修改存储过程

可以对已经存在的存储过程进行修改，其语法为：

```
ALTER PROCEDURE <procedureName>
    [ ( <@parameterName><datatype>[=<defaultValue>] [OUTPUT]
      [,{<@parameterName><datatype>[=<defaultValue>] [OUTPUT] }…] ) ]
AS
    <SQL-Statements>
```

注意：由于存储过程是在服务器端执行，因此在程序中不需要有输出命令 SELECT。
这是因为，由 SELECT 引出的输出不会在客户端出现。

【**例 7.56**】　修改例 7.51 的存储过程 proStudentByNo2，将显示结果的语句删除。

```
ALTER PROCEDURE proStudentByNo2( @sNo char(7), @avg numeric(6, 2) OUTPUT )
AS
BEGIN
    …               --省略的程序代码见例 7.51
    WHILE (@@FETCH_STATUS=0)
    BEGIN
        --业务处理,删除了原来的显示结果的语句: SELECT @sName, @cName, @score
        SET @sum=@sum+@score
        SET @count=@count+1
        FETCH curScore INTO @sName, @cName, @score
    END
    …               --省略的程序代码见例 7.51
END
```

2. 删除存储过程

对不需要的存储过程,可以删除,其语法为:

```
DROP PROCEDURE <procedureName>
```

【**例 7.57**】　删除存储过程 proStudentByNo1。

```
DROP PROCEDURE proStudentByNo1
```

7.7　触　发　器

触发器(trigger)是用户定义在关系表上的一类由事件驱动的存储过程,由服务器自动激活。触发器可以进行更为复杂的检查和操作,具有更精细和更强大的数据控制能力。

触发器是一种特殊的存储过程,它的优点是不管什么原因造成的数据变化都能自动响应,对于每条 SQL 语句,触发器仅执行一次,事务可用于触发器中。触发器常用于保证完整性,并在一定程度上实现安全性。

事务定义如下:

```
BEGIN TRANSACTION [<transactionName>]
COMMIT TRANSACTION [<transactionName>]
ROLLBACK TRANSACTION [<transactionName>]
```

有两个特殊的表用在触发器语句中,不同的数据库其名称不一样,如在 SQL Server 中使用 deleted 和 inserted 表;Oracle 数据库使用 old 和 new 表。这两张表可用于检查数据更新操作对关系表的影响,从而为触发器动作设置条件,不能直接更新这两个表的内容。

注意:这两张表的结构与触发器作用的表结构完全一致,当作用表的 SQL 语句开始执行时,自动产生这两张表的结构与内容,当 SQL 语句执行完毕,这两张表也随即删除。

下面以 SQL Server 为例介绍触发器。

(1) deleted 表。存储 DELETE 和 UPDATE 语句执行时所影响的行的复制,在 DELETE 和 UPDATE 语句执行前被作用的行转移到 deleted 表中,即将被删除的元组或修改前的元组值存入该表中。

(2) inserted 表。存储 INSERT 和 UPDATE 语句执行时所影响的行的复制,在 INSERT 和 UPDATE 语句执行期间,新行被同时加到 inserted 表和触发器作用的表中,即将被插入的元组或修改后的元组值存入该表中,同时也更新触发器作用的基本表。

实际上,UPDATE 命令是删除后紧跟着插入,旧行首先复制到 deleted 表中,新行同时复制到 inserted 表和触发器作用的基本表中。

触发器仅在当前数据库中被创建,触发器有 3 种类型,即插入、删除和修改。插入、删除或修改也可以联合起来作为一种类型的触发器。查询操作不会产生触发动作,因此没有查询触发器类型。

7.7.1　创建触发器

创建触发器的语法如下：

```
CREATE TRIGGER <triggerName>
ON <tableName>
FOR <INSERT | UPDATE | DELETE>
AS <SQL-Statement>
```

其中：

- $<triggerName>$：触发器的名称，由于触发器是数据库的对象，因此在数据库中必须唯一。
- $<tableName>$：触发器作用的基本表，该表也称为触发器的目标表。
- <INSERT｜UPDATE｜DELETE>：触发器事件，触发器的事件可以是插入 INSERT、修改 UPDATE 或删除 DELETE 事件，也可以是这几个事件的组合。
- INSERT 类型的触发器是指当对指定表$<tableName>$执行了插入操作时系统自动执行触发器代码。
- UPDATE 类型的触发器是指当对指定表$<tableName>$执行了修改操作时系统自动执行触发器代码。
- DELETE 类型的触发器是指当对指定表$<tableName>$执行了删除操作时系统自动执行触发器代码。
- $<SQL-Statement>$：触发动作的执行体，即一段 SQL 语句块，触发执行体中通常会对该触发动作是否会破坏预设的数据库完整性或安全性等约束条件进行判断，如果预设的数据库完整性或完全性等约束条件遭到破坏，则激活触发器的事件就会终止，触发器的目标表$<tableName>$及触发器可能会影响的其他表不发生任何变化，即执行事务的回滚操作。

【例 7.58】　创建触发器，保证学生表中的性别仅能取男或女。

分析：

（1）本例需要使用插入和修改两个触发器，因为可能破坏完整性约束条件"性别仅能取男或女"的操作是插入和修改操作。

（2）违约条件和处理：如果在 inserted 表中存在有性别取值不为"男"或"女"的记录，则取消本次操作。由于 inserted 表保存了修改后的记录，因此只要对 inserted 表进行判断即可。

```
CREATE TRIGGER sexIns    --创建插入触发器
ON Student               --触发器作用的表
FOR INSERT               --触发器的类型,即触发该触发器被自动执行的事件
AS
    IF EXISTS ( SELECT * FROM inserted WHERE sex NOT IN ( '男', '女'))
        ROLLBACK         --事务的回滚操作,即终止触发该触发器的插入操作
```

```
CREATE TRIGGER sexUpt  --创建修改触发器
ON Student
FOR UPDATE
AS
    IF EXISTS ( SELECT * FROM inserted WHERE sex NOT IN ( '男', '女' ) )
        ROLLBACK
```

该例也可以合并为一个触发器,如下所示:

```
CREATE TRIGGER sexUptIns
ON Student
FOR INSERT, UPDATE
AS
    IF EXISTS ( SELECT * FROM inserted WHERE sex NOT IN ( '男', '女' ) )
        ROLLBACK
```

本例的 inserted 表结构与触发器作用的 Student 表结构相同。

【例 7.59】 创建触发器,如果对学生表进行了更新(插入、删除和修改)操作,则自动修改班级表中的班级人数。假设一次仅允许更新一个学生记录,否则当作违反约束规则。

分析:

(1) 该触发器的含义是,当对学生表 Student 删除和插入记录时必须修改班级人数,当修改学生表中某同学的所属班级时,也要修改班级表中的相应班级的人数。要分别为插入、删除和修改操作设计触发器。

(2) 由于假设一次仅允许更新一个学生记录,因此在触发器中必须判断,如果执行 DML 语句作用的对象超过一条记录,则取消本次操作。

(3) 由于假设一次仅允许更新一个学生记录,所以可以直接在 SELECT 语句中使用变量接收查询出来的更新学生的班级属性值,不需要使用游标,语句如下:

```
SELECT @classNo=classNo FROM inserted  --获取更新学生的班级信息
```

本例触发器程序分别为:

```
CREATE TRIGGER ClassIns       --创建插入触发器,inserted 表结构与 Student 表结构相同
ON Student FOR INSERT AS
BEGIN
    DECLARE @classNo char(6)        --变量@classNo用于接受插入学生所属的班级编号
    IF ( SELECT count(*) FROM inserted)>1
        ROLLBACK                          --不允许一次插入多个学生记录
    ELSE
    BEGIN
        SELECT @classNo=classNo          --找出插入学生的班级编号赋给变量@classNo
        FROM inserted
        UPDATE Class SET classNum=classNum+1
        WHERE classNo=@classNo        --修改班级表中班级编号为@classNo的班级人数
```

```
            END
      END
      CREATE TRIGGER ClassDel        --创建删除触发器,deleted 表结构与 Student 表结构相同
      ON Student FOR DELETE AS
      BEGIN
            DECLARE @classNo char(6)        --变量@classNo 用于接受删除学生所属的班级编号
            IF ( SELECT count(*) FROM deleted )>1
                ROLLBACK                    --不允许一次删除多个学生记录
            ELSE
            BEGIN
                SELECT @classNo=classNo     --找出删除学生的班级编号赋给变量@classNo
                FROM deleted
                UPDATE Class SET classNum=classNum-1
                WHERE classNo=@classNo      --修改班级表中班级编号为@classNo 的班级人数
            END
      END
      CREATE TRIGGER ClassUpt        --创建修改触发器,deleted 和 inserted 表结构同 Student
      ON Student FOR UPDATE AS
      BEGIN
            /* 声明两个变量@oldClassNo 和@newClassNo,分别接受学生修改前、后的班级编号 */
            DECLARE @oldClassNo char(6), @newClassNo char(6)
            IF ( SELECT count(*) FROM deleted )>1
                ROLLBACK                        --不允许一次修改多个学生记录
            ELSE
            BEGIN
                SELECT @oldClassNo=classNo      --找出修改前学生的班级编号赋给@oldClassNo
                FROM deleted
                SELECT @newClassNo=classNo      --找出修改后学生的班级编号赋给@newClassNo
                FROM inserted
                UPDATE Class SET classNum=classNum-1
                WHERE classNo=@oldClassNo        --修改班级编号为@oldClassNo 的班级人数
                UPDATE Class SET classNum=classNum+1
                WHERE classNo=@newClassNo        --修改班级编号为@newClassNo 的班级人数
            END
      END
```

　　本例在更新触发器中要同时使用两张触发器表。如果一次允许更新多个学生记录,则实现自动修改班级表中班级人数的插入触发器如下,请读者写出相应的删除和修改触发器。

```
      CREATE TRIGGER ClassInsMany    --创建允许一次插入多条学生记录的插入触发器
      ON Student FOR INSERT AS
      BEGIN
            DECLARE @classNo char(6)   --变量@classNo 用于接受所插入的学生所属的班级编号
            DECLARE curStudent CURSOR FOR      --定义一个游标对多个插入的学生进行逐个处理
```

```
        SELECT classNo FROM inserted
    OPEN curStudent
    FETCH curStudent INTO @classNo
    WHILE (@@FETCH_STATUS=0)
    BEGIN
        UPDATE Class SET classNum=classNum+1
        WHERE classNo=@classNo        --更新班级表中班级编号为@classNo的班级人数
        FETCH curStudent INTO @classNo
    END
    CLOSE curStudent
    DEALLOCATE curStudent
END
```

也可以不使用游标,直接通过一条 SQL 语句完成班级人数的修改,插入触发器如下:

```
CREATE TRIGGER ClassInsMany1
ON Student FOR INSERT AS
    UPDATE Class Cla
        SET Cla.classNum=Cla.classNum+InsCnt.cnt
    FROM ( SELECT Ins.classNo, count(*) cnt    --统计每一个班级插入学生的人数 cnt
        FROM inserted Ins
        GROUP BY Ins.classNo ) InsCnt
    WHERE InsCnt.classNo=Cla.classNo
```

【例 7.60】   创建触发器,只有数据库拥有者(dbo)才可以修改成绩表中的成绩,其他用户对成绩表的插入和删除操作必须记录下来。

分析:

(1) 为了记录用户的操作轨迹,首先创建一张审计表,表结构如下:

```
CREATE TABLE TraceEmployee (
    userid        varchar(20)      NOT NULL,      --用户标识
    number        int              NOT NULL,      --操作次数
    operateDate   datetime         NOT NULL,      --操作时间
    operateType   char(6)          NOT NULL,      --操作类型:插入/删除/修改
    studentNo     char(7)          NOT NULL,
    courseNo      char(3)          NOT NULL,
    termNo        char(3)          NOT NULL,
    score         numeric(5,1)     NOT NULL,
    CONSTRAINT TraceEmployeePK PRIMARY KEY ( userid,number )
)
```

(2) 分别建立 3 个触发器,阻止非 dbo 用户对成绩表的修改,并将非 dbo 用户对成绩表的插入和删除操作的轨迹添加到审计表 TraceEmployee 中。

```
CREATE TRIGGER ScoreTracIns                          --创建插入类型的触发器
```

```
ON Score FOR INSERT AS
BEGIN
    DECLARE @studNo char(7), @courNo char(3), @termNo char(3), @score numeric(5,1)
    DECLARE @num int
    IF user<>'dbo' AND EXISTS ( SELECT * FROM inserted )        --非 dbo 对成绩表插入
    BEGIN
        SELECT @num=max(number)                              --获取该用户以前的操作次数
        FROM TraceEmployee
        WHERE userid=user
        IF @num IS NULL
            SELECT @num=0
        DECLARE curTrance CURSOR FOR
            SELECT * FROM inserted    --inserted 表结构与触发器作用的 Score 表相同
        OPEN curTrance
        FETCH curTrance INTO @studNo, @courNo, @termNo, @score
        WHILE (@@FETCH_STATUS=0)
        BEGIN            --通过游标将非 dbo 用户对成绩表进行的所有插入操作记录下来
            SET @num=@num+1           --该用户的操作次数自动加 1
            INSERT INTO TraceEmployee VALUES    --在审计表中添加用户的插入操作轨迹
            ( user, @num, getdate(), 'insert', @studNo, @courNo, @termNo, @score)
            FETCH curTrance INTO @studNo, @courNo, @termNo, @score
        END
        CLOSE curTrance
        DEALLOCATE curTrance
    END
END
CREATE TRIGGER ScoreTracDel            --创建删除类型的触发器
ON Score FOR DELETE AS
BEGIN
    DECLARE @studNo char(7), @courNo char(3), @termNo char(3), @score numeric(5, 1)
    DECLARE @num int
    IF user<>'dbo' AND EXISTS ( SELECT * FROM deleted )  --非 dbo 对成绩表进行删除
    BEGIN
        ...                              --省略的程序代码见插入类型的触发器 ScoreTracIns
        DECLARE curTrance CURSOR FOR
            SELECT * FROM deleted        --deleted 表结构与触发器作用的 Score 表相同
        OPEN curTrance
        FETCH curTrance INTO @studNo, @courNo, @termNo, @score
        WHILE (@@FETCH_STATUS=0)
        BEGIN           --通过游标将非 dbo 用户对成绩表进行的所有删除操作记录下来
            SET @num=@num+1            --该用户的操作次数自动加 1
            INSERT INTO TraceEmployee VALUES      --在审计表中添加用户的删除操作轨迹
            ( user, @num, getdate(), 'delete', @studNo, @courNo, @termNo, @score)
```

```
            FETCH curTrance INTO @studNo, @courNo, @termNo, @score
        END
        CLOSE curTrance
        DEALLOCATE curTrance
    END
END
CREATE TRIGGER ScoreTracUpt                    --创建修改类型的触发器
ON Score FOR UPDATE AS
    IF user!='dbo' AND EXISTS ( SELECT * FROM deleted )    --非 dbo 不允许修改成绩
        ROLLBACK
```

在上面的触发器中,使用了 user 常量,它是 SQL Server 中当前登录用户的用户标识。

注意:原则上并不限制一张表上创建的触发器的数量,但由于触发器是自动执行的,因此,如果为一张表建立了多个触发器,必然加大系统的开销。另外,如果触发器设计得不好,会带来不可预知的后果,因此,触发器常常用于维护复杂的完整性约束,不用于业务处理,凡是可以用一般约束限制的,就不要使用触发器,如限制性别仅取男或女,可以使用检查约束 CHECK 实现。用户的业务处理常常使用存储过程实现。

由于一张表可以有多个触发器,且同一类型的触发器也可以有多个,有的 DBMS 按照触发器建立的时间顺序进行触发,有的数据库管理系统按照触发器名字顺序进行触发。

7.7.2　修改和删除触发器

可以对触发器进行修改,使用 ALTER TRIGGER 命令,语法如下:

```
ALTER TRIGGER< triggerName>
ON < tableName>
FOR < INSERT | UPDATE | DELETE >
AS < SQL-Statement>
```

【例 7.61】　修改例 7.60 中的修改类型的触发器,允许非 DBO 用户修改 Score 表的成绩数据,但是必须将修改操作的轨迹记录在审计表 TraceEmployee 中。

分析:

(1) 本例中有两个触发条件:首先,如果修改了学号、课程号、学期号,则拒绝修改,即执行回滚操作;然后,如果只修改了成绩,需要将修改成绩操作的轨迹记录在审计表 TraceEmployee 中。使用 update(attribute) 函数可判断是否对属性 attribute 进行了修改。

(2) 本例允许对多条记录的成绩进行修改,需要使用游标,找出修改前后的成绩,分别放入到变量 @oldScore 和 @newScore 中。

(3) inserted 表中保存了修改后的成绩,deleted 表中保存了修改前的成绩,因此要找出修改前后的成绩,可以对 inserted 和 deleted 两张表进行连接操作,连接条件是学号、课

程号、学期号相等,其连接语句如下:

```
SELECT a.score, b.score, a.studentNo, a.courseNo, a.termNo
FROM inserted a, deleted b
WHERE a.studentNo=b.studentNo AND a.courseNo=b.courseNo AND a.termNo=b.termNo
```

本例对原有触发器程序进行修改的程序如下:

```
ALTER TRIGGER ScoreTracUpt
ON Score FOR UPDATE AS
BEGIN
    /*声明两个变量@oldScore和@newScore,分别接受修改前、后的成绩*/
    DECLARE @oldScore numeric(5, 1), @newScore numeric(5, 1)
    DECLARE @studNo char(7), @courNo char(3), @termNo char(3), @num int
    IF user<>'dbo'
    BEGIN
      IF update(studentNo) OR update(courseNo) OR update(termNo)
          ROLLBACK                          --如果更新了学号、课程号或学期号属性,则回滚
      ELSE
      IF UPDATE(score)
      BEGIN
          SELECT @num=max(number)          --获取该用户以前的操作次数
          FROM TraceEmployee
          WHERE userid=user
          IF @num IS NULL
              SELECT @num=0
          --定义游标uptCur,找出给定学号、课程号和学期号选课记录的修改前后的成绩
          DECLARE uptCur CURSOR FOR
              SELECT a.score, b.score, a.studentNo, a.courseNo, a.termNo
              FROM inserted a, deleted b
              WHERE a.studentNo=b.studentNo AND a.courseNo=b.courseNo
                AND a.termNo=b.termNo
          OPEN uptCur                       --打开游标
          --获取当前游标值
          FETCH uptCur INTO @newScore, @oldScore, @studNo, @courNo, @termNo
          WHILE (@@FETCH_STATUS=0)
          BEGIN       --对每次成绩修改,在审计表中添加两条记录,分别反映修改前后的成绩
              SET @num=@num+1              --该用户的操作次数自动加1
              INSERT INTO TraceEmployee VALUES
              (user, @num, getdate(), 'oldUpt', @studNo, @courNo, @termNo, @oldScore)
              SET @num=@num+1              --该用户的操作次数自动加1
              INSERT INTO TraceEmployee VALUES
              (user, @num, getdate(), 'newUpt', @studNo, @courNo, @termNo, @newScore)
              FETCH uptCur INTO @newScore, @oldScore, @studNo, @courNo, @termNo
          END
```

```
        CLOSE uptCur                    --关闭游标
        DEALLOCATE uptCur               --释放游标
    END
  END
END
```

如果在审计表 TraceEmployee 中再增加一列成绩,即有两列成绩,一列用来保存修改前的成绩(即第 10.3.3 节介绍的日志中的前映像),另一列用来保存修改后的成绩(即后映像)。请读者按该思路对例 7.61 的触发器程序进行修改。

触发器不需要时可以删除,删除语法如下:

```
DROP TRIGGER <triggerName>
```

【例 7.62】 删除触发器 ClassInsMany。

```
DROP TRIGGER ClassInsMany
```

本 章 小 结

(1) 数据库作为一个整体存放在外存的物理文件中。物理文件有两种:一是数据文件,存放数据库中的对象数据;二是日志文件,存放用于恢复数据库的冗余数据。一个数据库可以有多个物理文件,可以将一个或若干个物理文件设置为一个逻辑设备;一个数据库可以有多个逻辑设备,必须在创建数据库时进行定义。创建数据库对象时只需要指明该对象存放在哪个逻辑设备上,而不必关心更多的物理细节;由逻辑设备与物理文件进行联系,从而实现数据库的逻辑模式与存储模式的独立。

(2) 数据定义语言 DDL 用来定义数据库的存储模式、关系的逻辑模式和完整性约束(如属性的取值类型和取值范围、默认值、是否允许为空值、唯一性约束,主码约束,外码约束等)、视图、基本表的索引,以及指定存储数据库对象的逻辑设备(组)。

SQL 数据定义语言包括:①数据库的创建、修改和删除;②基本表的创建、修改和删除;③视图的创建和删除;④索引的创建和删除。

(3) SQL 数据更新语句包括 3 条:插入 INSERT、删除 DELETE 和修改 UPDATE。这 3 条语句用于对基本表的元组进行增加、删除和修改。插入方式有两种:一是插入一个元组,二是插入子查询的结果。插入、删除和修改操作会破坏数据的完整性,如果违反了完整性约束条件,其操作会失败。

(4) **视图**是虚表,是从一个或几个基本表(或视图)中导出的表。在数据库系统表中仅存放了创建视图的语句,不存放视图对应的数据;当基本表中的数据发生变化时,从视图中查询出的数据也随之改变。视图实现了数据库管理系统三级模式中的外模式。

(5) SQL Server 变量分为局部变量和全局变量。局部变量名前加一个@符号,全局变量名前加两个@符号。声明变量可使用 DECLARE 语句,SET 语句一次只能给一个变量赋值,SELECT 语句一次可以给多个变量赋值。

(6) --为单行注释符;/ * … * /为多行注释符,注释的第一行用/ * 开始,接下来的注释行用＊＊开始,最后一个注释行的末尾用＊/结束注释。

（7）SQL Server 提供了丰富的函数,包括数学函数、字符串函数、日期和时间函数、聚合函数和系统函数等。系统函数 convert() 可实现不同类型数据之间的相互转换,如将日期型数据转换为各种日期格式的字符串数据,或反之。

（8）SQL Server 提供的流程控制语句主要有：BEGIN…END（定义语句块）、IF〔ELSE〕（分支（选择）语句）、CASE WHEN〔ELSE〕END（多分支语句）、WHILE（循环语句）、BREAK（退出当前层的 WHILE 循环）、CONTINUE（重新开始当前层的 WHILE 循环）。

（9）若要对 SELECT 语句返回的结果值进行逐行处理,必须使用**游标**。**游标**（cursor）是系统为用户开设的一个数据缓冲区,用于存放 SQL 语句的执行结果。可以对游标当前位置的记录进行查询（即提取）、修改和删除,且这种修改和删除最终都转化为对基本表的更新。使用游标必须经历 5 个步骤：①定义游标 DECLARE；②打开游标 OPEN；③逐行提取游标集中的行 FETCH；④关闭游标 CLOSE；⑤释放游标 DEALLOCATE。

（10）系统全局变量 @@$FETCH\_STATUS$ 用于返回最近一次 FETCH 语句执行后的游标状态：①值为 0 表示 FETCH 语句成功,即已经从游标集中获取了元组值；②值为 −1 表示 FETCH 语句失败或此行不在结果集中；③值为 −2 表示被提取的行不存在。

（11）存储过程是为了完成特定功能汇集而成的一组命名了的 SQL 语句集合,该集合编译后存放在数据库中,可根据实际情况重新编译。该存储过程可直接在服务器端运行,也可在客户端远程调用运行,远程调用时存储过程还是在服务器端运行。

（12）由于存储过程仅在服务器端执行,因此在存储过程中出现的显示命令,其显示的内容只在服务器端出现,并不返回给客户端,这样的输出结果是没有价值的。该显示内容仅在调试存储过程时有作用,一旦存储过程调试正确,可使用存储过程的修改命令将显示命令删除。

（13）存储过程的优点：①将业务操作封装；②便于事务管理；③实现一定程度的安全性保护；④特别适合统计和查询操作；⑤减少网络通信量。

（14）使用触发器,必然会使用两个特殊的表,在 SQL Server 中分别是 deleted 和 inserted 表,这两张表不能直接更新其内容,其结构与触发器作用的表一样。

（15）触发器的事件可以是插入 INSERT、删除 DELETE 或修改 UPDATE 操作。因此,触发器有 3 种类型：插入、删除和修改。插入、删除或修改也可以组合起来作为一种类型的触发器。查询操作不会产生触发动作,因此没有查询触发器类型。

（16）触发执行体中通常会对该触发动作是否会破坏预设的数据库完整性或安全性等约束条件进行判断,如果预设的数据库完整性或完全性等约束条件遭到破坏,则激活触发器的事件就会终止,触发器的目标表＜$tableName$＞及触发器可能会影响的其他表不发生任何变化,即执行事务的回滚操作。

习 题 7

7.1 创建图书管理数据库 BookDB,数据库模式见第 3 章习题,并对所建立的表分别插入如图 7-5～图 7-9 所示的数据。

	readerNo	readerName	sex	identifycard	workUnit	borrowCount
1	R2014001	陈辉	男	010207199111014200	南昌市电脑研制公司	5
2	R2014002	李虹冰	女	010306199208076200	富士康科技集团	3
3	R2015001	张小娟	女	332712199301014000	统一股份有限公司	2
4	R2015002	刘凤	女	312734199203121000	联合股份有限公司	2
5	R2015003	高代鹏	男	412703199005223000	上海生物研究室	8
6	R2016001	张露	女	112708199002098000	上海生物研究室	8
7	R2016002	喻自强	男	360102199304241000	万事达股份有限公司	2
8	R2016003	张晓梅	女	360102199412112000	统一股份有限公司	2
9	R2016004	张良	男	412701199510014000	上海生物研究室	8
10	R2016009	张良	男	412701199610014000	上海生物研究室	8

图 7-5 读者表 Reader

	classNo	className
1	C001	经济类
2	C002	外语类
3	C003	计算机类
4	C004	数学类
5	C005	文学类

图 7-6 图书分类表 BookClass

	publisherNo	publisherName
1	P001	中国人民大学出版社
2	P002	清华大学出版社
3	P003	高等教育出版社
4	P004	外语教学与研究出版社
5	P005	机械工业出版社

图 7-7 出版社表 Publisher

	bookNo	classNo	bookName	authorName	publisherNo	price	publishingDate	shopDate	shopNum
1	B201501001	C001	政治经济学	宋涛	P001	23.5	2014/10/01	2015/01/11	10
2	B201501002	C002	大学英语	郑树棠	P001	25.2	2014/07/01	2016/01/11	30
3	B201501003	C001	宏观经济学	王冰	P001	27.8	2014/10/01	2015/01/11	20
4	B201503001	C003	数据库系统原理	万慧红	P002	22.2	2014/01/01	2015/01/11	8
5	B201503002	C003	数据库系统概念	王珊	P005	28.2	2014/05/01	2015/01/11	8
6	B201506001	C002	大学英语听说	郑树棠	P004	16.6	2015/06/01	2016/01/11	24
7	B201601001	C003	操作系统原理	左万力	P003	31.5	2014/01/02	2015/01/12	10
8	B201601002	C002	大学英语读写实践	张丽莉	P004	20.8	2014/01/02	2015/01/12	30
9	B201601003	C003	数据结构	章新雨	P002	18.8	2015/03/02	2015/12/12	5
10	B201601004	C001	微观经济学	张蕊	P001	30.3	2015/01/02	2016/01/12	8

图 7-8 图书表 Book

	bookNo	classNo	bookName	authorName	publisherNo	price	publishingDate	shopDate	shopNum
11	B201603001	C003	操作系统教程	孟静	P003	15.6	2016/01/02	2016/07/12	5
12	B201603003	C003	数据结构与算法	郭树琴	P005	22.0	2016/10/02	2016/11/12	20
13	B201603004	C005	古典文学作品欣赏	刘欣红	P001	21.0	2014/11/02	2015/01/12	20
14	B201605001	C005	现代诗歌欣赏	吴红	P001	18.2	2015/09/02	2016/04/12	30
15	B201605002	C003	现代操作系统	陈向群	P002	41.0	2015/02/02	2015/08/12	10

图 7-8　（续）

	readerNo	bookNo	borrowDate	shouldDate	returnDate
1	R2015001	B201501001	2017/09/01	2017/11/01	NULL
2	R2015001	B201501003	2017/09/02	2017/11/02	NULL
3	R2015001	B201503002	2015/05/01	2015/07/01	2015/06/11
4	R2015001	B201601004	2016/05/01	2016/06/01	2016/06/01
5	R2015002	B201501001	2016/04/07	2016/06/07	2016/06/05
6	R2015002	B201501003	2015/03/07	2015/06/07	2015/10/05
7	R2015002	B201506001	2015/08/07	2015/10/07	2015/10/05
8	R2015002	B201506001	2016/09/07	2016/10/07	2016/10/05
9	R2015002	B201601001	2016/03/01	2016/04/01	2016/10/11
10	R2015002	B201601004	2016/03/07	2016/04/07	2016/04/05
11	R2015002	B201601004	2016/11/07	2016/12/07	NULL
12	R2015002	B201603004	2016/09/07	2016/10/07	2016/10/05
13	R2015003	B201503002	2016/03/01	2016/04/01	2016/04/11
14	R2016001	B201501001	2016/03/01	2016/04/01	2016/03/28
15	R2016001	B201501001	2017/09/01	2017/12/01	NULL
16	R2016001	B201601001	2017/05/07	2017/06/07	NULL
17	R2016001	B201601002	2017/03/08	2017/04/08	2017/04/06
18	R2016001	B201601004	2017/09/07	2017/10/07	NULL
19	R2016002	B201501001	2016/03/11	2016/04/11	2016/04/11
20	R2016002	B201601001	2016/09/17	2016/10/17	2016/10/05
21	R2016002	B201601002	2016/03/01	2016/04/01	2016/04/11
22	R2016002	B201601004	2016/03/11	2016/04/11	2016/04/11

图 7-9　图书借阅表 Borrow

	readerNo	bookNo	borrowDate	shouldDate	returnDate
23	R2016002	B201603004	2016/04/01	2016/06/01	2016/05/11
24	R2016003	B201503001	2017/01/07	2017/03/07	NULL
25	R2016003	B201601001	2017/09/07	2017/10/07	NULL
26	R2016004	B201501001	2015/10/07	2015/11/07	2015/11/03
27	R2016004	B201501001	2016/09/07	2016/10/07	2016/10/05
28	R2016004	B201503002	2016/11/12	2016/12/12	2016/12/25
29	R2016004	B201601001	2016/03/17	2016/04/17	2016/04/15
30	R2016004	B201601001	2017/09/07	2017/10/07	NULL
31	R2016004	B201601002	2016/02/07	2016/03/07	2016/03/05
32	R2016004	B201601003	2016/12/07	2017/02/07	NULL
33	R2016004	B201601004	2016/03/07	2016/04/07	2016/04/05
34	R2016004	B201603001	2016/04/07	2016/05/17	2016/05/05
35	R2016004	B201603001	2017/04/17	2017/05/17	NULL
36	R2016004	B201603001	2016/09/20	2016/10/20	2016/10/25
37	R2016004	B201603003	2016/04/20	2016/05/20	2016/05/05
38	R2016004	B201603003	2016/05/07	2016/06/07	2016/06/05
39	R2016004	B201603004	2016/05/20	2016/07/20	2016/07/15

图 7-9　(续)

7.2　在图书管理数据库 BookDB 中用 SQL 语句完成如下操作。

(1) 将"经济类"图书的单价提高 10%。

(2) 将入库数量最多的图书单价下调 5%。

(3) 删除读者"张小娟"的借书记录。

(4) 创建一个视图,该视图为在借图书的总价在 60 元以上的读者编号、读者姓名和所借图书的总价。

(5) 创建一个视图,该视图为年龄在 25—35 岁之间的读者,属性列包括读者编号、读者姓名、年龄、工作单位、所借图书名称和借书日期。

(6) 创建一个视图,该视图仅包含清华大学出版社在 2015—2016 年出版的"计算机类"的图书基本信息。

(7) 对由习题 7.2(6)所建立的视图进行更新(插入、删除、修改)操作,数据自定,观察运行结果。

(8) 在读者表中按读者的单位建立一个索引文件 readerUnitIdx。

7.3　在学生成绩管理数据库 ScoreDB 中,编写如下的存储过程:

(1) 根据输入的课程号,统计该课程的选课人数和平均分,并将统计结果返回给调用者。

(2) 在成绩表中将重复选修的课程的成绩只保留最高分的那条记录。

(3) 不允许使用聚合函数,统计每个学院的选课学生人数、课程平均分,并将学院名称、选课人数和平均分按学院名称顺序排序输出。

(4) 不允许使用聚合函数,统计每门课程的选课人数和平均分,按如下格式输出:

```
课程名 1: xxxxxxx
学号          姓名        成绩
xxxxxxxx  xxxxxxxx     xxxx
...           ...          ...
选课人数: xxx
平均分: xxx.xx
------------------
课程名 2: xxxxxxx
学号          姓名        成绩
xxxxxxxx  xxxxxxxx     xxxx
...           ...          ...
选课人数: xxx
平均分: xxx.xx
------------------
```

7.4　在图书数据库 BookDB 中,编写如下的触发器程序:

(1) 读者借书时,如果在借图书数量已达到最大借书数量,则拒绝借书。

(2) 只有数据库拥有者 dbo 可以修改读者的最大借书数量,并且一次只能修改一条记录,但是必须将修改前与修改后的数据记录下来。

(3) 读者只可以在白天(上午 8:00~下午 5:00)借书和还书。

(4) 确保图书编号的第 2~5 位为年份,且年份必须小于等于当前年份。

第 8 章

chapter 8

数据库存储结构与查询处理

学习目标

首先,从基本存储介质的特性和存储访问的方式开始,重点介绍了数据库中数据的物理存储结构,即文件中的记录组织方式,这是数据库物理设计的基础,与数据库系统的性能密切相关。要求了解存储系统的层次、存储访问方式和文件的记录格式,掌握文件中记录的组织方式,理解不同文件组织方式的优缺点和维护方法。

然后,从索引的基本概念和评价索引技术的标准开始,重点讨论了顺序索引、B⁺ 树索引和散列技术。要求掌握各种不同索引的基本概念和主要特点,了解各种不同索引的更新方法和更新特点。

第三,讨论了关系运算算法。要求了解查询处理过程、查询代价的度量和代价模型,掌握主要关系运算的基本算法和时间代价,了解表达式计算的实体化和流水化技术。

第四,讨论了查询优化问题。要求掌握查询优化的基本概念,了解关系表达式转换规则,掌握执行计划选择的启发式规则,领会查询优化的重要意义。

最后,介绍了数据库的物理设计,重点讨论了数据存储和数据存取。

通过本章的学习,一是有利于学生从底层的角度理解 SQL 查询;二是有利于学生更好地理解关系数据库的优点和缺点。

学习方法

本章的内容涉及到 DBMS 的核心技术,看不见摸不着,因此在学习过程中要多利用图表理解本章所讲的概念、方法、算法和策略。另外,在学习本章时,要复习第 2 章讲过的关系操作、第 3 章和第 7 章讲过的 SQL 语言,一是加深对前面学习内容的理解,二是更好地理解并掌握本章的内容。

学习指南

本章的重点是 8.2、8.3 和 8.5 节,难点是 8.4 节。

本章导读

本章介绍了计算机系统的三级存储体系、文件中记录的物理存储结构、顺序索引、B⁺ 树索引、散列索引和数据库物理设计等内容。文件和记录在存储设备上的组织方式与数据库系统的物理设计及其性能密切相关。在数据库查询中,往往只涉及数据库关系表的一小部分记录,索引就是用来帮助无需检索全部记录而快速定位所需记录的结构。

查询处理是指从数据库中提取数据时所涉及的一系列活动。这些活动主要包括：将用高层数据库语言（如 SQL）表示的查询语句翻译成能在文件系统的物理层上使用的表达式，为优化查询而进行的各种转换以及查询的实际执行。查询处理的执行有多种可选的方案，这些方案的执行代价有很大的差异，为查询进行优化，选择一个执行代价最小的执行方案，是 RDBMS 的责任。

8.1　文件组织与记录组织

在前面重点强调了数据库的较高层模型。例如，在逻辑层上关系数据库被认为是表的集合，而表又是元组的集合。本章主要讨论较低层的问题，首先介绍存储介质（磁盘）的特性和存储访问的过程，其次讨论数据在磁盘上的组织形式，第三讨论数据库索引技术，最后讨论数据库物理设计。

8.1.1　存储介质

1. 存储介质的分类

大多数计算机系统中存在多种数据存储类型，几种有代表性的存储介质分别是：高速缓冲存储器（cache）、主存储器（main memory）、快闪存储器（flash memory）、磁盘存储器（magnetic-disk storage）、光存储器（optical storage）和磁带存储器（tape storage）等。根据不同存储介质的速度和成本，可以把它们按层次结构组织起来，如图 8-1 所示。层次越高，价格越贵，但速度越快。

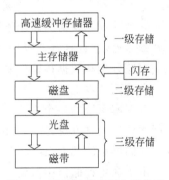

图 8-1　计算机的三级存储体系

最快的存储介质（如高速缓冲存储器和主存储器）称为**一级存储**或**基本存储**，中间层存储介质（如磁盘，这里的磁盘专指硬盘）称为**二级存储**或**辅助存储**、**联机存储**，最下面的存储介质（如光盘和磁带）称为**三级存储**或**脱机存储**。

不同存储系统除了速度和成本不同之外，还存在一个存储易失性问题。易失性存储在设备断电后将丢失所有内容。图 8-1 所示的层次结构中，主存储器及以上的存储系统都是易失性存储，而以下的存储系统都是非易失性存储。为了保护数据，必须将数据写到非易失性存储中去。

2. 磁盘

磁盘为现代计算机系统提供了绝大部分的辅助存储。关于磁盘的基本概念有盘片、磁道、扇区、柱面、读写头、磁盘臂和磁盘控制器等，这里不去详述。磁盘质量的主要度量指标是容量、访问时间、数据传输率和可靠性。

访问时间（access time）是从发出读写请求到数据开始传输之间的时间。为了访问（即读或写）磁盘上指定扇区的数据，磁盘臂首先需要移动以定位到正确的磁道，然后等待磁盘旋转直到指定的扇区出现在它下方。

磁盘臂重定位的时间称为**寻道时间**(seek time)。典型的寻道时间是 2~30ms 之间。平均寻道时间是寻道时间的平均值,典型的平均寻道时间是 4~10ms 之间。

一旦读写头到达了所需的磁道,等待访问的扇区出现在读写头下所花费的时间称为**旋转等待时间**(rotational latency time)。现在一般磁盘的转速是 90~250r/s,即每转所需时间在 4~11.1ms 之间。

访问时间是寻道时间和旋转等待时间的总和,范围在 8~20ms 之间。

数据传输率(data-transfer rate)是从磁盘获得数据或者向磁盘存储数据的速率。目前的磁盘系统支持 25~100MB/s 的最大数据传输率。

磁盘的**平均故障时间**(mean time to failure,MTTF)是指磁盘无故障连续运行时间的平均值。

磁盘 I/O 请求是由文件系统和大多数操作系统具有的虚拟内存管理器产生的。每个请求指定要访问的磁盘地址,这个地址是以块号的形式提供的。一个**磁盘块**(block)是一个逻辑单元,它包含固定数目的连续扇区。块大小在 512B 到几 KB 之间。数据在磁盘和主存储器之间以块为单位传输。

为了减少块访问时间,可以按照预期的数据访问方式最接近的方式来组织磁盘上的块。例如,如果预计一个文件将顺序访问,那么理想情况下应该使文件的所有块存储在连续的相邻柱面上,这样可以减少获取数据所需要的访问时间。

8.1.2 存储访问

一个数据库映射为多个不同的文件,这些文件由底层的操作系统来维护,永久地存放在磁盘上,并且具有三级存储介质上的备份。每个文件分成定长的存储单元,称为**块**。块是存储分配和数据传输的基本单位。一个块可能包含很多数据项,假设没有数据项跨越两个或两个以上的块。

数据库系统的一个主要目标就是减少磁盘和主存储器之间传输的块数。减少磁盘访问次数的一种方法是在主存储器中保留尽可能多的块,目的是最大化要访问的块已经在主存储器中的几率,这样就不再需要访问磁盘了。

由于在主存储器中保留一个较大数据库的所有块是不可能的,因此就需要管理主存储器中用于存储块的可用空间的分配。**缓冲区**(buffers)是主存储器中用于存储磁盘块的副本的区域。每个块总有一个副本存放在磁盘上,但是在磁盘上的副本可能比在缓冲区中的副本旧。负责缓冲区空间分配和管理的子系统称为缓冲区管理器。

当数据库系统中的程序需要磁盘上的块时,它向缓冲区管理器发出请求(即调用)。如果这个块已经在缓冲区中,缓冲区管理器将这个块在主存储器中的地址返回给请求者。如果这个块不在缓冲区中,缓冲区管理器首先在缓冲区中为这个块分配空间,如果需要的话会把其他块移出主存储器为这个新块腾出空间,移出的块仅当它在最近一次写回磁盘后修改过才需要写回磁盘;然后,缓冲区管理器把这个块从磁盘读入缓冲区,并将这个块在主存储器中的地址返回给请求者。缓冲区管理器的内部动作对发出磁盘块请求的程序是透明的。

具体来说,在数据库管理系统中,数据的存取过程是:

（1）应用程序通过 DML 向 DBMS 发出存取请求，如 SELECT 语句；

（2）对命令进行语法检查，正确后检查语义和用户权限（通过数据字典 DD），并决定是否接收；

（3）执行查询优化，将命令转换成一串单记录的存取操作序列；

（4）执行存取操作序列（反复执行以下各步，直到结束）；

（5）在缓冲区中找记录，若找到转（10），否则转（6）；

（6）查看存储模式，决定从哪个文件、用什么方式读取物理记录；

（7）根据（6）的结果向操作系统（OS）发出读取记录的命令；

（8）OS 执行该命令，并读取记录数据；

（9）在 OS 控制下，将读出的记录送入系统缓冲区；

（10）RDBMS 根据查询命令和 DD 的内容导出用户所要读取的记录格式；

（11）RDBMS 将数据从系统缓冲区中送入用户工作区；

（12）RDBMS 将执行状态信息（成功或不成功等）返回给应用程序；

（13）应用程序对工作区中读出的数据进行相应处理。

数据存取过程如图 8-2 所示。

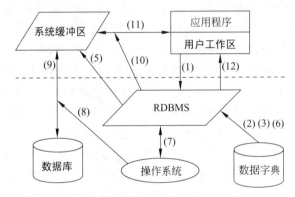

图 8-2　数据存取过程

数据库系统中的缓冲区管理器几乎和大多数操作系统中的虚拟存储管理器是一样的。不同之处是数据库的大小会比机器硬件地址空间大得多，因此主存储器地址不足以对所有磁盘块进行寻址。此外，为了更好地为数据库系统服务，缓冲区管理器使用的管理策略比典型的虚拟存储管理器更加复杂。

8.1.3　文件组织与文件中记录的组织

文件在逻辑上可看作是记录的序列，物理上这些记录被映射到磁盘块中。由于文件由操作系统作为一种基本的数据结构提供，因此这里仅考虑逻辑数据模型中的记录在文件中的不同组织格式：**定长记录**和**变长记录**。

1. 定长记录与变长记录

例如，考虑由学生成绩管理数据库 ScoreDB 的 Score 关系中的所有记录（元组）组成一个文件。文件中的每个记录定义如下：

```
struct study {
    char studentNo[7];
    char termNo[3];
    char courseNo[5];
    float score;
};
```

假设每个字符占 1B，float 类型占 4B，那么 Score 关系中的每条记录为 19B。一种简单的方法是用前 19B 存储第一条记录，接下来的 19B 存储第二条记录，以此类推，如图 8-3 所示。

这种简单的方法明显地有两个问题：

（1）删除一条记录比较困难。要么填充被删空间，要么标记被删记录。

（2）除非块的大小恰好是 19 的倍数，否则有的记录会跨块存储。对于跨块存储的记录的访问需要涉及两次磁盘 I/O 操作。

当一条记录被删除时，可以把紧跟其后的记录移到被删记录的位置，以此类推，直到被删记录后面的每一条记录都向前做了移动。显然这种方法需要移动大量的记录。更简单的一种办法是将文件的最后一条记录移动到被删记录的位置。

移动记录来填充被删记录所释放空间的做法并不理想，因为这样做需要付出额外的块访问操作。由于插入操作相对于删除操作更频繁，所以可以暂时让被删记录的空间一直空着，等待随后插入的记录使用这个空间。仅在被删记录上做一个删除标记是不够的，因为当插入操作执行时，要找到这个可用空间比较困难。解决的办法是引入额外的结构。

在文件的开始处，分配一定数量的字节作为**文件头**（file header），文件头中存储有关文件的各种信息。到目前为止，需要在文件头中存储的信息只有一个，即第一条被删除记录（即第一条可用记录）的地址。再在第一条可用记录处存储第二条可用记录的地址，以此类推。如果将这些存储的地址看作指针的话，那么所有可用记录就形成了一条链表，可称为**空闲列表**（free list）。图 8-4 所示的是图 8-3 中的文件在删除记录 1、记录 4 和记录 6 后形成的空闲列表。

记录 0	1501001	151	CS005	92
记录 1	1501001	152	CS012	88
记录 2	1501008	151	CS005	86
记录 3	1501008	152	CS012	93
记录 4	1501008	161	CP001	78
记录 5	1602002	161	CP001	95
记录 6	1602002	161	CS008	85
记录 7	1602005	162	CS012	72

图 8-3　存储 Score 记录的文件

文件头

记录 0	1501001	151	CS005	92	
记录 1					
记录 2	1501008	151	CS005	86	
记录 3	1501008	152	CS012	93	
记录 4					
记录 5	1602002	161	CP001	95	
记录 6					
记录 7	1602005	162	CP005	72	

图 8-4　存储 Score 记录的文件

在插入一条新记录时，可以使用文件头所指向的记录，并改变文件头的指针指向下一条可用记录。如果空闲列表为空,就将插入的记录添加在文件末尾。

在数据库系统中,以下几种情况会导致使用变长记录:

- 多种记录类型(即多个关系表)在一个文件中存储;
- 允许记录类型中包含一个或多个变长字段;
- 允许记录类型中包含重复字段,如数组等。

目前已有多种变长记录的存储管理技术,这里不再具体介绍,有兴趣的读者请参考相关资料。

数据库常常要存储比磁盘块大得多的数据。例如,一张图片、一段音频记录的大小可能是几 MB,而一段视频记录可能达到几 GB,以及 SQL 所支持的二进制大对象和字符大对象类型。

大多数关系数据库系统限制一条记录的大小不能大于一个块,以简化缓冲区管理和空闲空间管理。大对象常常被另外存储到一个特殊的文件(或文件集合)中,而不是与记录中其他(短)属性存储在一起。大对象常常用 B⁺ 树文件进行组织,它允许读取一个完整的大对象,或大对象中指定的字节范围,以及插入或删除大对象的部分。

2. 记录组织

关系是记录的集合,前面介绍了如何在一个文件结构中表示记录,接下来介绍如何在文件中组织记录。文件中组织记录的常用方法有:**堆文件组织**、**顺序文件组织**、**多表聚集文件组织**、**B⁺ 树文件组织**和**散列(hashing)文件组织**等。这里只介绍前 3 种记录组织方法,最后两种将在本章 8.2.3 节和 8.2.4 节介绍。

1) 堆文件组织

一条记录可以放在文件中的任何地方,只要那个地方有空间存放该记录。也就是说,文件中的记录是没有顺序的,是堆积起来的。通常每个关系使用一个单独的文件。

2) 顺序文件组织

顺序文件是为了高效地按某个搜索码值的顺序有序处理记录而设计的。**搜索码**(search key)是一个属性或属性集合。它不一定是主码,甚至也不是超码。为了快速地按搜索码值的顺序获取记录,通常通过指针将磁盘块(存放文件记录的磁盘块也称为**文件块**)逻辑上有序地链接起来(假设在一个文件块内记录是按搜索码值顺序存储)。每个文件块的指针指向搜索码值顺序的下一个文件块。同时,为了减少顺序文件处理中文件块的访问时间,在物理上按搜索码值的顺序或者尽可能地接近搜索码值的顺序存储文件块。

由学生成绩管理数据库 ScoreDB 的 Score 关系中的所有记录组成的顺序文件如图 8-5 所示。在该例中,记录是按搜索码 courseNo 的值顺序存储;并假设一个文件块存储 3 条记录,其中第 1 个文件块目前只存储了 2 条记录(即未满状态)。

顺序文件组织形式对于那些按搜索码值有序的特定查询非常有效,然而在插入和删除记录时为了维护记录的物理顺序却十分困难。因为一个单独的插入或删除操作可能会导致很多记录的移动,这需付出很高的代价。改进的处理方法如下。

对于插入操作,按照如下规则处理:①在文件中按搜索码值定位待插入记录的文件块(记为文件块 A)。②如果文件块 A 中有空闲空间(可能删除记录后留下来的空闲空间),就在该文件块中定位插入记录的位置并插入新的记录(需要在文件块内向后移动插入记录之后的原有记录,以保持文件块内记录是按搜索码值顺序存储);否则申请一个溢出文件块,将文件块 A 中的记录平分一半到溢出文件块中,并将待插入记录插入到文件块 A 或溢出文件块中去,此时需要调整指针,使其能按搜索码值的顺序把文件块链接起来。

对于删除操作,按照如下规则处理:①在文件中按搜索码值定位待删除记录所在的文件块(记为文件块 A)。②在文件块 A 中定位待删除记录并实施删除(需要在文件块内向前移动删除记录之后的原有记录,使文件块内的空闲空间位于块尾);如果删除记录后文件块 A 中的记录太少,一是可考虑将文件块 A 中的记录移到文件块 A 所链接的文件块中去,并释放文件块 A 的空间(此时需要调整指针,使其能按搜索码值的顺序把文件块链接起来);二是可考虑从文件块 A 所链接的文件块中移一部分记录到文件块 A 中来。

如图 8-6 所示的是在图 8-5 的基础上插入记录(1602002,161,CS006,68)之后的情况。该处理方法将导致顺序处理文件的应用程序不得不按与文件块的物理顺序不一样的顺序来处理记录,如果溢出文件块不多时问题不大,否则将导致顺序处理的效率变得十分低下。此时,文件应该**重组**(reorganized),使它再一次在物理上顺序存放。这种重组的代价是很高的,并且需要在系统负载很低的时候执行。

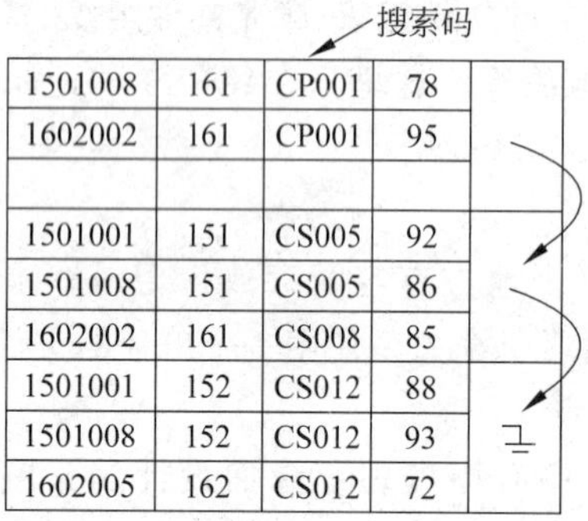

图 8-5 存储 Score 记录的顺序文件

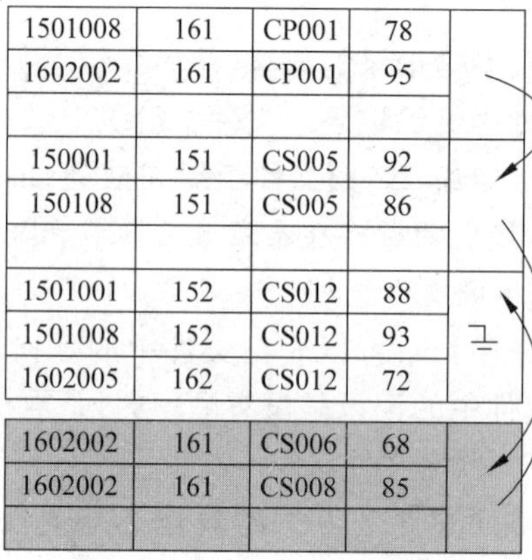

图 8-6 执行插入后的顺序文件

3) 多表聚集文件组织

通常,在小型数据库管理系统中每个关系的所有记录存储在一个单独的定长记录的文件中,这样可以充分利用操作系统所提供的文件系统的功能,简化 DBMS 的设计。

然而,很多大型数据库管理系统在文件管理方面并不直接依赖于下层的操作系统,而是让操作系统分配给 DBMS 一个大的操作系统文件,DBMS 将所有关系存储在这个文件中,并且自己管理这个文件。

(1) 问题的提出

针对学生成绩管理数据库 ScoreDB,考虑如下查询:

```
SELECT studentName, sex, courseNo, score
FROM Student, Score
WHERE Student.studentNo=Score.studentNo
```

该查询需要计算 Student 关系和 Score 关系的连接。因此，对 Student 关系的每个元组，系统必须找到 Score 关系中具有相同 studentNo 值的所有元组，或者反之。理想情况下，两个关系中作连接运算相匹配的记录之间通过索引的帮助来定位。然而，不管这些记录如何定位，它们都需要从磁盘上读取到主存储器中。在最坏的情况下，每个相匹配的记录都处在不同的文件块中，这将导致为获取所需的每一条记录都要读取一个文件块。

（2）问题的解决

考虑如图 8-7 中的 Student 关系和 Score 关系，图 8-8 中给出了一个高效执行 Student ⋈ Score 查询而设计的文件结构。将 Score 关系中所有 studentNo 值相同的元组聚集地存储在 Student 关系中对应元组的附近。这种结构将两个关系的元组混合在一起聚集存储，从而支持高效的连接运算。当读取 Student 关系中的一个元组（记为元组 t）时，包含元组 t 的整个文件块已从磁盘中读取到主存储器中。由于 Score 关系中所有与元组 t 具有相同 studentNo 值的元组已聚集地存储在元组 t 附近，所以已读入主存中包含元组 t 的文件块中也将包含了 Score 关系中与元组 t 连接运算相匹配的元组。即使该文件块中不能包含连接运算相匹配的所有元组，则其余的元组也将出现在邻近的文件块中。

Score 关系

studentNo	termNo	courseNo	score
1501001	151	CS005	92
1501001	152	CS012	88
1501001	161	CP001	86
1602002	161	CP001	95
1602002	161	CS008	85

Student 关系

studentNo	studentName	sex	birthday
1501001	李小勇	男	1998-12-21
1602002	刘方晨	女	1998-11-11

图 8-7　Student 关系与 Score 关系

多表聚集文件组织（multitable clustering file organization）是一种在每一个文件块中存储两个或多个关系的相关记录的文件结构。对于图 8-8 所示的多表聚集文件结构，可以加速特定连接 Student ⋈ Score 的处理，但是它将导致其他类型查询的处理变慢。例如，如下查询：

```
SELECT *
FROM Student
```

1501001	李小勇		男	1998-12-21
1501001	151	CS005	92	
1501001	152	CS012	88	
1501001	161	CP001	86	
1602002	刘方晨		女	1998-11-11
1602002	161	CP001	95	
1602002	161	CS005	85	

图 8-8　多表聚集文件组织结构

将需要访问更多的块。这是因为在 Student 关系的元组之间插入了 Score 关系的元组，因此每次读入的文件块中包含了很多不需要的元组。实际上，如果没有一些附加的结构，想要简单地找到所有 Student 关系的元组是不可能的。为了在图 8-8 的结构中找到 Student 关系的所有元组，可以用指针将这个关系的所有记录链接起来，如图 8-9 所示。

1501001		李小勇		男	1998-12-21
1501001	151	CS005	92		
1501001	152	CS012	88		
1501001	161	CP001	86		
1602002		刘方晨		女	1998-11-11
1602002	161	CP001	95		
1602002	161	CS005	85		

图 8-9　多表聚集文件组织结构

8.2　索引与散列

许多查询只涉及文件中的少量记录。例如，"找出班级号为 CS1501 的所有学生"或者"找出学号为 1502003 的学生的出生日期"的查询，只涉及所有学生中的一小部分。如果系统读取所有学生记录并逐一检查 classNo 值是否为 CS1501，或者检查 studentNo 值是否为 1502003，则效率低下。最好是系统能够直接定位这些满足查询条件的记录。

8.2.1　索引基本概念

数据库系统中的索引与图书馆中检索书时使用的索引的作用类似。例如，在根据学号检索一个学生记录时，DBMS 首先会查找索引，找到对应记录所在的位置（即包含对应记录的文件块地址），然后读取该文件块，得到所需的学生记录。

数据库系统中有两种基本的索引类型：

（1）**顺序索引**（ordered index）：索引中的记录（索引项）基于搜索码值顺序排列。包括索引顺序文件和 B$^+$ 树索引文件等。

（2）**散列索引**（hash index）：索引中的记录（索引项）基于搜索码值的散列函数（也称哈希函数）的值平均地、随机地分布到若干个散列桶中。一个散列桶通常是由 1～32 个磁盘块构成的一种存储结构。假设记录可以跨磁盘块存储但不能跨桶存储。

用于在文件中查找记录的属性或属性集称为**搜索码**（search key）。请注意，搜索码的概念与主码、候选码和超码的概念的差别。经常需要在一个文件上建立多个索引，此时该文件就有多个搜索码。

顺序索引主要用于支持快速地对文件中的记录进行顺序或随机的访问。

顺序索引的结构：在索引中按搜索码值的顺序存储索引项，并将索引项与包含该索引项中搜索码值的文件记录（或文件块）关联起来。即一个索引项由两部分组成：一个搜索码值，一个指向文件中包含该搜索码值的记录（或文件块）的指针。

建立了索引的文件称为**索引文件**。索引文件中的记录自身可以按照某种排序顺序存储。一个索引文件可以有多个索引,分别对应于不同的搜索码。如果索引文件中的记录按照某个搜索码值指定的顺序物理存储,那么该搜索码对应的索引就称为**主索引**(primary index),也叫**聚集索引**(clustering index)。与此相反,搜索码值顺序与索引文件中记录的物理顺序不同的那些索引称为**辅助索引**(secondary index)或**非聚集索引**(nonclustering index)。

数据库系统基于顺序索引和散列索引提供多种索引技术,但不好说哪一种索引技术是最好的,每种索引技术都有自己适合的数据库应用。对索引技术的评价需要全面考虑以下因素。

(1)访问类型:索引能有效支持的数据访问类型。例如,根据指定的属性值进行查询,根据给定的属性值的范围进行查询。

(2)访问时间:通过索引找到一条特定记录或记录集所需要的时间。

(3)插入时间:在文件中插入一条新记录所需要的时间,包括找到插入新记录的正确位置和插入该记录所需要的时间以及更新索引结构所需要的时间。

(4)删除时间:在文件中删除一条记录所需要的时间,包括找到待删除记录的正确位置和删除该记录所需要的时间以及更新索引结构所需要的时间。

(5)空间开销:索引结构所需要的额外存储空间。一般来说,索引是用空间代价来换取系统性能的提高,这就要进行空间与时间的折中。

注意:索引在提高数据查找性能的同时,不仅需要额外的存储空间,同时还会影响数据插入、删除和修改的性能。因为在插入、删除和修改数据时会破坏索引结构,因此维护索引结构也要花费一定的时间。

8.2.2　顺序索引

1. 索引顺序文件

建立了主索引的索引文件称为**索引顺序文件**(index-sequential file)。也就是说,索引顺序文件是按某个搜索码值物理有序存储。

对于索引顺序文件,顺序索引有两类:稠密索引和稀疏索引。

(1)**稠密索引**。对应索引文件中搜索码的每一个值在索引中都有一个**索引记录**(或称为**索引项**)。每一个索引项包含搜索码值和指向具有该搜索码值的第一个数据记录(或文件块)的指针,如图 8-10 所示,其中 studentName 是搜索码。

图 8-10　稠密索引结构

（2）**稀疏索引**。稀疏索引只为索引文件中搜索码的某些值建立索引记录（或称为索引项）。每一个索引项包含搜索码值和指向具有该搜索码值的第一个数据记录（或文件块）的指针，如图8-11所示。

顺序索引	索引顺序文件	搜索码		
	1503010	李宏冰	女	2000-03-09	会计学
李宏冰 ●	1501001	李小勇	男	1998-12-21	计算机
刘方晨 ●	1603025	李小勇	女	1999-03-18	会计学
王　红 ●	1602002	刘方晨	女	1998-11-11	信息系统
稀疏顺序索引	1501008	王　红	男	2000-04-26	计算机
	1503045	王　红	男	2000-04-26	会计学
	1602005	王红敏	女	1998-10-01	信息系统

图 8-11　稀疏索引结构

与稠密索引的每一个搜索码值都有一个索引项不同，稀疏索引只为部分搜索码值建立了索引项。如果根据搜索码值查找数据库文件中的记录，而这个搜索码值恰好在稀疏索引中没有索引项，那么如何利用该稀疏索引进行查询呢？首先需要在稀疏索引中定位小于或等于查找搜索码值的最后一个索引项；然后根据该索引项的指针到数据文件中顺序查找，查找范围是从该索引项的指针所指向的数据记录（或文件块）开始，直到遇到第一条搜索码值比查找搜索码值更大的数据记录或遇到文件尾为止。

利用稠密索引通常可以比稀疏索引能够更快地定位一条记录的位置，但是稀疏索引占用空间更小，插入、删除和更新的开销也会更小。那么如何正确地建立稀疏索引呢？数据库查询的开销主要是把需要的数据块（包括索引块和文件块）从磁盘读入主存的代价，一旦数据块读入了主存，扫描整个数据块的时间可以忽略不计，这是因为访问I/O的速度慢，而访问主存和CPU处理的速度快。因此，可以考虑为文件中的每个文件块建立一个索引项的稀疏索引，使用这样的稀疏索引，可以定位包含所要查找记录的文件块。

2. 多级索引

即使采用稀疏索引，对于一个大型数据库而言，索引本身也可能变得很大。例如，假设一个文件有100万条数据记录，而一个文件块能存储10条数据记录，则该文件共有10万个文件块；假设为每个文件块建立一个索引项，每个索引块能存储100个索引项，则该稀疏索引共有1000个索引块。

如果索引过大，主存中不可能读入所有的索引块，也就是大部分索引块只能存储在磁盘上，这样在查询处理过程中，搜索索引就必须读大量的索引块。当然在索引上可以用二分法来定位索引块，假设索引共有 b 个索引块，则最坏情况下需要读 $\lceil \log_2(b) \rceil$ 次索引块，但遗憾的是二分法不能处理有溢出块的情况。

通过多级索引技术能够较好地解决上述问题。所谓**多级索引**就是在索引之上再建立索引。像对待其他顺序文件那样对待顺序索引（事实上顺序索引就是一个顺序文件，索引记录是按搜索码值有序存放的），在顺序索引上再构造一个稀疏顺序索引，如图8-12所示，这里假设是按数据块建立二级稀疏索引。为了定位一条文件记录（即该记录所在的文件块),首先在外层顺序索引上使用二分搜索找到其搜索码值小于或等于所需搜索码值的最后一个索引项;该索引项的指针指向一个内层索引块,读取并描述该索引块,直到找到其搜索码值小于或等于所需搜索码值的最后一个索引项;该索引项的指针指向包括所查找数据记录的文件块。

如果外层索引已全部读入主存,那么利用二级稀疏索引只需要读一个内层索引块就可以定位包含所查找数据记录的文件块。如果外层索引还比较大,还可以再创建一层索引,以此类推。

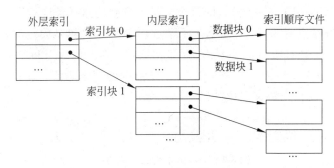

图 8-12　二级稀疏索引结构

3. 辅助索引

在数据文件中,记录按主索引而不是辅助索引的搜索码值顺序物理存储,因此具有同一个搜索码值的记录可能分布在文件的各个地方。所以,**辅助索引必须是稠密索引**,即对于每个搜索码值都必须有一个索引项,而且该索引项要存放指向数据文件中具有该搜索码值的所有记录(或文件块)的指针。可以通过指针桶的方式实现,即将数据文件中具有该搜索码值的所有记录(或文件块)的指针存放在一个**指针桶**中,索引项中的指针域再存放指向指针桶的指针(可以理解为指向指针数组的指针),如图 8-13 所示。

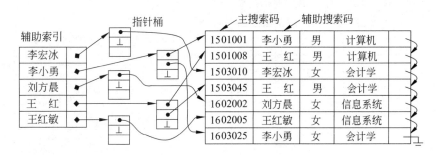

图 8-13　辅助索引的结构

8.2.3　B⁺ 树索引

索引顺序文件组织的最大不足在于,随着文件的增大,索引查找的性能和数据顺序扫描的性能都会下降。虽然这种性能下降可以通过对文件进行重组来弥补,但频繁地进行重组也是要避免的。

B^+ 树索引结构是关系数据库系统中使用最广泛的一种索引结构,在数据插入和删除的情况下仍能保持较好的执行效率。

1. B^+ 树索引的结构

B^+ 树索引的结构满足:

(1) B^+ 树索引是一个多级索引,但其结构不同于多级顺序索引。

(2) B^+ 树索引采用平衡树结构,即每个叶结点到根的路径长度相同。

(3) 每个非叶结点有 $\lceil n/2 \rceil$ 到 n 个孩子结点,n 对特定的树是固定的。

(4) B^+ 树索引中的所有结点的结构都相同,它最多包含 $n-1$ 个搜索码值 K_1, $K_2, \cdots, K_{n-1}$,以及 n 个指针 $P_1, P_2, \cdots, P_n$,每个结点中的搜索码值升序存放,即如果 $i < j$,那么 $K_i < K_j$。典型的 B^+ 树索引中的结点结构如图 8-14 所示。

图 8-14 B^+ 树索引的结点结构

1) 叶结点的结构

对 $i = 1, 2, \cdots, n-1$,指针 P_i 指向具有搜索码值 K_i 的一条文件记录(或包含所需记录的一个文件块),或指向一个指针桶,且指针桶中的每个指针指向具有搜索码值 K_i 的一条文件记录(或包含所需记录的一个文件块)。桶结构只在搜索码不是候选码且文件记录不按搜索码值顺序存放时才使用。指针 P_n 有特殊的作用,稍后再讨论。

图 8-15 是 Student 文件的 B^+ 树索引的叶结点结构,其中设 $n=4$,搜索码为 studentName。由于 Student 文件中的记录物理上直接按搜索码 studentName 的值有序,所以叶结点中的指针直接指向文件的记录(或包含该记录的文件块)。

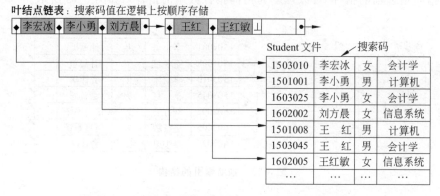

图 8-15   Student 文件的 B^+ 树索引($n=4$)的叶结点结构

每个叶结点最多可存放 $n-1$ 个搜索码值,最少也要存放 $\lceil n/2 \rceil - 1$ 个搜索码值。各个叶结点中的搜索码值不重复且不相交,并要使 B^+ 树索引成为稠密索引,即数据文件中的所有互不相同的搜索码值必须在某个叶结点出现且只出现一次。

每个叶结点中的搜索码值升序排列,所以可以利用各个叶结点的指针 P_n 将所有叶结点按搜索码值的排序顺序链接在一起。这种叶结点的链接排序能够高效地实现对数据文件的顺序处理,而 B$^+$ 树索引中的其他结构能够高效地实现对数据文件的随机处理,如图 8-15 所示。

2) 非叶结点的结构

B$^+$ 树索引中的非叶结点形成叶结点上的一个多级(稀疏)索引。非叶结点的结构与叶结点相同,只不过非叶结点中的所有指针都是指向 B$^+$ 树中下一层结点的指针。每个非叶结点最多可存放 n 个指针(对应于存放 $n-1$ 个搜索码值),最少也要存放 $\lceil n/2 \rceil$ 个指针(对应于存放 $\lceil n/2 \rceil - 1$ 个搜索码值)。一个结点中存放的指针数称为该结点的扇出。

假设一个非叶结点中存放了 m 个指针,$\lceil n/2 \rceil \leqslant m \leqslant n$。若 $m < n$,则非叶结点中指针 P_m 之后的所有空闲空间都作为预留空间。对 $i = 2, 3, \cdots, m-1$,指针 P_i 指向 B$^+$ 树中的一棵子树,该子树中所包含的搜索码值都小于 K_i 且大于等于 K_{i-1}。指针 P_m 指向的子树中所包含的搜索码值都大于等于 K_{m-1},而指针 P_1 指向的子树中所包含的搜索码值都小于 K_1。如图 8-16 所示,其中 S_Key 表示子树中的搜索码值。

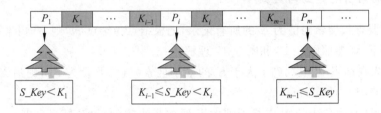

图 8-16　B$^+$ 树索引的非叶结点中指针 P_i 的指向

根结点与其他非叶结点不同,它包含的指针数可以小于 $\lceil n/2 \rceil$,但是除了整棵 B$^+$ 树只有一个结点之外,根结点中必须至少包含两个指针。

对任意 n,总可以构造出满足上述要求的 B$^+$ 树索引。图 8-17 给出了 Student 文件($n = 4$)的一棵完整的 B$^+$ 树索引。

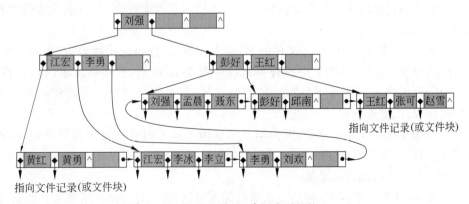

图 8-17　Student 文件的 B$^+$ 树索引结构($n = 4$)

B$^+$ 树是平衡树,正是这一平衡属性保证了 B$^+$ 树索引具有良好的查找、插入和删除的性能。B$^+$ 树索引的主要缺点是:由于结点有可能是半空的,这将造成空间的浪费。

对于 B^+ 树索引,结点大小一般等于磁盘块大小,通常为 4KB。如果搜索码值的大小为 12B,磁盘指针的大小为 8B,那么每个结点中容纳的指针数量 n 大约为 200。即使采用更保守的估计,假设搜索码值大小为 32B,则 n 大约为 100。在 $n=100$ 的情况下,如果数据文件中搜索码值共有 100 万个,一次查找也只需要访问 $\lceil \log_{50}(1\,000\,000) \rceil = 4$ 个结点(假设每个结点都按半满计算,每个结点也有 50 个指针)。因此,查找时最多只需要从磁盘读 4 个索引块。通常树的根结点访问频繁,一般常驻在缓冲区中,因此通常只需要从磁盘读取 3 个索引块。

B^+ 树结构与内存中常用的树结构(如二叉树)的一个重要区别在于结点的大小及其造成的树的高度不同。二叉树的结点很小,每个结点最多有两个指针。而 B^+ 树的结点非常大(一般是一个磁盘块大小),每个结点中可以有大量的指针。因此,B^+ 树一般胖而矮,不像二叉树那样瘦而高。在平衡二叉树中,查找路径的长度可达 $\lceil \log_2(CK) \rceil$,其中 CK 为搜索码值的个数。当 CK 也为 100 万时,平衡二叉树大约需要访问 20 个结点。如果每个结点在不同的磁盘块中,处理一个查找需要读 20 个索引块,而 B^+ 树只需要 4 个索引块。

2. B^+ 树索引的查询与更新

假设需要查找搜索码值为 K 的所有记录,记根结点为结点 N,则 B^+ 树索引的查询过程可描述如下(请参照图 8-16 和图 8-17 理解):

(1) 如果在结点 N 中找到了大于 K 的最小搜索码值,假设为 K_i,则沿着指针 P_i 找到下一个结点,记为结点 N。

(2) 否则(表示在结点 N 中找不到大于 K 的最小搜索码值,即 $K \geqslant K_{m-1}$,其中 m 为结点 N 的指针数),则沿着指针 P_m 找到下一个结点,记为结点 N。

(3) 如果结点 N 是非叶结点,则返回第(1)步继续查找。

(4) 否则(表示结点 N 是叶结点),在结点 N 中查找,如果找到了搜索码值 K,假设为 K_i,则指针 P_i 就是指向第一条搜索码值为 K 的文件记录(或包含所需记录的第一个文件块)的指针(或者是指向指针桶的指针,该指针桶中存放了搜索码值为 K 的所有文件记录或包含所需记录的所有文件块的指针);如果找不到搜索码值 K,则表示文件中没有搜索码值为 K 的记录。

针对图 8-17 所示的 Student 文件的 B^+ 树索引结构,分别查找姓名为"李冰""张可"和"裴北"的学生,在 B^+ 树索引中的查找路径如图 8-18 所示,长虚线所示的是查找"李冰"的路径,短虚线所示的是查找"张可"的路径,它们都查找成功。实线所示的是查找"裴北"的路径,没有查找到。

插入和删除比查找更加复杂,因为结点可能因为插入而变得过大需要分裂,或因为删除而变得过小(指针数少于 $\lceil n/2 \rceil$)而需要合并。此外,当一个结点分裂或一对结点合并时,必须保证 B^+ 树能保持平衡。

限于篇幅,这里就不对 B^+ 树的更新进行深入讨论,感兴趣的读者请参考其他资料。

3. B^+ 树文件组织

B^+ 树文件组织是通过在 B^+ 树的叶结点层直接包含真实的数据记录(即每个叶结点

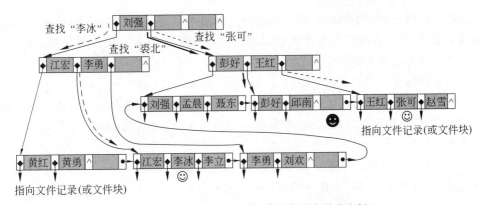

图 8-18 在 Student 文件的 B⁺ 树索引中查询实例

中直接存放若干条数据记录,而不是存放搜索码值和指向记录或文件块的指针),以解决索引顺序文件组织中随着文件的增大而性能下降的缺点。在 B⁺ 树文件组织中,B⁺ 树结构不仅用做索引,同时也是文件中记录的组织者,树叶结点中存储的是记录。如图 8-19 所示的是 Student 文件的 B⁺ 树文件组织结构。

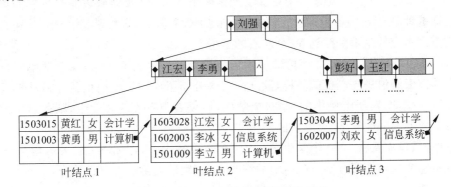

图 8-19 Student 文件的 B⁺ 树文件组织

由于记录通常比指针大,一个叶结点中能存储的记录数目要比一个非叶结点中能存储的指针数目少。然而,叶结点仍然要求至少是半满的。

8.2.4 散列

在前面介绍的索引类型中,要查询数据必须首先访问索引结构,才能在文件中定位记录。基于散列(hashing)的文件组织可以避免访问索引结构。

1. 散列文件组织

在散列的描述中,用**散列桶**(即**存储桶**,简称为**桶**)来表示可以存储一条或多条记录的一个存储单位,通常一个桶就是一个磁盘块。通过**散列函数**计算搜索码值的散列值,并根据该散列值来决定包含该搜索码值的记录应该存储在哪个桶中。可形式化地表示为,令 K 表示所有搜索码值的集合,令 B 表示所有桶地址的集合,那么散列函数 h 就是一个从 K 到 B 的映射,即 $h(K) \rightarrow B$,或者 $B = h(K)$。

散列可以用于两个不同的目的。在**散列文件组织**中，通过计算一条记录的搜索码值的散列函数值，可以直接获得包含该记录的磁盘块（桶）的地址。在**散列索引组织**中，把搜索码值以及与它相关联的记录（或文件块）指针组织成一个散列索引项。

散列文件的操作主要有：

（1）查找。设待查找记录的搜索码值为 K_i，通过计算 $h(K_i)$ 获得存储该记录的桶地址，然后到相应的桶中搜寻此记录，如果桶中没有找到，且存在溢出桶，还需继续到溢出桶中搜寻。

（2）插入。为了插入一条搜索码值为 K_i 的记录，通过计算 $h(K_i)$ 获得存储该记录的桶地址，然后就将该记录存入相应的桶（或溢出桶）中。

（3）删除。设待删除记录的搜索码值为 K_i，通过计算 $h(K_i)$ 获得存储该记录的桶地址，然后到相应的桶（或溢出桶）中搜寻此记录并删除它。

1）散列函数

如果散列函数设计得不好，就有可能把很多搜索码值都映射到同一个散列桶中，这样就失去了散列的意义。因此，对散列函数的基本要求有以下两点：

（1）分布是均匀的。对于一个可能的搜索码值集合 K，散列函数能够将它们均匀地映射到桶地址集合 B 的各个桶中。例如，共有 1000 个学生，分配到 20 个教室，那么散列函数应该使每个教室都分配到 50 个左右的学生。

（2）分布是随机的。对于可能的搜索码值集合的一个实际子集，每个桶也应分配到差不多的搜索码值进去。也就是说，散列函数的分布不应与搜索码值的任何外部可见的特性相关。例如，对于上例中的 1000 个学生，假设其中有 400 个女生，则散列函数也应该使每个教室都分配到 20 个左右的女生。

例如，假设需要将 1000 个学生分配到 20 个教室中去，记 $\text{code}(S)$ 表示学生 S 的学号，或序号，或姓名中所有字母（汉字）的编码之和，则散列函数可以设计为：

$$h = \text{code}(S) \bmod 20$$

散列函数在散列文件组织和散列索引中起至关重要的作用，至今仍然没有一种好的选择散列函数的方法，只能根据模拟试验和统计结果进行选择。

2）桶溢出处理

往散列桶中不断地插入记录时，如果桶中已没有多余的空间用于存储记录，则称为**桶溢出**。桶溢出的发生可能有以下几个原因：

（1）桶不足。桶数目 n_B 的选择必须满足 $n_B > n_r / f_r$，否则肯定会发生桶溢出。其中 n_r 表示将要存储的记录总数，f_r 表示一个桶中能存放的记录数目。当然，这是以在选择散列函数时记录总数已知为前提的。

（2）偏斜。某些桶分配到的记录比其他桶多，所以，即使其他桶仍有空间，有些桶仍可能溢出，称为桶偏斜。偏斜发生的原因有两个：①多个记录可能具有相同的搜索码值；②所选择的散列函数可能会造成搜索码值的分布不均匀。

为了减少桶溢出的可能性，桶数目选为 $(n_r / f_r) \times (1 + d)$，其中 d 为避让因子，其典型值为 0.2。尽管分配的桶比所需的桶多了一些，桶溢出还是可能发生。可以用溢出桶来处理桶溢出的问题。

如果一条记录必须插入桶 b 中,而桶 b 已满,系统会为桶 b 提供一个**溢出桶**,并将此记录插入到这个溢出桶中。如果溢出桶也满了,系统会再提供一个溢出桶,如此继续下去。一个给定桶的所有溢出桶用一个链接列表链接在一起,如图 8-20 所示。使用这种链接列表的溢出处理称为溢出链。

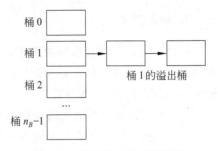

图 8-20　散列结构中的溢出链

溢出链的散列结构称为**闭散列**。还有一种称为**开散列**的,它的桶的数量是固定的,没有溢出链,当一个桶满了以后,系统将记录插入到初始桶集合 B 的其他桶中去。选择其他桶的策略有:使用下一个(按轮转顺序)未满的桶,该策略称为线性探查法;用进一步计算散列函数的方法。

2. 散列索引

散列索引(hash index)将搜索码值及其相应的文件记录(或文件块)指针组织成一个散列索引项。散列索引的构建方法:①将散列函数作用于一条文件记录的搜索码值,以确定该文件记录所对应的散列索引项的散列桶;②将由该搜索码值以及相应文件记录(或文件块)指针组成的散列索引项存入散列桶(或溢出桶)中。

图 8-21 所示的是 Student 文件的一个辅助散列索引,其搜索码是 studentNo,散列函数是计算 studentNo 值的各位数字之和后按 5 取模。由于 studentNo 是主码,所以每个搜索码值只对应一个记录指针。一般情况下,每个搜索码值可能对应多个指针。

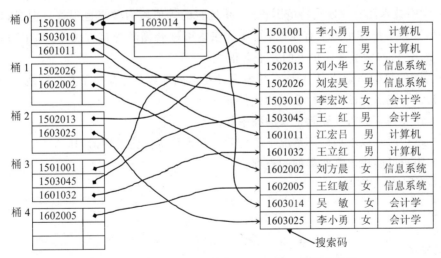

图 8-21　Student 文件按搜索码 studentNo 的散列索引

散列索引只能是一种辅助索引结构。散列索引从来不需要作为主索引(聚集索引)来使用,因为一个文件如果自身是按散列组织的,就不必再在其上另外建立一个独立的散列索引了。不过,既然散列文件组织能像索引那样提供对记录的直接访问,不妨就认为以散列形式组织的文件上也有一个聚集散列索引。

3. 动态散列

前面介绍的散列技术称为**静态散列**，它要求在选择散列函数时就知道记录的总数，即桶的数量必须事先确定。然而，大多数数据库都会随时间而变化。对于规模变化的数据库使用静态散列，有 3 种选择：

(1) 根据当前文件大小选择散列函数。这种选择会使性能随数据库增大而下降。

(2) 根据预计的将来某个时刻文件的大小选择散列函数。尽管这样可以在一定程度上避免性能下降，但初始时会造成相当大的空间浪费。

(3) 随着文件增大，周期性地对散列结构进行重组。重组是一个复杂、耗时的操作，而且重组期间必须禁止对文件的访问。

动态散列技术允许散列函数动态改变，以适应数据库增大或缩小的需要。限于篇幅，这里不对动态散列技术进行讨论，有兴趣的读者请参考相关资料。

4. 散列与顺序索引的比较

无论是将文件按顺序索引或 B$^+$ 树索引组织成顺序文件，还是使用散列函数将文件组织成散列文件，或者是记录不以任何方式排序，而将它们组织成堆文件，或者是将多个表中的相关记录组织成在物理上相同或相邻的块中存放的多表聚集文件，这些都是数据库设计人员在进行数据库物理设计时应该重点考虑的内容。

散列其实就是一种不通过值的比较，而通过值的含义来确定存储位置的方法，它是为有效地实现等值查询而设计的。不幸的是，基于散列技术不支持范围检索。而基于 B$^+$ 树的索引技术能有效地支持范围检索，并且它的等值检索效果也很好。但是，散列技术在等值连接等操作中是很有用的，尤其是在索引嵌套循环连接方法中，基于散列的索引和基于 B$^+$ 树的索引在代价上的差别会很大。

在实际的数据库设计中，到底是用索引还是散列要充分考虑以下几个问题：

(1) 索引或散列的周期性重组的代价如何？

(2) 在文件中插入和删除记录的频率如何？

(3) 是否愿意以增加最坏情况下的访问时间为代价优化平均访问时间？

(4) 用户可能提出哪些类型的查询？

如果大多数查询形如：

```
SELECT A₁,A₂,…,Aₙ
FROM r
WHERE Aᵢ = c
```

那么，为了处理该查询，系统将在一个顺序索引或散列结构中为属性 A_i 查找值 c。对于这种查询，散列的方案更可取。顺序索引的查找所需时间与关系 r 中 A_i 属性的不同值的数量的对数成正比；但在散列结构中，平均查找时间是一个与数据库大小无关的常数。

顺序索引技术在范围查询中比散列更可取，范围查询的一般形式为：

```
SELECT A₁,A₂,⋯,Aₙ
FROM r
WHERE Aᵢ>=c₁ and Aᵢ<=c₂
```

对于顺序索引,查询处理过程为,首先,在索引中查找值 c_1,一旦找到了值 c_1 的块,就可以顺着索引中的指针链顺序读取下一个块,如此继续下去直至到达 c_2。

对于散列结构,首先查找 c_1 并确定其对应的桶,那么接下来的问题是:下一个查询桶如何确定呢? 由于无法实现将桶按属性 A_i 值的大小顺序串在一起(这是因为每个桶中都分配了许多搜索码的值),因而,为了找到所需搜索码值,不得不读取所有的桶,即散列结构无法有效地支持范围查找。

通常情况下,设计者都会使用顺序索引,而不是散列技术,除非他预先知道将来不会频繁使用范围查询。但是,如果需要基于搜索码值查找并且不执行范围查询,散列技术对于在查询执行过程中创建的临时文件来说特别有用。

8.3　查询处理

查询处理(query processing)是指从数据库中提取数据时所涉及的一系列活动。这些活动主要包括:将用高层数据库语言(如 SQL)表示的查询语句翻译成能在文件系统的物理层上使用的表达式,为优化查询而进行的各种转换以及查询的实际执行。

8.3.1　查询处理过程

查询处理的过程如图 8-22 所示。基本步骤包括:①语法分析与翻译;②查询优化;③查询执行。

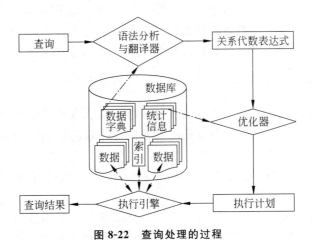

图 8-22　查询处理的过程

1. 语法分析与翻译器

查询处理开始之前,系统必须将查询语句翻译成可使用的形式。像 SQL 这样的语言适合人使用,并不适合系统的内部表示。一种更有用的内部表示形式是关系代数表达式。

语法分析与翻译阶段的主要工作有:①检查用户查询的语法,利用数据字典验证查询中出现的关系名和属性名等是否正确;②构造该查询语句的语法分析树表示,并将其翻译成**关系代数表达式**。

2. 查询执行计划与查询优化器

对于一个给定的查询任务,一般都会有多种计算结果的方法,就像我们可以有多种方法解一道数学题一样。首先,一个查询任务能够通过多种 SQL 语句进行表达;其次,每个 SQL 语句可以翻译成多种关系代数表达式形式;最后,每个关系代数表达式可能有多种计算方法。例如,考虑如下查询。

```
SELECT studentName
FROM Student
WHERE classNo='CS1501' and sex='女'
```

该查询语句可翻译成如下关系表达式中的任意一个。

- $\Pi_{studentName}(\sigma_{classNo='CS1501'}(\sigma_{sex='女'}(Student)))$
- $\Pi_{studentName}(\sigma_{sex='女'}(\sigma_{classNo='CS1501'}(Student)))$
- ……

进一步地,可以用各种不同的算法来执行每个关系代数运算。例如,可以通过扫描 Student 中的每个元组找出满足 classNo='CS1501'条件的元组;如果在属性 classNo 上存在 B^+ 树索引,则可以通过索引来获取满足 classNo='CS1501'条件的元组等。

也就是说,如何执行一个查询,不仅需要提供关系代数表达式,还要对该表达式加上注释来说明如何执行每个操作。注释可以声明某个具体操作所采用的算法,或将要使用的一个或多个特定的索引。加了"如何执行"注释的关系代数运算称为**执行原语**,用于执行一个查询的原语操作序列称为**查询执行计划**。图 8-23 所示的是上面所举查询实例的一个执行计划,其中关于选择运算 $\sigma_{classNo='CS1501'}$ 指定了一个具体的索引 1。

图 8-23　一个查询执行计划

不同的查询执行计划会有不同的代价。不能希望用户写出具有最高效率执行计划的查询语句;相反,构造具有最小查询执行代价的查询执行计划应当是 DBMS 的责任。这项工作称为**查询优化**,由查询优化器来完成。优化过程中需要估算各种查询执行计划的代价,代价估算时需要用到数据字典中存储的有关数据的统计信息。

查询优化在关系数据库系统中有着非常重要的作用。关系数据库系统和非过程化的 SQL 语言能够取得巨大成功,关键是得益于查询优化技术的发展。查询优化是影响 RDBMS 性能的关键因素。

3. 查询执行引擎

查询执行引擎根据输入的查询执行计划,调用相关算法实现查询计算,并将计算结

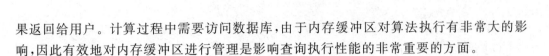

果返回给用户。计算过程中需要访问数据库,由于内存缓冲区对算法执行有非常大的影响,因此有效地对内存缓冲区进行管理是影响查询执行性能的非常重要的方面。

8.3.2　查询代价度量

查询处理的代价可以通过该查询对各种资源的使用情况进行度量,主要包括磁盘存取时间、执行一个查询所用 CPU 时间以及在并行/分布式数据库系统中的通信开销等。假设计算机中没有其他任务,查询执行计划的响应时间(即执行该计划所需时间,包括以上所有类型的代价)是查询执行计划代价的一种较好的度量方法。

不过,对于大型数据库系统而言,在磁盘上存取数据的代价通常是最重要的代价,主要原因是:①磁盘存取比内存操作速度慢,且 CPU 速度的提升比磁盘速度的提升要快得多;②大型数据库的数据量大,为了获取所需要的数据需要较多的 I/O 操作。因此,为了简化起见,将忽略 CPU 时间,而仅仅用磁盘存取代价来度量查询执行计划的代价。

对于**磁盘存取代价**,可以通过传输数据块数以及搜索磁盘次数来度量。例如,一个传输 b 个数据块并作 S 次磁盘搜索的操作将耗时 $b \times t_T + S \times t_S$ ms,其中 t_T 表示传输一个数据块的平均耗时,t_S 表示搜索一次磁盘的平均定位时间(包括搜索时间加旋转时间)。目前的高端磁盘的典型数据通常是 $t_S = 4$ms,$t_T = 0.1$ms(假定数据块的大小是 4KB,传输率为 40MB/s)。还可进一步将读数据块和写数据块区分开来,以细化磁盘存取代价的估算。通常写数据块的代价是读数据块的两倍。为了简化起见,在进行查询代价估算时忽略这个细节。

本书约定,在查询代价估算中不包括将操作的最终结果写回磁盘的代价。查询算法的代价都依赖于主存中缓冲区的大小。最好的情况下,所有的数据块可以读入到缓冲区中,磁盘可以不必再访问;最坏情况是假设缓冲区只能容纳数目不多的数据块——大约每个关系一个数据块。在代价估算时,通常假定是最坏的情形。

另外,尽管假定开始时数据块必须从磁盘中读取,但是很可能访问的数据块已经在内存缓冲区中,再次为简化起见,忽略这种情况。由此,执行一个查询执行计划过程中的实际磁盘存取代价可能会比估算的代价要小。

查询优化器利用存储在 DBMS 的数据字典中的统计信息来估算查询执行计划的代价,相关的**统计信息**主要包括以下内容。

(1) n_r:关系 r 中的元组数目。

(2) b_r:用于存储关系 r 所有元组的文件块数目。

(3) l_r:关系 r 中一个元组的大小。

(4) f_r:关系 r 的块因子,即一个文件块中能存放的关系 r 的元组数目。

(5) $V(A,r)$:关系 r 中属性 A 所具有的不同值的数目,该数目与 $\Pi_A(r)$ 的大小相同。若 A 为关系 r 的码,则 $V(A,r) = n_r$。

(6) $SC(A,r)$:关系 r 关于属性 A 的选择度,表示在属性 A 上满足某个等值条件(假设至少有一条记录满足该等值条件)的平均记录数。若 A 为关系 r 的码,则 $SC(A,r) = 1$;若 A 为非码属性,并假定 $V(A,r)$ 上不同的值在所有元组中平均分配,则 $SC(A,r) =$

$n_r/V(A,r)$。

(7) HT_i：索引 i 的层数即高度。

记 E_A 为算法 A 的代价估计。

*8.3.3　选择运算

在关系代数中，关系运算主要有：$\sigma, \Pi, -, \cup, \cap, \times$ 和 $\bowtie$ 等。对于以下介绍的查询处理算法，在进行代价估算时，均假设每个关系存放在一个单独的专用文件中。

用于选择运算的搜索算法有：

(1) 不用索引的搜索算法——文件扫描，包括线性搜索算法和二分搜索算法；

(2) 使用索引的搜索算法——索引扫描，包括在主索引的码属性上的等值比较算法、在主索引的非码属性上的等值比较算法、在辅助索引上的等值比较算法、在主索引上的范围比较算法和在辅助索引上的范围比较算法等。

1. 文件扫描

查询处理中，**文件扫描**（file scan）是存取数据最低级的操作。文件扫描是用于定位和检索满足选择条件的记录的搜索算法。

1) 线性搜索算法 A1

在线性搜索中，系统扫描每一个文件块，对所有记录进行测试，看它们是否满足选择条件。开始时需作一次磁盘搜索来定位文件的第一个块。如果文件块不是连续存放的，也许需要更多的磁盘搜索以定位文件块，为了简化，忽略这种情况。

因此，线性搜索的代价为 $E_{A1}=b_r\times t_T+t_S$，其中 b_r 代表文件中的文件块数。

如果是在码属性上的选择操作，则在找到所需记录（即包含该记录的文件块）后就可立即停止，无须搜索剩余的文件块。因此码属性的选择操作的平均传输代价为 $b_r/2$，但最坏情况下的代价仍然是 b_r 次文件块传输。

虽然线性搜索比其他实现选择操作的算法速度慢，但它的一个最大优点是可用于任何文件，不管该文件是否有序，是否有索引，也不管何种类型的选择操作。而其他的选择算法并不能应用到所有情况，但在可用情况下的性能一般更好。

2) 二分搜索算法 A2

假设文件按照某属性 A 排序，且选择条件是该属性 A 上的等值比较，那么可以使用二分搜索来定位满足选择条件的记录（即包含该记录的文件块）。二分搜索过程是针对文件块进行，而不是针对记录进行。

最坏情况下，找到包含所需记录的文件块所需访问和检查的文件块数目为 $\lceil\log_2(b_r)\rceil$，而且每一个这样的文件块都需要一次磁盘搜索定位，因此算法 A2 的时间代价为 $E_{A2}=\lceil\log_2(b_r)\rceil\times(t_T+t_S)$。

如果是在非码属性上的选择操作，那么可能会有多个文件块包含所需记录，这样还需顺序读取包含选择结果的额外文件块，估计有 $\lceil SC(A,r)/f_r\rceil-1$ 个额外文件块（减1是因为已经读取了一个文件块），即额外文件块的数目为估计的选择结果的记录数

$SC(A,r)$除以一个文件块中能存储的记录数 f_r 再减 1。

2. 索引扫描

如果需要按某个搜索码的值查找文件中的相应记录,则可以先按搜索码值在索引中查找记录(或文件块)的存放地址,再根据该地址去文件中直接定位所需记录(或文件块)。也就是说,索引提供了对待查找文件记录(或文件块)进行定位的路径,因此将索引称为文件的**存取路径**(access path)。如果一个文件的逻辑顺序(即索引顺序)与物理顺序一致,即主索引(聚集索引)的情况,则对文件访问的效率较高。

使用索引的搜索算法称为**索引扫描**(index scan)。有序索引(如 B$^+$ 树索引)还允许按顺序访问记录,这对于实现范围查询是很有帮助的。虽然索引可以提供快速和直接(逻辑或物理)有序的存取方式(即存取路径),但也增加了访问索引数据块的代价。

1) 主索引码属性上的等值比较算法 A3

对于具有主索引的码属性上的等值比较算法,可以通过主索引检索到指向满足相应等值条件的唯一记录(或包含该记录的文件块)的指针,再根据该指针到数据文件中访问文件块。

若使用 B$^+$ 树索引,则访问索引块的数量等于树的高度 HT_i,访问文件块的数量为 1;而且每一次 I/O 操作都需要一次磁盘搜索定位和一个数据块(索引块或文件块)传输。因此,算法 A3 的时间代价为 $E_{A3} = (HT_i + 1) \times (t_T + t_S)$。由于 B$^+$ 树索引的根结点甚至是所有非叶结点(对于 B$^+$ 树通常有不到 1% 的结点是非叶结点)是频繁访问的,所以它们可能已在内存缓冲区中,因此从磁盘中访问索引块的数量要相应地下调,代价计算的公式也可以适当修改。

2) 主索引非码属性上的等值比较算法 A4

对于具有主索引的非码属性上的等值比较算法,可以通过主索引检索到指向满足相应等值条件的第一条记录(可能有多条记录,但它们在物理上顺序存放)或包含所需记录的第一个文件块的指针,再根据该指针到数据文件中访问文件块。需要访问的文件块的数目可估计为 $b = \lceil SC(A,r)/f_r \rceil$。

因此,算法 A4 的时间代价为 $E_{A4} = (HT_i + 1) \times (t_T + t_S) + (\lceil SC(A,r)/f_r \rceil - 1) \times t_T$。这里,只有第一个文件块的访问需要磁盘搜索定位,其他文件块是顺序存放的,无须磁盘搜索。

3) 辅助索引的等值比较算法 A5

如果是码属性上的等值条件,则通过辅助索引同样也只能检索到满足相应等值条件的唯一记录(或包含该记录的文件块)的指针,再根据该指针到数据文件中访问文件块即可。这种情况下算法 A5 的时间代价与算法 A3 相同。

如果是非码属性上的等值条件,则通过辅助索引可以检索到存放满足相应等值条件的多条记录(或包含这些记录的文件块)的指针桶的指针,再根据该指针桶中的每一个指针分别到数据文件中访问包含相应记录的文件块。此时,最坏情况是每条记录可能存放于数据文件的不同文件块中,这将导致每检索一条满足查询条件的记录都需要搜索并传输一个文件块。如果需要检索大量的记录,所需的代价甚至比线性搜索还要大。因此,最坏情况下,算法 A5 的时间代价为 $E_{A5}=\lceil HT_i+1+SC(A,r)\rceil\times(t_T+t_S)$。其中加 1 是表示访问指针桶的代价。

4) 主索引上的范围比较算法 A6

对于形如 $A>v$ 或 $A\geqslant v$ 的比较条件,首先通过主索引(如 B$^+$ 树索引)搜索定位在满足 $A>v$ 或 $A\geqslant v$ 条件的第一个索引项,该索引项中的指针指向满足查询条件的所有记录中的第一条(或包含所需记录的第一个文件块);然后通过该指针到文件中开始顺序访问所有的文件块,直到文件结束(由于是主索引,文件中的记录物理上有序存放)。因此,该情况下算法 A6 的时间代价的估算与算法 A4 类似,其时间代价可估算为 $E_{A6}=(HT_i+1)\times(t_T+t_S)+(\lceil SC(P(A),r)/f_r\rceil-1)\times t_T$,其中 $SC(P(A),r)$ 表示关系 r 中在主索引搜索码 A 上满足查询谓词 $P(A)$(此时 $P(A)$ 为 $A>v$ 或 $A\geqslant v$)的记录数目。

对于形如 $A<v$ 或 $A\leqslant v$ 的比较条件,没有必要查找索引,直接从文件头开始顺序扫描文件块,直至遇到(但不包含)不满足 $A<v$ 或 $A\leqslant v$ 条件的第一条记录或文件尾为止。该情况下算法 A6 的时间代价为 $E_{A6}=t_S+\lceil SC(P(A),r)/f_r\rceil\times t_T$。

*8.3.4　连接运算

由于层次模型和网状模型都是通过指针的方式来实现实体(集)与实体(集)之间的联系,而关系模型则是通过外码来表示实体(集)与实体(集)之间的联系,这只是一种逻辑上的表示,因此如何有效地实现这种联系的计算——连接运算,是 RDBMS 要重点解决的关系代数运算之一。数据库的很多查询都涉及连接运算,因此连接运算的效率就成为衡量 RDBMS 性能的一个主要指标。

实现连接运算的主要算法有:

① (块)嵌套循环连接算法;

② 索引嵌套循环连接算法;

③ 归并连接算法;

④ 散列连接算法。

在本节中,形如 $r\bowtie s$ 的连接表示自然连接;形如 $r\bowtie_{r.A=s.B}s$ 的连接表示等值连接,其中 A,B 分别为关系 r 和 s 的属性或属性组;形如 $r\bowtie_\theta s$ 的连接表示 θ 连接,其中 θ 为连接谓词。

【例 8.1】　考虑 Student 和 Score 两个关系之间的自然连接:

$$Student\bowtie Score$$

假定这两个关系的信息如下:

- Student 的记录条数: $n_{Student}=10\,000$;
- Student 的文件块数: $b_{Student}=400$;
- Score 的记录条数: $n_{Score}=200\,000$;
- Score 的文件块数: $b_{Score}=4000$。

假设 $t_S=4ms,t_T=0.1ms$。针对该自然连接查询,我们将在后面分别计算各种连接算法的磁盘存取代价 $b\times t_T+S\times t_S$。

1. 嵌套循环连接

图 8-24 所示的是计算 θ 连接 $r \bowtie_\theta s$ 的一个简单算法,由于该算法主要由两个嵌套的 for 循环构成,故称为**嵌套循环连接**(**nested-loop join,NLJ**)**算法**。由于算法中对关系 r 的循环包括了对关系 s 的循环,因此,关系 r 称为连接的**外层关系**(简称为**外关系**)或外层表(简称为**外表**),而关系 s 称为连接的**内层关系**(简称为**内关系**)或内层表(简称为**内表**)。算法中的记号 $t_r \cdot t_s$ 表示将关系 r 中元组 t_r 的属性值和关系 s 中元组 t_s 的属性值拼接而成一个连接记录。

```
for(each 元组 tr in r)
    for(each 元组 ts in s)
        if(元组对<tr,ts>满足连接谓词 θ)
            将 tr·ts 加入结果中;
        endif
    endfor
endfor
```

图 8-24 嵌套循环连接算法

与选择算法中的线性搜索算法类似,嵌套循环连接算法也不要求有索引,并且不管连接条件是什么,该算法均可使用。因此,嵌套循环连接算法是一个最基本的、通用的算法。

下面分析 NLJ 算法的时间代价。对于 NLJ 算法,需要循环处理的元组对 $<t_r,t_s>$ 的数目是 $n_r \times n_s$,其中,n_r 和 n_s 分别表示关系 r 和 s 的元组数。也就是说,对于外表 r 中的每一条记录,必须对内表 s 中的所有记录进行一次完整的扫描比较。最坏情况下,假设主存缓冲区中只能容纳每个表的一个文件块,这时共需 $n_r \times b_s + b_r$ 次文件块的传输,b_r 和 b_s 分别表示关系 r 和关系 s 的文件块数。每次对内表 s 的扫描只需要一次磁盘搜索定位,因为对它的所有文件块的访问是顺序完成的;但访问外表 r 共需要 b_r 次磁盘搜索定位,即每一个文件块的访问都需要进行磁盘搜索定位。这样总的磁盘搜索次数为 $n_r + b_r$。最好的情况下,主存的缓冲区中有足够的空间同时容纳两个关系,此时每一文件块只需要读一次,共需要 $b_r + b_s$ 次文件块的传输,加上 2 次磁盘搜索定位(每个关系表的顺序扫描分别需要一次磁盘搜索定位)。

如果两个关系中有一个能够完全放在主存缓冲区中,那么可以将这个关系作为内层关系来处理,此时算法的代价也是 $b_r + b_s$ 次文件块的传输,加上 2 次磁盘搜索定位,这与两个关系能够同时放入主存缓冲区的效果相同。

现在来分析例 8.1,NLJ 算法共需检查 $200\,000 \times 10\,000 = 2 \times 10^9$ 对元组。

如果将关系 Score 作为外关系,关系 Student 作为内关系。最坏的情况下,文件块传输数 $b = 200\,000 \times 400 + 4\,000 = 80\,004\,000$,磁盘搜索次数 $S = 200\,000 + 4\,000 = 204\,000$;磁盘存取代价为 $b \times t_T + S \times t_S = 8816.40s = 146.96\text{min} = 2.45\text{h}$。然而在最好的情况下,文件块传输数 $b = 4000 + 400 = 4\,400$,磁盘搜索次数 $S = 2$;磁盘存取代价为 $b \times t_T + S \times t_S = 0.448s$。

如果将关系 Student 作为外关系,关系 Score 作为内关系。最坏的情况下,文件块传

输数 $b = 10\,000 \times 4000 + 400 = 40\,000\,400$，磁盘搜索次数 $S = 10\,000 + 400 = 10\,400$，文件块传输数目和磁盘搜索次数都下降了；此时的磁盘存取代价为 $b \times t_T + S \times t_S = 4041.64\text{s} = 67.36\text{min} = 1.12\text{h}$。

2. 块嵌套循环连接

当主存缓冲区中不能容纳任何一个关系时，如果以每个文件块的方式而不是以每个元组的方式进行循环处理，则可以节省很多文件块的访问。图 8-25 所示的是块嵌套循环连接(block nested-loop join，BNLJ)算法，这是嵌套循环连接的一个变种。其中，外关系的每一文件块与内关系的每一文件块形成一对 $<B_r, B_s>$；外关系一个文件块的每一个元组与内关系一个文件块的每一个元组形成一对 $<t_r, t_s>$。

```
for(each 块 B_r in r)
    for(each 块 B_s in s)
        for(each 元组 t_r in B_r)
            for(each 元组 t_s in B_s)
                if(元组对<t_r, t_s>满足连接谓词 θ)
                    将 t_r · t_s 加入结果中;
                endif
            endfor
        endfor
    endfor
endfor
```

图 8-25　块嵌套循环连接算法

最坏的情况下，对于外表 r 中的每一个文件块(而不是每一个元组)，内表 s 需要完整扫描一次(共 b_s 文件块)，因此，共需 $b_r \times b_s + b_r$ 次文件块的传输，加上 $2 \times b_r$ 次磁盘搜索定位。显然，如果主存缓冲区中不能容纳任何一个关系，则选择较小的关系作为外关系更有效。最好的情况下，主存缓冲区中能容纳内层关系(此时应选择较小的关系作为内层关系)，则需要 $b_r + b_s$ 次文件块的传输，加上 2 次磁盘搜索定位。

还是来分析例 8.1，BNLJ 算法还是共需检查 $200\,000 \times 10\,000 = 2 \times 10^9$ 对元组。

如果将关系 Score 作为外关系，关系 Student 作为内关系。最坏的情况下，文件块传输数 $b = 4000 \times 400 + 4000 = 1\,604\,000$，磁盘搜索次数 $S = 2 \times 4000 = 8000$；磁盘存取代价为 $b \times t_T + S \times t_S = 192.40\text{s} = 3.21\text{min}$。

如果将关系 Student 作为外关系，关系 Score 作为内关系。最坏的情况下，文件块传输数 $b = 400 \times 4000 + 400 = 1\,600\,400$，磁盘搜索次数 $S = 2 \times 400 = 800$；此时的磁盘存取代价为 $b \times t_T + S \times t_S = 163.24\text{s} = 2.72\text{min}$。

3. 索引嵌套循环连接

在嵌套循环连接中，如果内层循环的连接属性上有索引，则可以用索引搜索替代文件扫描。也就是说，对于外层关系 r 的每一个元组 t_r，利用索引来搜索内关系 s 中与

元组 t_r 满足连接条件的元组（或文件块），这本质上就是在关系 s 上利用索引进行选择运算。

接下来分析索引嵌套循环连接（index nested-loop join，INLJ）算法的代价。对于外层关系 r 的每一个元组，需要对内关系 s 的索引进行一次搜索，检索相关元组（或文件块）。最坏的情况下，缓冲区只能容纳关系 r 的一个文件块和索引的一个索引块。此时，读取关系 r 需 b_r 次 I/O 操作，且每次 I/O 操作需要一次磁盘搜索和一个数据块传输，因为磁盘头可能在两次 I/O 操作的间隔中移动过。对于关系 r 中的每个元组，都要对关系 s 进行一次索引搜索。因此，INLJ 算法的时间代价为 $b_r \times (t_T + t_S) + n_r \times c$，其中 c 是使用连接条件对关系 s 进行单个选择操作的代价。利用上一节介绍过的索引扫描选择算法的时间代价估计，可以估算出 c 的值。

显然，如果两个关系 r 和 s 在连接属性上均有索引时，一般将元组较少的关系作为外层关系时效果更好。

再来分析例 8.1。假设 Score 作为外关系，关系 Student 在连接属性 studentNo 上建立了 B^+ 树的主索引，平均每个索引结点包含 20 个索引项。由于关系 Student 有 10 000 个元组，因此 B^+ 树的高度为 4。假设 B^+ 树的根结点常驻内存，根据索引搜索中获得的指针需要访问一个文件块以获取连接记录，因此每次 B^+ 树索引的搜索共需要 4 次 I/O 操作，每次 I/O 操作需要一次磁盘搜索和传输一个数据块（索引块或文件块）。这样，INLJ 算法共需要 $b_r + 4 \times n_r = 804\,000$ 次 I/O 操作，每次 I/O 操作需要一次磁盘搜索和传输一个数据块，即数据块传输数 b 和磁盘搜索次数 S 均为 804 000；磁盘存取代价为 $b \times t_T + S \times t_S = 3296.4$ 秒 $= 54.94$ 分 $= 0.92$ 小时。

与块嵌套循环相比，尽管数据块的传输数量少了很多，但磁盘搜索次数却增加了很多，由于磁盘搜索的代价比数据块传输的代价大得多，因此 INLJ 算法的总时间代价比块嵌套循环算法更差。然而，在实际应用的查询中，如果对外层关系 Score 先进行一个选择操作（例如，按条件 courseNo='CS005' 进行选择），使得行数有显著的减少（即满足选择条件的元组很少），则 INLJ 算法可以比块嵌套循环连接算法快得多。

4. 归并连接

归并连接（merge join，MJ）算法可用于计算自然连接和等值连接，又称为**排序归并连接算法**（sort-merge join algorithm），这是因为采用归并连接的前提是参与连接的两个关系必须关于连接属性有序。令 $r(R)$、$s(S)$ 表示参与自然连接的两个关系，并令 $R \cap S$ 表示两个关系的公共属性（连接属性）。假设两个关系均按公共属性 $R \cap S$ 有序。

并算法如图 8-26 所示。其中，$JoinAttrs$ 表示 $R \cap S$ 中的属性；$t_r \bowtie t_s$ 表示具有相同 $JoinAttrs$ 属性的两个元组 t_r 和 t_s 的拼接，通过投影去除其中重复的属性。MJ 算法为每个关系定义一个指针，这些指针一开始指向相应关系的第一个元组；随着算法的进行，指针遍历整个关系。关系 r 作为外关系，关系 s 作内关系；对于内关系 s 中的一个元组 t_s，设其连接属性值为 v，将内关系 s 中连接属性值等于 v 的一组元组都读入 S_s 中；MJ 算法要求每个 S_s 元组集合都装入主存。

```
    pr:=r 的第一个元组的地址;
    ps:=s 的第一个元组的地址;
    while(ps≠null and pr≠null)
        t_s:=ps 所指向的元组;
        S_s:={t_s};
        ps++;                              //使 ps 指向关系 s 的下一记录
        done:=false;
        while(not done and ps≠null)
            t'_s:=ps 所指向的元组;
            if(t'_s[JoinAttrs]=t_s[JoinAttrs])
                S_s:=S_s∪{t'_s};
                ps++;
            else
                done:=true;
            endif
        endwhile
        t_r:=pr 所指向的元组;
        while(ps≠null and t_r[JoinAttrs]<t_s[JoinAttrs])
            pr++;
            tr:=pr 所指向的元组;
        endwhile
        while(ps≠null and t_r[JoinAttrs]=t_s[JoinAttrs])
            for(each t_s in S_s)
                将 t_r ⋈ t_s 加入结果中;
            endfor
            pr++;
            t_r:=pr 所指向的元组;
        endwhile
    endwhile
```

图 8-26　归并连接算法

图 8-27 所示的两个关系 Course 和 Score 在连接属性"课程号"上已排序。将关系 Course 作为外关系，关系 Score 作为内关系，请读者利用图中给出的关系表具体地走一遍归并连接算法；反过来，将关系 Score 作为外关系，关系 Course 作为内关系，请读者再具体地走一遍归并连接算法。

由于参与归并连接的关系是有序的，即连接属性上具有相同值的元组是连续存放的，这样参与连接的两个关系中已排序的每一个元组都只需要读一次，每一个文件块也只需要读一次。因此，归并连接所需传输的文件块数量是两个关系的文件块数之和，即 b_r+b_s。

最坏的情况下，假设主存缓冲区为每个关系分别分配一个数据块空间，则所需的磁盘搜索次数也是 b_r+b_s。因此，每 1ms 的数据块传输时间对应 40ms 的磁盘搜索时间，也就是说，磁盘搜索时间是数据块传输时间的 40 倍。这里假设 $t_T=0.1\text{ms}$，$t_S=4\text{ms}$。

课程号	学分
CP001	3
CP003	5
CS005	4
CS006	3
CS012	5
IS002	3
IS008	6
IS015	4

$pr \rightarrow$ 指向 CP001 行

Course 关系

课程号	学号	学期号	成绩
CP001	1501008	161	78
CP001	1602002	161	95
CP001	1602005	161	88
CS005	1501001	151	92
CS005	1501008	151	86
CS005	1602002	161	85
CS012	1501001	152	88
CS012	1501008	152	93
IS008	1503010	162	92
IS008	1503045	162	84

$ps \rightarrow$ 指向 CP001 行

Score 关系

图 8-27 在归并连接中使用的已排序关系

假设为每个关系分配 buf 个缓冲数据块,则所需磁盘搜索次数为 $\lceil b_r/buf \rceil + \lceil b_s/buf \rceil$。由于磁盘搜索代价远比数据块传输代价高,因此如果主存空间允许的话,应给每个参与连接的关系尽量多分配一些缓冲数据块。例如,为每个关系提供的缓冲区大小为 400 个数据块(即 1.6MB),则磁盘搜索时间将是每 40ms 的数据块传输时间对应 4ms 的磁盘搜索时间,也就是说,磁盘搜索时间仅占数据块传输时间的 10%。

继续分析例 8.1。假设主存缓冲区为每个关系分别分配一个数据块空间,则 MJ 算法的磁盘存取代价为:

$$(b_r + b_s) \times (t_T + t_S)/1000 = (4000 + 400) \times (0.1 + 4)/1000 = 18.04s$$

假设主存缓冲区为每个关系分别分配 400 个数据块空间,即 $buf = 400$,则 MJ 算法的磁盘存取代价为:

$$((b_r + b_s) \times t_T + (b_r/buf + b_s/buf) \times t_S)/1000$$
$$= ((4000 + 400) \times 0.1 + (4000/400 + 400/400) \times 4)/1000 = 0.484s$$

如果参与连接的一个或两个关系不是按连接属性有序,那么可以先进行排序,然后再使用归并连接算法。归并连接算法也可以很容易地从自然连接扩展到更一般的等值连接的情形。

5. 散列连接

类似归并连接算法,散列连接(Hash join,HJ)算法可用于实现自然连接和等值连接。**散列连接算法**的基本思想是:对于参与连接的两个关系 r 和 s,首先通过散列函数 h 把关系 r 和 s 的元组分别划分成在连接属性值上具有相同散列值的子集 r_i 和 s_i,然后分别计算 $r_i \bowtie s_i$。

假设 h 是将关系 r 和 s 的连接属性 $JoinAttrs$ 值映射到 $\{0, 1, \cdots, n_h\}$ 的散列函数;r_0,$r_1, \cdots, r_{n_h}$ 表示关系 r 的元组的划分,一开始每个都是空集,对于关系 r 的每个元组 t_r,如果 $i = h(t_r[JoinAttrs])$,则元组 t_r 被划分到子集 r_i 中;同理,$s_0, s_1, \cdots, s_{n_h}$ 表示关系 s 的元组的划分,一开始每个都是空集,对于关系 s 的每个元组 t_s,如果 $i = h(t_s[JoinAttrs])$,则元组 t_s 被划分到子集 s_i 中。

散列连接的基本原理是：如果关系 r 的一个元组 t_r 与关系 s 的一个元组 t_s 满足连接条件，那么元组 t_r 和 t_s 在连接属性上的值一定相同；假设若该值经散列函数映射为 i，则关系 r 的元组 t_r 必在划分子集 r_i 中，而关系 s 的元组 t_s 必在划分子集 s_i 中。因此，划分子集 r_i 中的元组只需与划分子集 s_i 中的元组相比较，而没有必要与关系 s 的其他任何划分子集中的元组相比较，如图 8-28 所示。

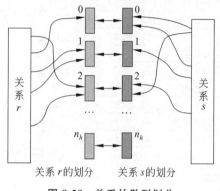

图 8-28　关系的散列划分

散列连接算法如图 8-29 所示。与归并连接算法一样，$t_r \bowtie t_s$ 表示具有相同 $JoinAttrs$ 属性的两个元组 t_r 和 t_s 的拼接，通过投影去除其中重复的属性。关系进行划分后，HJ 算法接下来对各个划分针对 $<r_i, s_i>(i=0,1,\cdots,n_h)$ 进行单独的散列索引嵌套循环连接。首先为每个 s_i 建立散列索引，然后对 r_i 中的每个元组在 s_i 中进行探查（即在 s_i 中查找）。为此，将内层关系 s 称为构造用关系，外层关系 r 称为探查用关系。

```
/* 对关系 s 进行划分 */
for(each 元组 tₛ in s)
    i:=h(tₛ[JoinAttrs]);
    sᵢ:=sᵢ ⋃ {tₛ};
endfor
/* 对关系 r 进行划分 */
for(each 元组 tᵣ in r)
    i:=h(tᵣ[JoinAttrs]);
    rᵢ:=rᵢ ⋃ {tᵣ};
endfor
/* 对每一划分进行连接 */
for(i:=0 to nₕ)
    读划分子集 sᵢ 到内存中建立其散列索引；
    for(each 元组 tᵣ in rᵢ)
        检索 sᵢ 的散列索引,定位所有满足连接条件的元组；
        for(each 满足 tₛ[JoinAttrs]=tᵣ[JoinAttrs]的元组 tₛ in sᵢ)
            将 tᵣ ⋈ tₛ 加入结果中；
        endfor
    endfor
endfor
```

图 8-29　散列连接算法

划分 s_i 的散列索引是在内存中建立的，因此并不需要访问磁盘以检索元组。用于构造此散列的散列函数必须与前面使用的散列函数 h 不同，但仍只对连接属性进行散列映射。在进行散列索引嵌套循环连接时，使用的是该散列函数。

应该选择足够大的 n_h，使得对于任意 $i(i=0,1,\cdots,n_h)$，构造用（内层）关系的划分 s_i 及基于它建立的散列索引能够同时在内存缓冲区中容纳下。内存中可以不必容纳探查用（外层）关系 r 的划分，因此最好用较小的关系作为构造用关系。

如果 n_h 的值大于或等于内存能够提供的缓冲数据块数量时，那么关系的划分不可能一趟完成，因此需要进行多趟划分（类似于外部归并排序算法）。在每一趟划分中，输入的最大划分数不超过用于输出的缓冲数据块数量；每一趟划分产生的存储桶在下一趟划分中分别读入并再次划分，产生更小的划分。当然，每趟划分中所用的散列函数与上一趟是不同的。

接下来分析散列连接的代价。这里假设在建立划分 s_i 的散列索引时不会发生散列溢出，且不需要进行多趟划分。首先，在关系 r 和 s 的划分阶段，每个关系需要进行一次完整的读入，并将划分结果写回磁盘，共需要 $2\times(b_r+b_s)$ 次数据块传输；其次，在构造与探查阶段（即连接阶段），每个划分读入一次，共需要 b_r+b_s 次数据块传输。划分所占用的数据块数量可能比 b_r+b_s 略多，因为有的数据块只是部分满的。对于关系 r（或 s），由于每个划分 r_i（或 s_i）中都可能会有一个部分满的数据块，划分阶段该数据块需写回一次，连接阶段该数据块需读入一次，因此对于有 n_h 个划分的关系 r（或 s），存取这些部分满的数据块至多会增加 $2\times n_h$ 次数据块的传输。从而散列连接的代价估计需要 $3\times(b_r+b_s)+4\times n_h$ 次数据块传输。由于 $4\times n_h$ 较小，可以忽略不计。

假设为输入缓冲和输出缓冲分别分配了 buf 个数据块，则划分阶段共需要 $2\times(\lceil b_r/buf\rceil+\lceil b_s/buf\rceil)$ 次磁盘搜索；在构造和探查阶段，对每个划分 r_i 或 s_i 的读取都需要一次磁盘搜索，因此共需要 $2\times n_h$ 次磁盘搜索。这样，散列连接共需要 $2\times(\lceil b_r/buf\rceil+\lceil b_s/buf\rceil)+2\times n_h$ 次磁盘搜索。

继续来分析例 8.1。假设主存缓冲区只有 2 个缓冲数据块，即 $buf=1$，则 HJ 算法的磁盘存取代价为：

$$(3\times(b_r+b_s)\times t_T+2\times(\lceil b_r/buf\rceil+\lceil b_s/buf\rceil)\times t_S)/1000=36.52\text{s}$$

假设主存缓冲区为输入缓冲和输出缓冲分别分配了 400 个缓冲数据块，即 $buf=400$，则 HJ 算法的磁盘存取代价为：

$$(3\times(b_r+b_s)\times t_T+2\times(\lceil br/buf\rceil+\lceil b_s/buf\rceil)\times t_S)/1000=1.41\text{s}$$

*8.3.5　其他运算

其他关系运算以及扩展关系运算主要包括排序、投影、去除重复元组、集合运算（并、交、差）和聚集等，这里对它们进行简单的介绍。

1. 排序

数据排序在数据库系统中有重要的作用，主要原因有两个：一是 SQL 查询会指明对结果进行排序；二是排序对其他关系运算有重要的影响，如对连接、投影、去除重复元组、集合运算和聚集运算等。

通过对排序码建立索引，然后使用该索引按序读取记录，可以完成对关系的排序，即通过索引的逻辑有序实现记录的有序输出。由于根据索引的逻辑有序来读取记录可能会导致每读一条记录就引发一次I/O操作(即一次磁盘搜索和一个文件块传输),因此该方案不可行,最好是直接产生物理有序的排序。

对不能全部放在内存中的关系进行排序称为外排序,外排序中最典型的算法是**外部排序归并(external sort-merge,ESM)算法**。该算法的基本思想是:整个排序过程分为两个阶段,第一阶段是建立多个有序的归并段,每个归并段都是排序过的,但仅包含关系中的部分记录;第二阶段是对归并段进行归并,以产生一个物理上整体有序的关系。

假设内存缓冲区只能提供 M 个缓冲数据块,在建立归并段阶段,可以将整个文件剖分成大小不超过 $M-1$ 个数据块的若干个段(缓冲区中要留1个数据块作为内部排序的输出缓冲),然后选用一种内部排序算法分别对这些段进行排序。假设初始归并段的数量大于 $M-1$,则需要进行多趟归并才能完成整个归并工作。第一趟归并,每次从初始归并段中选择 $M-1$ 个归并段进行归并,以产生一个更大的归并段;第二趟归并,每次从第一趟归并产生的归并段中选择 $M-1$ 个归并段进行归并,以产生一个较上个更大的归并段;以此类推,直接最后整体产生一个归并段。显然,这种归并共需要进行 $\lceil \log_{M-1}(b_r/M) \rceil$ 趟,其中 b_r 是待排序关系的文件块数。因此,外部排序归并算法共需要 $b_r \times (2 \times \lceil \log_{M-1}(b_r/M) \rceil + 1)$ 次文件块的传输。

在归并阶段,假设每次可以从一个归并段中读取 buf 个数据块,即为每个归并段分配 buf 个缓冲数据块,则外部排序归并算法共需要 $2 \times \lceil b_r/M \rceil + \lceil b_r/buf \rceil \times (2 \times \lceil \log_{M-1}(b_r/M) \rceil - 1)$ 次磁盘搜索。

2. 去除重复元组

用排序方法可以很方便地实现去除重复元组。排序后相同元组相互邻近,删除重复元组只留下一个元组即可。对于外部归并排序而言,在归并段创建时就可以发现一些重复元组,可在将归并段写回磁盘之前就去除重复,从而减少数据块传输次数;在归并阶段,每次归并时都可能发现一些重复元组,同样在将新的归并段写回磁盘之前就去除重复。

也可以使用散列实现去除重复元组,类似于散列连接算法。首先,基于整个关系选择一个散列函数,实现将关系的元组进行划分;按下来,对于关系的每一个划分,将它读入内存并建立散列索引,在创建散列索引时,只有不在索引中的元组才插入,否则被抛弃(因为它是重复的元组);最后,待划分中的所有元组处理完后,将散列索引中的元组写出到结果中即可。

3. 投影

首先对每个元组作投影,所得结果关系中可能有重复元组,然后去除重复元组。

4. 集合运算

实现集合运算的一种方法是基于排序,类似于归并连接算法。在 $r \cup s$ 中,当同时对两个有序关系进行扫描时,如果发现一个关系中出现而另一个关系中不出现的元组,则直接保留;如果发现两个关系中同时出现的元组,则只保留一个。在 $r \cap s$ 中,当同时对两个有序关系进行扫描时,如果发现两个关系中同时出现的元组,则保留一个,其余的元组都丢弃即可。类似地,通过只保留 r 中出现而 s 中不出现的那些元组,可以实现 $r-s$。

实现集合运算的另一种方法是基于散列,类似于散列连接。首先用相同的散列函数对两个关系进行划分,可得到划分 $r_0,r_1,\cdots,r_{n_h}$ 和 $s_0,s_1,\cdots,s_{n_h}$;然后对每一个划分按如下步骤进行:

(1) $r\cup s$:①对 r_i 建立内存散列索引;②对于 s_i 中每一个元组,检索 r_i 的散列索引,如果散列索引中不存在相同的元组,则加入到散列索引中;③将散列索引中的元组加入到结果中。

(2) $r\cap s$:①对 r_i 建立内存散列索引;②对于 s_i 中每一个元组,检索 r_i 的散列索引,如果散列索引中已存在相同的元组,则将该元组加入到结果中。

(3) $r-s$:①对 r_i 建立内存散列索引;②对于 s_i 中每一个元组,检索 r_i 的散列索引,如果散列索引中存在相同的元组,则将该元组从散列索引中删除;③将散列索引中剩余的元组加入到结果中。

5. 聚集运算

聚集运算可以用与去除重复元组相类似的方法来实现。使用排序或散列,就像去除重复元组所用的方法,不同的是:①这里是基于分组属性进行,而不是整个元组的所有属性;②不是去除在分组属性上具有相同值的元组,而是将之聚集成组,并对每一组应用聚集函数进行聚集运算并获取结果。

同样,可以不必等到所有元组聚集完后再施加聚集运算,而是在组的构造过程中就实施聚集运算。

8.3.6　表达式计算

到目前为止,考虑的都是单个关系运算如何执行。事实上,在查询处理时更多的时候面对的是由多个运算构成的表达式的计算,那么如何计算表达式呢? 一种方法是以适当的顺序每次执行一个操作;每次计算的结果**实体化**(materialized,也称为物化)到一个临时关系中以备下一步计算使用。该方法的缺点是需要构造临时关系,这些临时关系除非很小,否则必须写到磁盘上,这样就增加了表达式计算的 I/O 开销,特别是当中间关系很大时(例如,笛卡儿运算和有些连接运算会产生很大的中间关系)。另一种方法是在**流水线**(pipeline)上同时计算多个运算,一个运算的结果(即输出)直接传递给下一个运算作为输入,不必保存临时关系。

要直观地理解如何计算一个表达式,最好是构建该表达式的一棵查询树,它是表达式的图形化表示。例如,如下查询表达式的查询树如图 8-30 所示。

$$\Pi_{\text{studentName}}(\sigma_{\text{score}>=90}(\text{Score})\bowtie\sigma_{\text{classNo}='\text{CS1501}'}(\text{Student}))$$

采用实体化计算方法时,从查询树的最底层运算开始计算,底层运算的输入是数据库中的关系,并将底层运算的计算结果存储在临时关系中;然后计算查询树的上一层运算,这时的输入要么是临时关系,要么是来自数据库中关系,计算结果仍然需要存储在临时关系中;以此类推,直到计算查询树的根结点的运算,从而得到表达式的最终结果。

为了减少查询执行过程中产生的临时关系的数量，可以将多个关系运算组合成一个流水线的操作来实现，即采用流水线技术。

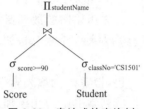

图 8-30　表达式的查询树

例如，对于图 8-30 所示的查询表达式，$\bowtie$ 与 Π 运算可以构成流水线操作，即连接运算的结果直接输入给投影操作进行计算。再来分析连接运算与选择运算的关系，连接运算的外表输入是针对 Score 关系的选择结果，内表输入是针对 Student 关系的选择结果。因此，当选择（块）嵌套循环连接或嵌套索引连接算法时，$\sigma_{score>=90}$ 与 $\bowtie$ 运算可以构成流水线操作，但 $\sigma_{classNo='CS1501'}$ 与 $\bowtie$ 运算不能构成流水线操作；当选择归并连接算法时，$\sigma_{score>=90}$ 和 $\sigma_{classNo='CS1501'}$ 运算都可以与 $\bowtie$ 运算构成流水线操作。但是归并连接的前提是两个关系都必须按连接属性有序。假设 Score 和 Student 关系都是按连接属性 studentNo 物理有序存储，现在的问题就是经过选择运算后的结果是否仍然是按 studentNo 有序？为了实现选择操作的结果仍然按 studentNo 有序，则选择运算只能采用线性搜索算法（即 A1 算法）。

8.4　查 询 优 化

处理一个给定的查询，尤其是复杂的查询，通常会有许多种策略。**查询优化**（query optimization）就是从这许多策略中找出最有效的查询执行计划的处理过程。不期望用户能够写出一个能高效处理的查询，而是期望 RDBMS 能够构造并选择出一个具有最小查询执行代价的查询执行计划。

优化一方面在关系代数级别上发生，即系统尝试找出一个与给出的查询表达式等价，但执行效率更高的查询表达式，这称为**逻辑优化**。另一方面是为处理查询选择一个详细的策略，比如为一个操作选择执行算法，选择使用索引等，这称为**物理优化**。

8.4.1　查询优化实例

【**例 8.2**】　找出 2015 级修读"数据库系统概论"课程的学生姓名。

该查询涉及 grade（年级），courseName（课程名），studentName（姓名）3 个属性，对应的 3 个关系分别是 Class（班级），Course（课程）和 Student（学生）。其中关系 Class 和关系 Student 通过外码 classNo 建立了一对多的联系；关系 Course 和关系 Student 是多对多的联系，通过一个表示这种联系的关系 Score 将它们联系起来，即通过外码 studentNo 实现关系 Student 和关系 Score 之间的一对多联系，通过外码 courseNo 实现关系 Course 和关系 Score 之间的一对多联系。该查询对应的一个关系代数表达式为：

$$\Pi_{studentName}(\sigma_{grade=2015 \wedge courseName='DB'}((Class \bowtie Student) \bowtie (Score \bowtie Course)))$$

为了简化，我们将课程名"数据库系统概论"缩写为 DB。

该表达式可通过查询树的形式进行表示，如图 8-31 所示。该表达式将产生一个很大的中间查询结果（称为中间关系或临时关系）(Class $\bowtie$ Student) $\bowtie$ (Score $\bowtie$ Course)。然而，实际上该查询仅对这个中间关系的少数元组感兴趣（2015 级的修读了 DB 课程的),并且只关心它的少数属性(最终只需要 studentName,但查询过程中还涉及若干属性,如用于选择的 grade 和 courseName,用于连接的 studentNo 和 courseNo)。

由于我们只关心 2015 级的修读了 DB 课程的学生,即没有必要考虑其他年级和修读了其他课程的学生,因此在连接之前,先对关系 Class 按条件 grade=2015 进行选择操作,对关系 Course 按条件 courseName='DB'进行选择操作,仅留下有用的元组,这是非常有价值的。转换后的关系代数表达式如下,它与初始的关系代数表达式等价,但产生的中间关系更小,对应的查询树如图 8-32 所示。

$$\Pi_{\text{studentName}}((\sigma_{\text{grade}=2015}(\text{Class}) \bowtie \text{Student}) \bowtie (\text{Score} \bowtie \sigma_{\text{courseName}='DB'}(\text{Course})))$$

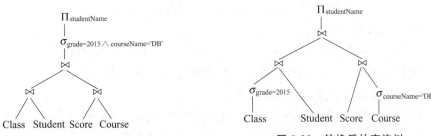

图 8-31　初始的查询树　　　　　图 8-32　转换后的查询树

给定一个关系代数表达式,查询优化器的任务就是产生一个**查询执行计划**,该计划能获得与原关系代数表达式相同的结果,并且执行代价是(或接近)最小的。查询优化分 3 步进行:①**逻辑优化**,即产生逻辑上与给定关系代数表达式等价的表达式;②**代价估计**,即估计每个执行计划的代价;③**物理优化**,即对所产生的表达式以不同方式做注释,产生不同的查询执行计划。查询优化器中第①步和第③步是交叉进行的,也就是说,先产生一些等价的表达式并加以注释,然后再进一步产生一些等价表达式并加以注释,以此类推。第②步是基于系统收集的一些统计信息,如关系的大小、属性值的分布和 B$^+$ 树索引的深度等,对一个执行计划的代价进行事先估计。

*8.4.2　关系表达式转换

如果两个关系代数表达式在所有有效的数据库实例中都会产生相同的执行结果,则称它们是等价的。

等价规则指出两种不同形式的表达式是等价的。下面列出一部分关系代数表达式的通用等价规则,这里用 $\theta, \theta_1, \theta_2$ 等表示谓词,A_1, A_2, A_3 等表示属性列表,而 E, E_1 和 E_2 等表示关系代数表达式。关系名 r 是关系代数表达式的特例,凡是出现表达式 E 的地方它都可以出现。

(1) 合取选择运算的级联分解:

$$\sigma_{\theta_1 \wedge \theta_2}(E) = \sigma_{\theta_1}(\sigma_{\theta_2}(E))$$

(2) 选择运算满足交换律:

$$\sigma_{\theta_1}(\sigma_{\theta_2}(E)) = \sigma_{\theta_2}(\sigma_{\theta_1}(E))$$

(3) 系列投影的最后有效性(即只有最后一个是必需的,其余的可省略):
$$\Pi_{A_1}(\Pi_{A_2}(\cdots(\Pi_{A_n}(E))\cdots))=\Pi_{A_1}(E)$$

(4) 选择操作与 θ 连接相结合:
$$\sigma_\theta(E_1\times E_2)=E_1\bowtie_\theta E_2$$
$$\sigma_{\theta_1}(E_1\bowtie_{\theta_2} E_2)=E_1\bowtie_{\theta_1\wedge\theta_2} E_2$$

(5) θ 连接运算的交换律:
$$E_1\bowtie_\theta E_2=E_2\bowtie_\theta E_1$$

(6) 连接运算的结合律:

① 自然连接运算的结合律:
$$(E_1\bowtie E_2)\bowtie E_3=E_1\bowtie(E_2\bowtie E_3)$$

② θ 连接运算的结合律:
$$(E_1\bowtie_{\theta_1} E_2)\bowtie_{\theta_2\wedge\theta_3} E_3=E_1\bowtie_{\theta_1\wedge\theta_3}(E_2\bowtie_{\theta_2} E_3)$$

其中: θ_2 只涉及 E_2 与 E_3 的属性。笛卡儿积运算也满足结合律。

(7) 选择运算对 θ 连接运算的分配律:

① 当选择条件 θ_0 的所有属性只涉及 θ 连接的表达式之一(如 E_1)时,满足分配律
$$\sigma_{\theta_0}(E_1\bowtie_\theta E_2)=(\sigma_{\theta_0}(E_1))\bowtie_\theta E_2$$

② 当选择条件 θ_1 只涉及 E_1 的属性,且选择条件 θ_2 只涉及 E_2 的属性时,满足分配律
$$\sigma_{\theta_1\wedge\theta_2}(E_1\bowtie_\theta E_2)=(\sigma_{\theta_1}(E_1))\bowtie_\theta(\sigma_{\theta_2}(E_2))$$

(8) 投影运算对 θ 连接运算的分配律:

① 令 A_1、A_2 分别代表 E_1、E_2 的属性,假设连接条件 θ 只涉及 $A_1\cup A_2$ 中的属性,则
$$\Pi_{A_1\cup A_2}(E_1\bowtie_\theta E_2)=(\Pi_{A_1}(E_1))\bowtie_\theta(\Pi_{A_2}(E_2))$$

② 令 A_1、A_2 分别代表 E_1、E_2 的属性;令 A_3 是 E_1 中出现在连接条件 θ 中但不在 $A_1\cup A_2$ 中的属性;令 A_4 是 E_2 中出现在连接条件 θ 中但不在 $A_1\cup A_2$ 中的属性。那么
$$\Pi_{A_1\cup A_2}(E_1\bowtie_\theta E_2)=\Pi_{A_1\cup A_2}((\Pi_{A_1\cup A_3}(E_1))\bowtie_\theta(\Pi_{A_2\cup A_4}(E_2)))$$

8.4.3 查询优化策略

如何为一个给定查询选择最佳执行计划?目前有两大类查询优化策略:一类是基于代价的优化策略,它需要搜索所有的执行计划,基于代价估计选择最佳的执行计划;另一类是基于启发式优化策略选择执行计划。实际中的查询优化器一般是将两种优化策略结合起来使用。

1. 基于代价的优化策略

基于代价的优化器(cost-based optimizer)通过使用等价规则从给定的查询语句产生一系列查询执行计划,并选择代价最小的一个。对于一个复杂的查询,等价于给定查询的不同执行计划可能很多。因此,基于代价的优化器在实际应用中,不可能也没必要对所有可能的执行计划进行穷举搜索(这样将会导致不可接受的优化代价,即为了寻找最佳执行计划而花费的代价过高),通常都是采用各种剪枝的技术进行局部搜索,以寻找接

近最优的执行计划。

2. 启发式优化策略

基于代价的优化策略的一个缺点是优化本身的代价。为了减少优化本身的代价,查询优化器通常都会或多或少地使用一些**启发式**(**heuristics**)**规则**。

启发式优化策略主要包括如下启发式规则。

1)尽早执行选择操作

启发式优化器不验证采用本规则转换后代价是否减少,而直接使用。称该规则为启发式的,是因为该规则通常会,但不总是有助于减少代价。例如,考虑如下表达式:

$$\sigma_{score=92}(\sigma_{studentName='李小勇'}(Student) \bowtie Score)$$

由于选择操作 $\sigma_{score=92}$ 只涉及关系 Score 的属性,因此该选择操作可以先于连接计算,即可以将表达式转换为 $\sigma_{studentName='李小勇'}(Student) \bowtie \sigma_{score=92}(Score)$。

然而,由于 $\sigma_{studentName='李小勇'}(Student)$ 计算的中间关系的元组数远小于关系 Score 的元组数,且在关系 Score 的连接属性 studentNo 上建立了主索引,因此先进行选择操作 $\sigma_{score=92}$ 并不是一个好主意。如果是先执行 $\sigma_{studentName='李小勇'}(Student) \bowtie Score$ 连接运算,则每一条姓名为"李小勇"的学生元组(这样的元组通常非常少),可通过主索引在关系 Score 中寻找相关记录,这样的执行代价是很小的。反之,如果先执行 $\sigma_{score=92}(Score)$ 选择运算,要么采用线性搜索算法(其代价为扫描 b_{Score} 块磁盘数据),要么采用基于 score 属性的辅助索引(由于 score=92 的记录可能比较多,因此其代价可能会比线性搜索更大),通常情况下其代价都会高于先执行连接运算的方案。

2)尽早执行投影运算

一方面,投影运算像选择运算一样,也可以减少关系的大小。因此,每当要产生临时关系时,只要有可能就立即执行投影是有好处的。另一方面,由于选择运算减小关系的潜力通常会比投影运算大,且选择运算先执行可以充分利用底层关系上已经建立的索引来搜索并存取元组,因此"尽早执行投影运算"的前提是先采用"尽早执行选择运算"的启发式规则。

也就是说,"尽早执行选择运算"的规则优先于"尽早执行投影运算"的规则。

8.5 物理数据库设计

数据库是由大量具有一定结构的数据组成的集合,如何将这些数据有效地组织起来存储在物理设备上是一个非常重要的问题。

数据库在物理设备上的存储结构与存取方法称为**数据库的物理结构**,它依赖于给定的计算机系统。为一个给定的逻辑数据模型选取一个最适合应用环境的物理结构的过程,就是**数据库的物理设计**。数据库物理设计的目标为:

(1)提高数据库性能,以满足应用的性能需求;

(2)有效利用存储空间;

(3)在性能和代价之间做出最优平衡。

数据库物理设计的内容主要包括:

（1）确定数据库的存储结构；

（2）为数据选择合适的存取路径，即索引的设计；

（3）对物理结构进行评价，重点是评价时间和空间效率。

设计数据库物理结构要求设计人员首先必须充分了解所用 DBMS 的内部特征，特别是存储结构和存取方法；充分了解应用环境，特别是应用的处理频率和响应时间要求；以及充分了解外存设备的特性。数据库的物理结构依赖于所选用的 DBMS 和运行环境，设计人员进行设计时需要考虑以下几个方面的内容。

1. 数据库的物理组织

数据库的基础是基于操作系统的文件系统，对数据库的操作都要转化为对文件的操作，如何设计文件结构以及有效利用操作系统提供的文件存取方法是 DBMS 要考虑的事情。因此，选定 DBMS 后，数据库物理组织的大概框架也就基本确定了，如一个数据库需要多少个文件，每个文件的作用是什么等。

关系数据库中要存储的数据主要包括：关系表、数据字典、索引、日志和备份等。DBMS 对不同数据的物理组织方式通常是不一样的。

2. 确定数据库存储结构

该步骤主要是确定数据的存放位置和存储结构，包括确定关系表、索引、数据字典、日志和备份文件等的存储结构和存放位置。

1）确定数据存放位置

为了提高系统性能，数据应该根据应用情况将易变部分和稳定部分、经常存取部分和存取频率较低部分分开存放。

例如，对于数据备份和日志文件备份，由于它们只在故障恢复时才使用，而且数据量很大，可以考虑存放在三级存储介质上。目前许多计算机都有多个磁盘，因此进行物理设计时可以考虑将表和索引分别存放在不同的磁盘上，在查询时，由于多个磁盘驱动器分别在工作，因而可以保证物理读写速度比较快。也可以将比较大的表拆分存放在多个磁盘上，以加快存取速度，这在多用户环境下特别有效。此外，还可以将日志文件与数据库对象（表、索引等）存放在不同的磁盘以改进系统性能。

2）确定数据库存储结构

确定数据库存储结构时要综合考虑存取时间、存储空间利用率和维护代价 3 个方面的因素。这 3 个方面常常是相互矛盾的。例如，消除一切冗余数据虽然能够节约存储空间，但往往会导致检索代价的增加，因此必须进行权衡，选择一个折中方案。

一般来说，当确定 DBMS 后，数据库的存储结构也就基本确定了。数据库设计人员可做的事情是确定文件中记录的组织方式，如堆文件、顺序文件、散列文件、B$^+$ 树文件或多表聚集文件等。

许多关系型 DBMS 都提供了聚集（clustering）功能，即为了提高某个属性（或属性组）的查询速度，把在该属性（或属性组）上有相同值的元组集中存放在一个物理块中，如果存放不下，可以存放到预留的空白区或链接多个物理块。聚集以后，聚集码值相同的元组被集中在一起了,因而聚集码值不必在每个元组中重复存储,只要在一组中存一次就行了,因此可以节省一些存储空间。

必须注意的是,聚集只能提高某些特定应用的性能,而且建立和维护聚集的开销是相当大的。对已有关系建立聚集,将导致关系中元组将移动其物理存储位置,并使此关系上原有的索引无效,必须重建。

3. 确定数据存取路径

在关系数据库中,选择存取路径主要是指确定如何建立索引。例如,应选择哪些属性作为搜索码建立索引,建立多少个索引,建立聚集索引(主索引)还是非聚集索引(辅助索引),建立单码索引还是组合索引等。常用的存储方式有 3 种:索引方法、聚集方法和 Hash 方法。目前使用最普遍的是 B$^+$ 树索引(见 8.2.3 节)。

关系数据库中存取路径具有下列特点:

(1) 存取路径和数据是分离的;

(2) 存取路径可以由用户建立和删除,也可以由系统动态建立和删除;

(3) 存取路径的物理组织可以采用顺序文件、B$^+$ 树文件或 Hash 文件。

由于各个系统所能提供的对数据进行物理安排的手段和方法差异很大,因此设计人员必须仔细了解给定的 DBMS 在这方面提供了什么方法,再针对应用环境的要求,对数据进行适当的物理安排。

4. 确定系统配置

DBMS 产品一般都提供了一些存储分配参数,供设计人员和 DBA 对数据库进行物理优化。初始情况下,系统都为这些变量赋予了合理的默认值。但是这些值不一定适合每一种应用环境,在进行数据库物理设计时,需要重新对这些变量赋值以改善系统的性能。

通常情况下,这些配置变量包括:同时使用数据库的用户数,同时打开数据库对象数,使用的缓冲区长度、个数、时间片大小、数据库的大小、装填因子和锁的数目等。这些参数值影响存取时间和存储空间的分配,在数据库物理设计时要根据应用环境确定这些参数值,以使系统性能最优。

在数据库物理设计时对系统配置参数的调整只是初步的,在系统运行时还要根据系统实际运行情况做进一步的调整,以期切实改进系统性能。

5. 物理结构评价

数据库物理设计过程中需要对时间效率、空间效率、维护代价和各种用户要求进行权衡,其结果可以产生多种方案。数据库设计人员必须对这些方案进行细致的评价,从中选择一个较优的方案作为数据库的物理结构。

评价物理数据库的方法完全依赖于所选用的 DBMS,主要是从定量估算各种方案的存储空间、存取时间和维护代价入手,对估算结果进行权衡和比较,选择出一个较优的合理的物理结构。如果该结构不符合用户需求,则需要修改设计。

6. 影响物理设计的主要因素

（1）应用处理需求。在进行数据库物理设计前，应先弄清应用的处理需求，如吞吐量、平均响应时间、系统负荷、事务类型及发生频率等，这些需求直接影响着设计方案的选择，而且它们还会随应用环境的变化而变化。

（2）数据特征。数据本身的特性对数据库物理设计也会有较大影响。如关系中每个属性值的分布和记录的长度与个数等，这些特性都影响到数据库的物理存储结构和存取路径的选择。

（3）运行环境。数据库物理设计与运行环境有关，因此在设计时还要充分考虑DBMS、操作系统、网络和计算机硬件等运行环境的特征和限制。

（4）物理设计的调整。数据库物理设计是基于数据库当前状况从许多可供选择的方案中选择一个合适的设计方案。但是随着时间的变化，数据库的状态和特性也会发生变化，因此可能导致以前的物理设计不能再满足目前的应用需求，因此，需对物理设计不断调整，甚至需要重新设计。

本 章 小 结

首先，从基本存储介质的特性和存储访问的方式开始，重点介绍了数据库中数据的物理存储结构，即文件中的记录组织方式，这是数据库物理设计的基础，与数据库系统的性能密切相关。

（1）大多数计算机系统中存在多种数据存储类型，代表性的存储介质有：高速缓冲存储器、主存储器、快闪存储器、磁盘存储器、光存储器和磁带存储等。最快的存储介质（如高速缓冲存储器和主存储器）称为**一级存储**或**基本存储**，磁盘（指硬盘）称为**二级存储**或**辅助存储**、**联机存储**，光盘和磁带称为**三级存储**或**脱机存储**。

（2）磁盘的**访问时间**是指从发出读写请求到数据开始传输之间的时间。它是**寻道时间**和**旋转等待时间**的总和。

（3）磁盘 I/O 请求是由文件系统和大多数操作系统具有的虚拟内存管理器产生的。每个请求指定要访问的磁盘地址，这个地址是以磁盘块号的形式提供的。一个**磁盘块**是一个逻辑单元，它包含固定数目的连续扇区。磁盘块大小在 512B 到几 KB 之间。数据在磁盘和主存储器之间以磁盘块为单位传输。在本书中，存储数据文件的磁盘块称为**文件块**，存储索引的磁盘块称为**索引块**，又将文件块和索引块统称为**数据块**。

（4）数据库系统的一个主要目标就是减少磁盘和主存储器之间传输的数据块数量。减少磁盘访问次数的一种方法是在主存储器中保留尽可能多的缓冲数据块，目的是最大化要访问的数据块已经在主存储器中的几率，这样就不再需要访问磁盘了。

（5）**缓冲区**是主存储器中用于存储数据块的副本的区域。每个数据块总有一个副本存放在磁盘上，但是在磁盘上的副本可能比在缓冲区中的副本旧。负责缓冲区空间分配和管理的子系统称为缓冲区管理器。

（6）**文件**在逻辑上可看作是记录的序列，物理上这些记录被映射到磁盘块上，也称为

文件块。逻辑数据模型中的记录在文件中的不同组织格式有：**定长记录**和**变长记录**。

（7）把数据库映射到文件的一种方法是使用多个文件，每个关系表被映射到一个文件中存储，这样每个文件中就只存储一个固定长度的记录，即使用定长记录格式的文件。另一种方法是自己构造文件，使之能够容纳多种长度的记录，这样整个数据库就可以被映射到一个文件中存储，即使用变长记录格式的文件。

（8）文件中组织记录的常用方法有：堆文件组织、顺序文件组织、多表聚集文件组织、散列文件组织和 B⁺ 树文件组织等。

（9）**堆文件组织**：一条记录可以放在文件中的任何地方，只要那个地方有空间存放该记录。也就是说，文件中的记录是没有顺序的，是堆积起来的。通常每个关系使用一个单独的文件。

（10）**顺序文件组织**：它是为了高效地按某个搜索码值的顺序排序处理记录而设计的。搜索码是一个属性或属性集合。它不一定是主码或超码。为了快速地按搜索码值的顺序获取记录（或文件块），通常通过指针把文件块逻辑上有序地链接起来（假设在一个文件块内记录是按搜索码值顺序存储）。每个文件块的指针指向搜索码值顺序的下一个文件块。同时，为了减少顺序文件处理中文件块的访问数量，在物理上按搜索码值顺序或者尽可能地接近搜索码值顺序存储文件块。

（11）**多表聚集文件组织**：在每一个文件块中存储两个或多个关系的相关记录，以加速特定连接的处理，但是它将导致其他类型查询的处理变慢。

然后，从索引的基本概念和评价索引技术的标准开始，重点讨论了顺序索引、B⁺ 树索引和散列技术。

（1）用于在文件中查找记录的属性或属性集称为**搜索码**。**顺序索引**是基于搜索码的值的顺序排列，用于支持快速地对文件中的记录进行顺序或随机的访问。**散列索引**是通过搜索码值的散列函数（也称哈希函数）的值将所有记录平均、随机地分布到若干个散列桶中，用于支持快速地对文件中的记录进行随机地访问。

（2）建立了索引的文件称为**索引文件**。一个索引文件可以有多个索引，分别对应于不同的搜索码。如果索引文件中的记录按照某个搜索码值指定的顺序物理存储，那么该搜索码对应的索引就称为**主索引**，也叫**聚集索引**。与此相反，搜索码值顺序与索引文件中记录的物理顺序不同的那些索引称为**辅助索引**或非聚集索引。

（3）建立了主索引的索引文件称为**索引顺序文件**。对于索引顺序文件，顺序索引有两类：稠密索引和稀疏索引。如果对索引文件中的每一个不同的搜索码值，在索引中都有一个索引记录（或称为索引项），则该索引称为**稠密索引**。如果只对索引文件中的部分搜索码值，在索引中存在一个索引记录，则该索引称为**稀疏索引**。每一个索引项包含搜索码值和指向具有该搜索码值的第一个数据记录（或包含该记录的文件块）的指针。利用稠密索引通常可以比稀疏索引能够更快地定位一个记录（或文件块）的位置，但是稀疏索引占用空间更小，插入、删除和更新的开销也会更小。

（4）如果索引过大，主存中不可能读入所有的索引块，也就是大部分索引块只能存储在磁盘上，这样在查询处理过程中，搜索索引就必须读大量的索引块。为了减少搜索索引的代价，可以使用多级索引。**多级索引**就是在索引之上再建立索引。

(5) **辅助索引必须是稠密索引**,即对于每个搜索码值都必须有一个索引项,而且该索引项要存放指向数据文件中具有该搜索码值的所有记录(或包含这些记录的文件块)的指针。可以通过**指针桶**的方式实现,即将数据文件中具有该搜索码值的所有记录(或包含这些记录的文件块)的指针存放在一个指针桶中,索引项中的指针域再存放指向指针桶的指针。

(6) **B$^+$树索引**的结构满足:

① B$^+$树索引是一个多级索引,但其结构不同于多级顺序索引;

② B$^+$树索引采用平衡树结构,即每个叶结点到根的路径长度相同;

③ 每个非叶结点有$\lceil n/2 \rceil$到n个孩子结点,n对特定的树是固定的;

④ B$^+$树索引中的所有结点的结构都相同,它最多包含$n-1$个搜索码值$K_1, K_2, \cdots, K_{n-1}$,以及$n$个指针$P_1, P_2, \cdots, P_n$,每个结点中的搜索码值升序存放,即如果$i<j$,那么$K_i<K_j$。

根结点与其他非叶结点不同,它包含的指针数可以小于$\lceil n/2 \rceil$,但是除了整棵B$^+$树只有一个结点之外,根结点中必须至少包含两个指针。

B$^+$树是平衡树,正是这一平衡属性保证了B$^+$树索引具有良好的查找、插入和删除的性能。B$^+$树索引的主要缺点是:由于结点有可能是半空的,这将造成空间的浪费。

(7) 假设需要查找搜索码值为K的所有记录,记根结点为结点N,则B$^+$树索引的查询过程可描述如下:

① 如果在结点N中找到了大于K的最小搜索码值,假设为K_i,则沿着指针P_i找到下一个结点,记为结点N。

② 否则(表示在结点N中找不到大于K的最小搜索码值,即$K \geqslant K_{m-1}$,其中m为结点N的指针数),则沿着指针P_m找到下一个结点,记为结点N。

③ 如果结点N是非叶结点,则返回第①步继续查找。

④ 否则(表示结点N是叶结点),在结点N中查找,如果找到了搜索码值K,假设为K_i,则指针P_i就是指向第一条搜索码值为K的文件记录(或包含所需记录的第一个文件块)的指针(或者是指向指针桶的指针,该指针桶中存放了搜索码值为K的所有文件记录或包含所需记录的所有文件块的指针);如果找不到搜索码值K,则表示文件中没有搜索码值为K的记录。

(8) **B$^+$树文件组织**:通过在B$^+$树的叶结点层直接包含真实的数据记录(即每个叶结点中直接存放若干条数据记录,而不是存放搜索码值和指向记录或文件块的指针),以解决索引顺序文件组织中随着文件的增大而性能下降的缺点。在B$^+$树文件组织中,B$^+$树结构不仅用做索引,同时也是文件中记录的组织者,树叶结点中存储的是记录。

(9) **散列索引**是将搜索码值及其相应的文件记录(或文件块)的指针组织成散列文件结构。**散列索引只能是一种辅助索引结构**。散列索引从来不需要作为主索引(聚集索引)来使用,因为一个文件如果自身是按散列组织的,就不必再在其上另外建立一个独立的散列索引了。

(10) **散列文件组织**:根据搜索码值的散列值对文件记录进行组织。散列文件组织的构建方法:①将**散列函数**作用于一条文件记录的搜索码值,以确定该记录存放的**散列**

桶；②将该文件记录存入散列桶(或溢出桶)中。散列文件组织能像索引那样提供对记录的直接访问。

第三,从查询处理的过程和查询代价的度量开始,重点讨论了主要关系运算的算法。

(1) 查询处理的基本步骤包括：①语法分析与翻译;②查询优化;③查询执行。

(2) **查询处理的代价**可以通过该查询对各种资源的使用情况进行度量,主要包括磁盘存取时间、执行一个查询所用 CPU 时间以及在并行/分布式数据库系统中的通信开销等。由于磁盘存取比内存操作速度慢且大型数据库的数据量大,因此,通常忽略 CPU 时间,而仅仅用磁盘存取代价来度量查询执行计划的代价。对于磁盘存取代价,可以通过传输数据块数量以及搜索磁盘次数来度量。例如,一个传输 b 个数据块并作 S 次磁盘搜索的操作将耗时 $b \times t_T + S \times t_S$ ms,其中 t_T 表示传输一个数据块的平均耗时, t_S 表示搜索一次磁盘的平均定位时间(包括搜索时间加旋转时间)。

(3) 用于选择运算的搜索算法有：

① 不用索引的搜索算法——**文件扫描**,包括线性搜索算法和二分搜索算法;

② 使用索引的搜索算法——**索引扫描**,包括在主索引的码属性上的等值比较算法、在主索引的非码属性上的等值比较算法、在辅助索引上的等值比较算法、在主索引上的范围比较算法和在辅助索引上的范围比较算法等。

(4) 如果需要按某个搜索码的值查找文件中的相应记录,则可以先按搜索码值在索引中查找记录(或文件块)的存放地址,再根据该地址去文件中直接定位所需记录(或文件块),也就是说,索引提供了对待查找文件记录(或文件块)进行定位的路径,因此将索引称为文件的**存取路径**(access path)。

(5) 实现连接运算的主要算法有：

① (块)嵌套循环连接算法;

② 索引嵌套循环连接算法;

③ 归并连接算法;

④ 散列连接算法。

第四,讨论了查询优化问题,包括查询优化的概念、关系表达式转换和启发式优化策略。

(1) 表达式计算的一种方法是以适当的顺序每次执行一个操作;每次计算的结果**实体化**(materialized,也称为物化)到一个临时关系中以备下一步计算使用。该方法的缺点是需要构造临时关系,这些临时关系除非很小,否则必须写到磁盘上,这样就增加了表达式计算的 I/O 开销,特别是当中间关系很大时。计算表达式的另一种方法是在**流水线**上同时计算多个运算,一个运算的结果(即输出)直接传递给下一个运算作为输入,不必保存临时关系。

(2) 处理一个给定的查询,尤其是复杂的查询,通常会有许多种策略。**查询优化**就是从这许多策略中找出最有效的查询执行计划的处理过程。不期望用户能够写出一个能高效处理的查询,而是期望 RDBMS 能够构造并选择出一个具有最小查询执行代价的查询执行计划。

(3) 给定一个关系代数表达式,查询优化器的任务就是产生一个查询执行计划,该计划能获得与原关系代数表达式相同的结果，并且执行代价是（或接近）最小的。查询优化分3步进行：①**逻辑优化**，即产生逻辑上与给定关系代数表达式等价的表达式；②**代价估计**，即估计每个执行计划的代价；③**物理优化**，即对所产生的表达式以不同方式作注释，产生不同的查询执行计划。查询优化器中第①步和第③步是交叉进行的，也就是说，先产生一些等价的表达式并加以注释，然后再进一步产生一些等价表达式并加以注释，依此类推。第②步是基于系统收集的一些统计信息，如关系的大小、属性值的分布、B$^+$树索引的深度等，对一个执行计划的代价进行事先估计。

（4）如何为一个给定查询选择最佳执行计划？目前有两大类查询优化策略：一类是基于代价的优化策略，它需要搜索所有的执行计划，基于代价估计选择最佳的执行计划；另一类是基于启发式优化策略选择执行计划。实际中的查询优化器一般是将两种优化策略结合起来使用。

（5）最典型的**启发式优化规则**包括：

① 尽早执行选择操作；

② 尽早执行投影运算。

最后，介绍了数据库的物理设计，重点讨论了数据存储和数据存取。

（1）数据库在物理设备上的存储结构与存取方法称为**数据库的物理结构**，它依赖于给定的计算机系统。为一个给定的逻辑数据模型选取一个最适合应用环境的物理结构的过程，就是**数据库的物理设计**。

（2）**数据库物理设计的目标**：提高数据库性能，以满足应用的性能需求；有效利用存储空间；在性能和代价之间做出最优平衡。

（3）**数据库物理设计的内容**：确定数据库的存储结构；为数据选择合适的存取路径，即索引的设计；对物理结构进行评价，评价的重点是时间和空间效率。

（4）确定数据存放位置是根据应用情况将易变部分和稳定部分、经常存取部分和存取频率较低部分分开存放。

（5）确定DBMS后，数据库的存储结构也就基本确定了。数据库设计人员可做的事情是确定文件中记录的组织方式，如堆文件、顺序文件、散列文件、B$^+$树文件或多表聚集文件等。

（6）设计存取路径主要是如何建立索引。常用的索引主要有：顺序索引、B$^+$树索引和Hash索引。目前使用最普遍的是B$^+$树索引。

（7）影响数据库物理设计的主要因素：应用处理需求、数据特征和运行环境。另外，还需对物理设计不断调整，甚至有时需要重新设计。

习　题　8

8.1　计算机系统为什么需要三级存储体系？

8.2　数据库系统的存储访问方式是什么？为什么要这样？

8.3　如何将数据库映射到文件系统？

8.4　定长记录的文件结构有哪些问题？定长记录文件的维护策略有哪些？

8.5　为什么需要变长记录?

8.6　文件中记录的组织形式有哪些?

8.7　什么是堆文件组织?

8.8　什么是顺序文件组织? 它有哪些利弊? 它是如何处理记录的插入和删除的?

8.9　什么是聚集文件组织? 什么是多表聚集文件组织? 为什么需要多表聚集文件组织? 为什么要慎用多表聚集文件组织?

8.10　为什么需要索引? 什么是顺序索引和散列索引? 什么是主索引和辅助索引? 稠密索引和稀疏索引有什么不同? 什么是索引顺序文件?

8.11　为什么需要多级索引? 多级索引的结构是怎样的?

8.12　什么是 B^+ 树索引? B^+ 树索引有什么优缺点?

8.13　B^+ 树索引的根结点、非叶结点和叶结点都具有相同的数据结构,它们之间有什么不同之处?

8.14　如何利用 B^+ 树索引进行查找?

8.15　B^+ 树文件组织与 B^+ 树索引有什么不同?

8.16　散列函数应具有什么特点?

8.17　什么是散列索引? 如何构建散列索引?

8.18　散列文件组织与散列索引有什么不同?

8.19　在考虑用索引时,是选择 B^+ 树索引还是散列索引? 为什么?

8.20　查询处理的过程分哪几个步骤?

8.21　查询代价如何度量? 为什么?

8.22　如何实现选择运算?

8.23　如何实现连接运算?

8.24　什么是实体化? 什么是流水线技术? 为什么需要流水线技术?

8.25　为什么需要查询优化? 什么是查询执行计划? 查询优化器的输入和输出分别是什么?

8.26　查询优化过程主要包括哪几个步骤?

8.27　什么叫关系代数表达式等价? 关系代数表达式的等价规划主要有哪些?

8.28　主要有哪些启发式优化规则?

8.29　数据库物理设计的主要内容是什么? 数据库物理设计的目标是什么?

8.30　数据库中数据的存储结构与文件系统中的文件有什么联系?

8.31　什么是存取路径? 关系数据库中的存取路径有什么特点?

8.32　有哪些影响数据库物理设计的主要因素?

第9章

数据库安全性与完整性

chapter 9

学习目标

本章主要讲授数据库的安全性保护和完整性约束。数据库的安全性是指保护数据库以防止不合法使用所造成的数据泄密、更改或破坏;数据库的完整性是指防止数据库中存在不符合语义的数据,其防范对象是不合语义的、不正确的数据。本章的教学目标主要有3个,一是要求读者熟练掌握数据库管理系统安全性保护的基本原理与方法,并能熟练运用SQL中的GRANT和REVOKE语句进行授权;二是要求读者熟练掌握数据库管理系统完整性约束的保证措施,并能熟练运用SQL中的DDL语句定义完整性约束条件;三是要求读者熟练掌握如何使用触发器实现复杂的安全性保护和完整性约束。

学习方法

本章应在理解安全性保护和完整性约束等原理的基础上加强实验练习。因此,要求读者能结合课堂讲授的知识,强化上机实训,通过编程练习加深对相关知识的理解,以达到学习目标。

学习指南

本章全部是重点,难点是9.3节。

本章导读

(1)数据库管理系统实现安全性保护的措施包括哪些?这些措施如何保证安全性?

(2)数据库中的账号、用户和角色之间的关系如何?用户分为哪几类?对不同类别的用户,应该授予何种权限才可以达到较好的安全性保护?

(3)数据库管理系统实现完整性约束的措施包括哪些?这些措施如何保证完整性?

(4)完整性约束条件包括哪些?数据库管理系统如何对这些约束条件进行处理?这些约束条件处理的顺序是什么?

9.1 数据库安全性

安全性问题不是数据库系统所独有的,所有计算机系统都有这个问题。只是数据库系统中大量数据集中存放,而且为许多最终用户直接共享,从而使安全性问题更为突出。

9.1.1 数据库安全概述

由于数据库中的数据是共享资源,必须在数据库管理系统中建立一套完整的使用规则进行数据库保护,以防止不合法的使用所造成的数据泄密、更改或破坏,因此每个数据库管理系统都应提供完善的安全措施。

数据库安全保护的目标是确保只有授权用户才能访问数据库,而所有未被授权的人员则无法接近数据。通常,**安全措施**是指计算机系统中用户直接或通过应用程序访问数据库所要经过的**安全认证过程**。数据库安全认证过程如图 9-1 所示。

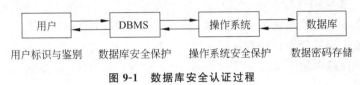

图 9-1 数据库安全认证过程

1. 用户标识与鉴别

当用户访问数据库时,要求先将其用户名(user name)与口令或密码(password)提交给数据库管理系统进行认证。只有在确定其身份合法后,才能进入数据库进行数据存取操作。

2. 数据库安全保护

身份认证是安全保护的第一步。通过身份认证的用户,只是拥有了进入数据库的"凭证",而用户在数据库中可以进行什么操作,还需要通过"存取控制"或视图进行权限分配。

(1)存取控制。**存取控制**是决定用户可以对数据库中的哪些对象进行操作、进行何种操作。**存取控制机制**主要包括两部分:

- 定义用户权限,并将用户权限登记到数据字典中;
- 合法权限检查。每当用户发出存取数据库的操作请求后,DBMS 查找数据字典,根据安全规则进行合法权限检查,若用户的操作请求超出了定义的权限,系统将拒绝执行此操作。

(2)视图。可以通过为不同的用户定义不同的视图,达到限制用户访问范围的目的。因此,**视图机制**能隐藏用户无权存取的数据,从而自动地对数据库提供一定程度的安全保护。

但是,视图的主要功能在于提供数据库的逻辑独立性,其安全性保护不太精细,往往不能达到应用系统的要求,因此在实际应用中,通常将视图机制与存取控制机制结合起来使用,如先通过视图屏蔽一部分保密数据,然后进一步定义存取权限。

(3)审计。**审计**是一种监视措施,用于跟踪并记录有关数据的访问活动。审计追踪把用户对数据库的所有操作自动记录下来,存放在**审计日志**(audit log)中。审计日志的内容一般包括:操作类型(如修改、查询、删除),操作终端标识与操作者标识,操作日期和时间,操作所涉及的相关数据(如基本表、视图、记录、属性等),数据库的前映像(即修改前的值)和后映像(即修改后的值)等。利用这些信息,可以进一步找出非法存取数据库的人、时间和内容等。数据库管理系统往往将审计作为可选特征,允许数据库管理员(DBA)灵活地打开或关闭审计功能。

为使 DBMS 达到一定的安全级别,还需要在其他方面提供相应的支持。审计是 DBMS 达到 C2 以上安全级别必不可少的一项指标。审计跟踪记录中包含了操作系统用户名、数据库用户名、数据库操作、操作对象名、操作时间等。

审计通常很费时间和空间,DBMS 往往都将其作为可选特征,允许 DBA 根据应用需求打开或关闭审计功能。审计功能一般用于安全性要求较高的部门。因此,要依据本企业的需求,制定相应的审计方针,下面是一些参考意见:

① 最小化审计选项来降低审计跟踪记录个数,如仅跟踪 user01 用户。

② 监视或定期删除审计跟踪记录。

③ 避免审计跟踪记录被非法用户删除,定义的审计表只能 DBA 操作,任何其他用户没有操作权限。

3. 操作系统安全保护

通过操作系统提供的安全措施来保证数据库的安全性。

4. 数据密码存储

虽然访问控制和存取控制可以将用户的应用系统访问范围最小化和数据对象操作权限最低化,但是对一些敏感数据进行"加密存储"也是数据库管理系统应提供的安全策略。

数据加密(data encryption)是防止数据库中数据存储和传输失密的有效手段。加密的基本思想是先根据一定的算法将原始数据即明文(plaintext)加密成为不可直接识别的格式即密文(ciphertext),然后数据以密文的方式存储和传输。

本章主要讨论存取机制和审计机制。

5. 安全标准

目前美国、欧洲和国际标准化组织都对计算机系统制定了相应的安全标准。由于数据库的安全与计算机系统的安全是紧密相关的,因此数据库系统的安全标准与计算机系统的安全标准是一致的。下面首先给出一些概念,然后对安全标准进行简介。

1) 主体和客体

主体是指数据库的访问者,包括用户、进程和线程等。

客体是指数据库中的数据和载体,如基本表、视图、存储过程和数据文件等。

主体与客体是独立的,一个主体可以在一定条件下访问某些客体。

2) 自主存取控制

自主存取控制(Discretionary Access Control,DAC)是一种基于**存取矩阵**的存取控制模型。此模型由 3 种元素组成,即主体、客体和存取操作,它们构成一个矩阵,列表示主体,行表示客体,矩阵中的元素表示存取操作,如读(R)、写(W)、删除(D)和修改(U)操作,如图 9-2 所示。

	主体 1	主体 2	…	主体 n
客体 1	R	W	…	R
客体 2	D	R/W	…	D/R
…	…	…	…	…
客体 m	R	U	…	R/W

图 9-2　存取矩阵

在自主存取控制中,主体按存取矩阵的要求访问客体,存取矩阵中的元素可以通过授权方式进行修改,如 UNIX 操作系统属于该方式。

3) 强制存取控制

强制存取控制(Mandatory Access Control,MAC)不是用户能直接感知或进行控制的。MAC 适用于对数据有严格而固定密级分类的部门,如军事部门或政府部门。

对于主体和客体,DBMS 为每个实例(值)指派了一个**敏感度标记**(label)。

敏感度标记被分成若干级别,例如绝密(top secret)、机密(secret)、可信(confidential)和公开(public)等。

主体的敏感度标记称为**许可证级别**(clearance level),客体的敏感度标记称为**密级**(classification level)。

MAC 机制通过对比主体和客体的敏感度标记,最终确定主体是否能够存取客体。

当某一用户(或主体)注册进入系统时,他对任何客体的存取必须遵循如下规则:

(1) 仅当主体的许可证级别大于或等于客体的密级时,该主体才能读取相应的客体;

(2) 仅当主体的许可证级别等于客体的密级时,该主体才能写相应的客体。

规则(1)的意义是明显的。在某些系统中,规则(2)有些差别:仅当主体的许可证级别小于或等于客体的密级时,才能写相应的客体,即用户所写入数据对象的密级可以高于自己的许可证级别,这样一旦数据被写入,该用户自己也不能再读该数据对象了。

这两种规则的共同点在于,它们均禁止拥有高许可证级别的主体更新低密级的数据对象,从而防止敏感数据的篡改。

强制存取控制是对数据本身进行密级标记,标记与数据是不可分的整体,只有符合密级标记要求的用户才可以操纵数据,从而提供了更高级别的安全性。

4) 隐蔽通道

在主体访问客体时,一般通过正常路径访问,但是在网络数据流中利用**隐蔽通道**来进行非法通信已逐渐成为威胁网络数据库安全的一种重要手段。因此,在数据库安全中,一定要寻找和防止隐蔽通道的出现,一旦发现要采取措施加以阻塞。

5) 数据库安全的形式化

由于数据库的安全在整个系统中的重要性,因此必须建立一套有效的**形式化**体系,用于保证其自身正确性,发现并填补安全漏洞,防止隐蔽通道,为数据库安全的研究提供理论依据。目前数据库安全的形式化已经成为高级数据库安全的必要条件。

6）访问监控器

访问监视器是一个独立的物理机构，由一定的软件和硬件组成，它能够监视主体对客体的全部访问活动。

7）安全标准简介

最有影响的标准为美国国防部标准 TCSEC（Trusted Computer System Evaluation Criteria，TCSEC，1985）和 CC（Common Criteria for IT Security Evaluation，ISO 标准，1999）。

TCSEC 将系统划分为 4 组共 7 个级别，依次为 D、C（C1，C2）、B（B1，B2，B3）和 A（A1）。

（1）D：最低级，DOS 属于该级别，几乎没有专门的安全机制。

（2）C1：初级的自主安全保护。将用户和数据分离，实现自主存取控制，限制用户权限的传播。

（3）C2：安全产品的最低档，提供受控的存取保护，实施审计和资源隔离。如 Windows 2008、Oracle 11g、SQL Server 2014 等。在 SQL 中，受控的存取保护通过授权语句 GRANT 和 REVOKE 来实现。

（4）B1：标记安全保护。对数据加以标记，对主体和客体实施强制存取控制，这类产品一般加上安全或信任字样，如 Trusted Oracle7。该标准的核心是强制存取控制。

（5）B2：隐蔽通道和形式化，适合于网络工作方式，目前国内外尚无符合该标准的数据库系统。

（6）B3：访问监控器，适合于网络工作方式，目前国内外尚无符合该标准的数据库系统。

（7）A1：验证设计，较高的形式化要求，仅仅是一种理想化的等级，目前没有相应的系统。

较高安全级别提供的安全保护包含较低级别的所有保护，如在实现 MAC 时首先实现 DAC，即 DAC 与 MAC 共同构成 DBMS 的安全机制。系统首先进行 DAC 检查，对通过检查的再自动进行 MAC 检查，只有通过 MAC 检查的数据对象方可存取。

国际标准化组织提出的 CC 文本由 3 部分组成：简介及一般模型、安全功能要求、安全保证要求。

我国也于 1999 年颁布了国家标准，其标准与 TCSEC 标准相似。

9.1.2　SQL Server 安全机制

SQL 支持受控的存取保护，即在自主存取控制中，用户对于不同的数据对象有不同的存取权限，不同的用户对同一对象也有不同的权限，而且用户还可将其拥有的存取权限转授给其他用户。因此自主存取控制非常灵活。

自主存取控制通过 SQL 的 GRANT 和 REVOKE 语句实现。

用户权限是由两个要素组成的：**数据对象**和**操作类型**。

用户的存取权限：该用户可以在哪些数据对象上进行哪些类型的操作。定义存取权限称为**授权**（authorization）。

授权粒度可以精细到字段级，也可以粗到关系级。授权粒度越细，授权子系统就越灵活,但系统开销也会相应地增大。

衡量授权子系统的另一个尺度是授权是否与数据值有关。上面的授权是独立于数据值的,即用户能否对某类数据对象执行某种操作与数据值无关,完全由数据名决定。反之,若授权依赖于数据对象的内容,则称为是与数据值有关的授权。

有的系统允许存取谓词中引用系统变量,如一天中的某个时刻、某台终端设备号。这样用户只能在某台终端、某段时间内存取有关数据,这是与时间和地点有关的存取权限。

自主存取控制能够通过授权机制有效地控制其他用户对敏感数据的存取。由于用户对数据的存取权限是"自主"的,用户可以自由地决定将数据的存取权限授予何人,决定是否将"授权"的权限授予别人。在这种授权机制下,仍可能存在数据的"无意泄露"。

授权分为数据库级、表级和列级权限。在 SQL Server 中权限只能由担任不同角色的用户来分配,不同类型的用户有不同的等级,图 9-3 给出了授权等级图。

图 9-3 授权等级图

GRANT 和 REVOKE 语句向用户授予或收回对数据的操作权限。对数据库模式的授权则由 DBA 在创建用户时实现。

SQL Server 的安全管理机制是架构在认证和权限两大机制下。认证是指用户必须要有一个登录账号和密码来登录 SQL Server,只有登录后才有访问使用 SQL Server 的入门资格,也只能处理 SQL Server 特定的管理工作。而数据库内的所有对象的访问权限必须通过权限设置来决定登录者是否拥有某一对象的访问权限。在数据库内可以创建多个用户,然后针对具体对象将对象的创建、读取、修改、插入、删除等权限授予特定的数据库用户。

利用角色,SQL Server 管理者可以将某类用户设置为某一角色,这样只对角色进行权限设置便可以实现对该类所有用户权限的设置,大大减少了管理员的工作量。实际上数据库角色就是创建一组用户,这些用户具有相同的一组权限。

1. 登录账户管理

1)创建登录账号

使用户得以连接使用 SQL Server 身份验证的 SQL Server 实例。语法为:

```
[EXECUTE] sp_addlogin [@loginame=] 'login'
    [, [@passwd=] 'password' ] [, [@defdb=] 'database' ]
```

其中:
- @*loginame*='*login*':*login* 指定登录名称。
- @*passwd*='*password*':*password* 指定登录密码,若不指定则默认为 NULL。
- @*defdb*='*database*':*database* 指定登录后用户访问的数据库,若不指定则默认为 master 数据库。

在 sp_addlogin 中,除了登录名称之外,其余选项均为可选项。执行 sp_addlogin 时,必须具有相应的权限。只有数据库内置固定角色 sysadmin 和 securityadmin 的成员才能执行该系统存储过程。

【例 9.1】 创建登录账号为 login1、密码为 p666666 的登录账号;创建登录账号为 login2、密码为 p888888 的登录账号。

```
sp_addlogin 'login1', 'p666666'
sp_addlogin 'login2', 'p888888'
```

【例 9.2】 创建登录账号 login3,密码为 p123456,默认的数据库为 ScoreDB。

```
sp_addlogin login3, 'p123456', 'ScoreDB'
```

2) 修改登录账号属性

修改登录账号的命令有:修改登录密码、修改默认的数据库和删除账号。

修改登录密码语法:

```
sp_password [ [@old= ] 'old_password', ] [@new=] 'new_password'
    [, [@loginame=] 'login' ]
```

【例 9.3】 将 login3 的密码修改为 p654321。

```
sp_password 'p123456', 'p654321' 'login3'
```

本例中,login3 是登录账号名称,该账号的原密码是 p123456,新密码是 p654321。

修改默认的数据库语法:

```
sp_defaultdb [@loginame=] 'login', [@defdb=] 'database'
```

【例 9.4】 将 login3 访问的数据库修改为 BookDB。

```
sp_defaultdb 'login3', 'BookDB'
```

删除登录账号语法:

```
sp_droplogin [@loginame=] 'login'
```

【例 9.5】 删除登录账号 login3。

```
sp_droplogin 'login3'
```

2. 用户管理

1) 添加用户

语法:

```
sp_adduser [@loginame=] 'login' [, [@name_in_db=] 'user' ]
```

其中,*login* 为登录账号名称,*user* 指定数据库用户名称。

【**例 9.6**】　将登录账号 login1 添加到当前数据库 OrderDB 中,且用户名为 u1。

```
sp_adduser login1, u1
```

【**例 9.7**】　将登录账号 login2 添加到当前数据库 OrderDB 中,且用户名为 u2。

```
sp_adduser login2, u2
```

2) 删除用户

语法:

```
sp_dropuser [@name_in_db=] 'user'
```

【**例 9.8**】　从当前数据库中删除用户 u1。

```
sp_dropuser u1
```

3. 权限的授予与收回

GRANT 和 REVOKE 有两种权限:目标权限和命令权限。

1) 命令权限的授予与收回

命令级的权限主要指 DDL 操作权限。命令权限的授予语句 GRANT 和收回语句 REVOKE 的语法分别为:

```
GRANT {all|<command_list>} TO {public|<username_list>}
REVOKE {all|<command_list>} FROM {public|<username_list>}
```

其中: $<command\_list>$ 可 以 是 create database、create default、create function、create procedure、create rule、create table、create view、create index、backup database 和 backup log 等。

一次可以授予多种权限,授予多种权限时,权限之间用逗号分隔。若用户具有创建对象的 create 权限,则自动拥有其创建对象的修改权限 alter 和删除权限 drop。对于基本表,自动具有在所创建表上创建、删除和修改触发器的权限。修改 alter 和删除权限 drop 不额外授权。

- all:表示上述所有权限。
- public:表示所有的用户。
- $<username\_list>$:指定的用户名列表。如果将某组权限同时授予多个用户,则用户名之间用逗号分隔。

【**例 9.9**】　将创建表和视图的权限授予用户 u1 和 u2。

```
GRANT create table, create view TO u1,u2
```

【**例 9.10**】　从用户 u2 收回创建视图的权限。

```
REVOKE create view FROM u2
```

2) 目标权限的授予和收回

目标权限主要指对对象的 DML 操作权限。对象权限的授予语句 GRANT 和收回语句 REVOKE 的语法分别为：

```
GRANT {all|<command_list>} ON <objectName>[(<columnName_list>)]
    TO {public|<username_list>}[WITH GRANT OPTION]
REVOKE {all|<command_list>} ON <objectName>[(<columnName_list>)]
    FROM {public|<username_list>}[CASCADE | RESTRICT]
```

其中：$<command\_list>$ 可以是 update、select、insert、delete、execute 和 all。execute 针对存储过程授予执行权限，update、select、insert、delete 针对基本表和视图授权，all 表示所有的权限。

本书将插入（INSERT）、删除（DELETE）、修改（UPDATE）操作统称为**更新**操作。对象的创建者自动拥有该对象的更新和查询操作权限，过程的创建者自动拥有所创建过程的执行权限。

- CASCADE：级联收回。
- RESTRICT：默认值，若转赋了权限，则不能收回。
- WITH GRANT OPTION：将指定对象上的目标权限授予其他安全账户的能力，但是不允许循环授权，即不允许将得到的权限授予其祖先，如图 9-4 所示。

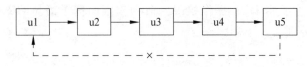

图 9-4　不允许循环授权

【**例 9.11**】 将存储过程 proSearchBySno 的执行权限授予用户 u1、u2 和 u3。

```
GRANT excute ON proSearchBySno TO u1, u2, u3
```

【**例 9.12**】 将对班级表 Class 的查询、插入权限授予用户 u1，且用户 u1 可以转授其所获得的权限给其他用户。

```
GRANT select, insert ON Class TO u1 WITH GRANT OPTION
```

【**例 9.13**】 将对学生表的性别、出生日期的查询和修改权限授予用户 u3、u4 和 u5，且不可以转授权限。

```
GRANT select, update ON Student(sex, birthday) TO u3, u4, u5
```

注意：当对列授予权限时，命令项可以包括 select 或 update 或两者的组合，而在 select 中若使用了 select * ，则必须对表的所有列赋予 select 权限。

【**例 9.14**】 将表 Score 的若干权限分别授予用户 u1、u2、u3、u4、u5 和 u6。

（1）将表 Score 的所有权限授予用户 u1，且可以转授权限。

```
GRANT all ON Score TO u1 WITH GRANT OPTION
```

（2）用户 u1 将表 Score 的所有权限授予用户 u2，且可以转授权限。

```
GRANT all ON Score TO u2 WITH GRANT OPTION
```

（3）用户 u2 将表 Score 的查询和插入权限授予用户 u5,且不可以转授权限。

```
GRANT select, insert ON Score TO u5
```

（4）用户 u2 将表 Score 的所有权限授予用户 u4,且可以转授权限。

```
GRANT all ON Score TO u4 WITH GRANT OPTION
```

（5）用户 u4 将表 Score 的查询和删除权限授予用户 u6,且可以转授权限。

```
GRANT select, delete ON Score TO u6 WITH GRANT OPTION
```

通过上述的授权,用户 u1、u2、u3、u4、u5 和 u6 分别得到的权限如图 9-5 所示。

授权用户	被授权用户	数据库对象	允许的操作	能否转授权限
DBA	u1，u2，u3	过程 proSearchBySno	执行权限	不能
DBA	u3，u4，u5	表 Student	select，update	不能
DBA	u1	表 Class	select，insert	能
DBA	u1	表 Score	所有权限	能
u1	u2	表 Score	所有权限	能
u2	u5	表 Score	select，insert	不能
u2	u4	表 Score	所有权限	能
u4	u6	表 Score	select，delete	能

图 9-5　用户权限定义

【例 9.15】　用户 u2 将转授给用户 u4 的对表 Score 的修改和查询权限收回。

```
REVOKE select, update ON Score FROM u4 CASCADE
```

本例必须级联收回,因为 u4 将该表的查询和删除权限转授给了 u6。

【例 9.16】　用户 u4 将转授给用户 u6 的对表 Score 的查询权限收回。

```
REVOKE select ON Score FROM u6
```

4. 数据库角色

数据库角色是指被命名的一组与数据库操作相关的权限。角色是权限的集合,可以为一组具有相同权限的用户创建一个角色,角色简化了授权操作。

有关角色的创建、授权、转授和收回语句的语法如下。

1）创建数据库角色

语法:

```
sp_addrole [@rolename=] 'role'
```

其中：*role* 为数据库角色名称，以下同义。

只有数据库内置固定角色 sysadmin、db_securityadmin 及 db_owner 的成员才能执行该系统存储过程。

【例 9.17】　建立角色 r1 和 r2。

```
sp_addrole 'r1'
sp_addrole 'r2'
```

2）删除数据库角色

语法：

```
sp_droprole [@rolename=] 'role'
```

【例 9.18】　删除数据库角色 r2。

```
sp_droprole 'r2'
```

3）增加数据库角色成员

语法：

```
sp_addrolemember [@rolename=] 'role', [@membername=] 'security_account'
```

其中：

- [@*rolename*＝] *'role'*：当前数据库中的数据库角色的名称。
- [@*membername*＝] *'security_account'*：*security_account* 可以是数据库用户、数据库角色、Windows 登录或 Windows 组。

只有内置固定角色 sysadmin 及 db_owner 的成员才能执行该系统存储过程。

【例 9.19】　将用户 u2 添加到数据库角色 r1 中。

```
sp_addrolemember 'r1', 'u2'
```

4）删除数据库角色成员

语法：

```
sp_droprolemember [@rolename=] 'role', [@membername=] 'security_account'
```

只有内置固定角色 sysadmin 及 db_owner 的成员才能执行该系统存储过程。

【例 9.20】　在数据库角色 r1 中删除用户 u2。

```
sp_droprolemember 'r1', 'u2'
```

5）给角色授权

语法：

```
GRANT {all|<command_list>} ON <objectName> TO <role_list>
```

6）角色权限的收回

语法：

```
REVOKE {all|<command_list>} ON <objectName> FROM <role_list>
```

7）将角色授予其他的角色或用户

语法：

```
GRANT <role_list> TO {<role_list>|<user_list> }
[WITH ADMIN OPTION]
```

注意：该语句是 SQL 标准语法，但 SQL Server 不支持；SQL Server 是通过系统存储过程 sp_addrolemember 来增加数据库角色成员。

8）从角色或用户中收回角色

语法：

```
REVOKE <role> FROM {<role_list>|<user_list>}
```

注意：该语句是 SQL 标准语法，但 SQL Server 不支持；SQL Server 是通过系统存储过程 sp_droprolemember 来删除数据库角色成员。

【例 9.21】　通过角色实现将一组权限授予一个用户。

（1）创建一个角色 Role1。

```
sp_addrole 'Role1'
```

（2）使用 GRANT 语句，使角色 Role1 拥有 Student 表的 select、update、insert 权限。

```
GRANT select, update, insert ON Student TO Role1
```

（3）将角色 Role1 授予用户 u1、u2 和 u3，使它们具有角色 Role1 所包含的全部权限。

```
sp_addrolemember 'Role1', 'u1'
sp_addrolemember 'Role1', 'u2'
sp_addrolemember 'Role1', 'u3'
```

或（以下语句是 SQL 标准语法，但 SQL Server 不支持）

```
GRANT Role1 TO u1, u2, u3
```

（4）通过角色 Role1 可以一次性地收回已授予用户 u1 的这 3 个权限。

```
sp_droprolemember 'Role1', 'u1'
```

或（以下语句是 SQL 标准语法，但 SQL Server 不支持）

```
REVOKE Role1 FROM u1
```

【例 9.22】　将对表 Student 的删除权限授予角色 Role1，并收回查询权限。

```
GRANT delete ON Student TO Role1
REVOKE select ON Student FROM Role1
```

通过修改角色的权限，一次性地将用户 u2 和 u3 的权限全部修改了。

9.1.3　触发器实现安全性

对于复杂的安全性控制,可以通过触发器来实现,例如审计功能、对某数据项限制只有某类用户(如系统管理员)可以修改、限制在某个时间段对数据项可以修改等,具体的案例详见例 7.60、例 7.61 和习题 7.4 的第(2)、(3)题。

9.2　数据库完整性

数据库系统在运行过程中,用户无论通过什么方式对数据库中的数据进行操作,都必须保证数据的正确性,即存入在数据库中的数据必须是正确的,具有确定的含义。例如,在学生成绩管理数据库 ScoreDB 中,必须保证学生表 Student 中的学号是唯一的,其性别只能取"男"和"女";在学生成绩表 Score 中,课程成绩(百分制)必须在 0~100 分之间,且学号必须在 Student 表中存在(即只有是本校的学生才可以选课)等。

数据库完整性是针对数据库中的数据进行正确性的维护,防止数据库中存在不符合语义、不正确的数据。

为了维护数据库的完整性,数据库管理系统必须提供如下功能:

(1) 完整性约束条件定义机制。**完整性约束条件**也称为**完整性规则**,是数据库中的数据必须满足的语义约束条件,由 SQL 数据定义语言 DDL 来实现,作为模式的一部分存入数据库中。

(2) 完整性检查方法。检查数据是否满足已定义的完整性约束条件称为**完整性检查**。一般在 insert、delete 和 update 执行后开始检查,或事务提交时检查。

(3) 违约处理措施。若发现用户操作违背了完整性约束条件,应采取一定的措施,如拒绝操作等。

目前商用数据库管理系统都支持完整性控制。SQL 将表示完整性约束的各种技术作为数据库模式的一部分,故在定义数据库模式时,除了非常复杂的约束外,都可以很明确地对完整性约束加以说明。

9.2.1　数据库完整性概述

完整性约束条件作用的对象可以是关系、元组、列 3 种。

(1) **列约束**:在定义属性的同时定义该属性应满足的约束条件,主要是定义属性的数据类型、取值范围和精度、默认值、是否允许空值、是否唯一、单一属性主码等约束条件。

(2) **元组约束**:定义元组中属性间的联系的约束条件;在定义属性之后单独定义。

(3) **关系约束**:定义若干元组间、关系集合上以及关系之间的联系的约束条件,亦称为**表约束**;在定义属性之后单独定义。

完整性约束条件涉及的这 3 类对象,其状态可以是静态的,也可以是动态的。

静态约束是指数据库每一确定状态时的数据对象所应满足的约束条件,它反映数据

库状态合理性的约束,这是最重要的一类完整性约束。静态约束主要表现在:

(1) 静态列约束:对一个列的取值域的说明,包括以下几方面:① 对数据类型的约束,包括数据的类型、长度、单位、精度等;② 对数据格式的约束;③ 对取值范围或取值集合的约束;④ 对空值的约束;⑤ 其他约束。

(2) 静态元组约束:规定元组的各个列之间的约束关系。

(3) 静态关系约束:在一个关系的各个元组之间或者若干关系之间常常存在各种联系或约束。常见的静态关系约束有:① 实体完整性约束;② 参照完整性约束;③ 函数依赖约束,大部分函数依赖约束都在关系模式中定义;④ 统计约束,即属性值与关系中多个元组的统计值之间的约束关系。

动态约束是指数据库从一种状态转变为另一种状态时的新、旧值之间所应满足的约束条件,它是反映数据库状态变迁的约束。动态约束主要表现在以下方面。

(1) 动态列约束:修改列定义或列值时应满足的约束条件,包括两方面。

① 修改列定义时的约束。例如,将允许空值的列改为不允许空值时,如果该列目前已存在空值,则拒绝这种修改。

② 修改列值时的约束。修改列值有时需要参照其旧值,并且新、旧值之间需要满足某种约束条件。例如,职工工资调整不得低于其原来工资,学生年龄只能增长等。

(2) 动态元组约束:指修改元组的值时元组中各个属性间需要满足某种约束条件。例如,职工工资调整时新工资不得低于原工资+工龄×1.5 等。

(3) 动态关系约束:动态关系约束是加在关系变化前后状态上的限制条件。例如,事务一致性、原子性等约束条件。

完整性约束又可以分为立即执行的约束和延迟执行的约束。

(1) **立即执行约束**(immediate constraint):检查是否违背完整性约束的时机是在一条语句执行完后立即检查。

(2) **延迟执行约束**(deferred constraint):需要延迟到整个事务执行结束后再进行检查。

在 SQL 中,所有的完整性约束,用户既可以对其命名(通过使用 CONSTRAINT 短语),也可以由具体的数据库系统取默认的名字。如果是用户所命名的约束,将来修改约束时比较方便;而由系统所取的约束名称,必须通过访问系统的数据字典,查到相应的约束名称,才可以对其进行修改。

9.2.2　SQL Server 完整性

SQL Server 提供了实体完整性、参照完整性和用户自定义完整性约束条件的定义机制。分别介绍如下。

1. 实体完整性

实体完整性要求基本表的主码值唯一且不允许为空值。在 SQL 中,实体完整性定义是使用 CREATE TABLE 语句中的 PRIMARY KEY 短语来实现,或通过使用 ALTER TABLE 语句中的 ADD PRIMARY KEY 短语来实现。有关 CREATE

TABLE、ALTER TABLE 语句的语法详见 7.1.2 节。

1) 实体完整性定义

【例 9.23】 在班级表 Class 中将 classNo 定义为主码。

```
CREATE TABLE Class (
    classNo   char(6)                   NOT NULL,           --班级号,列约束
    className varchar(30)  UNIQUE        NOT NULL,           --班级名,列约束
    institute varchar(30)                NOT NULL,           --所属学院,列约束
    grade     smallint     DEFAULT 0     NOT NULL,           --年级,列约束
    classNum  tinyint                    NULL,               --班级人数,列约束
    CONSTRAINT ClassPK PRIMARY KEY (classNo)                 --元组约束
)
```

本例将 classNo 定义为主码,使用了 CONSTRAINT 短语为该约束命名为 ClassPK,且该主码定义为元组约束(也有将其划归关系约束的)。该例还可以按下面的方式定义:

```
CREATE TABLE Class (
    classNo      char(6)                NOT NULL PRIMARY KEY,    --班级号,列约束
    ...
)
```

它将主码 classNo 定义为列约束,且由系统取约束名称。也可以为约束取名,如:

```
CREATE TABLE Class (
    classNo         char(6)            NOT NULL
      CONSTRAINT ClassPK PRIMARY KEY,                       --班级号,列约束
    ...
)
```

它也是将主码 classNo 定义为列约束,且约束取名为 ClassPK。

【例 9.24】 在学生成绩表 Score 中将 studentNo、courseNo、termNo 定义为主码。

```
CREATE TABLE Score (
    studentNo char(7)                   NOT NULL,           --学号
    courseNo  char(3)                   NOT NULL,           --课程号
    termNo    char(3)                   NOT NULL,           --学期号
    score     numeric(5, 1)  DEFAULT 0  NOT NULL,           --成绩
    /*主码由 3 个属性构成,必须作为元组约束进行定义*/
    CONSTRAINT ScorePK PRIMARY KEY (studentNo, courseNo,termNo)
)
```

也可以写成:

```
CREATE TABLE Score (
    ...
    /*主码由 3 个属性构成,必须作为元组约束进行定义*/
    PRIMARY KEY (studentNo, courseNo,termNo)
)
```

它由系统自动为约束取名。

2) 实体完整性的检查和违约处理

当插入或对主码列进行修改操作时,关系数据库管理系统按照实体完整性规则自动进行检查,包括:

(1) 检查主码值是否唯一,如果不唯一则拒绝插入或修改。检查主码值的唯一性,可采用全表扫描法或 B$^+$ 树索引扫描法。

(2) 检查主码的各个属性是否为空,只要有一个为空则拒绝插入或修改。

2. 参照完整性

参照完整性为若干个表中的相应元组建立多对一的参照联系。在 SQL 中,参照完整性定义是使用 CREATE TABLE 语句中的 FOREIGN KEY 和 REFERENCES 短语来实现,或通过使用 ALTER TABLE 语句中的 ADD FOREIGN KEY 短语来实现。

其中,FOREIGN KEY 指出定义哪些列为外码,REFERENCES 短语指明该外码参照哪个关系的主码。给出 FOREIGN KEY 定义的关系称为参照关系,由 REFERENCES 指明的表称为被参照关系。

1) 参照完整性的定义

【例 9.25】 在学生成绩表 Score 中分别将 studentNo、courseNo、termNo 定义为外码。

```
CREATE TABLE Score (
    …   --省略的内容包括属性定义和主码约束定义,参见例 9.24
    /*外码约束只能定义为表约束,studentNo 是外码,被参照表是 Student*/
    CONSTRAINT ScoreFK1 FOREIGN KEY(studentNo)
        REFERENCES Student(studentNo),
    /*外码约束只能定义为表约束,courseNo 是外码,被参照表是 Course*/
    CONSTRAINT ScoreFK2 FOREIGN KEY(courseNo)
        REFERENCES Course(courseNo),
    /*外码约束只能定义为表约束,termNo 是外码,被参照表是 Term*/
    CONSTRAINT ScoreFK3 FOREIGN KEY (termNo) REFERENCES Term (termNo)
)
```

在本例的定义中,表 Score 为参照表,表 Student、Course 和 Term 为被参照表。表 Score 中 studentNo 属性列参照表 Student 中的主码 studentNo 列,其含义为:表 Score 中 studentNo 列的取值必须是表 Student 中 studentNo 列的某个属性值,即不存在一个未注册的学生选修了课程。表 Score 中 courseNo 属性列参照表 Course 中的主码 courseNo 列,其含义为:表 Score 中 courseNo 列的取值必须是表 Course 中 courseNo 列的某个属性值,即不存在学生选修了一门不存在的课程。表 Score 中 termNo 属性列参照表 Term 中的主码 termNo 列的含义类似。

本例也可以改写为:

```
CREATE TABLE Score (
    …  --省略的内容包括属性定义和主码约束定义,参见例 9.24
```

```
            /*外码约束只能定义为表约束,studentNo是外码,被参照表是 Student */
      FOREIGN KEY (studentNo) REFERENCES Student(studentNo),
            /*外码约束只能定义为表约束,courseNo是外码,被参照表是 Course */
      FOREIGN KEY (courseNo) REFERENCES Course(courseNo),
            /*外码约束只能定义为表约束,termNo是外码,被参照表是 Term */
      FOREIGN KEY (termNo) REFERENCES Term(termNo)
)
```

这样定义的外码约束由系统自动命名。

在实现参照完整性时,提供了定义外码列是否允许空值的机制。如果外码是主码的一部分,则外码不允许为空值,本例的 3 个外码皆不允许为空值。

2) 参照完整性的检查和违约处理

定义了参照完整性,对参照表和被参照表进行修改操作有可能会破坏参照完整性,系统首先会检查是否违反了参照完整性,如果违反了,则进行违约处理。违约处理的策略如下:

(1) 拒绝(NO ACTION)执行。这是系统的默认策略。如果发生了违约,则阻止该操作。

在被参照关系中删除元组:仅当参照关系中没有任何元组的外码值与被参照关系中要删除元组的主码值相同时,系统才执行删除操作,否则拒绝此操作。如要删除学生表 Student 中学号为 1500001 的记录,系统不允许,因为学号为 1500001 的同学在成绩表 Score 中选修了课程。

参照关系中可以随意删除元组。

在参照关系中修改元组:仅当参照关系中修改后的元组的外码值依然在被参照关系中,系统才执行修改操作,否则拒绝该操作。如在成绩表 Score 中修改 1500001 同学的学号为 1500006,系统不允许,因为学号 1500006 同学在学生表 Student 中不存在。

在被参照关系中修改元组:仅当被参照关系中修改前的元组的主码值没有出现在参照关系的外码中,系统才执行修改操作,否则拒绝该操作。如在学生表 Student 中修改 1500001 同学的学号为 1500006,系统不允许,因为学号 1500001 同学在选课表 Score 中已经选修了课程。

在参照关系中插入元组:仅当参照关系中插入的元组的外码值等于被参照关系中某个元组的主码值时,系统才执行插入操作,否则拒绝该操作。如在成绩表 Score 中插入一条记录('1500006','001','151',78),系统不允许,因为学号 1500006 同学在学生表 Student 中不存在。

被参照关系可以随意插入新元组。

(2) 级联(CASCADE)操作。当删除或修改被参照关系的某些元组造成了与参照关系的不一致时,则自动级联删除或修改参照表中所有不一致的元组。

例如,删除学生表 Student 中学号为 1500001 的记录,则自动级联删除参照关系成绩表 Score 中学号为 1500001 的所有选课记录。

再如,修改学生表 Student 中的学号,由 1500001 改为 1500006,则自动级联修改参照关系成绩表 Score 中学号为 1500001 的所有选课记录,将 1500001 全部改为 1500006。

级联(CASCADE)操作必须在定义外码时给出显式定义。

【例 9.26】 在学生成绩表 Score 中分别将 studentNo、courseNo 和 termNo 定义为外码,且 studentNo 外码定义为级联删除和修改操作,courseNo 外码定义为级联修改操作。

```
CREATE TABLE Score (
    …    --省略的内容包括属性定义和主码约束定义,参见例 9.24
    /*外码约束只能定义为表约束,studentNo 是外码,被参照表是 Student*/
    CONSTRAINT ScoreFK1 FOREIGN KEY(studentNo)
        REFERENCES Student(studentNo)
        ON DELETE CASCADE            --学生表删除元组时,级联删除成绩表中相应元组
        ON UPDATE CASCADE,           --学生表修改学号时,级联修改成绩表中相应元组
    /*外码约束只能定义为表约束,courseNo 是外码,被参照表是 Course*/
    CONSTRAINT ScoreFK2 FOREIGN KEY(courseNo)
        REFERENCES Course(courseNo)
        ON DELETE NO ACTION          --该定义为默认值,可以不定义
        ON UPDATE CASCADE,           --课程表修改课程号时,级联修改成绩表中相应元组
    /*外码约束只能定义为表约束,termNo 是外码,被参照表是 Term*/
    CONSTRAINT ScoreFK3 FOREIGN KEY (termNo) REFERENCES Term (termNo))
```

(3) 设置为空值(SET NULL)。对于参照完整性,除了定义外码外,还应定义外码列是否允许空值。如果外码是主码的一部分,则外码不允许为空值。

(4) 置空值删除(NULLIFIES)。如果删除被参照关系的元组,则将参照关系中相应元组的外码值置为空值。

3. 用户自定义完整性

用户自定义完整性就是定义某一具体应用中数据必须满足的语义要求,由 RDBMS 提供定义、检查和处理等功能,而不必由应用程序承担。

在定义关系模式时,用户自定义完整性通常仅使用列约束和元组约束两种。对于用户自定义完整性的表约束,如学生选课时的先修课限制约束、教室容量限制约束、选课总学分限制约束等,通常需要通过定义触发器来实现。

1) 列约束

列约束包括:数据类型、列值非空、列值唯一、设置默认值和满足 CHECK 定义等。列约束是当向表中插入或修改属性值时,系统检查是否满足约束条件,如果不满足,则拒绝相应的操作。

【例 9.27】 创建学生表 Stud,属性及要求为:学号 studNo 为 5 位字符,且第 1 位为字母 D、M 或 U,其他 4 位为数字,主码,不允许为空值;姓名 studName 为 12 位字符,不允许为空值,且值必须唯一;性别 sex 为 2 位字符,允许为空值,但值只能取'男'或'女';年龄 age 为整型,允许为空值,默认值为 16,取值范围(0, 60);民族 nation 为变长 20 位字符,允许为空值,默认值为'汉族'。

```
CREATE TABLEStud (
    --学号,列约束:不允许为空值;第 1 位为字母 D、M 或 U,其他 4 位为数字,约束名为 sNoCK
    studNo      char(5)                    NOT NULL
        CONSTRAINT sNoCK CHECK (studNo LIKE '[D,M,U][0-9][0-9][0-9][0-9]'),
    --姓名,列约束:不允许为空值;取值必须唯一
    studName  char(12)      UNIQUE         NOT NULL,
    --性别,列约束:允许为空值,仅取男或女两个值
    sex       char(2)                      NULL    CHECK ( sex IN ('男', '女')),
    --年龄,列约束:允许为空值,默认值为 16;取值范围(0, 60),约束名为 ageCK
    age       tinyint     DEFAULT 16       NULL
        CONSTRAINT ageCK CHECK ( age>0 AND age<60),
    nation    varchar(20)  DEFAULT '汉族'   NULL,    --民族,允许空,默认汉族
    CONSTRAINT StudPK PRIMARY KEY (studNo)    --元组约束
)
```

2) 元组约束

元组约束可以设置不同属性之间的取值的相互约束条件,它也是用短语 CHECK 引出的约束。插入元组或修改属性的值时,RDBMS 检查元组约束条件是否被满足,如果不满足,则操作被拒绝执行。

【例 9.28】　在学生表 Stud 中定义:如果是男同学,则其姓名不能以刘开头。

```
CREATE TABLE Stud (
    …      --省略的属性定义参见例 9.27
    CONSTRAINT SexCK CHECK (sex='女' OR studName NOT LIKE '刘%'),     --元组约束
    CONSTRAINT StudPK PRIMARY KEY (studNo)                          --元组约束
)
```

本例给出了性别 sex 与姓名 studName 属性列之间必须满足的约束条件,该元组约束也可以表达为:

```
CONSTRAINT SexCK CHECK ( NOT (sex='男' AND studName LIKE '刘%')),     --元组约束
```

【例 9.29】　对于例 9.27,将学号 studNo、性别 sex、年龄 age 的取值约束不作为列约束来定义,而是放在定义属性之后再单独定义,即作为元组约束来定义,其他要求相同。

```
CREATE TABLE Stud (
    studNo      char(5)                    NOT NULL,   --学号,不允许空值
    studName  char(12)     UNIQUE          NOT NULL,   --姓名,不允许空值,取值唯一
    sex       char(2)                      NULL,       --性别,允许空值
    age       tinyint     DEFAULT 16       NULL,       --年龄,允许空值,默认值为 16
    nation    varchar(20) DEFAULT '汉族'    NULL,       --民族,允许空值,默认值为汉族
    CONSTRAINT sNoCK CHECK (studNo LIKE '[D,M,U][0-9][0-9][0-9][0-9]'),
                                                       --元组约束
    CONSTRAINT sexValue CHECK ( sex IN ('男', '女')),    --元组约束
```

```
        CONSTRAINT ageCK CHECK ( age> 0 AND age< 60 ),            --元组约束
        CONSTRAINT StudPK PRIMARY KEY (studNo)                    --元组约束
)
```

4. 完整性约束的修改

用户可以为完整性约束命名,命名格式如下:

```
CONSTRAINT <constraintName>
    [PRIMARY KEY(<constraintExpr>)]
CONSTRAINT <constraintName>
    [FOREIGN KEY(<constraintExpr>)]
CONSTRAINT <constraintName>
    [CHECK(<constraintExpr>)]
```

用户命名有两点好处:一是便于理解约束的含义,二是修改约束方便,不必查询数据字典。

使用 ALTER TABLE 语句修改表中的完整性约束。要修改约束,首先必须删除约束,然后加入新的约束。

删除约束的语法:

```
ALTER TABLE <tableName>
    DROP CONSTRAINT <constraintName>
```

添加约束的语法:

```
ALTER TABLE <tableName>
    ADD CONSTRAINT <constraintName>
        <CHECK|UNIQUE|PRIMARY KEY|FOREIGN KEY>(<constraintExpr>)
```

其中:$<tableName>$为欲修改约束所在的表名;$<constraintName>$为欲修改的约束名称。

【例 9.30】　在例 9.27 的基础上,修改表 Stud 中的约束条件,要求学号改为在 15001～25999 之间,年龄由(0, 60)之间修改为[15, 50]之间。

首先删除已经存在的约束:

```
ALTER TABLE Stud
    DROP CONSTRAINT sNoCK
ALTER TABLE Stud
    DROP CONSTRAINT ageCK
```

然后添加修改后的约束:

```
ALTER TABLE Stud
    ADD CONSTRAINT sNoCK CHECK (studNo BETWEEN '15001' AND '25999' )
ALTER TABLE Stud
    ADD CONSTRAINT ageCK CHECK ( age BETWEEN 15 AND 50 )
```

9.2.3　使用规则和触发器实现完整性

例 9.27～例 9.30 讲述了如何使用规则 CHECK 实现完整性,对于复杂的完整性,必须通过触发器来实现。

【例 9.31】　当插入学生选课记录时,必须保证该学生已经选修了本次选修课程的先修课程,且同一学期选课不能超出 30 个学分。

分析:

(1) 首先找出所插入选修课程的学生学号、学期以及本次选修课程的先修课编号,由于插入的选课记录可能不止一条,必须使用游标,游标定义为:

```
DECLARE myCur CURSOR FOR
    SELECT Ins.studentNo, Ins.termNo, Cou.priorCourse
    FROM inserted Ins, Course Cou
    WHERE Ins.courseNo= Cou.courseNo
```

(2) 声明变量 @stuNo、@terNo、@pCouNo 逐条接受游标 myCur 中每条选课记录的学号、学期号、本次选修课程的先修课编号,循环执行如下步骤:

① 判断学生 @stuNo 是否选修了本次选修课程的先修课程 @pCouNo:如果先修课编号 @pCouNo 的值不为 NULL,且在 Score 表中找不到学生 @stuNo 选修 @pCouNo 课程的记录,则回滚;否则执行②。使用命令:

```
IF (@pCouNo IS NOT NULL)AND NOT EXISTS
                    ( SELECT * FROM Score
                        WHERE courseNo=@pCouNo AND studentNo=@stuNo )
    ROLLBACK --学生@stuNo没有选修过本次选修课程的先修课程@pCouNo,回滚
```

② 判断学生 @stuNo 在 @terNo 学期选课是否超出 30 个学分:如果超出,则回滚。使用命令:

```
--统计@stuNo学生在@terNo学期所选修课程的总学分
SELECT @sumCreHour=isnull(sum(creditHour), 0)
FROM Score x, Course y
WHERE x.courseNo=y.courseNo AND studentNo=@stuNo AND termNo=@terNo
GROUP BY studentNo, termNo    --可以删除该 GROUP BY 子句
IF @sumCreHour> 30
    ROLLBACK                --@stuNo学生在@terNo学期选修课程超出30学分,回滚
```

(3) 完整程序如下:

```
CREATE TRIGGER insScoreLimit
ON Score FOR INSERT AS
BEGIN
  DECLARE @stuNo char(7), @terNo char(3), @pCouNo char(3)
  DECLARE @sumCreHour numeric(5, 1)
```

```
DECLARE myCur CURSOR FOR
    SELECT Ins.studentNo, Ins.termNo, Cou.priorCourse
    FROM inserted Ins, Course Cou
    WHERE Ins.courseNo=Cou.courseNo
OPEN myCur
FETCH myCur INTO @stuNo, @terNo, @pCorNo
WHILE (@@FETCH_STATUS=0)
BEGIN
    IF (@pCouNo IS NOT NULL) AND NOT EXISTS
                            ( SELECT * FROM Score
                                WHERE courseNo=@pCouNo AND studentNo=@stuNo )
        ROLLBACK          --学生@stuNo 没有选修过本次选修课程的先修课程@pCouNo,回滚
    ELSE
    BEGIN
        --统计@stuNo 学生在@terNo 学期所选修课程的总学分
        SELECT @sumCreHour=isnull(sum(creditHour), 0)
        FROM Score x, Course y
        WHERE x.courseNo=y.courseNo AND studentNo=@stuNo AND termNo=@terNo
        GROUP BY studentNo, termNo  --可以删除该 GROUP BY 子句
        IF @sumCreHour> 30
            ROLLBACK                --@stuNo 学生在@terNo 学期选修课程超出 30 学分,回滚
    END
    FETCH myCur INTO @stuNo, @terNo, @pCorNo
END
CLOSE myCur
DEALLOCATE myCur
END
```

9.3　数据库应用与安全设计

9.3.1　数据库安全性控制

设计一个安全的数据库应用时,主要考虑以下 3 方面问题:

(1) 不允许未授权用户访问信息。例如,不允许一个学生修改另一学生的信息。

(2) 只允许授权用户修改数据。例如,只允许学生查看自己的成绩,但不能修改。

(3) 不应拒绝已授权用户对数据进行访问。例如,允许任课教师修改所授课程的成绩。

为了达到上述目标,应设计安全性策略和措施进行数据库安全控制。本章前面章节所讨论的授权和视图机制等都能有效地保证数据库的安全性。本节以第 6 章的网上书店系统为例讨论应用安全设计。

1. 权限分析

在网上书店系统中,有 4 类用户:游客、会员、职员和系统管理员。对这 4 类用户的权限做如下规定。

- 游客:可以浏览图书信息。
- 会员:登录后,可浏览图书信息、在线订书、修改自己的个人信息和订单,但不能修改图书信息及查看其他会员的订单。
- 职员:登录后,可增加新书、修改图书信息,并可以查看和修改所有订单。职员可查看除会员登录密码外的所有信息,但不能修改会员信息。
- 系统管理员即 DBA,负责所有数据的全局访问并保证数据库系统的正常运行。

2. 角色创建

DBA 可以为一组具有相同权限的用户创建一个角色,然后通过给该角色授权实现对该角色的用户授权。除 DBA 外,可创建 3 类角色:visitor(游客),member(会员)和employee(职员)。

角色可通过下列语句创建:

```
sp_addrole visitor
sp_addrole member
sp_addrole employee
```

角色创建后可以将角色授予特定用户,如将 member 角色授予会员 zhang 和 wang。

```
SP_addrolemember 'member','Zhang'
SP_addrolemember 'member','wang'
```

或(以下语句是 SQL 标准语法,SQL Server 不支持)

```
GRANT member TO zhang, wang
```

这样,当授予角色 member 一定权限后,会员 zhang 和 wang 也就拥有了角色member 所拥有的权限。

3. 角色授权

各类角色对各表的权限定义如图 9-6 所示,其中符号"/"标识无任何权限。

表＼角色	visitor	member	employee
Employee	/	/	ALL
Member	/	ALL	select、delete
MemClass	/	select	ALL

图 9-6　角色权限定义

角色 表	visitor	member	employee
Book	select	select	ALL
Press	—	—	ALL
Company	—	—	ALL
Message	—	select、insert	select、update、delete
MessageReply	—	select、insert	select、update、delete
OrderSheet	—	ALL	select、update、delete
OrderBook	—	—	ALL
ShipSheet	—	select	ALL
ShipBook	—	select	ALL
PurchaseSheet	—	select	ALL
PurchaseBook	—	select	ALL
StoreSheet	—	select	ALL
StoreBook	—	select	ALL

图 9-6 （续）

可使用 GRANT 语句给角色授权。例如：

```
GRANT select ON Book TO visitor, member
GRANT select, update, delete ON OrderSheet TO employee
```

4. 视图定义

可对同一个表定义不同的视图供不同用户使用,以保证保密数据不被不应看到的用户看到。视图的另一个优点是,不仅可以实现对关系表列级的授权,还可实现对关系表行级的授权。

假设网上书店规定,职员不能查看会员的登录密码,则可定义视图如下：

```
CREATE VIEW MemberInfo (memberNo, memName, sex, birthday, telephone, email,
                        address, zipCode, totalAmount, memLevel)
AS
    SELECT memberNo, memName, sex, birthday, telephone, email, address,
        zipCode, totalAmount, menLevel
    FROM Member
```

定义好 MemberInfo 视图后,职员只可以通过该视图访问用户的基本信息。由于 MemberInfo 不再包含会员登录密码信息,从而实现了会员登录密码的安全性。

5. Web 安全考虑

基于 Web 的应用系统,用户通常是通过界面输入信息并通过提供的按钮进行查询,并不直接提供 SQL 语句。由于会员和职员必须先登录才能使用,因此所有的查询语句都应包含对用户 ID 的查询(游客除外),以确保访问的信息是与自己相关的,如订单信息。

注册用户在网站上都是通过用户 ID 登录后进行操作的,但由于通过网络传送用户 ID 是很不安全的,因此登录时应采取一些安全措施,如采用安全协议 SSL。

另外,如果通过网络实现电子支付,则还应考虑交易的安全性,相关技术已超出本书讨论范围。

9.3.2 数据库完整性控制

数据库完整性包括实体完整性、参照完整性和用户自定义完整性。实体完整性、参照完整性和简单的用户自定义完整性的约束条件都可以在定义表结构时进行定义,参见 9.2.2 节。对于复杂的用户自定义完整性约束,则可以通过定义触发器进行控制,参见 9.2.3 节。

【例 9.32】 编写一个触发器,判断会员设置的配送方案是否正确(即一个订单设置的多个配送单是否正好将该订单所订购的所有图书全部安排配送了)。本例编写的触发器就是实现 6.1.5 节的第(9)条业务规则和完整性约束要求。

分析:

(1) 根据 6.3 节可知:①一个订单可订购多种图书,即订单表(OrderSheet)与订单明细表(OrderBook)之间存在一对多的联系,联系外码是订单号 orderNo;②每个订单可分多个配送单进行配送,且配送单建模为订单的弱实体集,配送单表的主码为{orderNo, shipNo},其中配送单号 shipNo 是部分码;③每个配送单可配送多本图书,即配送单表(ShipSheet)与配送明细表(ShipBook)之间存在一对多的联系,联系外码是{orderNo, shipNo}。

(2) 假设会员是在配送单、配送明细临时表中设置一个订单的配送方案,待该订单的配送方案设置好之后,再分别批量向配送单表、配送明细表中插入该订单的配送方案;并假设先向配送单表中批量插入该订单的配送单信息,再向配送明细表中批量插入该订单的配送明细信息。

(3) 假设在向配送明细表(ShipBook)中批量插入配送明细信息时触发本例的触发器。在触发器中需要对会员设置的某订单的配送方案进行正确性检查,如果配送明细中存在订单明细中没有订购的图书,或者订单明细中存在配送明细中未被配送的图书,或者某种图书在该订单设置的所有配送单的配送明细中的总配送数量与订单明细中该图书的订购数量不相等,则表示配送方案不正确。其中,需要定义一个游标,用于获取每种图书在该订单设置的所有配送单的配送明细中的总配送数量,定义的游标如下:

```
DECLARE myCur CURSOR FOR
    SELECT orderNo, ISBN, sum(shipQuantity) sumShipQty
    FROM inserted
    GROUP BY orderNo, ISBN
```

(4) 如果会员设置的配送方案检查不通过,则需要删除已经批量插入的配送单和配送明细信息。完整的触发器程序如下:

```
CREATE TRIGGER ShipBookIns
ON ShipBook FOR INSERT AS
BEGIN
    /*如果配送明细中存在订单明细中没有订购的图书,或者订单明细中存在配送明细中未被
      配送的图书,则这次配送设置全部作废*/
    IF ( EXISTS ( SELECT *                --表示配送明细中存在订单明细中没有订购的图书
              FROM inserted ins LEFT OUTER JOIN OrderBook ordB
              ON ordB.orderNo=ins.orderNo AND ordB.ISBN=ins.ISBN
              WHERE ordB.ISBN IS NULL )
    OR EXISTS ( SELECT *                  --表示订单明细中存在配送明细中未被配送的图书
              FROM inserted ins RIGHT OUTER JOIN
                  ( SELECT a.orderNo, a.ISBN           --查找本次配送的订单明细
                    FROM OrderBook a, inserted b
                    WHERE a.orderNo=b.orderNo ) AS ordB
              ON ordB.orderNo=ins.orderNo AND ordB.ISBN=ins.ISBN
              WHERE ins.ISBN IS NULL ))
    BEGIN   //配送方案不正确,取消本次配送设置
        DELETE FROM ShipBook          --删除本次插入的配送明细
          WHERE orderNo IN ( SELECT orderNo FROM inserted )
        DELETE FROM ShipSheet         --删除本次插入的配送单
          WHERE orderNo IN ( SELECT orderNo FROM inserted )
    END
    ELSE
    BEGIN
        /*计算本次配送设置中每种图书在所有配送单的配送明细中的总配送数量*/
        DECLARE @orderNo char(15), @isbn char(17), @sumShipQty int
        DECLARE myCur CURSOR FOR
            SELECT orderNo, ISBN, sum(shipQuantity) sumShipQty
            FROM inserted
            GROUP BY orderNo, ISBN
        OPEN myCur
        FETCH myCur INTO @orderNo, @isbn, @sumShipQty
        --SELECT @orderNo, @isbn, @sumShipQty
        WHERE (@@FETCH_STATUS=0)
        BEGIN
            /*判断某订单设置的所有配送单中每一种图书的配送数量是否与该订单的订单明
              细中该图书的订购数量一致*/
            IF EXISTS ( SELECT * FROM OrderBook
                      WHERE orderNo=@orderNo
                        AND ISBN=@isbn AND quantity<>@sumShipQty )
            BEGIN
                /*@isbn图书的配送数量与订购数量不一致,取消本次配送设置*/
                DELETE FROM ShipBook     --删除本次插入的配送明细
                    WHERE orderNo IN ( SELECT orderNo FROM inserted )
```

```
                    DELETE FROM ShipSheet    --删除本次插入的配送单
                        WHERE orderNo IN ( SELECT orderNo FROM inserted )
                    BREAK                    --结束循环
                END
                FETCH myCur INTO @orderNo, @isbn, @sumShipQty
            END
            CLOSE myCur
            DEALLOCATE myCur
        END
    END
```

上述触发器程序中的第一个 IF 语句也可以改写为：

```
IF (EXISTS ( SELECT * FROM inserted ins
            WHERE ins.ISBN NOT IN       --表示配送明细中存在订单明细中没有订购的图书
                ( SELECT ordB.ISBN FROM OrderBook ordB
                WHERE ordB.orderNo=ins.orderNo ))
OR EXISTS ( SELECT * FROM OrderBook ordB, inserted ins
            WHERE ordB.orderNo=ins.orderNo
                AND ordB.ISBN NOT IN    --表示订单明细中存在配送明细中未被配送的图书
                ( SELECT inserted.ISBN FROM inserted
                WHERE inserted.orderNo=ordB.orderNo )))
```

【例 9.33】 编写一个触发器,自动修改订单中的订单状态。本例编写的触发器就是实现 6.1.5 节的第(15)条业务规则和完整性约束要求。

分析:

(1) 订单表 OrderSheet 中的订单状态 orderState 的取值有'未审核'、'退回'、'已审核'、'已部分配送'、'已全部配送'和'已处理结束';订单明细表 OrderBook 中的配送状态 shipState 的取值有'未配送'、'已部分配送'、'已全部配送'、'已部分送到'和'已全部送到';配送单表 ShipSheet 中的配送状态 shipState 的取值有'未发货'、'已发货'和'已送到'。

(2) 每一次更新某个配送单表的配送状态之后,需要自动更新该配送单所配送的所有图书在订单明细表中的配送状态。注意:一个配送单可能配送多种图书;订单明细表中所订购的每种图书都可能分散在多个配送单中进行配送。本例的触发器不负责订单明细表中配送状态的自动更新,请读者试着去编写该触发器。

(3) 每一次更新订单明细表中某图书的配送状态之后,需要自动更新对应订单中的订单状态的值。当一个订单中所订购的所有图书的配送状态均为'已全部送到'时,则更新该订单的订单状态为'已处理结束'。

(4) 需要定义一个游标,控制逐一修改每一个订单的配送状态,定义的游标如下：

```
DECLARE myCur CURSOR FOR
    SELECT DISTINCT orderNo FROM inserted
```

（5）完整的触发器程序如下：

```
CREATE TRIGGER orderBookUpt
ON OrderBook FOR UPDATE AS
BEGIN
    DECLARE @orderNo char(15)
    IF update(shipState)          --如果订单明细表中的配送状态 shipState 进行了修改
    BEGIN
        DECLARE myCur CURSOR FOR
            SELECT DISTINCT orderNo FROM inserted
        OPEN myCur
        FETCH myCur INTO @orderNo
        WHILE (@@FETCH_STATUS=0)
        BEGIN
            /*对于一个订单,如果订单明细表中不存在配送状态不是'已全部送到'的图书(即
                所有图书的配送状态均为'已全部送到'),则该订单的订单状态为'已处理
                结束' */
            IF NOT EXISTS ( SELECT * FROM OrderBook
                        WHERE orderNo=@orderNo AND shipState!='E' )
                UPDATE OrderSheet SET orderState='F'
                WHERE orderNo=@orderNo
            ELSE
                /*否则,如果订单明细表中不存在配送状态为'未配送'或'已部分配送'的图
                    书,则该订单的订单状态为'已全部配送' */
                IF NOT EXISTS ( SELECT * FROM OrderBook
                            WHERE orderNo=@orderNo AND shipState<'C' )
                    UPDATE OrderSheet SET orderState='E'
                    WHERE orderNo=@orderNo
                ELSE
                    /*否则,如果订单明细表中存在配送状态为'已部分配送'的图书,则该订
                        单的订单状态为'已部分配送' */
                    IF EXISTS ( SELECT * FROM OrderBook
                                WHERE orderNo=@orderNo AND shipState='B' )
                        UPDATE OrderSheet SET orderState='D'
                        WHERE orderNo=@orderNo
            FETCH myCur INTO @orderNo
        END
        CLOSE mycur
        DEALLOCATE mycur
    END
END
```

9.3.3　存储过程设计

使用存储过程具有许多优点,特别适合统计和查询操作,参见 7.6 节。

【例 9.34】 编写一个存储过程,统计某会员在给定期间购买图书的详细情况,并按

如下表格形式显示统计结果。

购买图书汇总表

会员编号：xxxxxxxxxx　　　　　姓名：xxxxxxxxxxxxxxxxxxxx　　　　　xxxx～xxxx 年

图书编号	图书名称	购买年份	数量	应收金额	实收金额
xxxxxxxxxxx	xxxxxxxxxxxxxxxxxxxxxxxxxxxx	xxxx	xxxx	xxxxx.xx	xxxxx.xx
		…	…	…	…
xxxxxxxxxxx	xxxxxxxxxxxxxxxxxxxxxxxxxxxx	xxxx	xxxx	xxxxx.xx	xxxxx.xx
		…	…	…	…
…	…	…	…	…	…

会员等级：xxxx　　　累计购买金额：xxxxxxx.xx　　　合计：　xxxxxx　xxxxx.xx　xxxxx.xx

分析：

（1）根据题意，该存储过程应有 3 个输入参数：分别用于接受给定会员编号$@mNo$和给定购书期间的开始年份$@beginYear$、结束年份$@endYear$。

（2）应该定义一个游标，用于获取给定会员$@mNo$在给定期间$[@beginYear,@endYear]$购买图书的详细情况，包括图书编号 ISBN、图书名称 bookTitle、购买年份 year(orderDate)、购买数量 sum(quantity)、应收金额 sum(amtReceivable)和实收金额 sum(paidAmt)等信息，其中需要按图书编号 ISBN、图书名称 bookTitle、购买年份 year(orderDate)进行聚集操作。定义的游标如下：

```
DECLARE myCur CURSOR FOR
    SELECT b.ISBN, bookTitle, year(orderDate) year, sum(quantity) sumQty,
            sum(amtReceivable) sumAmtRec, sum(paidAmt) sumPaidAmt
    FROM OrderSheet a, OrderBook b, Book c
    WHERE a.orderNo=b.orderNo AND b.ISBN=c.ISBN AND memberNo=@ mNo
      AND year(orderDate) BETWEEN @beginYear AND @endYear
    GROUP BY b.ISBN, bookTitle, year(orderDate)
```

（3）最后逐行输出游标集合中的所有记录，同时需要统计购买总数量$@tolQty$、应收总金额$@tolRec$和实收总金额$@tolPaid$。

（4）完整的存储过程程序如下：

```
CREATE PROCEDURE qryMemPur(@mNo char(10), @beginYear int, @endYear int)
AS
BEGIN
  DECLARE @mName varchar(20), @mLevel char(1), @mTolAmt numeric(18, 2)
  DECLARE @isbn char(17), @bookTitle varchar(30), @year int
  DECLARE @sumQty int, @sumRec numeric(18, 2), @sumPaid numeric(18, 2)
  DECLARE @tolQty int, @tolRec numeric(18, 2), @tolPaid numeric(18, 2)
  SELECT @tolQty=0, @tolRec=0, @tolPaid=0
  /* 查找会员基本信息 */
  SELECT @mName=memName, @mTolAmt=totalAmount, @mLevel=memLevel
```

```
FROM Member
WHERE memberNo=@mNo
IF @@ROWCOUNT=1    --如果找到会员,输出会员基本信息及订单信息
BEGIN
    /*输出表头*/
    PRINT space(40)+'购买图书汇总表'
    PRINT '会员编号:'+@mNo+space(10)+'会员姓名:'+@mName+space(20)+
            convert(char(4),@beginYear)+'～'+convert(char(4),@endYear)
    PRINT replicate('=',100)
    PRINT convert(char(20),'图书编号')+convert(char(32),'图书名称')+
            convert(char(10),'购买年份')+convert(char(10),'数量')+
            convert(char(18),'应收金额')+convert(char(18),'实收金额')
    PRINT replicate('-',100)
    DECLARE myCur CURSOR FOR
        SELECT b.ISBN, bookTitle, year(orderDate) year, sum(quantity) sumQty,
                sum(amtReceivable) sumAmtRec, sum(paidAmt) sumPaidAmt
        FROM OrderSheet a, OrderBook b, Book c
        WHERE a.orderNo=b.orderNo AND b.ISBN=c.ISBN AND memberNo=@mNo
            AND year(orderDate) BETWEEN @beginYear AND @endYear
        GROUP BY b.ISBN, bookTitle, year(orderDate)
    OPEN myCur
    FETCH myCur INTO @isbn, @bookTitle, @year, @sumQty, @sumRec, @sumPaid
    WHILE (@@FETCH_STATUS=0)
    BEGIN
        /*逐行输出数据*/
        PRINT convert(char(18),@isbn)+convert(char(32),@bookTitle)+
                convert(char(10),@year)+convert(char(10),@sumQty)+
                convert(char(18),@sumRec)+convert(char(18),@sumPaid)
        /*数据汇总*/
        SET @tolQty=@tolQty+@sumQty
        SET @tolRec=@tolRec+@sumRec
        SET @tolPaid=@tolPaid+@sumPaid
        FETCH myCur INTO @isbn, @bookTitle, @year, @sumQty, @sumRec, @sumPaid
    END
    CLOSE myCur
    DEALLOCATE myCur
    /*输出汇总数据*/
    PRINT replicate('-',100)
    PRINT '会员等级:'+@mLevel+space(10)+
            '累计购买金额:'+convert(char(18),@mTolAmt)+
            convert(char(10),'合计:')+convert(char(10),@tolQty)+
            convert(char(18),@tolRec)+convert(char(18),@tolPaid)
    PRINT replicate('=',100)
END
```

```
    ELSE
    PRINT '数据库中不存在编号为'+@mNo+'的会员!'
END
```

本 章 小 结

(1) 实现数据库安全的方法很多,最主要的有**自主存取控制** DAC、**视图**和**审计**技术。在自主存取控制中,**主体**按存取矩阵的要求访问**客体**,**存取矩阵**中的元素可以通过授权方式进行修改;**视图**技术把数据对象限制在一定的范围内,即通过视图机制把要保密的数据对无权存取的用户隐藏起来,从而自动地对数据提供一定程度的安全保护;**审计**功能把用户对数据库的所有操作自动记录下来存入**审计日志**(audit log)中。DBA 可以利用审计跟踪的信息,重现导致数据库现有状况的一系列事件,找出非法存取数据的人、时间和内容等。

(2) 在自主存取控制技术中,SQL 通过授权 GRANT 和回收权限 REVOKE 两条命令来实现安全性,授权分为数据库级、表级和列级权限的授予,也可以分为命令级和对象级权限的授予。

(3) 通过触发器可以实现复杂的安全性控制,例如,实现详细的审计记录,对某数据项限制只有某类用户(如系统管理员)可以修改、限制在某个时间段对数据项可以修改等。

(4) **数据库完整性**是针对数据库中的数据进行正确性的维护,是为了防止数据库中存在不符合语义的数据,其防范对象是不合语义的数据。

(5) 为了维护数据库的完整性,数据库管理系统必须提供:

① 定义完整性约束条件的机制;

② 完整性检查的方法;

③ 违约处理的措施。

若发现用户操作违背了完整性约束条件,采取一定的措施,如拒绝等。

(6) 数据库管理系统提供了多种实现完整性约束的方法。在创建表时可以定义属性的类型、精度、默认取值、是否取值唯一、是否允许为空值、主码约束、外码约束和检查约束等;对于复杂的约束,可以通过编写**触发器**来完成。对于完整性约束,其违约检查和处理都是由数据库管理系统自动完成,用户不能通过各种手段绕过数据库管理系统而违反。

(7) 由于触发器的特殊性,它既可以实现完整性,也可以实现安全性和业务处理,在设计触发器时应充分考虑触发器给系统带来的开销问题,一般来讲,触发器主要用于实现完整性和安全审计功能,不用于业务处理。

(8) 数据库应用和安全设计是利用 DBMS 提供的安全措施进行数据库安全控制,授权机制和视图是常用的方法。另外,对于 Web 应用,还应考虑 Web 安全的特殊性,采取特殊措施保证数据库的安全存取。

习 题 9

9.1 列级约束和元组级约束的区别在哪里?

9.2 由用户定义约束名称有什么好处?

9.3　请建立一张新表,在该表中包含各种可能的约束方式。

9.4　阐述数据库管理系统如何实现完整性约束。

9.5　如果一张表有多种完整性约束,请分析系统按什么顺序来检查这些约束,当其中某个约束违反时,系统如何处理?

9.6　在学生成绩管理数据库 ScoreDB(参照 3.2 节给出的数据库模式)中完成:

(1) 创建班级表 Class,分别使用列级和元组级约束保证班级人数 classNum 属性的取值在(0, 50)之间。

(2) 创建学生表 Student,限制籍贯为上海或北京的学生的年龄必须不低于 17 岁。

(3) 编写触发器程序,实现:如果在学生表中修改了学号(假设每次只允许修改一个学生的学号),则自动修改成绩表中的学号。

9.7　在图书借阅数据库 BookDB 中完成:

(1) 编写完整性约束规则,使读者表中的读者编号的第 2~5 位为年份,且该年份不得大于系统当前日期的年份且不得小于 1990 年。

(2) 编写完整性约束规则,使借书表 Borrow 中的借书日期必须小于应归还日期和还书日期。

(3) 编写触发器程序,只有图书管理员用户(用户名为 library)才可以修改还书日期。

(4) 编写触发器程序,只有数据库拥有者(用户名为 dbo)才可以修改图书表中的图书库存数量,一次只能修改一条记录,并将修改前后的值添加到审计表中。

(5) 编写一个插入触发器,实现完整性约束:对于某读者借阅某种图书,如果该读者已经在借该图书,则拒绝借阅该书;如果该读者在借图书数量已经达到允许的最大借书数量,则也拒绝借阅该书。

9.8　在数据库中,当创建或删除某个对象时,请查看 SQL Server 数据库中相关数据字典的内容发生了什么变化?

9.9　在学生成绩管理数据库 ScoreDB 中,完成如下操作:

(1) 创建 5 个用户 user01,user02,user03,user04,user05。

(2) 将课程表 Course 的所有权限授予用户 user01 和 user05,并具有转授权限的权利。

(3) 将班级表 Class 的查询和修改权限授予用户 user01 和 user02,不具有转授的权利,仅能对班级名称、年级和所属学院这 3 个属性进行操作。

(4) 用户 user01 将课程表 Course 的查询和删除权限授予用户 user03,不具有转授的权利。

(5) 用户 user05 将课程表 Course 的所有权限授予用户 user04,并具有转授权限的权利。

(6) 用户 user04 将课程表 Course 的查询、修改权限授予用户 user02,并具有转授权限的权利。

(7) 用户 user02 将课程表 Course 的查询权限授予用户 user03。

(8) 删除用户 user05 对课程表 Course 的查询和删除权限。

(9) 删除用户 user02 对课程表 Course 的所有权限。

(10) 将创建表、创建存储过程的权限授予用户 user02 和 user03。

9.10　请根据某企业的管理信息系统的应用需求,为其设计一个审计策略。

第 10 章

事务管理与恢复

学习目标

本章介绍事务的基本概念和事务特性,深入分析和讨论保证事务并发执行的隔离性、原子性和永久性的方法与策略。主要学习目标为:充分理解事务概念、事务特性、并发执行、调度和可串行化等基本概念;熟练掌握事务调度正确性准则及冲突可串行化判定方法;深刻理解封锁协议的实现原理,并能正确运用封锁协议保证数据库的一致性要求;理解数据库故障种类及事务存取数据方式,并掌握基于日志的故障恢复策略。

学习方法

首先,在学习事务、并发执行和调度等概念时,可与操作系统中的进程、多道程序设计和进程调度等概念进行类比,找出它们的异同点,以加深对它们的理解。其次,在学习封锁方法时要围绕如何解决事务并发执行时可能出现的问题进行,还要注意对比分析不同封锁协议的封锁条件、申请和释放锁时机。最后,在学习基于日志的恢复方法与策略时,要注意理解数据库的恢复管理包括两部分:事务正常执行时记录恢复信息和故障发生后利用恢复信息进行恢复。

学习指南

本章都是重点,难点是 10.1.4 节、10.1.5 节、10.2.2 节、10.3.2 节和 10.3.3 节。

本章导读

本章从飞机订票的实例出发,说明引入事务概念的必要性。然后,分析事务的 ACID 特征(原子性、一致性、隔离性和永久性)及其保证机制。

为增加事务吞吐量和减少平均响应时间,DBMS 允许事务并发执行。但是若不对并发执行加以控制,则可能导致读脏数据、不可重复读和丢失更新等问题。为保证并发执行事务的正确性,讨论了事务调度概念及事务并发执行的正确性准则——冲突可串行化及其检测方法。

封锁机制是为保证事务隔离性而设计的并发控制机制,它是通过上锁操作实现对共享数据对象的互斥访问。封锁协议正确性的关键在于申请锁和释放锁的时机,其中两阶段封锁协议是常用的冲突可串行化保证协议。恢复管理是用于保证数据库的原子性和永久性。基于日志的方法是 DBMS 常用的恢复方法。当数据库的原子性和永久性遭到破坏时,可利用日志进行重做或撤销进行恢复。

10.1 事　　务

10.1.1 问题背景

前面讨论的数据库操作都没有考虑不同操作之间的内在联系。而在现实应用中,数据库的操作与操作之间往往具有一定的语义和关联性。数据库应用希望将这些有关联的操作当作一个逻辑工作单元看待,要么都执行,要么都不执行。先看一个例子。

【例 10.1】 飞机订票系统有两个表 Sale 和 Flight,分别记录各售票点的售票数及全部航班的剩余票数。

```
Sale(agentNo, flightNo, date, saledNumber)
Flight(flightNo, date, remainNumber)
```

现有 A0010 售票点欲出售 F005 航班 2016 年 8 月 8 日机票 2 张。可编制如下程序:

(1) 查询 F005 航班 2016 年 8 月 8 日剩余票数 A;

(2) if($A<2$)

　　　拒绝操作,并通知票数不足;

　　else

　　　更新 A0010 的售票数及 F005 航班的剩余票数。

语句(1)可由一个简单数据库查询操作得到,用 SQL 语句可表示为:

```
SELECT remainNumber
FROM Flight
WHERE flightNo='F005' AND date='2016-08-08'
```

而语句(2)则要先判断 F005 航班 2016 年 8 月 8 日的剩余票数是否小于请求票数。若是,则拒绝请求,并通知票数不足;否则,更新 Sale 和 Flight 表。该更新包括两个 Update 操作,用 SQL 语句表示为:

```
/*更新 A0010 已售 A005 航班的票数*/
UPDATE Sale
SET saledNumber=saledNumber+2
WHERE agentNo='A0010'AND flightNo='F005' AND date='2016-08-08'
/*更新 F005 航班的剩余票数*/
UPDATE Flight
SET remainNumber=remainNumber-2
WHERE flightNo='F005' AND date='2016-08-08'
```

如果这两个语句都能成功执行,则它们共同实现了“A0010 售票点出售了 2 张 F005 航班 2016 年 8 月 8 日的机票”这一现实语义。但是,如果第一个更新语句执行成功后系统发生故障,会发生什么问题呢?

假设 F005 航班共有 200 个座位,2016 年 8 月 8 日机票已售 198 张(其中被 A0010 售出 20 张),余票 2 张。当第 1 个 UPDATE 语句执行成功时,即 A0010 已售票数更新为 22。当系统发生故障重新提供服务时,如果又有售票点请求出售 F005 航班 2016 年 8 月 8 日机票 2 张,由于 F005 的剩余票数未更新(仍为 2),因此满足其要求又出售了 2 张。结果多卖了 2 张票。

出现上述问题的原因是重新提供服务时数据库状态与现实世界状态出现了不一致。对于机票系统来说,一航班的剩余票数加上已售出票数应等于该航班全部座位数。而重新提供服务时,F005 的已售票数与剩余票数之和为 202(不等于 200),导致多买了 2 张。

再如银行转账业务,从账户 A 转出 1000 元钱到账户 B 中。该业务也要通过两个更新操作(分别更新 A 和 B 账户的余额)来完成。执行结果应是 A 账户余额减少 1000 元 (前提是 A 账户余额应大于 1000 元),B 账户余额增加 1000 元,并且 A 和 B 账户余额总和不发生改变。但是,如果其中一个更新成功,一个更新失败,那么 A 和 B 的总和也会出现不一致。

为解决上述问题,数据库管理系统引入了事务概念,它将这些有内在联系的操作当作一个逻辑单元看待,并采取相应策略保证一个逻辑单元内的全部操作要么都执行成功,要么都不执行。对数据库用户而言,只需将具有完整逻辑意义的一组操作正确地定义在一个事务之内即可。

10.1.2　事务概念

对于用户而言,**事务**是具有完整逻辑意义的数据库操作序列的集合。对于数据库管理系统而言,事务则是一个读写操作序列。这些操作是一个不可分割的逻辑工作单元,要么都做,要么都不做。

事务类似操作系统的进程。在操作系统中,进程是竞争系统资源和进行处理机调度的基本单元。而在数据库管理系统中,事务是数据库管理系统中竞争资源、并发控制和恢复的基本单元。它是由数据库操作语言(如 SQL)或高级编程语言(如 C,C++ 或 Java)提供的事务开始语句和事务结束语句以及由它们包含的全部数据库操作语句组成。通常有两种类型的事务结束语句。

- **事务提交**(commit):将成功完成事务的执行结果(即更新)永久化,并释放事务占有的全部资源。
- **事务回滚**(rollback):中止当前事务、撤销其对数据库所做的更新,并释放事务占有的全部资源。

例如,SQL Server 数据库提供了 3 种类型的事务模式:显式事务、隐式事务及自定义事务。

(1)显式事务是指用户使用 Transact-SQL 事务语句所定义的事务,其事务语句包括

- 事务开始:BEGIN TRANSACTION。
- 事务提交:COMMIT TRANSACTION,COMMIT WORK。
- 事务回滚:ROLLBACK TRANSACTION,ROLLBACK WORK。

(2)隐式事务是指事务提交或回滚后,SQL Server 自动开始新的事务。该类事务不需要采用 BEGIN TRANSACTION 语句标识事务的开始。

（3）自动定义事务模式：当一个语句成功执行后，它被自动提交，而当执行过程中出错时，则被自动回滚。

【例 10.2】 利用 SQL Server 提供的显式事务模式定义例 10.1 中的数据库更新事务。

```
BEGIN TRANSACTION
    UPDATE Sale
    SET saledNumber=saledNumber+2
    WHERE agentNo='A0010'AND flightNo='F005'AND date='2016-08-08'
    UPDATE Flight
    SET remainNumber=remainNumber-2
    WHERE flightNo='F005'AND date='2016-08-08'
COMMIT TRANSACTION
```

这样，DBMS 就会自动保证这两个操作要么全部完成，要么都不执行。在发生故障时，DBMS 会撤销已执行的操作，将数据库恢复到该事务执行前的状态。应用程序或数据库用户就不用担心出现如前所述的数据库不一致性。

简单起见，用 $R_T(Q)$ 代表事务 T 从数据库中读取数据对象 Q，$W_T(Q)$ 代表事务 T 往数据库中写数据对象 Q。在事务确定情况下，下标 T 可省略。

10.1.3　事务特性

为了保证事务并发执行或发生故障时数据的完整性，事务应具有以下特性：

（1）**原子性**（atomicity）。事务的所有操作要么全部都被执行，要么都不被执行。

原子性要求一事务对数据库的操作要么都发生，要么都不发生。当一事务执行失败时，DBMS 能保证那些部分执行的操作不反映到数据库中去。在例 10.1 中，如果第一个更新语句执行完成而第二个更新语句尚未执行时发生了故障，数据库恢复时将会取消第一个更新语句对数据库的影响，恢复 A0010 的已售 F005 航班票数为 20。

（2）**一致性**（consistency）。一个单独执行的事务应保证其执行结果的一致性，即总是将数据库从一个一致性状态转化到另一个一致性状态。

事务的一致性包括显式一致性和隐式一致性。显式一致性是显式定义的完整性约束，如主码、外码、用户自定义约束等。隐式一致性是业务规则隐含的完整性要求。如机票售出后，一航班已售出票数和剩余票数之和应等于该航班全部座位数；转账完成后 A 和 B 账户的存款余额总和不变等。

（3）**隔离性**（isolation）。当多个事务并发执行时，一个事务的执行不能影响另一个事务，即并发执行的各个事务不能相互干扰。

破坏隔离性的原因是并发执行的事务可能访问相同的数据项。在银行转账业务中，假设一转账事务 T_i 在 A 账户余额已减去转账金额，而 B 账户余额未加上转账金额时，另一事务 T_j 读取了 A 和 B 账户余额并计算两个账户余额总和时，此时将产生不一致的值。事务的隔离性则可确保事务 T_j 执行过程中，要么 T_i 已经执行完毕，要么 T_i 还没有开始执行，使得 T_j 不会在 T_i 事务执行过程中访问 T_i 处理的中间结果。显然，事务的串行执行一定能保证事务的隔离性。

（4）**持久性**（durability）。一个事务成功提交后,它对数据库的改变必须是永久的,即使随后系统出现故障也不会受到影响。

持久性要求事务对数据库的更新在其结束前已写入磁盘,或在数据库更新时记录足够多的信息,使得在出现故障时 DBMS 能利用这些信息重构数据库的更新。

上述特性通常被称为 ACID 特性(缩写来自 4 条特性的第一个英文字母)。

这里的**原子性**也称为**故障原子性**或**故障可靠性**,它是由 DBMS 通过撤销未完成事务对数据库的影响来实现的。**一致性**是指单个事务的一致性,也称为**并发原子性**或**事务正确性**,它是多个事务并发执行正确性的基础,由编写该事务代码的应用程序员负责,但有时也可利用 DBMS 提供的数据库完整性约束(如触发器)的自动检查功能来保证。**隔离性**也称为**执行原子性**或**并发正确性**,也称为**可串行化**,可以看作是多个事务并发执行时的一致性或正确性要求,其正确性由 DBMS 的并发控制模块保证,将在 10.2 节讨论。**持久性**也称为**恢复原子性**或**恢复可靠性**,它是通过利用已记录在稳定存储介质中(如磁盘)的恢复信息(如日志、备份等)来实现丢失数据(如因中断而丢失的存放在主存中但还未保存到磁盘数据库中的数据等)的恢复。原子性和持久性是由 DBMS 的恢复管理模块保证,将在 10.3 节讨论。

10.1.4　事务并发执行与调度

由于允许 CPU 和 I/O 操作并行执行,操作系统采用了多道程序设计技术,即允许多个程序并发执行,可提高 CPU 和设备的利用率。同样,数据库管理系统也允许多个事务并发执行,其主要优点体现在以下两个方面:

（1）增加系统吞吐量(throughput)。吞吐量是指单位时间内系统完成事务的数量。当一事务需等待磁盘 I/O 时,CPU 可去处理其他正在等待 CPU 的事务。这样,可减少 CPU 和磁盘空闲时间,增加给定时间内完成事务的数量。

（2）减少平均响应时间(average response time)。事务响应时间是指事务从提交给系统到最后完成所需要的时间。事务的执行时间有长有短,如果按事务到达的顺序依次执行,则短事务就可能会由于等待长事务导致完成时间的延长。如果允许并发执行,短事务可以较早地完成。因此,并发执行可减少事务的平均响应时间。

注意,这里的"并发执行"不是"并行执行",它是指单 CPU 上的事务处理方式,即"宏观上并行,微观上串行"。只有在多 CPU 环境下,才能实现真正的"并行执行"。

事务的并发执行可提高系统性能,但是若不对事务的并发执行加以控制,则可能破坏数据库的一致性。

【**例 10.3**】 设 A 航班的剩余票数为 10 张,有两个事务 T_1 和 T_2 同时请求出售该航班机票 2 张和 3 张。它们的执行序列如图 10-1 所示(这里只考虑对航班剩余票数的更新)。

如果是串行执行,则不管是 T_1 先执行再执行 T_2 (图 10-2(a)),还是 T_2 先执行再执行 T_1 (图 10-2(b)),都可得到正确的执行结果,即剩余票数都为 5。

T_1	T_2
R(A)	R(A)
A=A−2	A=A−3
W(A)	W(A)

图 10-1　更新事务 T_1 和 T_2

T_1	T_2	A
R(A)		10
$A=A-2$		
W(A)		8
	R(A)	8
	$A=A-3$	
	W(A)	**5**

(a)

T_1	T_2	A
R(A)		10
$A=A-3$		
W(A)		7
	R(A)	7
	$A=A-2$	
	W(A)	**5**

(b)

图 10-2　T_1 和 T_2 串行执行

但是,如果允许事务 T_1 和 T_2 并发执行,即它们的操作可以交替执行,则可能出现以下问题:

(1) **读脏数据**。如果 T_2 读取 T_1 修改但未提交的数据后,T_1 由于某种原因中止而撤销,这时 T_2 就读取了不一致的数据。数据库中将这种读取未提交且被撤销的数据为读"脏数据"。

在图 10-3 中,事务 T_1 在 T_2 读取其更新值 8 后回滚,而 T_2 仍然使用读到 T_1 修改后的值进行运算,得到的结果是 5。但实际上 T_1 未执行成功,系统只出售了 3 张票,剩余票数应为 7。

(2) **不可重复读**。是指事务 T_i 两次从数据库中读取的结果不同,可分为 3 种情况:

① T_i 读取一数据后,T_j 对该数据进行了更改。当 T_i 再次读该数据时,则会读到与前一次不同的值。

② T_i 按某条件读取数据库中某些记录后,T_j 删除了其中部分记录。当 T_i 再次按相同条件读取时,发现记录数变少了。

③ T_i 按某条件读取数据库中某些记录后,T_j 插入了新的记录。当 T_i 再次按相同条件读取时,发现记录数变多了。

后两种不可重复读也称幻影现象,在此不做讨论。第一种情况如图 10-4 所示,T_3 第一次读时余票数为 10 张,第二次读时为 8 张,两次读结果不一致。

T_1	T_2	A
R(A)		10
$A=A-2$		
W(A)		8
	R(A)	8
rollback		
	$A=A-3$	
	W(A)	**5**

图 10-3　T_2 读脏数据

T_1	T_3	A
	R(A)	**10**
R(A)		10
$A=A-2$		
W(A)		8
	R(A)	**8**

图 10-4　T_3 不可重复读

(3) **丢失更新**。两个或多个事务都读取了同一数据值并修改,最后提交的事务的执行结果覆盖了前面事务提交的执行结果,从而导致前面事务的更新被丢失。在图 10-5 中,T_1 和 T_2 都读到余票数为 10,由于 T_1 后于 T_2 提交,导致 T_2 的更新操作没有发生作用,被 T_1 的更新值 8 覆盖。

事务的并发执行可能出现上述 3 种不一致性。那么是不是所有并发执行都会出现这些问题呢? 我们再来看个稍微复杂的例子。

T_4	T_5	A	B
R(A)		10	
A=A−2			
W(A)		8	
	R(A)	8	
	A=A−3		
	W(A)	**5**	
R(B)			15
B=B−2			
W(B)			13
	R(B)		13
	B=B−3		
	W(B)		**10**

图 10-6　T_4 和 T_5 并发执行

T_1	T_2	A
R(A)		10
	R(A)	10
	A=A−3	
	W(A)	7
A=A−2		8
W(A)		**8**

图 10-5　T_2 更新丢失

【例 10.4】 设 A 和 B 航班的剩余票数分别为 10 和 15,事务 T_4 与 T_5 并发执行。T_4 请求出售 A 航班机票 2 张和 B 航班机票 2 张,T_5 请求出售 A 航班机票 3 张和 B 航班机票 3 张。它们的执行序列如图 10-6 所示。

可以验证图 10-6 中并发执行的结果与 T_4 和 T_5 按先后顺序串行执行的结果是一样的,也是正确的。从这里可以得到这样的启示:**如果一组并发执行事务的执行结果与它们串行执行得到的结果是相同的,那么就可以认为该并发执行的结果是正确的**。下面讨论事务调度及调度的正确性准则。

10.1.5　事务调度及正确性准则

事务并发执行顺序是随机的,将由多个事务操作组成的随机执行序列称为一个**调度**。对由一组事务操作组成的调度序列而言,应满足下列条件:

(1) 该调度应包括该组事务的全部操作;

(2) 属于同一个事务的操作应保持在原事务中的执行顺序。

定义 10.1(串行调度)　在调度 S 中,如果属于同一事务的操作都是相邻的,则称 S 是**串行调度**。

对由 n 个事务组成的调度而言,共有 $n!$ 个串行调度。

事务串行执行可保证数据库的一致性,如果能判断一个并发调度的执行结果等价于一个串行调度的结果,就称该并发调度可保证数据库的一致性。

假设调度 S 包含两个事务 T_i 与 T_j,若两个相邻操作 $O_i \in T_i$,$O_j \in T_j$ 访问不同的数据对象,则交换 O_i 与 O_j 不会影响调度中任何操作的结果。然而,若 O_i 与 O_j 访问相同的数据对象,则改变它们被调度执行的顺序将可能产生不同的结果。按事务访问数据的操作类型,有 4 种执行组合:

(1) $O_i = R(Q)$,$O_j = R(Q)$。无论 O_i 与 O_j 执行次序如何,O_i 与 O_j 读取的 Q 值总是相同的。因此,当 O_i 与 O_j 都是读操作时,它们执行的先后次序不影响调度的执行结果。

(2) $O_i = R(Q)$,$O_j = W(Q)$。如果 O_i 先于 O_j 执行,则 O_i 不会读取 O_j 写入的 Q 值;若 O_j 先于 O_i 执行,则 O_i 读取的是 O_j 写入的 Q 值。因此,O_i 与 O_j 的执行次序是重要的。

(3) $O_i = W(Q)$,$O_j = R(Q)$。O_i 与 O_j 的执行次序是重要的,原因类似第(2)种情形。

(4) $O_i = W(Q)$,$O_j = W(Q)$。由于两个操作均为写操作,执行的顺序对 T_i 与 T_j 没什么影响。然而,调度 S 的下一条 $R(Q)$ 操作读取的值将受到影响,因为数据库里只保留两个写操作中的后一个写操作的结果。

因此,只有在 O_i 与 O_j 全为读操作时,两个操作的执行顺序才是无关紧要的。于是有如下定义:

定义 10.2(冲突操作)　在一调度 S 中,如果 O_i 与 O_j 是不同事务在相同数据对象上的操作,并且其中至少有一个是写操作,则称 O_i 与 O_j 是**冲突操作**;否则称为非冲突操作。

定义 10.3(冲突等价)　如果一调度 S 可以经过交换一系列非冲突操作执行的顺序而得到一个新的调度 S',则称 S 与 S' 是**冲突等价**的(conflict equivalent)。

设 O_i 与 O_j 是两个属于不同事务的操作,且在调度 S 中是连续操作。若 O_i 与 O_j 不冲突,则可以交换 O_i 与 O_j 的顺序得到一个新的调度 S'。那么 S 与 S' 冲突等价,因为除了 O_i 与 O_j 外,其他指令的次序与原来相同,而 O_i 与 O_j 的顺序无关紧要。

定义 10.4(冲突可串行化)　如果一调度 S 与一串行调度是冲突等价的,则称 S 是**冲突可串行化**的(conflict serializable)。

在图 10-6 的调度中,通过交互非冲突操作可得到图 10-7 所示的串行调度 $<T_4$,$T_5>$,因此图 10-6 的调度是冲突可串行化的。

而对于图 10-5 中调度,却无法通过交换非冲突操作得到串行调度 $<T_1,T_2>$ 或 $<T_2,T_1>$,因此该调度不是冲突可串行化的。

冲突可串行化可保证一个并发调度的正确性,因为它与某个串行调度的执行结果是等价的。但是,**冲突可串行化仅仅是正确调度的充分条件,并不是必要条件**,即冲突可串行化调度执行结果一定是正确的,而正确的调度不一定都是冲突可串行化的。

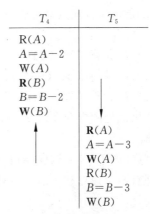

图 10-7　交换图 10-6 的非冲突操作后得到的串行调度 $<T_4,T_5>$

例如,图 10-8 中的调度既不与$<T_4,T_6>$也不与$<T_6,T_4>$冲突等价,因此不是冲突可串行化的。但通过验证,该调度的执行结果与串行调度$<T_4,T_6>$的执行结果相同(A 和 B 的值都为 5 和 10)。因此,存在比冲突可串行化放松的调度正确性准则,如**视图可串行化**和**效果可串行化**,这里不再介绍。

T_4	T_6	A	B
R(A)		10	
A=A-2			
W(A)		8	
	R(B)		15
	B=B-3		
	W(B)		12
R(B)			12
B=B-2			
W(B)			10
	R(A)	8	
	A=A-3		
	W(A)	5	

图 10-8　不满足冲突可串行化的正确调度

因此,在设计并发控制机制时,必须能够判断任意一个给定的调度 S 是否是冲突可串行化的。这里给出一个简单的判断方法。

为了表述方便,先给出事务集及调度的简记表示(即只保留事务的读写和提交操作):

(1) 图 10-8 的并发调度事务集表示为:$T=\{T_4:R_4(A)\ W_4(A)\ R_4(B)\ W_4(B)\ C_4,T_6:R_6(B)\ W_6(B)\ R_6(A)\ W_6(A)\ C_6\}$,其中,$R_i(Q)$、$W_i(Q)$分别表示事务 T_i 对数据项 Q 的读操作和写操作,C_i 表示事务 T_i 的提交操作。

(2) 图 10-8 的并发调度表示为:$H_T=R_4(A)\ W_4(A)\ R_6(B)\ W_6(B)\ R_4(B)\ W_4(B)\ C_4\ R_6(A)\ W_6(A)\ C_6$。

设 S 是一个调度。由 S 构造一个有向图,称为**优先图**,记为 $G=(V,E)$,其中 V 是顶点集,E 是边集。顶点集由所有参与调度的事务组成,边集由满足下列 3 个条件之一的边 $T_i \rightarrow T_j$ 组成:

(1) T_i 执行了 $W_i(Q)$ 后 T_j 执行 $R_j(Q)$;

(2) T_i 执行了 $R_i(Q)$ 后 T_j 执行 $W_j(Q)$;

(3) T_i 执行了 $W_i(Q)$ 后 T_j 执行 $W_j(Q)$。

如果优先图中存在边 $T_i \rightarrow T_j$,则在任何等价于 S 的串行调度 S' 中,T_i 都必须出现在 T_j 之前。

例如,图 10-2 中调度(a)和(b)的优先图分别如图 10-9(a)和图 10-9(b)所示。两个图中都有两个顶点和一条边,不同的是边上的箭头指向不同,原因是 T_1 与 T_2 的执行顺序不同。

基于优先图的冲突可串行化判别准则:如果优先图中无环,则 S 是冲突可串行化的;如果优先图中有环,则 S 是非冲突可串行化的。冲突可串行化的测试算法为:

(1) 构建 S 的优先图；

(2) 采用环路测试算法(如基于深度优先搜索的环检测算法)检测 S 中是否有环；

(3) 若 S 包含环，则 S 是非冲突可串行化的，否则调度 S 是冲突可串行化的。

图 10-8 调度的优先图如图 10-10 所示。因为图中包含一个环，因此其对应的调度不是冲突可串行化的。

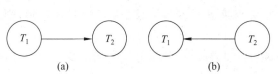

图 10-9　图 10-2 中调度的优先图

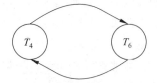

图 10-10　图 10-8 中调度的优先图

【**例 10.5**】　设并发调度事务集为：

$$T = \{t_1: R_1(X) \ W_1(X), \ t_2: R_2(X) \ R_2(Y) \ W_2(X), \ t_3: R_3(Y) \ W_3(Y)\}$$

两个并发调度分别为：

$$H_T = R_1(X) \ R_2(X) \ W_1(X) \ R_2(Y) \ W_2(X) \ R_3(Y) \ W_3(Y)$$

$$H'_T = R_2(X) \ R_3(Y) \ R_2(Y) \ W_2(X) \ R_1(X) \ W_3(Y) \ W_1(X)$$

试判断这两个调度是否是冲突可串行化调度？

对于调度 H_T 和 H'_T，它们的优先图分别如图 10-11(a)和(b)所示，根据冲突可串行化测试算法可知，调度 H_T 不是冲突可串行化的，而调度 H'_T 是冲突可串行化的，它冲突等价于串行调度 $<t_2, t_1, t_3>$ 或 $<t_2, t_3, t_1>$。

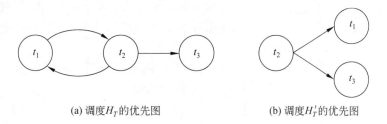

(a) 调度 H_T 的优先图　　　　　　　(b) 调度 H'_T 的优先图

图 10-11　例 10.5 的优先图

10.2　并　发　控　制

10.2.1　基于封锁的协议

当数据库中多个事务并发执行时，事务的隔离性不总是能得以保证，DBMS 必须采取一定的措施对并发执行事务之间的相互影响加以控制，这种措施就是**并发控制机制**。

并发控制机制大体上可以分为**悲观的**和**乐观的**两种。悲观的并发控制方法认为数据库的一致性经常会受到破坏，因此在事务访问数据对象前须采取一定措施加以控制，只有得到访问许可时，才能访问数据对象，如基于封锁的并发控制方法。而乐观的并发控制方法则认为数据库的一致性通常不会得到破坏,故事务执行时可直接访问数据对象,只在事务结束时才验证数据库的一致性是否会遭到破坏,如基于有效性验证方法。本章主要介绍前者——基于封锁的并发控制方法。

基于封锁的并发控制方法的基本思想:当事务 T 需访问数据对象 Q 时,先申请对 Q 的锁。如批准获得,则 T 继续执行,且此后不允许其他任何事务修改 Q,直到事务 T 释放 Q 上的锁为止。给数据项加锁的方式有多种,这里介绍基本锁类型。

(1) **共享锁**(shared lock,记为 S 锁):如果事务 T 获得了数据对象 Q 的共享锁,则 T 可读 Q 但不能写 Q。

(2) **排他锁**(eXclusive lock,记为 X 锁):如果事务 T 获得了数据对象 Q 上的排他锁,则 T 既可读 Q 又可写 Q。

封锁方法要求每个事务都要根据自己对数据对象的操作类型(读操作、写操作或读写操作)向事务管理器申请适当的锁:读操作申请 S 锁,写操作或读写操作申请 X 锁。事务管理器收到封锁请求后,按封锁相容性原则判断是否能满足该事务的加锁请求。事务只有得到授予的锁后,才能继续其操作,否则等待。

所谓"**锁相容**"是指如果 T_i 已持有数据对象 Q 的某类型锁后,T_j 也申请对 Q 的封锁。如果允许 T_j 获得对 Q 的锁,则称 T_j 申请锁类型与 T_i 的持有锁类型相容;否则称为不相容。基本锁类型的封锁相容性原则为:共享锁与共享锁相容,而排他锁与共享锁、排他锁与排他锁是不相容的。图 10-12 为基本锁类型的相容性矩阵,其中"+"表示相容,"−"表示不相容。

T_j＼T_i	S 锁	X 锁
S 锁	+	−
X 锁	−	−

图 10-12　基本锁类型的相容性矩阵

从相容性矩阵可以看出,一个数据对象 Q 上可同时拥有多个(被不同事务拥有的)共享锁,但任何时候只能有一个排他锁。

回顾操作冲突的定义,一个调度 S 中有两个不同事务在相同数据对象上的操作,若它们都是读操作,则执行先后次序不会影响该调度的执行结果,但是只要有一个写操作,它们的执行次序对执行结果可能是有影响的。因此,对写操作授予排他锁可以控制其执行次序,为保证事务并发执行的正确性提供了可行的机制。

设事务可通过执行下列操作申请和释放锁:

- SL(Q)——申请数据对象 Q 上的共享锁;
- XL(Q)——申请数据对象 Q 上的排他锁;
- UL(Q)——释放数据对象 Q 上的锁。

【例 10.6】　假设事务在访问完数据对象后立即释放锁,则添加了封锁操作的 T_4 操作序列如图 10-13 所示。由于 T_4 要对 A 和 B 进行读写操作,因此访问 A 和 B 之前都使用 XL 操作申请排他锁。这样 T_4 在释放 A(或 B)的封锁之前,其他事务不能访问 A(或 B)。

事务并发执行的一个正确性准则是冲突可串行化,那么封锁能否保证并发执行事务的冲突可串行化呢?

【例 10.7】　考虑事务 T_1,T_2 和 T_3,它们申请锁和释放锁的规则是:访问数据对象前根据操作类型申请锁;访问完后立即释放锁;当一个事务释放锁后,由等待时间较长的事务优先获得锁。它们的一个可能的并发执行过程如图 10-14 所示。

T_4

$\mathbf{XL}(A)$

$R(A)$

$A=A-2$

$W(A)$

$\mathbf{UL}(A)$

$\mathbf{XL}(B)$

$R(B)$

$B=B-2$

$W(B)$

$\mathbf{UL}(B)$

COMMIT

步骤	T_1	T_2	T_3
1			$\mathbf{SL}(A)$
2	$\mathbf{XL}(A)$		
3	等待	$\mathbf{XL}(A)$	
4	等待	等待	$R(A)$
5	等待	等待	$\mathbf{UL}(A)$
6	$R(A)$	等待	
7		等待	$\mathbf{SL}(A)$
8	$A=A-2$	等待	等待
9	$W(A)$	等待	等待
10	$\mathbf{UL}(A)$	等待	等待
11		$R(A)$	等待
12	ROLLBACK		等待
13		$A=A-3$	等待
14		$W(A)$	等待
15		$\mathbf{UL}(A)$	等待
16			$R(A)$
17		COMMIT	
18			$\mathbf{UL}(A)$
19			COMMIT

图 10-13 增加了封锁的 T_4 操作序列　　　**图 10-14 T_1,T_2 和 T_3 上锁操作序列**

步骤 1：T_3 执行 SL(A) 操作申请 A 的共享锁。由于 A 上没有任何锁,事务管理器将 A 的共享锁授予 T_3,T_3 可以执行。

步骤 2,3：T_1 和 T_2 相继执行 XL(A) 申请 A 的排他锁。由于 A 已被 T_3 加了共享锁,不相容,则 T_1 和 T_2 等待。

步骤 5：T_3 执行 UL(A) 操作释放 A 的锁。由于 T_1 等待时间较长,事务管理器将 A 的排他锁授予 T_1,则 T_1 可以执行,T_2 继续等待。

步骤 7：T_3 又执行 SL(A) 操作。由于锁不相容,T_3 等待。

步骤 10：T_1 执行 UL(A) 操作释放 A 的锁。由于 T_2 等待时间较长,事务管理器将 A 的排他锁授予 T_2,则 T_2 可以执行,T_3 继续等待。

步骤 15：T_2 执行 UL(A) 操作释放锁。此时只有 T_3 等待,事务管理器将 A 的共享锁授予 T_3,则 T_3 可以执行。

步骤 18：T_3 执行 UL(A) 操作释放锁。此时没有事务等待,A 上没有任何锁。

可以看出,上述调度中避免了丢失更新,即不会有多个写事务读取同一数据对象的相同值,因为一个数据对象任何时候只能有一个排他锁。但是上述调度仍然存在以下问题:

(1) 读脏数据。如 T_2 在步骤 11 读了 T_1 修改后的数据,而 T_1 在步骤 12 需 ROLLBACK。

(2) 不可重复读。如 T_3 两次读到 A 的值不同。

(3) 不可串行化。无论如何交换非冲突操作,上述调度都不能等价于 T_1,T_2 和 T_3

的任何一个串行调度。

出现上述问题的原因是事务过早释放了其持有的锁。如果规定每个事务都在结束后(提交或中止)才释放其持有的锁,则可保证调度的可串行性。在图 10-14 中,如果 T_3 一直到执行 COMMIT 操作后才释放申请到的共享锁,则其多次读取 A 的值都是相同的,因为所有写事务在 T_3 结束之前都不能获得 A 的排他锁而等待。同样,T_2 在 T_1 结束之前由于不能获得 A 的排他锁也需等待,这样 T_2 也就不会读到 T_1 修改未提交的数据,直到 T_1 提交或中止而释放排他锁。若 T_1 提交,则 T_2 读到 T_1 的修改新值;若 T_1 失败中止,则 T_2 读到的是 T_1 执行前的值。因此除了确定锁类型及相容性原则之外,还需要规定申请锁和释放锁的时机。

读者应记住,事务并发执行的目的是为了提高系统的事务吞吐量和减少平均响应时间。但是,如果每个事务都在提交或中止时释放其持有的锁,可能导致大量的事务等待而降低系统性能。那么,有没有一种方法既可保证并发执行的冲突可串行化,又能提前释放锁资源呢? 这就是广泛使用的两阶段封锁协议。

10.2.2 两阶段封锁协议

两阶段封锁协议要求每个事务分两个阶段提出申请锁和解锁申请。

(1) **增长阶段**:事务可以获得锁,但不能释放锁;

(2) **缩减阶段**:事务可以释放锁,但不能获得新锁。

一开始,事务处于增长阶段,事务根据需要获得锁。一旦该事务释放了锁,它就进入了缩减阶段,不能再发出加锁请求。

可以证明**两阶段封锁协议能保证冲突可串行化**。对于任何事务,调度中该事务获得其最后加锁的时刻(增长阶段结束点)称为事务的**封锁点**。这样,多个事务可以根据它们的封锁点进行排序,而这个顺序就是并发事务的一个冲突可串行化顺序。

【**例 10.8**】 图 10-15 采用了两阶段封锁,允许 T_4 在获得全部锁后(A 和 B 上的排他锁)提前释放部分锁(如步骤 7 释放了 A 上的排他锁),T_5 得以提前执行,从而提高了 T_4 和 T_5 的并发度。可以验证该调度是冲突可串行化的,等价于 $<T_4, T_5>$ 串行调度。

步骤	T_4	T_5	步骤	T_4	T_5
1	**XL**(A)		11	$B=B-2$	
2		**XL**(A)	12		W(A)
3	R(A)	等待	13		**XL**(B)
4	$A=A-2$	等待	14	W(B)	等待
5	W(A)	等待	15	**UL**(B)	等待
6	**XL**(B)	等待	16		**UL**(A)
7	**UL**(A)	等待	17		R(B)
8		R(A)	18		$B=B-3$
9		$A=A-3$	19		W(B)
10	R(B)		20		**UL**(B)

图 10-15 T_4 和 T_5 的两阶段封锁

两阶段封锁保证了并发执行事务结果的正确性,但仍然存在两个主要问题:

(1)可能导致**死锁**,即持有锁的事务出现相互等待都不能继续执行。不难发现图 10-16 中事务 T_4 与 T_6 是两阶段封锁的,但它们发生了死锁。

解除死锁的一个简单方法是超时机制。如果一个事务为某个锁等待的时间过长,可以悲观地认为死锁已经发生,回滚该事务并重启。该方法很容易实现,但超时的时间阈值的确定较为困难。读者可借鉴操作系统中死锁的预防与检测方法来解决数据库中的死锁问题,本书不做讨论。

(2)不能避免**读脏数据**。如图 10-17 所示,T_2 读取了 T_1 的未提交更新结果。当 T_1 执行失败需中止时,除了回滚 T_1 自身对数据库的更新外,还需要对读取了 T_1 未提交更新结果的事务 T_2 做回滚操作,才能保证数据库的一致性。

T_4	T_6
XL(A)	
R(A)	
	XL(B)
	R(B)
$A=A-2$	
W(A)	
	$B=B-3$
	W(B)
XL(B)	
(等待 T_6 释放	**XL**(A)
B 上的排他锁)	(等待 T_4 释放
	A 上的排他锁)

图 10-16　采用两阶段封锁时 T_4 和 T_6 出现死锁

T_1	T_2	T_7
R(A)		
$A=A-2$		
W(A)		
	R(A)	
	$A=A-3$	
	W(A)	
ROLLBACK		
		R(A)
		$A=A-4$
		W(A)

图 10-17　由于读脏数据引起的级联回滚

当 T_1 回滚时,T_2 可能有两种情形:

(1)T_2 未提交。此时可中止 T_2 并回滚 T_2 所完成的操作。但是若还有其他事务读取 T_2 的未提交更新数据时,其他事务也必须跟着回滚,如 T_7。这就是所谓的"**级联回滚**"现象。级联回滚的缺陷是会导致大量事务工作的撤销,浪费了系统资源。

(2)T_2 已提交。按事务持久性特性,一旦一个事务已提交,DBMS 应保证提交更新结果的永久性。这就出现了 T_1 不能正确恢复的情形。称这种调度为"不可恢复"调度。

对于级联回滚可以通过将两阶段封锁修改为**严格两阶段封锁协议**加以避免。严格两阶段封锁协议除了要求封锁是两阶段之外,还要求事务持有的所有排他锁必须在事务提交后方可释放。这个要求保证了未提交事务所写的任何数据在该事务提交之前均以排它方式加锁,防止了其他事务读取这些数据。

另一个两阶段封锁的变体是**强两阶段封锁协议**,它要求事务提交之前不得释放任何锁(包括共享锁和排他锁)。容易验证在强两阶段封锁条件下,事务可以按其提交的顺序串行化。严格两阶段封锁与强两阶段封锁在商用数据库系统中被广泛使用。

大多数数据库系统都要求所有调度应是可恢复的,可通过如下原则保证可恢复调度:对于事务 T_i 和 T_j,若 T_j 读取了 T_i 对数据对象的更新值,则 T_j 必须在 T_i 提交之后才能提交。

10.3 恢复与备份

数据库管理系统在运行过程中,可能出现各种各样的故障,如软件故障、电源故障、磁盘故障、自然灾害甚至人为的恶意破坏。由于这些故障的发生可能会导致数据丢失或损坏。因此 DBMS 应采取一系列措施保证:当这些故障发生后,能够将数据库恢复到故障发生前的某个一致性状态。

10.3.1 故障分类及恢复策略

事务是数据库的基本工作单元。一个事务中包含的操作要么全部完成,要么全部不做。也就是说,每个运行事务对数据库的影响或者都反映在数据库中,或者都不反映在数据库中,二者必居其一。如果数据库中包括且只包括所有成功事务提交的结果,则称该数据库处于一致性状态。保证原子性和永久性是对数据库的最基本要求。

由于数据库系统运行中可能发生故障,会导致有些事务尚未完成就被迫中断。如果这些未完成事务对数据库所做的修改有一部分已写入物理数据库中,数据库就处于一种不正确的状态,或者说是不一致的状态,就需要 DBMS 根据故障类型采取相应的恢复措施,将数据库恢复到某个一致的状态。数据库运行过程中可能发生的故障可分为以下几类。

1. 事务故障

事务在运行过程中由于种种原因,如输入数据的错误、运算溢出、违反了某些完整性限制、某些应用程序的错误以及并发事务发生死锁等,使事务未运行至正常终止点就夭折了,这种情况称为**事务故障**。该类故障的特征是系统的软件和硬件都能正常运行,内存和磁盘上的数据都未丢失和破坏。

发生事务故障时,数据库可能已将夭折事务的部分修改写回到磁盘。此时,DBMS要在不影响其他事务运行的情况下,强行回滚(ROLLBACK)夭折事务,清除其对数据库的所有修改,使得该事务好像根本没有启动过一样。这类恢复操作称为事务撤销(UNDO)。

2. 系统故障

系统故障是指系统在运行过程中,由于某种原因,如操作系统或 DBMS 代码错误、操作员操作失误、特定类型的硬件错误(如 CPU 故障)、突然停电等造成系统停止运行,致使所有正在运行的事务都以非正常方式终止。该类故障的特征是数据库缓冲区的信息全部丢失,但存储在外部存储设备上的数据未被破坏。这种情况称为系统故障。

发生系统故障时,一些尚未完成的事务的结果可能已写入物理数据库中,为了保证数据一致性,需要清除这些事务对数据库的所有修改。但由于无法确定究竟哪些事务已更新过数据库,因此系统重新启动后,恢复程序要强行 UNDO 所有未完成事务。

另一方面,发生系统故障时,有些已完成事务所提交的结果可能还有一部分甚至全部留在内存缓冲区,尚未写回到磁盘上的物理数据库中,系统故障使得这些事务对数据库的修改部分丢失或全部丢失,这也会使数据库处于不一致状态,因此应将这些已提交事务的更新结果重新写入数据库。同样,由于无法确定哪些事务的提交结果尚未写入物理数据库中,所以系统重新启动后,恢复程序除需要撤销所有未完成事务外,还需要重做(REDO)所有已提交的事务,以便将数据库真正恢复到某个一致状态。

3. 介质故障

系统在运行过程中,由于某种硬件故障,如磁盘损坏、磁头碰撞,或操作系统的某种潜在错误,瞬时强磁场干扰等,致使存储在外存中的数据部分丢失或全部丢失。这种情况称为**介质故障**。这类故障比前两类故障的可能性小得多,但破坏了磁盘上的数据,危害性最大。

发生介质故障后,存储在磁盘上的数据被破坏,这时需要装入发生介质故障前的某个时刻的数据库数据副本,并重做(REDO)自备份相应副本数据库之后的所有成功事务,将这些事务已提交的更新结果重新反映到数据库中去。

4. 其他故障

随着网络技术的不断发展,数据库面临的恶意破坏现象也越来越多,如黑客入侵、病毒、恶意流氓软件等引起的事务异常结束、篡改数据等引起的不一致性。

该类故障主要通过数据库的安全机制、审计机制等实现对数据的授权访问和保护。对此,在第 9 章已做介绍,本章不再讨论。

综上所述,数据库系统中各类故障对数据库的影响概括起来主要有两类:一类是数据库本身被破坏(介质故障引起);另一类是数据库本身没有被破坏,但由于某些原因(事务故障、系统故障引起)导致事务在运行过程中被中止或系统运行被中止,使得数据库中可能包括了未完成事务对数据库的修改或已提交事务的更新结果没有写入物理数据库中,破坏了数据库中数据的正确性,或者说使数据库处于不一致状态。

对于不同类型的故障在恢复时应做不同的恢复处理。从原理上讲,**恢复**都是利用存储的冗余数据(如日志、影子、备份副本等)来重建数据库中已经被破坏或已经不正确的那部分数据。数据库中的恢复管理模块由两部分组成:

(1) 在正常事务处理时,系统需记录冗余的恢复信息,以保证故障发生后有足够的信息进行数据库恢复;

(2) 故障发生后,利用冗余信息进行 UNDO 或 REDO 等操作,将数据库恢复到一致性状态。

10.3.2 事务访问数据方式

在讨论如何恢复处理之前,先理解事务"正确"执行意味着什么。首先假设数据库由"元素"组成。这里的元素只是具有一个值并且能被事务访问或修改的对象,它可以是一个关系、磁盘块、页、元组或属性值等。

对于一个事务而言,它是通过 3 个地址空间同数据库进行交互:

(1) 保存数据库元素的磁盘块空间——**物理数据库**;

(2) 缓冲区管理器所管理内存地址空间——**数据缓冲区**;

(3) 事务的局部地址空间——**事务工作区**。

当事务要读取数据库元素时,首先必须将该元素从物理数据库读取到数据缓冲区中,除非它已经在缓冲区中,然后再将缓冲区中的内容读到事务工作区中。而当事务要更新数据库元素时,首先要将数据元素从物理数据库读到缓冲区(如果数据元素已在缓冲区除外),再从缓冲区读到事务工作区中,然后事务在自己的工作区中进行更新,最后再将更新值从事务工作区写回缓冲区中。至于缓冲区的值何时写回到磁盘,则由缓冲区管理器决定。

数据元素 A 在不同地址空间之间移动的操作原语包括如下内容。

(1) INPUT(X):将包含数据库元素 A 的磁盘块 X 复制到数据缓冲区。

(2) READ(A):将数据元素 A 从缓冲区复制到事务工作区。如果包含 A 的磁盘块 X 不在缓冲区中,则首先执行 INPUT(X)操作。

(3) WRITE(A):将 A 的修改值从事务工作区复制到缓冲区 X 块中以替换 A 的值。如果此时 X 块不在内存缓冲区中,则应先执行 INPUT(X)后再替换。

(4) OUTPUT(X):将更新后的 X 块写回磁盘。

图 10-18 列出了更新磁盘块 X 中的数据元素 A 和读磁盘块 Y 的数据元素 B 的原语操作过程。要注意的是发出这些命令的对象是不同的:READ 和 WRITE 由事务发出,而 INPUT 和 OUTPUT 由缓冲区管理器发出。

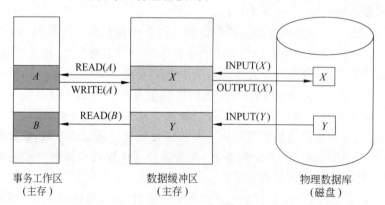

图 10-18　事务访问数据方式

【例 10.9】 考虑机票订票服务,假设某售票点已售出某航班的票数 A 为 0,且该航班余票 B 为 10,则出售 2 张机票的事务 T 的逻辑步骤为:$A=A+2$;$B=B-2$。数据库的一致性约束为 $A+B=10$。假设 A 和 B 开始分别位于在 X 和 Y 磁盘块中,且都不在数据缓冲区中。T 的一个可能操作序列为:

(1) INPUT(X);

(2) READ(A);

(3) $A=A+2$；

(4) WRITE(A)；

(5) INPUT(Y)；

(6) READ(B)；

(7) $B=B-2$；

(8) WRITE(B)；

(9) OUPUT(X)；

(10) OUTPUT(Y)。

如果 T 从一个正确的状态开始，并假设在其完成动作的过程中没有其他事务以及系统故障的干扰，那么执行完步骤(10)后，最终的状态也必然是一致的，即 $A=2,B=8$，$A+B=10$。但如果在步骤(10)之前有故障发生，是否还能保证一致性呢？

情形 1：如果在执行 OUTPUT(X)前发生了系统故障，那么磁盘上存储的数据库不会受到任何影响，即 $A=0,B=10,A+B=10$。仿佛 T 从未发生，因而一致性得到保持。

情形 2：如果在 OUTPUT(X)后、OUTPUT(Y)前发生系统故障，那么磁盘数据库就会处于不一致的状态，即 $A=2,B=10,A+B=12\neq10$。

情形 2 之所以会导致不一致性，是由于破坏了 T 的原子性：更新 A 的操作已执行，而更新 B 的操作未执行。因此，为实现保持原子性的目的，必须在修改数据元素之前，在稳定存储器中记录该修改的描述信息和事务的提交信息，以保证事务的原子性与永久性。例如，在更新 A 时，在磁盘上记录其旧值 0。恢复时发现 T 没有提交，就用旧值 0 替换 A 的更新值，此时 $A=0,B=10,A+B=10$，即数据库已恢复到 T 执行前的状态。

10.3.3　基于日志的故障恢复策略

DBMS 使用最为广泛的恢复方法是基于日志的恢复策略。**日志**是 DBMS 记录数据库全部更新操作的序列文件。通常一个数据库系统只有一个日志文件，为所有事务共享，其主要特点有：

(1) 日志文件记录了数据库的全部更新顺序。

(2) 每条日志都记录在日志的尾部，故日志文件是一个追加(append-only)文件。

(3) DBMS 允许事务的并发执行导致日志文件是"交错的"。例如，可能 T_1 的某个步骤被执行并且其更新被记录到日志中，接着 T_2 的某个步骤做同样的事情，然后 T_1 的下一步骤或 T_3 的某个步骤，以此类推，使得一个事务的所有操作的日志记录不是连续记录的。

(4) 属于单个事务的日志顺序与该事务更新操作的执行顺序是一致的。

(5) 日志记录通常是先写到日志缓冲区中，然后写到稳定存储器中。在不影响讨论的情况下，本章假设日志记录在生成时是直接写到磁盘中。

数据库中的日志记录有两种类型：

• 记录数据更新操作的日志记录，包括 UPDATE,INSERT 和 DELETE 操作；

• 记录事务操作的日志记录，包括 START,COMMIT 和 ABORT 操作。

它们具体记录格式如下：

$<T_i, A, V_1, V_2>$表示 T_i 对数据元素 A 执行了更新操作，V_1 表示 A 更新前的值（前映像），V_2 表示 A 更新后的值（后映像）。对于插入操作，V_1 为空；对于删除操作，V_2 为空。

$<T_i, \text{START}>$表示事务 T_i 已经开始。此时 DBMS 完成对事务的初始化工作，如分配事务工作区等。

$<T_i, \text{COMMIT}>$表示事务 T_i 已经提交，即事务 T_i 已经执行成功（该事务对数据库的修改必须永久化）。事务提交时其更新的数据都写到了数据缓冲区中，但是由于不能控制缓冲区管理器何时将缓冲块从内存写到磁盘。因此当看到该日志记录时，通常不能确定更新是否已经写到磁盘上。

$<T_i, \text{ABORT}>$表示事务已经中止，即事务执行失败。此时，如果 T_i 所做的更新已反映到磁盘上，DBMS 必须消除 T_i 对磁盘数据库的影响。

特别要注意的是，为了保证数据库能运用日志进行恢复，要求日志文件必须放到稳定存储器（如磁盘）上，并且要求每条日志记录必须在其所包含数据元素的更新值写到稳定存储器之前写到稳定存储器上，即先写(write-ahead)日志规则。

日志文件记载了全部事务对数据库的更新，如果系统崩溃，可通过检索日志，重建系统崩溃时事务正在做的事情。通常，为了修复崩溃造成的影响，已提交事务的工作将会**重做**(REDO)，即根据日志将它们写到数据库中的修改值重写一次。而未提交事务的工作将会**撤销**(UNDO)，即根据日志将它们的修改值恢复为旧值，仿佛这些事务未曾执行过。

1. UNDO 操作

事务 T 执行过程中修改了数据库后，可能由于某种原因事务中止或系统崩溃，可使用 UNDO 恢复技术将 T 修改的全部数据对象值恢复到 T 开始前的状态。

对于要 UNDO 的事务 T，日志中记录有$<T, \text{START}>$以及 T 对数据库的所有更新操作的日志记录。UNDO 过程为：从 T 的最后一条更新日志记录开始，从日志尾向日志头（反向）依次将 T 更新的数据元素值恢复为旧值(V_1)。

之所以需要 UNDO，是因为故障发生时未提交事务的修改可能已写到磁盘上。如果增加一条规则：T 对数据库的所有更新值在日志$<T, \text{COMMIT}>$写到磁盘前不能写到磁盘上。这样，如果没有看到事务 T 的$<T, \text{COMMIT}>$日志记录，就可以确定 T 的更新值一定没有写到磁盘上，从而可避免 UNDO 操作。

2. REDO 操作

与 UNDO 相反，REDO 操作是对已提交事务进行重做，将数据库状态恢复到事务结束后的状态。

对于要 REDO 的事务 T，日志中已经记录了$<T, \text{START}>$，T 的所有更新操作日志以及$<T, \text{COMMIT}>$。REDO 过程为：从 T 的第一条更新日志记录开始，从日志头向日志尾（顺向）依次将 T 更新的数据元素值恢复为新值(V_2)。

需要 REDO 操作的原因是，故障发生时可能有些已提交事务的更新数据还未写到磁盘上。如果增加一条规则：事务对数据库的所有更新值必须在提交日志$<T_i,\text{COMMIT}>$写到磁盘之前写到磁盘，就可以避免 REDO 操作。

【**例 10.10**】 考虑订票事务 T_1 和 T_2，除更新航班的剩余票数 A 外，还分别需更新售票点的售出票数 X 和 Y。假设先执行 T_1，再执行 T_2，几种可能的日志记录如图 10-19 所示。

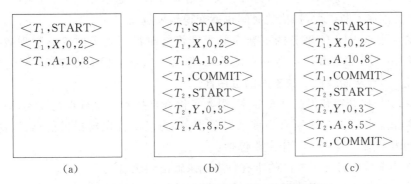

图 10-19 T_1 和 T_2 串行执行的 3 种日志情形

图 10-19(a)：T_1 完成 WRITE(A)后系统发生崩溃。当系统重启动时，检查到有$<T_1,$ START$>$，但没有$<T_1,$COMMIT$>$。因此恢复时执行 UNDO(T_1)，将 X 和 A 的值分别恢复为 0 和 10。

图 10-19(b)：T_2 完成 WRITE(A)后系统发生崩溃。这时需分别执行两个恢复操作 UNDO(T_2)和 REDO(T_1)，因为 T_1 既有$<T_1,$START$>$，又有$<T_1,$COMMIT$>$日志，而 T_2 只有$<T_2,$START$>$日志。恢复完成后 X,Y 和 A 的值分别为 2，0 和 8。

图 10-19(c)：T_2 完成提交后系统发生崩溃。这时也需执行两个恢复操作 REDO(T_1)和 REDO(T_2)，因为 T_1 和 T_2 都有 START 和 COMMIT 日志。恢复完成后 X,Y 和 A 的值分别为 2，3 和 5。

上述例子是假设事务按顺序执行，因此属于一个事务的日志也是顺序连续存放的，恢复相对容易些。而当事务并发执行时，事务操作是交错执行的，它们的日志记录也是交错的，恢复处理也就变得复杂起来。

并发执行事务的基本恢复过程包括 3 个阶段。

(1) **分析阶段**：从日志头开始顺向扫描日志，以确定重做事务集(REDO-set)和撤销事务集(UNDO-set)。将既有$<T,$START$>$又有$<T,$COMMIT$>$日志记录的事务 T 加入 REDO-set；将只有$<T,$START$>$没有$<T,$COMMIT$>$日志记录的事务 T 加入 UNDO-set。

(2) **撤销阶段**：从日志尾反向扫描日志，对每一条属于 UNDO-set 中事务的更新操作日志依次执行 UNDO 操作。

(3) **重做阶段**：从日志头顺向扫描日志，对每一条属于 REDO-set 中事务的更新操作日志依次执行 REDO 操作。

注意 UNDO 与 REDO 必须是幂等的，即重复执行任意次的结果与执行一次的结果是一样的，以保证即使在恢复过程中发生故障也能正确恢复数据库。

10.3.4　检查点

从上述恢复过程可以看到，当系统故障发生时，需 3 次扫描日志文件。如果每次都从日志文件的开头（或日志尾）开始扫描整个日志文件，则有两个主要问题：

（1）日志扫描过程太耗时。因为日志文件必须保存在磁盘中，而且随着时间的不断推进，日志文件在不断扩大，扫描的时间也就变得越来越长。

（2）许多要求 REDO 事务的更新实际上在恢复时都写入了磁盘的物理数据库中。尽管对它们做 REDO 操作不会造成不良后果，但会使恢复过程变得更长，导致数据库系统停止服务延长，从而降低了数据库的可用性。

为了减少扫描开销和提高恢复效率，引入了检查点技术。**检查点**是周期性地向日志中写一条检查点记录并记录所有当前活跃的事务，为恢复管理器提供信息，以决定从日志的何处开始恢复。检查点工作主要包括：

（1）将当前位于日志缓冲区的所有日志记录输出到磁盘上；

（2）将当前位于数据缓冲区的所有更新数据块输出到磁盘上；

（3）记录日志记录＜Checkpoint L＞并输出到磁盘上，其中 L 是做检查点时活跃事务的列表。

在检查点执行过程中，不允许事务执行任何更新动作，如写缓冲块或写日志记录。这样如果事务 T 在做检查点之前就已提交，那么它的＜T,COMMIT＞记录一定出现在＜Checkpoint L＞记录前，并且其更新在做 Checkpoint 时都已写到磁盘中，因此不需要对 T 做任何恢复操作，这样可大大减少恢复工作量。

上述检查点技术要求做检查点过程中不能执行任何更新操作，称其为**静态检查点**技术。但是如果数据缓冲区及日志缓冲区中缓存的更新数据很多时，就会导致系统长时间不能接受事务处理，这对响应时间要求较严格的系统来说是不可忍受的。为避免这种中断，可使用**模糊检查点**（fuzzy checkpoint）技术，允许在做检查点的同时接受数据库更新操作。对此本书不做讨论，有兴趣的读者可参考其他数据库文献做更深入了解。

图 10-20 是系统崩溃时的不同事务状态类型，其中 t_c 为完成最近检查点时刻，t_f 为故障发生时刻。各类事务的恢复策略分别为：

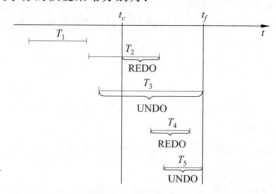

图 10-20　系统崩溃时不同状态事务的不同恢复处理

(1) T_1 类事务为在 t_c 前已完成的事务,该类事务的结果需要永久化。由于该类事务的更新在做检查点之前已经写到磁盘上,故不用做任何恢复操作。

(2) T_2 类事务为 t_c 之前开始且在 $[t_c,t_f]$ 之间完成的事务,该类事务的结果也需要永久化。由于 T_2 在 t_c 前的更新已写到磁盘,故重做时只需根据 t_c 之后的日志记录进行 REDO 即可。

(3) T_3 类事务为在 t_c 之前开始且在 t_f 之前仍未结束的事务,这类事务需要全部撤销。

(4) T_4 类事务为在 t_c 之后开始且在 t_f 之前已完成的事务,这类事务需要全部重做。

(5) T_5 类事务为在 t_c 之后开始且在 t_f 之前仍未完成的事务,这类事务应全部撤销。

引入了检查点技术后,基本恢复方法可修改为如下算法:

```
//构造撤销事务集和重做事务集
UNDO-set=∅;                              //UNDO-set 为撤销事务集
REDO-set=∅;                              //REDO-set 为重做事务集
addr-ckp=0;                             //addr_ckp 为检查点记录的地址,初始化
getTailLog();                           //取日志尾记录
while(日志记录不是<Checkpoint, L>) {
    if(日志记录是<Tᵢ, COMMIT>)
        REDO-set=REDO-set∪{Tᵢ};
    else if(日志记录是<Tᵢ,START>∧Tᵢ∉REDO-set)
        UNDO-set=UNDO-set∪{Tᵢ};
    getBackwardLog();                   //从后向前扫描,取前一条日志记录
}
addr_ckp=当前日志记录的地址;
for(每个 Tᵢ∈L)
    if(Tᵢ∉REDO-set)
        UNDO-set=UNDO-set∪{Tᵢ};
//UNDO 恢复处理
if (UNDO-set≠∅) {
    getTailLog();                       //取日志尾记录
    while(undo-set≠∅) {
        if (日志记录是<Tᵢ, START>)
            UNDO-set=UNDO-set-{Tᵢ};
        else if(日志记录是<Tᵢ, A, V₁, V₂>∧Tᵢ∈UNDO-set)
            UNDO();
        getBackwardLog();               //取前一条日志记录
    }
}
//REDO 恢复处理
if (REDO-set≠∅) {
    getNextLog(addr_ckp);               //取 Checkpoint 记录的下一条日志
    while(REDO-set≠∅) {
        if (日志记录是<Tᵢ,COMMIT>)
            REDO-set=REDO-set-{Tᵢ};
```

```
    else if (日志记录是<Tᵢ, A, V₁, V₂> ∧ Tᵢ ∈ REDO-set)
        REDO();
    getForwardLog();                //取后一条日志记录
    }
}
```

对于上述过程,需要指出的是:

(1) UNDO 操作是从日志尾从后向前扫描日志进行恢复,直至 UNDO-set 中所有事务的操作都被撤销;而 REDO 则是从 Checkpoint 日志记录开始从前向后扫描日志。

(2) 恢复的顺序是先撤销 UNDO-set 中的所有事务,再重做 REDO-set 中的事务。否则,将可能发生下面的问题。假设数据项 A 的初始值为 10,并且事务 T_i 将数据项 A 更新为 20 后中止,那么事务回滚应将 A 的值恢复为 10。假设另一事务 T_j 随后将数据项 A 的值更新为 30 并提交,这时系统崩溃。系统崩溃时的日志状态是:

$<T_i, A, 10, 20>$
$<T_j, A, 10, 30>$
$<T_j, COMMIT>$

如果先进行 REDO 扫描,A 被置为 30,然后,在 UNDO 扫描中,A 将被置为 10,这样就出现了错误。A 最后的值应为 30,只要先做 UNDO 再做 REDO 就可以保证这个结果。

【例 10.11】 系统崩溃时日志文件记录内容如图 10-21 所示,试写出系统重启后恢复处理的步骤及恢复操作(指 UNDO、REDO 操作),并指明 A、B、C、D 恢复后的值分别是多少?

(1) 分析阶段

从最后一次检查点开始顺向扫描日志,确定重做事务集 REDO-set 和撤销事务集 UNDO-set。将既有<T, START>又有<T, COMMIT>日志记录的事务 T 加入 REDO-set;将只有<T, START>没有<T, COMMIT>日志记录的事务 T 加入 UNDO-set。过程如下:

	UNDO-set	REDO-set
<Checkpoint $\{T_1, T_2\}$>	$\{T_1, T_2\}$	$\{\ \}$
<T_3, START>	$\{T_1, T_2, T_3\}$	$\{\ \}$
<T_1, COMMIT>	$\{T_2, T_3\}$	$\{T_1\}$
<T_4, START>	$\{T_2, T_3, T_4\}$	$\{T_1\}$
<T_3, COMMIT>	$\{T_2, T_4\}$	$\{T_1, T_3\}$

```
<T₀,START>
<T₁,START>
<T₀,A, 2, 12>
<T₂,START>
<T₀,COMMIT>
<T₁,C, 6, 16>
<T₂,B, 4, 14>
<Checkpoint {T₁, T₂}>
<T₁,A, 12, 20>
<T₃,START>
<T₁,COMMIT>
<T₂,B, 14, 40>
<T₃,A, 20, 60>
<T₄,START>
<T₃,D, 8, 18>
<T₃,COMMIT>
<T₄,C, 16, 30>
```

图 10-21 日志文件

(2) 撤销阶段

首先,从日志尾反向扫描日志至遇到最后一次检查点止,对每一条属于 UNDO-set＝$\{T_2, T_4\}$ 中事务的更新操作日志依次执行 UNDO 操作。撤销过程如下:

$<T_4, C, 16, 30>$:$C=16$
$<T_2, B, 14, 40>$:$B=14$

其次,对于同时出现在 UNDO-set＝{T_2, T_4}与＜Checkpoint {T_1, T_2}＞列表中的事务集{T_2},从最后一次检查点开始继续反向扫描日志至遇到这些事务的 START 止,对每一条属于{T_2}中事务的更新操作日志依次执行 UNDO 操作。撤销过程如下:

＜T_2,B, 4, 14＞:$B＝4$

撤销后的结果为:$B＝4$,$C＝16$。

(3) 重做阶段

从最后一次检查点开始顺向扫描日志,对每一条属于 REDO-set＝{T_1, T_3}中事务的更新操作日志依次执行 REDO 操作。重做过程如下:

＜T_1,A, 12, 20＞:$A＝20$

＜T_3,A, 20, 60＞:$A＝60$

＜T_3,D, 8, 18＞:$D＝18$

重做后的结果为:$A＝60$,$D＝18$。

因此,最后的结果为:$A＝60$,$B＝4$,$C＝16$,$D＝18$。图 10-22 是系统崩溃时的不同事务状态类型及其恢复处理方法。

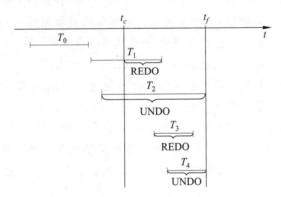

图 10-22　系统崩溃时不同事务状态及恢复方法(对应图 10-21 的日志文件)

10.3.5　备份与介质故障恢复

事务故障和系统故障的恢复可采用基于日志的方法进行 REDO 和 UNDO 恢复,它们都假设存储在稳定存储器上的数据和日志文件未被破坏。而实际上,稳定存储器也可能被损坏。虽然这种概率很小,但造成的数据永久丢失是数据库用户不能接受的。因此,数据库管理系统应采取措施进行介质故障恢复。

数据备份(backup)是数据库管理系统用来进行介质故障恢复的常用方法。它是由 DBA 周期性地将整个数据库的内容复制到其他稳定存储器上(通常为大容量的磁带或磁鼓)保存起来。这些备用的数据文本称为后备副本或后援副本。一旦系统发生介质故障,数据库遭到破坏,可以将后备副本重新装入,再利用日志重做最后一次备份之后所提交的所有事务或按提交顺序重新运行这些事务,将数据库恢复到故障前的一致性状态。备份与装入过程如图 10-23 所示。

数据备份操作可分为静态备份和动态备份。

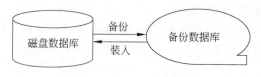

图 10-23　数据备份与装入

静态备份是在系统中无运行事务时进行的备份操作。即备份操作开始的时刻,数据库处于一致性状态,而备份期间不允许(或不存在)对数据库的任何存取、修改活动。显然,静态备份得到的一定是一个数据一致性的副本。采用日志进行静态备份的过程可描述为:

(1) 将当前位于缓冲区的所有日志记录输出到磁盘上;

(2) 将所有更新缓冲块输出到磁盘上;

(3) 将数据库的内容复制到备份数据库上;

(4) 将备份日志记录<Backup>输出到磁盘的日志文件中。

静态备份与静态检查点类似,都需要将日志和数据写到磁盘上并记录相应日志。不同的是,在记录 Backup 日志前,备份还要求将数据库内容复制到其他稳定存储器上去。

静态备份的优点是简单。但由于备份必须等待用户事务结束后才能进行,而新的事务必须等待备份结束后才能执行,因此会降低数据库的可用性。

动态备份是指备份操作与用户事务的执行并发进行,备份期间允许对数据库进行存取或修改。动态备份克服了静态备份的缺点,它不用等待正在运行的用户事务结束,也不会影响新事务的运行。但它不能保证副本中的数据正确有效。因此,为了能够利用动态备份得到的副本进行故障恢复,还需要把动态备份期间各事务对数据库的修改活动登记下来,建立日志文件。后备副本加上日志文件就能把数据库恢复到某一时刻的正确状态。

具体进行数据备份时可以有两种方式,一种是全备份,一种是增量备份。

全备份是指每次备份全部数据库,而**增量备份**是只备份上次备份后更新过的数据。从恢复角度看,使用全备份得到的后备副本进行恢复一般说来会更方便些。但如果数据库很大,事务处理又十分频繁,则增量备份方式更实用更有效。

不管是哪种形式的备份及介质故障的恢复处理,都需要 DBA 介入。虽然后备副本越接近故障发生点,恢复起来越方便且越省时,但是备份又是十分耗费时间和资源的,不能频繁进行。所以 DBA 应该根据数据库使用情况确定适当的备份周期和备份方法。

本 章 小 结

本章从问题出发,引入事务概念,并分析和讨论了事务的 ACID 特性及其保证机制。主要内容小结如下:

(1) 对于用户而言,**事务**是具有完整逻辑意义的数据库操作序列的集合。对于数据库管理系统而言,事务则是一个读写操作序列。这些操作是一个不可分割的逻辑工作单元,要么都做,要么都不做。

(2) 事务 ACID 特性是指:①**原子性**,即事务的所有操作要么全部都被执行,要么都不被执行。②**一致性**,即一个单独执行的事务应保证其执行结果的一致性,即总是将数据库从一个一致性状态转化到另一个一致性状态。③**隔离性**,即当多个事务并发执行时,一个事务的执行不能影响另一个事务,即并发执行的各个事务不能相互干扰。④**持久性**,即一个事务成功提交后,它对数据库的改变必须是永久的,即使随后系统出现故障也不会受到影响。

(3) 为了增加系统吞吐量和减少平均响应时间,数据库管理系统允许多个事务并发执行,但事务的并发执行可能出现 3 种不一致性:**不可重复读**、**读脏数据**和**丢失更新**。

(4) 事务并发执行顺序是随机的,将由多个事务操作组成的随机执行序列称为一个调度。对由一组事务操作组成的调度序列而言,应满足:①该调度应包括该组事务的全部操作;②属于同一个事务的操作应保持在原事务中的执行顺序。

(5) 在调度 S 中,如果属于同一事务的操作都是相邻的,则称 S 是**串行调度**。对由 n 个事务组成的调度而言,共有 $n!$ 个串行调度。

(6) 在一调度 S 中,如果 O_i 与 O_j 是不同事务在相同数据对象上的操作,并且其中至少有一个是写操作,则称 O_i 与 O_j 是**冲突操作**;否则称为非冲突操作。

(7) 如果一调度 S 可以经过交换一系列非冲突操作执行的顺序而得到一个新的调度 S',则称 S 与 S' 是**冲突等价**的。

(8) 如果一调度 S 与一串行调度是冲突等价的,则称 S 是**冲突可串行化**的。冲突可串行化保证了一个并发调度的正确性,因为它与某个串行调度的执行结果是等价的。但是,**冲突可串行化仅仅是正确调度的充分条件,并不是必要条件**,即冲突可串行化调度的执行结果一定是正确的,而正确的调度不一定都是冲突可串行化的。

(9) **基于封锁的并发控制方法的基本思想**:当事务 T 需访问数据对象 Q 时,先申请对 Q 的锁。如批准获得,则 T 继续执行,且此后不允许其他任何事务修改 Q,直到事务 T 释放 Q 上的锁为止。

(10) 基本锁类型包括**共享锁**和**排他锁**。共享锁与排他锁不相容,排他锁与排他锁不相容。

(11) **两阶段封锁协议**是常用的封锁协议,它要求每个事务分两个阶段加锁和释放锁。①**增长阶段**:事务可以获得锁,但不能释放锁;②**缩减阶段**:事务可以释放锁,但不能获得新锁。**两阶段封锁协议能保证冲突可串行化**。对于任何事务,调度中该事务获得其最后加锁的时刻称为事务的封锁点。多个事务可以根据它们的**封锁点**进行排序可得到并发事务的一个冲突可串行化顺序。但是,两阶段封锁协议不能解决**死锁**和读脏数据问题。

(12) 两阶段封锁协议的一个变体是**严格两阶段封锁协议**,它除了要求封锁是两阶段之外,还要求事务持有的所有排他锁必须在事务提交后方可释放。另一个变体是**强两阶段封锁协议**,它要求事务提交之前不得释放任何锁(包括共享锁和排他锁)。容易验证在强两阶段封锁条件下,事务可以按其提交的顺序串行化。严格两阶段封锁与强两阶段封锁在商用数据库系统中被广泛使用。

（13）数据库管理系统中各类故障对数据库的影响概括起来主要有两类：一类是数据库本身被破坏（**介质故障**引起）；另一类是数据库本身没有被破坏，但由于某些原因（**事务故障、系统故障**引起）导致事务在运行过程中被中止或系统运行被中止，使得数据库中可能包含了未完成事务对数据库的修改或已提交事务的更新结果没有写入物理数据库中，破坏了数据库中数据的正确性，或者说使数据库处于不一致状态。对于不同类型的故障在恢复时应做不同的**恢复**处理。

（14）数据库中的恢复管理模块由两部分组成：①在正常事务处理时，系统需记录冗余的恢复信息，以保证故障发生后有足够的信息进行数据库恢复；②故障发生后，利用冗余信息进行撤销或重做等操作，将数据库恢复到一致性状态。

（15）**日志**是DBMS记录数据库全部更新操作的序列文件。日志记录有两种类型：记录数据更新操作的日志和记录事务操作的日志。为了保证数据库能运用日志进行恢复，要求日志文件必须放到稳定存储器（如磁盘）上，并且要求每条日志记录必须在其所包含数据元素的更新值写到稳定存储器之前先写到稳定存储器上，即先写（write-ahead）日志规则。

（16）**重做**和**撤销**是两种基本的数据库操作。重做是根据日志将它们写到数据库中的修改值重写一次。而撤销是根据日志将未提交事务的修改值恢复为修改前的值，仿佛这些事务未曾执行过。

（17）**检查点**是周期性地向日志中写一条检查点记录并记录所有当前活跃的事务，为恢复管理器提供信息，以减少恢复日志的扫描开销和提高恢复效率。检查点工作主要包括：①将当前位于日志缓冲区的所有日志记录输出到磁盘上；②将当前位于数据缓冲区的所有更新数据块输出到磁盘上；③记录检查点日志并输出到磁盘上。

（18）**备份**是数据库管理系统用来进行介质故障恢复的常用方法。它是由DBA周期性地将整个数据库的内容复制到其他稳定存储器上（通常为大容量的磁带或磁鼓）保存起来。这些备用的数据文本称为后备副本或后援副本。一旦系统发生介质故障，数据库遭到破坏，可以将后备副本重新装入，再利用日志重做最后一次备份之后所提交的所有事务或按提交顺序重新运行这些事务，将数据库恢复到故障前的一致性状态。数据备份操作可分为**静态备份**和**动态备份**，**全备份**和**增量备份**。

习　题　10

10.1　什么是事务的 ACID 特性？DBMS 是如何保证这些特性的？

10.2　数据库为什么需要并发控制？

10.3　串行调度和可串行化调度的区别是什么？不可串行化调度一定得到不正确的执行结果吗？举例说明。

10.4　举例说明并发访问相同数据对象时可能出现的丢失更新、读脏数据及不可重复读，并解释如何采用封锁方法解决？

10.5　封锁方法会引起什么问题？如何解决？

10.6　什么是两阶段封锁协议？它可避免死锁和级联夭折吗？如不能，分别给出解决方法。

10.7　试证明两阶段封锁协议能保证冲突可串行化。

10.8　为什么要做检查点？检查点的主要任务是什么？

10.9　假设 3 个事务 T_1，T_2，T_3 的操作按调度 S_1 执行。

S_1：$R_2(A)$ $R_1(B)$ $W_2(A)$ $R_3(A)$ $W_1(B)$ $W_3(A)$ $R_2(B)$ $W_2(B)$

（1）画出 S_1 调度的优先图。

（2）S_1 冲突可串行化吗？若是，给出它的等价串行调度。

（3）将 $R_2(B)$ 移到 $R_3(A)$ 之前可得到新的调度 S_2。

S_2：$R_2(A)$ $R_1(B)$ $W_2(A)$ $R_2(B)$ $R_3(A)$ $W_1(B)$ $W_3(A)$ $W_2(B)$

S_2 冲突可串行化吗？若是，给出它的等价串行调度。

10.10　假设 3 个事务 T_1，T_2，T_3 的操作按下列顺序调度执行：

$R_1(A)$ $W_2(B)$ $R_3(C)$ $R_1(C)$ $W_2(A)$ $R_3(B)$ $W_1(C)$

（1）该调度冲突可串行化吗？若是，给出它的等价串行调度；若不是，说明原因。

（2）假设事务按两阶段封锁协议执行，上述调度执行时会发生什么问题？说明原因。

10.11　事务 T_1 和 T_2 的操作按下列顺序到达系统：$R_1(A)$ $R_2(B)$ $W_2(B)$ $W_1(A)$ $R_1(B)$ $W_2(A)$ $W_1(B)$。试分析采用严格两阶段封锁协议时是否有死锁发生，并说明原因。

10.12　事务 T_1 和 T_2 的操作按下列顺序到达系统：$R_1(A)$ $R_2(A)$ $W_1(A)$ $W_2(A)$ $R_1(B)$ $W_1(B)$ $R_2(B)$ $W_2(B)$。试分析基于封锁原理该调度是否可能存在读脏数据、丢失更新、不可重复读等并发执行的问题（需要阐述理由）。

10.13　系统崩溃时日志文件记录内容如下：

$<T_0$,START$>$
$<T_0$, A, 0, 10$>$
$<T_0$,COMMIT$>$
$<T_1$,START$>$
$<T_1$, B, 0, 10$>$
$<T_2$,START$>$
$<T_2$, C, 10, 20$>$
$<$Checkpoint $\{$ T_1,T_2 $\}>$
$<T_3$,START$>$
$<T_3$, A, 10, 20$>$
$<T_3$, D, 0, 10$>$
$<T_3$,COMMIT$>$
$<T_1$,D, 10, 25$>$
$<T_2$,A, 20, 30$>$
$<T_1$,COMMIT$>$

试写出系统重启后恢复处理的步骤及恢复操作（指 UNDO、REDO 操作），并指明 A、B、C、D 恢复后的值分别是多少？

第11章

数据库应用开发

学习目标

　　本章从开发者的角度而不是管理者的角度来看待数据库,围绕数据库的应用开发展开,介绍数据库系统的体系结构的演变及其现状,讨论常见的数据库访问技术,并通过具体的代码介绍数据库开发的过程。本章的学习目的是理解软件开发体系结构变迁的驱动力,理解当前主要的软件开发体系结构的思想,了解一些主要的数据库访问技术,并能够使用某种数据库访问技术进行简单的数据库应用开发。

学习方法

　　本章的内容与应用程序开发紧密相关,因此要结合应用开发的实践来加深对本章知识的理解。在学习数据库系统的体系结构时,可以将自己使用过的应用程序或系统对号入座,通过具体的应用来理解不同体系结构的特点。在学习数据库访问技术时要联系程序开发实践来加深理解,不要求掌握每种数据库访问技术,但是要求能够使用某种主流的数据库访问技术来进行数据库应用开发。另外,数据库应用开发技术在不断更新,读者要及时补充新的知识。

学习指南

　　本章的重点是11.1节和11.2节。

本章导读

　　数据库系统中人员分为4类,他们各自的职责和必须具备的知识结构如图11-1所示。

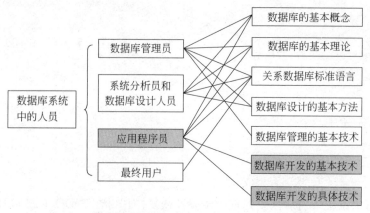

图11-1　数据库系统人员的类型及其应具备的素质

本章面向应用程序员,介绍数据库应用开发知识,重点是介绍数据库开发的基本技术。由于数据库开发技术与具体的开发环境有关,因此本书不可能面面俱到,读者应结合实验教程中的案例和实验来加深理解。

11.1　数据库系统的体系结构

在 20 世纪 90 年代之前的很长一段时间内,开发人员一直通过集成本地系统服务来构建应用程序。在这种模式下,开发人员通过嵌入式开发语言或自含式语言访问后台数据库,可以严格控制应用程序。如使用嵌入式 C 或嵌入式 COBOL 语言开发访问 Oracle 数据库的应用程序系统;使用 FoxPro 自含式语言开发访问 FoxPro 数据库的应用程序系统。

如今,开发人员在很大程度上已经摆脱了这种模式的束缚,致力于构建具有 N 层复杂结构的系统。这种系统将分散在网络中的众多应用程序进行集成,极大地提升了应用程序的价值。在这种开发模式下,开发人员不必为构建基本结构花费过多精力,可以集中精力挖掘软件独特的商业价值,缩短软件投放市场的开发周期,使编程效率明显提高,软件质量也得到了相应的保证。

11.1.1　软件开发体系结构概述

随着软件系统的规模和复杂程度的增加,软件体系结构的选择比数据结构和算法的选择显得更为重要。一个好的软件体系结构模型能为系统的分析、设计、实现和配置提供一个框架使之结合为一体,并良好地工作。

软件体系结构是构件的集合,包括处理构件、数据构件和连接构件。处理构件负责对数据进行加工,数据构件是被加工的信息,而连接构件将体系结构的不同部分组合连接起来。

与大型中央主机相适应,最初的软件体系结构是客户表示、数据和程序集中放在主机上,通常只有少量的图形用户界面(graphical user interface,GUI)。主机负责处理所有的业务,客户通过终端完成对远程数据库的访问,因此该体系结构要求主机具有很高的性能。但是,随着 PC 的广泛应用,该结构逐渐在应用中被淘汰。

20 世纪 80 年代中期出现了 Client/Server 分布式计算结构,该结构将应用程序的处理分别放在客户(PC)和服务器(mainframe 或 Server)上。客户机发出 SQL 请求,该请求被数据库服务器响应,通常由服务器上的关系型数据库进行处理,PC 在接收到被处理的数据后实现显示和业务逻辑。系统支持模块化开发,客户机上一般提供 GUI 供客户输入数据和显示服务器返回的结果信息。

Client/Server 结构因其灵活性得到了极其广泛的应用。但对于大型软件系统而言,这种结构在系统的部署和扩展性方面还存在着不足。这一模式在仅有少量用户的系统中其工作状态较好,但是当越来越多的用户访问数据库中的数据时,该模式开始暴露出它的弊端,由于客户端包含业务逻辑且应用程序必须安装在客户端,一旦业务逻辑发生变化时必须更改所有客户端程序,给系统维护带来很大的困难。

Client/Server 结构的特点是将用户的界面操作、业务逻辑放在客户端操作,而将数据操作放在服务器端处理。在这种体系结构中,它无法确保数据访问的安全(从客户程序中可以得到数据库密码),网络资源消耗较大(因为要保持数据库连接、数据频繁在网络中传递),服务器负担过重(因为它要处理所有客户机的请求),升级不够方便(一旦用户的业务逻辑发生变化,必须更改所有客户机的软件)。

Internet 的发展给传统应用软件的开发带来了深刻的影响。基于 Internet 和 Web 的软件和应用系统无疑需要更为开放和灵活的体系结构。随着越来越多的商业系统搬上 Internet,一种新的、更具生命力的体系结构被广泛采用,这就是"三层/多层计算"框架。

11.1.2　C/S 体系结构

客户机/服务器(Client/Server,C/S)体系结构是 20 世纪 90 年代成熟起来的技术,它分为两层结构和多层结构。

两层结构将应用一分为二,服务器(后台)负责数据管理,客户机(前台)完成与用户的交互任务。此结构把存储企业数据的数据库内容放在远程服务器上,而在每台客户机上安装相应软件。客户机,通常是一个 PC,其用户界面结合了表示层和业务逻辑层,接收用户的请求,并向数据库服务器提出请求;后端是**数据库服务器**,负责响应客户的请求,并将数据提交给客户端,客户端再将数据进行计算并将结果呈现给用户。两层结构还要提供完善的安全保护及对数据的完整性处理等操作,并允许多个客户同时访问同一个数据库。在这种结构中,服务器的硬件必须具有足够的处理能力才能满足各个客户的要求,其体系结构如图 11-2 所示。

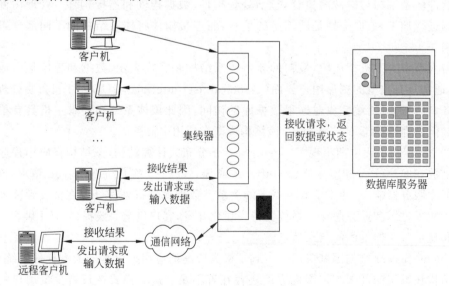

图 11-2　两层 C/S 体系结构图

C/S 两层结构在技术上非常成熟,具有强大的数据操作和事务处理能力。该结构模型思想简单,易于人们理解和接受。它的主要特点是交互性强、具有安全的存取模式、网络通信量低、响应速度快、有利于处理大量数据。但是,随着企业规模的日益扩大,软件的复杂程度不断提高,该结构存在以下几个局限:

(1) 程序是针对性开发,变更不够灵活,维护和管理的难度较大。通常只局限于小型局域网,不利于扩展。

(2) 由于该结构的每台客户机都需要安装相应的客户端程序,分布功能弱且兼容性差,不能实现快速部署安装和配置,要求具有一定专业水准的技术人员去完成。

(3) 两层 C/S 结构是单一服务器且以局域网为中心,所以难以扩展至大型企业广域网或 Internet。

(4) 软、硬件的组合及集成能力有限。

(5) 客户机的负荷太重,客户机不仅要实现表示层,而且还要实现业务逻辑层,一旦某个业务逻辑发生变化,则所有的客户机软件必须重新安装。当企业中有大量的客户机时,系统的性能容易变坏,且维护也相当不方便。

为了解决传统两层方案的不足,人们设计了多层 C/S 结构,它已成为解决企业管理信息系统软件问题方案的核心。多层结构的基本思想是将用户界面与企业逻辑分离,把信息系统按功能划分为表示、功能和数据 3 大块,分别放置在相同或不同的硬件平台上。企业需求灵活多变的特点反映到软件中就是指企业业务逻辑的多变,而多层体系结构把业务逻辑封装到中间层中,能较好地适应这种多变的特点。如果企业需要更改业务,开发人员只要修改实现此业务的中间层即可。

多层体系构架就是把一个应用程序按功能划分成不同的逻辑组件。具有特定功能的应用程序中的一部分称为一层。典型的多层体系构架一般把一个应用程序分为 3 层,分别是表现层、业务逻辑层(或者中间层)和数据层。

中间件是在计算机硬件和操作系统之上,支持应用软件开发和运行的系统软件,它能够使应用软件相对独立于计算机硬件和操作系统平台,为大型分布式应用搭起了一个标准的平台,把大型企业分散的系统和技术组合在一起,实现大型企业应用软件系统的集成。

采用中间件的工作机制是:客户端上的应用程序需要从网络中的某个地方获取一定的数据或服务,这些数据或服务可能处于一个运行着不同操作系统和特定查询语言数据库的服务器中。C/S 体系结构应用程序中负责寻找数据的部分只需访问一个中间件系统,由中间件完成到网络中找到数据源或服务,进而传输客户请求、重组答复信息,最后将结果送回应用程序的任务,其体系结构如图 11-3 所示。

在三层 C/S 体系结构中,客户机仅仅实现业务的表示层,仅向客户提供数据的输入/输出界面,以及实现最简单的业务规则。如编号的合法性、数据是否允许空值、是否数值型数据、日期表示是否正确等。客户机负责接收客户的输入信息,并将输入信息发送给中间件服务器,客户机接收来自中间件服务器的结果信息并显示给客户。

中间件服务器(或组件服务器)实现大部分的客户业务规则。这些规则包括建立与后台数据库的连接,将客户机发送过来的请求或数据按照客户的业务规则进行分类、加

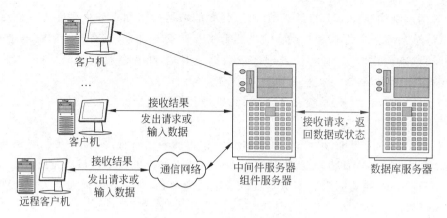

图 11-3 三层 C/S 体系结构图

工和处理,生成相应的 SQL 语句,然后将 SQL 语句发送给数据库服务器,同时接收数据库服务器返回的数据或状态,并返回给客户机。

在网络中可以有多台中间件服务器。为了进一步提高系统的效率,可以将企业的业务进行分类。同类业务规则的实现放在同一台中间件服务器上,实现企业业务分布式处理。

客户机访问中间件服务器是通过其提供的接口来实现。具体的实现代码客户是看不到的,可以将企业所有的业务规则、所有对数据库的访问都封装在中间件中。一旦企业的某个业务规则发生变化,只要其接口保持不变,客户机的软件就不必更新。同时所有对数据库的操作也是封装在中间件中的,因此在很大程度上保证了数据库的安全。

数据库服务器的功能与两层的 C/S 结构是一样的,只不过其结果数据是返回给中间件服务器,而不是客户机。

三层是多层体系结构的基础,中间件服务器可以再访问中间件服务器,这样就形成了多层体系结构。

使用多层体系结构架模型,可以将系统需求划分成可以明确定义的服务,例如事务服务、名字服务等。这些服务以组件的形式实现,一个组件可以实现系统中的一种或者多种服务,是这些服务的物理封装。根据系统的功能、性能等各方面的需求,系统管理员可以在网络上灵活地部署这些组件,并且可以根据业务的改变灵活地对这些服务组件进行修改,而不影响其他的组件,从而降低维护的费用。

多层体系结构的应用程序有很多优于 C/S 结构应用程序的特点,主要包括:业务规则集中、瘦客户体系结构、自动错误调和、负载平衡、可重用性、灵活性、可管理性、易维护性等。

C/S 体系结构主要采用的编程语言有 VB(VB. NET)、C♯ 和 C++ 等。C/S 体系结构在 2000 年之前是开发领域的主流。随着 B/S 体系结构的发展,已经逐步被 B/S 体系结构所替代,但是在目前仍然有许多企业在使用 C/S 体系结构。

11.1.3 B/S 体系结构

浏览器/服务器(Browser/Server,B/S)体系结构是随着 Internet 技术的兴起而兴起的,是对 C/S 结构的改良。在这种结构下,客户工作界面通过 WWW 浏览器来实现,除极少部分事务逻辑在 Browser 端实现,大部分事务逻辑在 Server 端实现。

B/S 体系结构利用了不断成熟的 WWW 浏览器技术,结合多种脚本(Script)语言(VBScript,JavaScript)和 ActiveX 技术,是一种全新的软件系统构造技术。

在三层 B/S 体系结构中,用户通过浏览器向分布在网络上的 **Web 服务器**发出请求。Web 服务器对浏览器的请求进行处理,若涉及访问数据库中的数据,则由 Web 服务器向数据库服务器发出请求。数据库服务器接收到请求并处理,将处理后的数据或状态返回给 Web 服务器,再由 Web 服务器对数据进行加工处理,生成动态网页返回到客户的浏览器中,其体系结构如图 11-4 所示。

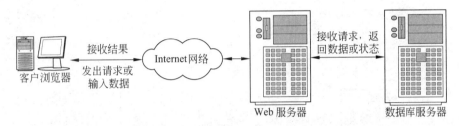

图 11-4　三层 B/S 体系结构

三层 B/S 体系结构,其客户端只需要安装一个浏览器即可,不需要加载任何应用软件。目前 Windows 系列操作系统内置了 IE 浏览器软件,这就使得客户可以在任何地方通过 Internet 网络访问企业中的数据,所有对数据库的访问和应用程序的执行都由 Web 服务器完成。

实际上 B/S 体系结构是把两层 C/S 结构的事务处理逻辑模块从客户机的任务中分离出来,由 Web 服务器单独组成一层来负担其任务,把负荷分配给了 Web 服务器,这样客户机的压力减轻了。这种结构不仅将客户机从沉重的负担和不断提高其性能的要求中解放出来,也将技术维护人员从繁重的维护升级工作中解脱出来。由于客户机把事务处理逻辑部分交给了服务器,使得客户机一下子“苗条”了许多,不再负责处理复杂计算和数据访问等关键事务,而只负责输入和显示部分。所以维护人员不必为维护程序奔波于每个客户机之间,而把主要精力放在功能服务器程序的更新工作上。这种三层结构各层相互独立,任何一层的改变不影响其他层的功能。

B/S 体系结构也暴露出了许多不足之处,具体表现在以下几个方面:

(1)由于浏览器只是为了进行 Web 浏览而设计的,当应用于 Web 应用系统时,许多功能不能实现或实现起来比较困难。比如通过浏览器进行大量的数据输入,或进行报表的应答都比较困难和不便。

(2)复杂应用的开发困难。虽然可以用 ActiveX、Java 等技术开发较为复杂的应用,但是相对于成熟的 C/S 工具来说,这些技术的开发复杂。

(3)HTTP 可靠性低,有可能造成应用故障。特别是对于管理者来说,采用浏览器方式进行系统的维护非常不安全和不方便。

(4)Web 服务器成为数据库服务器的唯一客户端,所有对数据库的连接都必须通过

Web 服务器实现。Web 服务器同时要处理与客户请求以及与数据库的连接,当访问量较大时,Web 服务器的负载过重。

(5) 由于业务逻辑和数据访问程序一般由 JavaScript、VBScript 等嵌入式小程序实现,分散在各个页面里,难以实现共享,给升级和维护也带来了不便。同时由于源代码的开放性,使得商业规则很容易暴露,而商业规则对应用程序来说是非常重要的。

由于存在上述问题,因此又提出多层 B/S 体系结构。

多层 B/S 体系结构是在三层 B/S 体系结构中增加了一个或多个中间层。该层使用中间件技术,由相应的应用服务器来管理,它是多层 C/S 体系结构的一种改进,其体系结构如图 11-5 所示。

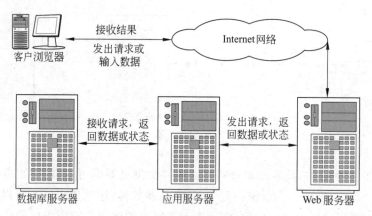

图 11-5　多层 B/S 体系结构

在多层 B/S 体系结构中,用户通过浏览器向网络上的 Web 服务器发出请求。Web 服务器对浏览器的请求进行处理,将用户所需信息返回到浏览器。Web 服务器主要任务是接收数据请求,对数据进行加工,将加工后的结果返回以及生成动态网页。在此期间,Web 服务器如果涉及对数据库的访问和企业的业务规则,则向**应用服务器**发出请求,应用服务器根据请求向数据库服务器发出请求。数据库服务器响应请求,并将结果或状态返回给应用服务器。应用服务器再依据企业的业务规则对数据进行加工、整理,并将处理后的数据返回给 Web 服务器,Web 服务器以动态网页的形式返回给客户浏览器。

从上面多层 B/S 体系结构的流程可以看出,Web 服务器不再直接访问数据库服务器,而是将企业的业务规则以及对数据库的操作封装在应用服务器的组件中。当客户要访问企业的数据时,Web 服务器仅仅通过应用服务器组件提供的接口实现相应的业务操作,这在很大程度上提高了 B/S 结构的安全性。

众所周知,Web 服务器是对外开放的。因此,可以在 Web 服务器与应用服务器之间加上一道**防火墙**使应用服务器与外界隔开。这样即使有刻意攻击的黑客,攻击的也仅仅是 Web 服务器,而企业的业务规则以及存放数据的数据库难以受到攻击。

目前市场上有很多著名企业提供了应用服务器软件,并且应用服务器可以直接作为 Web 服务器使用。当然,作为一个安全的企业级的管理信息系统,必须将 Web 服务器与应用服务器物理分开。著名的应用服务器有:Oracle 公司的 Weblogic Application

Server、IBM 公司的 Web Sphere Application Server、开源的 JBoss Enterprise Application Platform(JBoss EAP)等。

B/S 结构的编程语言分为浏览器端编程语言和服务器端编程语言。其中浏览器端的编程语言包括：

（1）超文本标记语言(Hypertext Markup Language,HTML)；

（2）层叠样式单(Cascading Style Sheets,CSS)；

（3）JavaScript 语言；

（4）VBScript 语言。

服务器端的编程目前主要是以下技术：

（1）ASP(Active Server Pages)和 ASP.NET 技术是微软公司推出的，专门用于 Windows 平台的开发语言。ASP 已不再推荐使用。ASP.NET 中可以用 C♯或者 VB .NET 语言编写服务器端程序，但是 ASP.NET 依赖于.NET 框架。

（2）JSP(Java Server Pages)技术是 SUN 公司推出的、专门用于 Java 平台的开发语言。JSP 中的代码用 Java 语言编写。

（3）PHP(Hypertext Preprocessor)技术是在开源领域用得非常广泛的一种技术，Linux(操作系统)＋Apache(服务器软件)＋MySQL(服务器端数据库)＋PHP(服务器端脚本语言)的搭配是构建中小型网站的首选(这个搭配也被简称为 LAMP)。PHP 中的代码使用的语法类似于 C，非常容易上手。

11.1.4　C/S 与 B/S 结构的结合

B/S 体系结构的主要特点是分布性强、维护方便、开发简单且共享性强、总体成本低。但对服务器要求过高、数据传输速度慢、软件的个性化特点明显降低，难以实现传统模式下的特殊功能要求。如通过浏览器进行大量的数据输入或进行报表的应答、专用性打印输出等比较困难和不便。因此，提出了一种将 C/S 与 B/S 结构相结合的开发方法。

在该体系结构中，对于企业外部客户，或者一些需要用 Web 处理的、满足大多数访问者请求的功能界面(如信息发布、数据查询、下订单、维修服务等界面)采用 B/S 结构，而对企业内部业务人员使用的功能应用(如数据库维护管理、统计报表、数据分析、业务处理等界面)采用 C/S 结构，其体系结构如图 11-6 所示。

从图 11-6 可以看出，Internet 网络中的客户发出 HTTP 请求到 Web 服务器，Web 服务器将请求传送给应用服务器，应用服务器将数据请求传送给数据库服务器，数据库服务器将数据返回给应用服务器，然后再由 Web 服务器将数据传送给客户端。对于一些实现起来比较困难的功能或一些需要丰富的 HTML 页面的功能，可以在页面中嵌入 ActiveX 控件来实现。而对于企业内部的用户，由于他们仅涉及数据库维护管理、统计报表、数据分析、业务处理等业务，则直接通过 C/S 结构实现对数据库的访问。

采用这种结构优点在于：

（1）充分发挥了 B/S 与 C/S 体系结构的优势，弥补了各自的不足。充分考虑用户利益，保证浏览查询者方便操作的同时也使得系统更新简单，维护简单灵活，易于

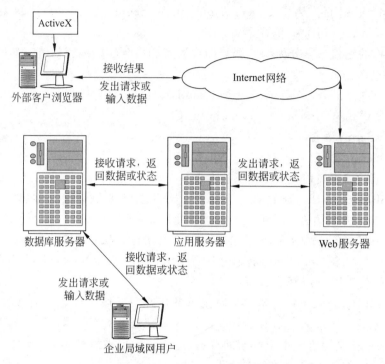

图 11-6 B/S 与 C/S 相结合的体系结构

操作。

（2）信息发布、数据查询、下订单、维修服务等采用 B/S 结构，保持了瘦客户端的优点。由于 Web 浏览器和网络综合服务器都是基于工业标准的，可以在所有的平台上工作。

（3）企业内部采用 C/S 结构，可以通过 ADO/JDBC 连接。这一部分只涉及系统维护、数据更新等，不存在完全采用 C/S 结构带来的客户端维护工作量大等问题。并且在客户端可以开发非常复杂的应用，界面友好灵活，易于操作，能解决许多 B/S 存在的固有缺点。

（4）对于原有基于 C/S 体系结构的应用，可以非常容易地升级到这种体系结构。只需开发用于发布的 Web 界面，保留原有的 C/S 结构的某些子系统，充分地利用现有系统的资源，使得现有系统或资源无须大的改造即可以连接使用，节省投资。

（5）通过在浏览器中嵌入 ActiveX 控件实现复杂的功能。如通过浏览器进行报表的应答。另外，客户端 ActiveX 控件的加盟，可以丰富 HTML 页面，产生令人惊奇的效果。

（6）将服务器端划分为 Web 服务器和应用服务器两部分。应用服务器采用**组件技术**实现多层 B/S 体系结构中的商业逻辑部分，达到封装源代码、保护知识产权的目的。Internet 应用程序大部分属于分布式应用程序，采用组件技术的一个重要特点就是它的处理能力能够随着用户数量、数据量所需性能的提高而提高。

11.1.5　常用开发体系结构

目前常用的开发体系结构有两种，一种是 C/S 体系结构，一种是 B/S 体系结构，其开发体系如图 11-7 所示。

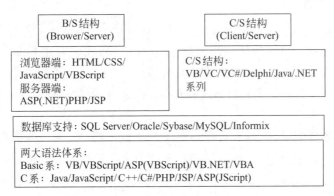

图 11-7　常用开发体系结构

常用的开发方法有基于微软公司的 .NET 平台技术和基于 SUN 公司的 Java 技术。

Microsoft .NET 的战略是将互联网本身作为构建新一代操作系统的基础，是当今计算机技术通向计算时代的一个非常重要的里程碑。ASP .NET 是 Microsoft .NET 的重要组成部分，是 Web 应用程序开发环境。

1．ASP．NET 的优点

（1）它构建在通用语言运行时（Common Language Runtime，CLR）之上，用它开发的程序可以支持异常控制、类型安全、继承和动态编译；

（2）采用 Code-Behind 技术来实现 Web 页面表示层和商业逻辑代码分离，从而实现代码的重用；

（3）组件部署简单，并且组件在使用之前不必注册；

（4）安全机制完善，还能自动检测内存泄漏，自动启动进程；

（5）有更高的执行效率，ASP .NET 代码是采用编译方式执行，从而可以建立高效率的 Web 应用程序。特别地，由于在 ASP .NET 中使用 ADO .NET 对数据库进行存取，ADO .NET 使用 XML 交换数据，其执行效率比传统的 COM（Component Object Model）marshalling 方式快得多。ADO .NET 在 ADO 的基础上增加了许多对象，如 DataSet、DataReader、DataView 和 DataSetCommand 等。其中，DataSet 对象是核心，它以离线的方式存在于内存中用于读取数据，读取速度更快。

2．在 ASP .NET 中访问数据库

在 ASP .NET 中，对数据库访问可以采用 3 种方法实现：

（1）利用数据库组件通过 ODBC 连接实现；

（2）通过 .NET 中包含的用于访问企业数据库的数据提供程序 SQL Server .NET

实现；

（3）通过.NET中包含的用于访问企业数据库的数据提供程序 OLEDB .NET实现。通常选用.NET中包含的用于访问企业数据库的程序实现数据访问。

3. MVC 开发模型

几乎所有现代网络开发框架都遵循了 Model-View-Controller(模型-视图-控制)设计模式，简称 **MVC 模式**。MVC 架构模式是 20 世纪 80 年代中期在 Smalltalk-80 GUI(一种经典的面向对象程序设计语言)实验室发明的。

MVC 模式将一个软件分为商务逻辑(Model)和显示(View)两部分，其好处主要有两个方面：

（1）同一商务逻辑层(Model)可能会对应多个显示层(View)，如果商务逻辑层和显示层放在一起的话，再添加一个显示层的时候就会极大地增加组件的复杂性。一个商务逻辑对着两个显示层的例子是：银行账户的商务逻辑层对应 ATM 和 Internet 两个显示层。

（2）通常情况下，每次修改显示层的时候一般并不需要修改商务逻辑层。

1）MVC 模型的含义

（1）Model 层：一般利用组件进行设计，在复杂的商务逻辑上，提供简单并且统一的应用程序接口。这一层负责管理应用程序的行为和状态，响应状态的请求和改变状态的指令。

（2）View 层：从 Model 层和 Controller 层获取数据，并按照某种方式显示给用户。

（3）Controller 层：捕捉用户的一些事件，并根据用户和应用程序的状态来决定响应的类型。Controller 层的响应会同时影响到 View 层和 Model 层。

2）MVC 在 JSP 中的设计模式

在这种模式中，使用 JSP 技术来实现客户页面，通过 Servlet 技术完成大量的事务处理工作以实现用户的商业逻辑。

Servlet 用于处理请求的事务，充当了控制器(Controller 即 C)的角色，它负责响应客户对业务逻辑的请求并根据用户的请求行为，决定将哪个 JSP 页面发送给客户。

JSP 页面处于表现层，也就是视图(View 即 V)的角色。JavaBean 则负责数据的处理，也就是模型(Model 即 M)的角色。

图 11-8 描述了基于 JSP 的 MVC 设计模式。

目前有两种实现模型：

（1）基于 Bean 的 MVC 模型。

Bean 可以利用 JavaBean 实现，也可以利用 EJB 来实现，分别构成的系统是：

- JavaBean(M)＋JSP(V)＋Servlet(C)；
- EJB(M)＋JSP(V)＋Servlet(C)实现。

由于 EJB 属于重量级的实体 Bean，目前采用 Spring＋Hibernate 框架构造企业级的应用。Hibernate 是一个开放源代码的对象关系映射框架，它对 JDBC 进行了轻量级的

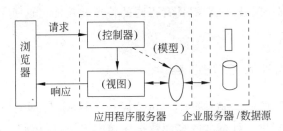

图 11-8　基于 JSP 的 MVC 设计模式

对象封装，使得 Java 程序员可以随心所欲地使用对象编程思想来操纵数据库。

（2）基于 Struts 的 MVC 模型。

Struts 是 Apache 组织的一个项目，像其他的 Apache 组织的项目一样，它也是开放源代码的项目。

Struts 是一个比较好的 MVC 框架。它提供了对开发 MVC 系统的底层支持，采用的主要技术是 Servlet、JSP 和 custom tag library。

Struts 是一组相互协作的类、Servlet 和 JSP 标记，它们组成一个可重用的 MVC 设计。这个定义表示 Struts 是一个框架，而不是一个库。但 Struts 也包含了丰富的标记库和独立于该框架工作的实用程序类。

11.2　数据库访问技术

由于数据存放在数据库中，要想访问数据库中的数据，先要连接并登录到存放数据库的服务器。一般来说，访问数据库中的数据有两种方式：一是通过 DBMS 提供的数据库操纵工具来访问，如通过 SQL Server 的查询设计器来提交查询，或者通过 SQL Server 的企业管理工具来访问，这种方式比较适合 DBA 对数据进行管理；二是通过**应用编程接口**（Application Programming Interface，API）来访问数据库，这种方式适合在应用程序中访问数据。本节主要介绍后一种数据库访问方式。

目前市场上的数据库产品非常多，如果每种数据库都提供一套自己的 API，那么对于程序员来说将会是一场灾难：当需要更换后台数据库时，程序员需要学习一套新的 API，所有与数据访问有关的程序都需要重写，整个应用程序需要重新调试、构建……，这对于数据库开发来说是不可接受的。避免这种灾难的一个好的办法是标准化，于是有了 SQL 语言和通用的数据访问接口。SQL 查询语言是标准化的关系数据库定义、操纵和管理语言，但是仅有 SQL 还不够，因为 SQL 没有告诉程序员如何连接数据库，而这是通用的数据访问接口来实现的。通用的数据访问技术是由各数据库厂商发起并得到广泛认可的，其通用性在于数据访问技术不是绑定于某一种数据库产品，而是可用于某一类型的所有数据库产品。有了这些通用的数据访问技术，开发者的学习难度大大降低，数据库应用程序的开发工作也大大简化了。

由于数据源和数据访问环境的复杂性，数据访问的过程是相当复杂的。历史上出现了多种"通用"的数据访问技术,它们具有不同的特点和功能。这一节介绍一些较常用的数据访问技术。

11.2.1 ODBC API 和 ODBC 库

开放数据库连接(Open DataBase Connectivity,ODBC)是 Microsoft 定义的一种数据库访问标准,它用来提供一种标准的桌面数据库访问方法,以访问不同平台上的数据库。一个 ODBC 应用程序可以访问在本地 PC 数据库上的数据,但是它还可以进行扩展,用于访问多种异构平台上的数据库,例如 SQL Server、Oracle 或者 DB2。虽然 ODBC 最初是作为一种 Windows 平台上的标准,但是目前在其他几种平台上也实现了 ODBC,这些平台包括 OS/2 和 UNIX。

ODBC 是一个调用级接口,它使得应用程序得以访问任何具有 ODBC 驱动程序的数据库中的数据。ODBC 提供了使应用程序独立于数据库管理系统的 API。

ODBC 本质上是一组数据库访问的 API。表面上看 ODBC 由一组函数组成,实质上其核心是 SQL。ODBC API 的主要功能是将 SQL 语句发送到目标数据库中,然后对这些语句产生的结果进行处理。

ODBC 是一种广泛使用的桌面数据库访问标准,但是直接使用 ODBC API 是比较困难的,于是出现了各种各样对 ODBC API 的封装。使用 ODBC 所需的代码都已嵌入到支持 ODBC 的应用程序中,像 Microsoft Access、Word、Excel 和 Visual Basic 都已经内嵌了对于 ODBC 的支持,使得在这些应用程序中使用 ODBC 非常方便,用户甚至根本不知晓 ODBC 的使用。除了这些应用程序外,还有数百种桌面应用程序支持 ODBC,用户只需要知道如何使用它们的功能。另外,很多程序设计语言或者类库都对 ODBC API 进行了封装,如 Visual Basic、Delphi 和 Visual C++ 等。尽管数据库类封装了 ODBC 功能,但它们不提供一对一的 ODBC API 函数映射,而是提供更高级别的抽象,因此用户使用相当简单的接口就可以处理数据库对象。开发人员只需要掌握封装后的 ODBC 库,而不用直接调用 ODBC API,从而大大降低了程序开发的难度。

MFC ODBC 是在**微软基础类**(Microsoft Foundation Classes,MFC)中封装了 ODBC API 的产物。它是 MFC 库使用人员访问数据库的一个非常有用的工具。

要使用 ODBC,先要了解以下概念:数据源、ODBC 驱动程序、驱动程序管理器。它们都是 ODBC 的组件。ODBC 组件之间的关系如图 11-9 所示。

1. ODBC 应用程序

ODBC 应用程序直接面向用户,它可以是像 Microsoft Word,Excel 和 Visual Basic 这样的应用程序,也可以是使用 Visual Basic、Visual C++ 或其他开发工具开发的应用程序。ODBC 应用程序与 ODBC 驱动程序管理器(ODBC32.dll)进行静态或动态链接,并调用由 ODBC 驱动程序管理器所提供的 ODBC API 来发出 SQL 语句并处理结果以及进行错误处理。

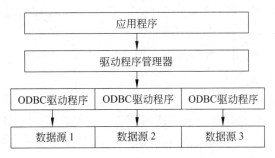

图 11-9　ODBC 体系结构

2. ODBC 驱动程序管理器

应用程序不是直接调用 ODBC 驱动程序,而是先调用 ODBC 驱动程序管理器提供的 API,而 ODBC 驱动程序管理器再调用相应的 ODBC 驱动程序,这种间接的调用方式使得不管是连接到什么数据库都可以按照一致的方式来调用。

ODBC 驱动程序管理器负责将适当的 ODBC 驱动程序加载到内存中,并将应用程序的请求发给正确的 ODBC 驱动程序。ODBC 驱动程序管理器代表应用程序加载 ODBC 数据库驱动程序的动态链接库(ODBC32.dll)。该 DLL(Dynamic Link Library)对应用程序是透明的。

3. ODBC 驱动程序

ODBC 驱动程序处理从 ODBC 驱动程序管理器发送过来的 ODBC 函数调用,它负责将 SQL 请求发给相应的 DBMS,并将结果返回给 ODBC 驱动程序管理器。每个遵循 ODBC 规范的数据库应该提供自己的 ODBC 驱动程序,不同数据源的 ODBC 驱动程序不能混用。

4. 数据源

数据源是数据、访问该数据所需的信息和该数据源位置的特定集合,其中的数据源位置可用数据源名称描述。例如,数据源可以是通过网络在 Microsoft SQL Server 上运行的远程数据库,也可以是本地目录中的 Microsoft Access 文件。用户只需要用定义好的数据源名称访问数据库,而无须知道其他细节。通过应用程序,可以访问任何具有其 ODBC 驱动程序的数据源。

应用程序通过专为 DBMS 编写的 ODBC 驱动程序,而不是直接使用 DBMS 的工作方式,独立于 DBMS。驱动程序将这些调用转换成 DBMS 可使用的命令,因而简化了开发人员的工作,使得广泛的数据源都可以使用。

11.2.2　MFC DAO

数据访问对象(Data Access Object,DAO)提供使用代码创建和操作数据库所需要的框架。DAO 提供一组分层对象,这些对象使用 Microsoft Jet 数据库引擎[①]访问下列对象中的数据和数据库结构:

- Microsoft Jet (.mdb) 数据库;
- ODBC 数据源,使用 ODBC 驱动程序;
- 可安装的 ISAM 数据库(如 dBASE 和 Paradox),数据库引擎可直接读取这些数据库。

与 ODBC 一样,DAO 提供了一组 API,而 MFC 也提供了一组 DAO 类,封装了底层的 API,从而简化了程序的开发。MFC 的 DAO 类和 ODBC 类有很多相似之处,主要有两点:

(1) 都支持对各种 ODBC 数据源的访问,都可以编写独立于 DBMS 的应用程序。

(2) 提供了功能相似的 MFC 类。例如 DAO 的 CDaoDatabase 类对应于 ODBC 的 CDatabase 类,DAO 的 CDaoRecordset 类对应于 ODBC 的 CRecordset 类等。这些类所提供的程序函数大部分也相同。

尽管两者非常相似,但访问数据库的机制完全不同。ODBC 的工作依赖于数据库制造商提供的驱动程序,而 DAO 直接利用 Microsoft Jet 引擎提供的数据库访问对象集进行工作,这使得 DAO 在访问 Access、FoxPro、dBase、Paradox 和 Excel 等数据库时具有更好的性能。

DAO 提供一组分层对象,这些 DAO 对象构成一个体系结构。图 11-10 显示了一个 DAO 应用程序访问数据的原理。DAO 和 Jet 数据库引擎一起工作。如果该数据库是一个本地的 Access 数据库或者其他 ISAM 类型的数据库,那么 Jet 引擎加载相应的数据库驱动程序。如果 Jet 正在使用远程数据库,那么该引擎加载 ODBC 驱动程序管理器,利用 ODBC 调用来访问远程 ODBC 数据库。

DAO 应用程序		
DAO		
Jet数据库引擎		
外部 ISAM 数据源	Jet数据库 (.mdb)	ODBC驱动程序管理器
Excel / Excel		ODBC 驱动程序
Lotus123 / Paradox		数据源
文本 / FoxPro		

图 11-10　DAO 应用程序访问数据的原理

11.2.3　RDO

远程数据对象(Remote Data Objects,RDO)作为 DAO 的继承者,它将数据访问对象 DAO 提供的易编程性和 ODBC API 提供的高性能有效地结合在一起。DAO 是一种位

---

① Microsoft Jet 数据库引擎为 Access、Visual Basic 创建的数据库提供了引擎。

于 Microsoft Jet 引擎之上的对象层,而 RDO 封装了 ODBC API 的对象层。RDO 没有 Jet 引擎的高开销,再加上与 ODBC 的紧密关系,使得它访问 ODBC 兼容的数据库(如 SQL Server)时具有比 DAO 更高的性能。与 RDO 紧密关联的是 Microsoft RemoteData 控件。不过 RDO 是一组函数,而 Microsoft RemoteData 控件是一种数据源控件,它提供 了处理其他数据绑定控件的能力。RDO 和 RemoteData 控件能编程访问 ODBC 兼容的 数据库,而不需要本地查询处理器,如 Microsoft Jet 引擎。RDO 能访问 ODBC API 提供 的全部功能,但是它更容易使用。

虽然 RDO 已被后来发展起来的 ADO 所取代,但是 RDO 与 ODBC 的密切关系使得 RDO 在某些情况下的性能比 ADO 更加突出。在大多数情况下,ADO 的性能是最优的, 是 Microsoft 的数据访问框架的首选,但 RDO 仍然得到广泛的使用。

11.2.4　OLE DB

对象链接嵌入数据库(Object Linking and Embedding Database,OLE DB)是 Microsoft 开发的一种高性能的、基于**组件对象模型**(Component Object Model,COM)的 数据库技术。OLE DB 和其他 Microsoft 数据库技术的不同之处在于其提供通用数据访 问的方式。

通用数据访问意味着两项功能:其一是分布式查询或统一访问多个(分布式)数据源 功能;其二是能够使非 DBMS 数据源可由数据库应用程序访问。

分布式查询意味着可以统一访问多(即分布式)数据源中的数据,其中,数据源既可 以是同一类型,例如两个单独的 Access 数据库;也可以是不同的类型,例如一个是 SQL Server 数据库而另一个是 Access 数据库。"统一"表示可以有目的地对所有数据源运行 相同的查询。

非 DBMS 访问意味着能访问非 DBMS 数据源,如文件系统、电子邮件、电子表格和 项目管理工具中的信息等。

使用 OLE DB 的应用程序可以分为两种:OLE DB 提供者(OLE DB Provider)和 OLE DB 使用者(OLE DB Consumer)。图 11-11 给出了 OLE DB 提供者和 OLE DB 使 用者之间的关系。

OLE DB 使用者就是使用 OLE DB 接口的应用程序,而 OLE DB 提供者则负责访问 数据源,并通过 OLE DB 接口向 OLE DB 使用者提供 数据。有两种类型的 OLE DB 提供者:数据提供者 (data provider)和服务提供者(service provider),前者 从数据源中提取数据,如 Microsoft OLE DB Provider for SQL Server,而后者负责传输和处理数据,如 Microsoft Query,服务提供者往往提供了很多增强的 函数来扩展 OLE DB 数据提供者的数据访问功能。与 ODBC 类似,每一个不同的 OLE DB 数据源都是用自

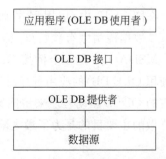

图 11-11　OLE DB 使用者和提供者

己相应的 OLE DB 提供者。常见的 OLE DB 提供者如下:

- OLE DB Provider for SQL Server:以 SQL Server 为主的 OLE DB 数据提供者;
- OLE DB Provider for ODBC:调用 ODBC 的 OLE DB 数据提供者;
- OLE DB Provider for Jet:以 Access,Excel 和 dBase 等文件型数据库为主的 OLE DB 数据提供者;
- OLE DB Provider for DTS Packages:DTS 包的 OLE DB 数据提供者;
- OLE DB Provider for Oracle:调用 Oracle 数据库的 OLE DB 数据提供者,通常由 Oracle 提供。

OLE DB 是**微软数据访问组件**(Microsoft Data Access Components,MDAC)的一部分。MDAC 是一组微软技术,以框架的方式相互作用,为程序员开发访问几乎任何数据存储提供了一个统一全面的方法。

OLE DB 是一组 COM 接口。用户可通过一组统一的接口访问数据,从而把一个数据库组织成一个合作组件的基地。OLE DB 定义了一批可扩展并且可以维护的接口,这些接口代管并封装 DBMS 功能中一致、可重复使用的部分。这些接口定义了 DBMS 组件的边界,例如行容器、查询处理器和事务处理协调器,使用这些组件可对各种信息源进行统一事务访问。

图 11-12 显示了使用不同的 OLE DB 提供者来访问不同数据源的情形。

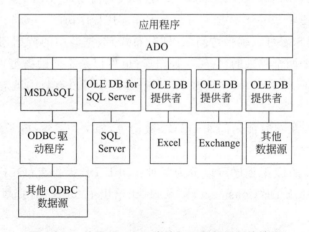

图 11-12　使用 OLE DB 来访问不同数据源的情形

在图 11-12 中,应用程序使用不同的 OLE DB 提供者来访问不同的数据源,对于 ODBC 数据源稍微有些特殊,需要使用 MSDASQL(OLE DB Provider for ODBC)来访问。MSDASQL 是一个桥接 OLE DB 与 ODBC 的组件,使得基于 OLE DB 和 ADO(内部使用 OLE DB)的应用程序可以操作基于 ODBC 驱动程序的数据源。MSDASQL 使用已有的 ODBC 驱动程序来访问数据。它将 OLE DB 的调用映射成对应的 ODBC 调用,这样做的主要目的是为了最大限度地与现有的 ODBC 数据源保持兼容。

11.2.5　ADO

ADO(ActiveX Data Objects)技术是基于 OLE DB 的访问接口,它继承了 OLE DB 技术的优点,并且对 OLE DB 的接口做了封装,定义了 ADO 对象,简化了程序的开发。ADO 基于 COM,可以在很多语言中调用。

ADO 是 DAO/RDO 的后继产物。ADO 2.0 在功能上与 RDO 更相似。下面是 ADO 和 RDO 的对比。

(1) ADO：ADO 是 OLE DB 的 COM 包装,有利于编写数据访问应用程序(使用者)。OLE DB 是基于 COM 的通用数据访问方法,允许使用任何数据源,不只是已索引的、连续的访问方法(ISAM)和基于 SQL 的数据库。

(2) RDO：RDO 是 ODBC 的 COM 包装。ODBC 是一组基于 C 的 API,允许通用用途(异类)的数据访问。但是,RDO 依赖 SQL 作为命令语言来访问数据。

ADO 基于 OLE DB 给开发者提供了一个强大的逻辑对象模型,属于一种高层的数据访问技术,它简单易用,而且很适合 ASP 等动态服务器应用程序,因而非常流行。

ADO 的目标是访问、编辑和更新数据源,而编程模型体现了为完成该目标所必需的系列动作的顺序。ADO 提供类和对象以完成以下活动：

* 连接到数据源(Connection),并可选择开始一个事务;
* 可选择创建对象来表示 SQL 命令(Command);
* 可选择在 SQL 命令中指定列、表和值作为变量参数(Parameter);
* 执行命令(Command、Connection 或 Recordset);
* 如果命令按行返回,则将行存储在缓存中(Recordset);
* 可选择创建缓存视图,以便能对数据进行排序、筛选和定位(Recordset);
* 通过添加、删除或更改行和列编辑数据(Recordset);
* 在适当情况下,使用缓存中的更改内容来更新数据源(Recordset);
* 如果使用了事务,则可以接受或拒绝在完成事务期间的更改,结束事务(Connection)。

表 11-1 给出了 ADO 对象模型中的对象及其说明。

表 11-1　ADO 对象模型中的对象及其说明

对　　象	说　　明
Connection	代表打开的、与数据源的连接
Command	Command 对象定义了将对数据源执行的指定命令
Parameter	代表与基于参数化查询或存储过程的 Command 对象相关联的参数或自变量
Recordset	代表来自基本表或命令执行结果的记录的集合。任何时候,Recordset 对象所指的当前记录均为集合内的单个记录
Field	代表使用普通数据类型的数据的列
Error	包含与单个操作(涉及提供者)有关的数据访问错误的详细信息
Property	代表由提供者定义的 ADO 对象的动态特性

除了 ADO 对象外,ADO 还定义了多个集合,如表 11-2 所示。

表 11-2　ADO 数据集合及其说明

集　合	说　　　明
Errors	包含为响应涉及提供者的单个错误而创建的所有 Error 对象
Fields	包含 Recordset 对象的所有 Field 对象
Parameters	包含 Command 对象的所有 Parameter 对象
Properties	包含指定对象实例的所有 Property 对象

ADO 的 7 个对象和 4 个数据集合之间的关系如图 11-13 所示。

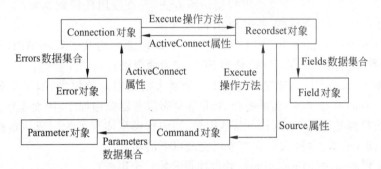

图 11-13　ADO 对象和数据集合之间的关系

从图 11-13 中可以清楚地了解到 ADO 对象和数据集合之间的联系。在实验教程中，将会看到 ADO 编程的详细介绍。

11.2.6　ADO .NET

从命名不难看出，**ADO .NET** 基于 .NET Framework，这是它与 ADO 最大的区别。ADO .NET 是微软在 .NET Framework 中负责数据访问的类库集，它是基于在 COM 时代奠基的 OLE DB 技术以及 .NET Framework 的类库和编程语言发展而来的，它可以让 .NET 上的任何编程语言能够连接并访问关系数据库与非数据库型数据来源（例如 XML、Excel 或是文本文档数据），或是独立出来作为处理应用程序数据的类对象。ADO .NET 并不简单地是 ADO 的下一个版本，它更是一个全新的架构、产品和概念。

1. ADO .NET 的构成

在 ADO .NET 中，可以使用 .NET Framework 数据提供程序（.NET Data Provider）和 DataSet 两个组件来访问和处理数据。

.NET Framework 数据提供程序用于连接到数据库、执行命令和检索结果。.NET Framework 数据提供程序是专门为数据处理以及快速地只进、只读访问数据而设计的组件。Connection 对象提供与数据源的连接。使用 Command 对象能够访问用于返回数据、修改数据、运行存储过程以及发送或检索参数信息的数据库命令。DataReader 从数据源中提供高性能的数据流。最后，DataAdapter 提供连接 DataSet 对象和数据源的桥梁。DataAdapter 使用 Command 对象在数据源中执行 SQL 命令，以便将数据加载到

DataSet 中,并使得 DataSet 中的数据更改与数据源保持一致。

在.NET Framework 中,ADO.NET 默认提供了 4 种数据来源。

- SQL Server:是微软官方建议访问 SQL Server 时使用的数据提供者;
- OLE DB Data Source:可适用于 OLE DB Provider for ODBC 以外的 OLE DB 数据提供者;
- Oracle:适用于 Oracle 数据源;
- ODBC:适合于使用 ODBC 公开的数据源。

除此之外,其他厂商亦为不同的数据库提供数据来源。

ADO.NET DataSet 专门为独立于任何数据源的数据访问而设计。因此,它可以用于多种不同的数据源,用于 XML 数据,或用于管理应用程序本地的数据。DataSet 包含一个或多个 DataTable 对象的集合,这些对象由数据行和数据列以及有关 DataTable 对象中数据的主码、外码、约束和关系信息组成。图 11-14 说明.NET Framework 数据提供程序与 DataSet 之间的关系。

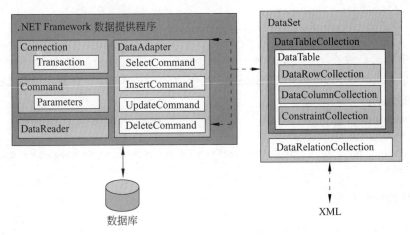

图 11-14　ADO.NET 结构

ADO.NET 提供以下两个对象,用于检索关系数据并将其存储在内存中:DataSet 和 DataReader。DataSet 提供一个内存中数据的关系表示形式,一整套包括一些表在内的数据以及表之间的关系,由于 DataSet 可以与后台数据库断开连接,对数据的处理是面向集合的脱机处理方式,所以使用 DataSet 的最重要的优点是可以提高系统性能。DataReader 是一个面向连接的,仅向前的只读的结果集,可提供高性能的数据流。

2. 用 ADO.NET 查询和操纵数据库

ADO.NET 操纵数据库的步骤如下。

(1)创建连接对象,准备连接数据库:

```
SqlConnection conn = new SqlConnection ("server =.; uid = sa; pwd =; database =
student";);
```

（2）创建命令对象：

```
SqlCommand cmd=new SqlCommand();
cmd.Connection=conn;
```

（3）将命令对象与 SQL 语句关联：

```
cmd.CommandText="Insert into student(学号，姓名) values('1'，'张三')";
```

（4）打开连接（调用连接对象的 Open 方法）：

```
conn.Open();
```

（5）用命令对象的 ExecuteNonQuery（）方法执行非查询语句（insert、delete 和 update）：

```
cmd.ExecuteNonQuery();
```

（6）断开连接：

```
conn.Close();
```

以上步骤最好放在 try 块中。

如果是查询数据库，可以用 DataReader 对象或者 DataAdapter 对象。使用 DataReader 对象的步骤如下：

（1）创建连接对象：

```
 SqlConnection conn=new SqlConnection("server=.; uid=sa;pwd=; database=
student";);
```

（2）创建命令对象：

```
SqlCommand cmd=new SqlCommand();
cmd.Connection=conn;
```

（3）将命令对象与 SQL 语句关联：

```
cmd.CommandText="select * from student";
```

（4）打开连接：

```
conn.Open();
```

（5）用命令对象的 ExecuteRead()方法执行查询语句，查询结果返回到数据读取器对象：

```
SqlDataReader reader=cmd.ExecuteReader();
```

（6）用数据读取器的 Read()方法逐行读记录，例如：

```
if (reader !=null && reader.HasRows) {
    int rows=0;   // 记录行数
```

```
Console.WriteLine("**********Records of tb_SelCustomer**********\n");
while (reader.Read()) {
    for (int i=0; i<reader.FieldCount; ++i)  {
        Console.WriteLine("{0}:{1}", reader.GetName(i), reader.GetValue(i));
    }
    ++rows;
}
Console.WriteLine("\n共{0}行记录", rows);
}
reader.Close();                          //关闭 DataReader
```

（7）断开连接：

```
conn.Close();
```

如果使用 DataAdapter 对象查询,前三步与使用 DataReader 对象是相同的,从第(4)步开始的步骤如下：

（4）创建数据适配器对象,而且与命令对象关联：

```
SqlDataAdaptermyDA=new SqlDataAdapter(cmd);
```

（5）创建一个数据集对象（DataSet 对象）：

```
DataSet ds=new DataSet();
```

（6）利用适配器对象填充数据到数据集中（Fill 方法执行了 3 个操作：打开连接；填充数据；断开连接）：

```
myDA.Fill(ds,"Stu");        指定了数据集中表的名字为 Stu
```

（7）在程序中显示数据集中的查询结果：

```
foreach (DataRow pRow in ds.Tables["Stu"].Rows)
{
    Console.WriteLine(pRow["stuID"]);
}
```

（8）断开连接：

```
conn.Close();
```

11.2.7　JDBC

以上数据访问技术都是 Microsoft 提出的,它们主要用于 Windows 平台上 Microsoft 开发环境下的数据库连接和操作。而 **Java 数据库连接**（Java database connectivity, JDBC)是 Java 语言中用来规范客户端程序如何来访问数据库的应用程序接口,提供了诸如查询和更新数据库中数据的方法。JDBC 也是 Sun Microsystems 的商标,它是面向关系型数据库的。

除 Microsoft 之外,多数厂商都采用了 JDBC,并为其数据库提供了 JDBC 驱动程序;这使程序编写者可轻松地真正编写几乎完全不依赖数据库的代码。在 J2SE 中,提供了一个称之为 JDBC-ODBC 桥(JDBC-ODBC Bridge)的 API。通过 ODBC,JDBC-ODBC 桥驱动程序可以访问所有支持 ODBC 的关系型数据库。这在很大程度上实现了跨数据库和平台的可移植性。

Java 程序连接数据库的方法实际上有 4 种:

(1) JDBC-ODBC 桥和 ODBC 驱动程序。这类驱动程序将 JDBC API 作为到另一个数据访问 API 的映射来实现,如 ODBC。这类驱动程序通常依赖本机库,这限制了其可移植性。

(2) 本机代码和 Java 驱动程序。这类驱动程序部分用 Java 编程语言编写,部分用本机代码编写。这种类型的驱动通过客户端加载数据库厂商提供的本地代码库(C/C++等)来访问数据库。同样,由于使用本机代码,所以其可移植性受到限制。

(3) JDBC 网络的纯 Java 驱动程序。这类驱动程序使用纯 Java 客户机,并使用独立于数据库的协议与中间件服务器通信,然后中间件服务器将客户机请求传给数据源。

(4) 本机协议 Java 驱动程序。这类驱动程序是纯 Java,实现针对特定数据源的网络协议。客户机直接连接至数据源。在这种情况下,每个数据库厂商将提供驱动程序。

如果要编写代码来处理 PC 客户机数据库,如 dBase、Foxbase 或 Access,则可能会使用第一种方法,并且拥有用户机器上的所有代码。更大的客户机/服务器数据库产品(如 IBM 的 DB2)已提供了第 3 级别的驱动程序。

使用 JDBC 一般包含 6 个步骤,下面分别介绍。

1. 导入包

JDBC 是 Java 开发环境的一部分。一般情况下,按照下面语句导入即可:

```
import java.sql.*;
```

2. 加载 JDBC 驱动程序

JDBC 驱动实现了在 JDBC API 中定义的接口,每种数据库都需要特定的 JDBC 驱动,有了 JDBC 驱动才可以访问这种的数据库。

加载 JDBC 驱动的方式是用以下代码:

```
Class.forName(driverClass)
```

例如:

```
//加载 MySql 驱动
Class.forName("com.mysql.jdbc.Driver")
//加载 Oracle 驱动
Class.forName("oracle.jdbc.driver.OracleDriver")
```

注意,要用 JDBC 连接 SQL Server,需要首先下载 Microsoft JDBC Driver for SQL Server[①],然后这样加载 SQL Server 驱动:

```
Class.forName("com.microsoft.sqlserver.jdbc.SQLServerDriver");
```

3. 打开一个数据库连接

加载驱动后就可以访问数据库了。首先使用 DriverManager. getConnection()方法来创建一个 Connection 对象,它代表一个物理连接的数据库。连接数据库的时候需要提供三个信息:数据库连接地址、用户名和密码。假定数据库地址为 http://localhost:1433,数据库名为 UniversityDB,用户名为 root,密码为 root123,那么几种连接的例子如下所示:

```
Connection conn;
// 连接 MySQL 数据库
conn=DriverManager.getConnection("jdbc:mysql://localhost:1433/UniversityDB",
"root", "root123");
// 连接 Oracle 数据库
conn = DriverManager. getConnection ( " jdbc: oracle: thin: @ localhost: 1433:
UniversityDB", "root", "root123");
//连接 SQL Server 数据库
conn = DriverManager. getConnection ( " jdbc: sqlserver://localhost: 1433;
DatabaseName=UniversityDB", "root", "root123");
```

4. 执行一个查询

连上数据库之后就可以准备执行查询了。执行查询需要使用一个对象类型 Statement 或用 PreparedStatement 构建,并提交一个 SQL 语句到数据库。例如:

```
String sql="SELECT id, first, last, age FROM Employees";
// 用 Statement 对象
Statement stmt=conn.createStatement();
ResultSet rs=stmt.executeQuery(sql);
// 或者用 prepareStatement 方法
PreparedStatement pstmt=conn.prepareStatement(sql);
ResultSet rs= pstmt.executeQuery();
```

如果有一个 SQL UPDATE,INSERT 或 DELETE 语句,那么需要下面的代码片段:

```
String sql="DELETE FROM Employees";
stmt=conn.createStatement();
ResultSet rs=stmt.executeUpdate(sql);
```

---

① 　https://docs.microsoft.com/en-us/sql/connect/jdbc/microsoft-jdbc-driver-for-sql-server

5．从结果集中提取数据

ResultSet 对象代表了查询结果，可以使用适当的 ResultSet.getXXX()方法来检索数据，结果如下：

```
while (rs.next()) {
    //根据列名来检索结果
    int id=rs.getInt("id");
    int age=rs.getInt("age");
    String first=rs.getString("first");
    String last=rs.getString("last");
    //输出值
    System.out.print("ID: "+id);
    System.out.print(", Age: "+age);
    System.out.print(", First: "+first);
    System.out.println(", Last: "+last);
}
```

6．清理环境

数据库访问结束后，应该明确地关闭所有的数据库资源，对依赖于 JVM 的垃圾进行收集。例如：

```
rs.close();
stmt.close();
conn.close();
```

11.2.8　数据库访问技术小结

以上介绍了主流的数据库访问技术。值得注意的是，这里介绍的仅仅是部分技术，还有很多数据库访问技术没有介绍，如 Microsoft 的 ODBC Direct 和 Borland 的 BDE 等，它们有着各自的特点，但是总的来说受关注程度不如前面介绍的几种技术。初学者在面对这么多的数据库访问技术时，往往会觉得眼花缭乱，不知道该选择什么技术，下面回顾这几种数据访问技术的发展历程和各自特点，读者从中可以理解数据访问技术的发展思路，以及自己需要什么样的数据访问技术。

1．ODBC

起初，应用程序使用某一特定 DBMS 提供的接口进行编程。此方法对于不同的 DBMS 需要学习不同的 API，而且不利于数据库平台的迁移和扩展。ODBC 是第一个使用 SQL 访问不同关系数据库的数据访问技术。使用 ODBC 应用程序能够通过单一的命令操纵不同的数据库，而开发人员需要做的仅仅只是针对不同的应用加入相应的 ODBC 驱动。

2. DAO 和 RDO

ODBC 使用低层接口,因此除了 C 和 C++ 程序员外,其他程序员如 Visual Basic 程序员很难访问 ODBC 接口,即使是 C/C++ 程序员,使用 ODBC 也比较麻烦。

DAO 是建立在 Microsoft Jet(Microsoft Access 的数据库引擎)基础之上的。使用 Access 的应用程序可以用 DAO 直接访问数据库,由于 DAO 是严格按照 Access 建模的,因此,使用 DAO 是最快速、最有效地连接 Access 数据库的方法。DAO 也可以连接到非 Access 数据库,例如,SQL Server 和 Oracle,此时 DAO 调用 ODBC,但是由于 DAO 是专门设计用来与 Jet 引擎对话的,因此需要 Jet 引擎解释 DAO 和 ODBC 之间的调用,这导致了较慢的连接速度和额外的开销。

为了克服这样的限制,Microsoft 创建了 RDO,它可以直接访问 ODBC API,而无须通过 Jet 引擎。RDO 为 ODBC 提供了一个 COM 的封装。其目的是简化 ODBC 的开发和在 Visual Basic 和 VBA 程序中使用 ODBC。不久之后,Microsoft 推出了 ODBC Direct,它是 DAO 的扩展,在后台使用 RDO。

3. OLE DB

多年以来,ODBC 已成为访问 C/S 体系结构关系数据库的标准。但是,随着越来越多的数据以非关系型格式存储,需要一种新的架构来提供这种应用和数据源之间的无缝连接,基于 COM 的 OLE DB 应运而生了。

OLE DB 建立于 ODBC 之上,并将此技术扩展为提供更高级数据访问接口的组件结构,它对企业中及 Internet 上的 SQL、非 SQL 和非结构化数据源提供一致的访问。也就是说,OLE DB 是一个针对 SQL 数据源和非 SQL 数据源(例如邮件和目录)进行操作的 API。

4. ADO

类似于 ODBC,OLE DB 也是属于低层接口,这为 OLE DB 的使用带来了障碍。鉴于此,Microsoft 推出了另一个数据访问对象模型 ADO。ADO 采用基于 DAO 和 RDO 的对象,并提供比 DAO 和 RDO 更简单的对象模型。

ADO 主要为连接的数据访问而设计,这意味着不论是浏览或更新数据都必须是实时的,这种连接的访问模式占用服务器端的重要资源。

5. ADO . NET

在开始设计. NET Framework 时,Microsoft 就以此为契机重新设计了数据访问模型。Microsoft 没有进一步扩展 ADO,而是决定设计一个新的数据访问框架。ADO.NET满足了 ADO 无法满足的 3 个重要需求:提供了离线的数据访问模型,这对 Web 环境至关重要;提供了与 XML 的紧密集成;还提供了与. NET Framework 的无缝集成(例如,兼容基类库类型系统)。

6. JDBC

JDBC 是一种用于执行 SQL 语句的 Java API,可以为多种关系数据库提供统一的访问接口。JDBC 由一组用 Java 语言编写的类与接口组成,通过调用这些类和接口所提供的方法,用户能以一致的方式连接多种不同的数据库系统(如 Access,SQL Server 2000,Oracle、Sybase 等)。JDBC 是进行数据库连接的抽象层,JDBC 支持和 ANSI SQL-2 标准相容的数据库。

7. JDO

Java 数据对象(Java Data Object,JDO)是一个存储 Java 对象的规范。它已经被 JCP 组织定义成 JSR12 规范,也是一个用于存取某种数据仓库中的对象的标准化 API。JDO 提供了透明的对象存储,因此对开发人员来说,存储数据对象完全不需要额外的代码(如 JDBC API 的使用)。这些烦琐的例行工作已经转移到 JDO 产品提供商身上,使开发人员解脱出来,从而能够集中时间和精力在业务逻辑上。另外,JDO 很灵活,因为它可以在任何数据底层上运行。JDBC 只是面向关系数据库,而 JDO 更通用,提供到任何数据底层的存储功能,比如关系数据库、文件、XML 及对象数据库等,使得应用可移植性更强。

从以上发展历程可以看出,数据访问技术的发展呈现出以下态势。

- 高级化:即对象模型越来越简单,调用越来越容易,调用方法一般与底层无关;
- 通用化:即能够以一种统一的方式访问各种异构数据源,如关系数据库、XML 数据、文本等;
- 高效化:得益于各种优化技术,现在的数据访问技术能够针对各种数据源采用最合适的访问技术。同时,离线的数据访问模式大大降低了与服务器的交互,也减轻了服务器的负担,提高了整体性能。

以上的数据访问技术的发展历程总体上来说是新技术补充和替代旧技术的过程,因此,开发者在选择数据访问技术时应尽可能选用较新的技术。如在. NET 环境下开发应用应该首选 ADO .NET,在 Windows 平台非. NET 环境下开发应用一般都可以使用 ADO,而访问 Access 则用 DAO 效率较好。数据访问技术的选择还与所使用的开发环境有关系,如果是用 Visual Basic 开发,则无法使用 ODBC API 和 OLE DB 这些底层接口,即使在 Visual C++ 下开发,也不宜直接使用 ODBC API,而尽可能用封装好的类,如 MFC ODBC、DAO、RDO 等。

11.3 对象-关系映射框架

对象-关系映射(Object/Relation Mapping,ORM),是随着面向对象的软件开发方法发展而产生的。面向对象的开发方法是当今企业级应用开发环境中的主流开发方法,关系数据库是企业级应用环境中永久存放数据的主流数据存储系统。对象和关系数据是业务实体的两种表现形式,业务实体在内存中表现为对象,在数据库中表现为关系数据。

内存中的对象之间存在关联和继承关系,而在数据库中,关系数据无法直接表达多对多关联和继承关系。因此,这两种形式之间存在失配。此外,如果直接在代码中操纵数据库,会存在大量重复而繁琐的代码。更重要的是,一旦关系结构发生变更,很多 SQL 代码需要重写。对象-关系映射(ORM)主要实现程序对象到关系数据库数据的映射,它一般以中间件的形式存在,它在对象和实体之间架起了桥梁,程序员可以把注意力集中在对象建模上,对象的持久化存储交给 ORM 框架和底层的数据库。对象到关系的映射是通过配置文件来实现的,变更非常简单。

当前 ORM 框架主要有 4 种:Hibernate(NHibernate)、iBATIS、Mybatis、EclipseLink。

下面通过一个简单的例子介绍 ORM 的主要思想,其中用到了 Hibernate 框架。

假定有一个名为 hibernate_test 的数据库,其中有一个名为 CUSTOMER 的表,其模式如下:

```
CREATE TABLE CUSTOMER (
    cID         integer      NOT NULL  PRIMARY KEY,
    userName    varchar(12)  NOT NULL,
    password    varchar(12)
);
```

在程序中有一个对应的 Customer 类,Java 代码的定义如下:

```java
public class Customer {
    private int id;
    private String username;
    private String password;
    public int getId() {
        return id;
    }
    public String getPassword() {
        return password;
    }
    public String getUsername() {
        return username;
    }
    public void setId(int id) {
        this.id=id;
    }
    public void setPassword(String password) {
        this.password=password;
    }
    public void setUsername(String username) {
        this.username=username;
    }
}
```

下面是一个简单的测试类 Test 类。

```
import net.sf.hibernate. * ;
import net.sf.hibernate.cfg. * ;
public class Test {
    public static void main(String[] args) {
        try {
            SessionFactory sf=
                new Configuration().configure().buildSessionFactory();
            Session session=sf.openSession();
            Transaction tx=session.beginTransaction();
            for (int i=0; i<200; i++) {
                Customer customer=new Customer();
                customer.setUsername("customer"+i);
                customer.setPassword("customer");
                session.save(customer);
            }
            tx.commit();
            session.close();
        } catch (HibernateException e) {
            e.printStackTrace();
        }
    }
}
```

下面创建 Hibernate 映射文件。因为这里只有一个类 Customer 和一个表 CUSTOMER,所以只需要建立一个映射文件 Customer. hbm. xml,来对应 Customer 类和 CUSTOMER 表之间的关系。

```
<?xml version="1.0"?>
<! DOCTYPE hibernate-mapping PUBLIC
    "-//Hibernate/Hibernate Mapping DTD//EN"
    "http://hibernate.sourceforge.net/hibernate-mapping-2.0.dtd">
<hibernate-mapping>
    <class name="Customer" table="CUSTOMER">
        <id name="id" column="CID">
            <generator class="increment" />
        </id>
        <property name="username" column="USERNAME" />
        <property name="password" column="PASSWORD" />
    </class>
</hibernate-mapping>
```

下面配置 Hibernate 描述文件。Hibernate 描述文件可以是一个 properties 或 xml 文件,其中最重要的是定义数据库的连接。这里列出的是一个 XML 格式的 hibernate.

cfg. xml 描述文件。

```xml
<?xml version="1.0" encoding="utf-8" ?>
<! DOCTYPE hibernate-configuration
    PUBLIC "-//Hibernate/Hibernate Configuration DTD//EN"
    "http://hibernate.sourceforge.net/hibernate-configuration-2.0.dtd">
<hibernate-configuration>
    <session-factory name="java:/hibernate/HibernateFactory">
        <property name="show_sql">true</property>
        <property name="connection.driver_class">
            oracle.jdbc.driver.OracleDriver <! --这里是 Oracle 9i 的 JDBC driver
            class 名 -->
        </property>
        <property name="connection.url">
            jdbc:oracle:oci8:@hibernate_test <! --这里是 Oracle 的 hibernate_
            test 数据库 URL -->
        </property>
        <property name="connection.username">
            root <! --你的数据库用户名 -->
        </property>
        <property name="connection.password">
root123 <! --你的数据库密码 -->
        </property>
        <property name="dialect">
            net.sf.hibernate.dialect.Oracle9Dialect <! --这里是 Oracle 9i 的
            Dialect -->
        </property>
        <mapping resource="Customer.hbm.xml" /><! --指定 Customer 的映射文件 -->
    </session-factory>
</hibernate-configuration>
```

开始运行后,可以将 Customer 对象保存到数据库的 CUSTOMER 表中。可以看到,在代码中,无须直接与 SQL 打交道,数据库连接和操作的细节通过 Hibernate 向用户隐藏起来了。

本 章 小 结

数据库应用本身是一类复杂的软件,其开发可以选择多种体系结构。C/S 和 B/S 结构是最常用的两种体系结构,每种体系结构中又可以有两层(三层)结构或者是多层结构。这些体系结构具有不同的特点,适用于不同的开发环境。

数据库访问技术是数据库应用开发中的关键技术,伴随着数据源和数据库应用环境的不断演变,人们提出了一系列的数据库访问技术,使得在各种平台和环境下都有合适的数据访问技术。

本章主要学习了以下内容:

(1) **客户机/服务器(Client/Server,C/S)体系结构**是早期发展起来的软件开发体系结构,它分为两层结构和多层结构。

(2) 两层结构将应用一分为二,服务器(后台)负责数据管理,客户机(前台)完成与用户的交互任务。C/S两层结构的主要特点是交互性强,具有安全的存取模式,网络通信量低,响应速度快,利于处理大量数据。但是该结构存在以下几个局限:

① 程序是针对性开发,变更不够灵活,维护和管理的难度较大。

② 分布功能弱且兼容性差,不能实现快速部署安装和配置。

③ 两层C/S结构是单一服务器且以局域网为中心的,所以难以扩展至大型企业广域网或Internet。

④ 软、硬件的组合及集成能力有限。

⑤ 客户机的负荷太重,可扩展性和可维护性不好。

(3) 多层体系结构作为解决企业管理信息系统软件问题方案的核心,其基本思想是将用户界面同企业逻辑分离,把信息系统按功能划分为表示、功能和数据3大块,分别放置在相同或不同的硬件平台上。三层包括**表现层**、**业务逻辑层**(或者**中间层**)和**数据层**。多层体系结构的应用程序有很多强过C/S体系结构应用程序的优点,主要包括:业务规则集中、瘦客户体系结构、自动错误调和、负载平衡、可重用性、灵活性、可管理性、易维护性等。

(4) **浏览器/服务器(Browser/Server,B/S)体系结构**是随着Internet技术的兴起对C/S结构的改良。在这种结构下,客户工作界面通过Web浏览器来实现,除极少部分的事务逻辑在Browser端实现外,大部分事务逻辑在Server端实现。B/S结构也存在三层体系结构和多层体系结构。三层B/S体系结构由**浏览器**、**Web服务器**和**数据库服务器**组成,而多层B/S体系结构是在三层B/S体系结构的基础上增加了一个或多个中间层。

(5) 将C/S结构和B/S结构结合起来,可以得到一种新的结构,在该体系结构中,对于企业外部客户,或者一些需要用Web处理的、满足大多数访问者请求的功能界面采用B/S结构,而对于企业内部少数人使用的功能应用采用C/S结构。

(6) 常用的开发方法有基于微软公司的.NET平台技术和基于SUN公司的Java技术。

(7) 在应用程序中访问数据库的关键是数据库访问技术,已经提出了多种数据库访问技术,主要包括:

① ODBC API和ODBC库:ODBC是一个调用级接口,它使得应用程序得以访问任何具有ODBC驱动程序的数据库中的数据。ODBC提供了使应用程序独立于数据库管理系统的API。ODBC库是对ODBC API的封装和抽象,使得开发者使用ODBC更加简单。

② MFC DAO:DAO提供一组分层对象,这些对象使用Microsoft Jet数据库引擎来访问Microsoft Jet(.MDB)数据库、ODBC数据源和可安装的ISAM数据库。

③ RDO:作为DAO的继承者,它将数据访问对象DAO提供的易编程性和ODBC API提供的高性能有效地结合在一起。

　　④ OLE DB：它是 Microsoft 开发的一种高性能的、基于 COM 的数据库技术，提供了通用数据访问的方式，即统一访问多个（分布式）数据源，以及访问非 DBMS 数据源。

　　⑤ ADO：它是基于 OLE DB 的访问接口，继承了 OLE DB 技术的优点，并且对 OLE DB 的接口做了封装，定义了 ADO 对象，简化了程序的开发。

　　⑥ ADO．NET：它是微软在．NET Framework 中负责数据访问的类库集，可以让．NET 上的任何编程语言能够连接并访问关系数据库与非数据库型数据来源，或是独立出来作为处理应用程序数据的类对象。

　　⑦ JDBC：它是 Java 语言中用来规范客户端程序如何访问数据库的应用程序接口，提供了诸如查询和更新数据库中数据的方法。

　　(8) 数据访问技术的发展呈现出高级化、通用化和高效化的特征。

　　(9)在软件开发中，由于编程语言一般采用面向对象的语言，在程序中操纵的是数据，而数据库中存储的是实体，因此两者存在失配的现象，为此，对象-关系映射（ORM）框架被提出来了，ORM 负责处理对象到实体的映射，使得用户可以专注于对象模型。

习　题　11

11.1　根据你所熟悉的某个企业的业务，规划该企业的管理信息系统的软件体系结构。

11.2　简述你对 Windows 平台和非 Windows 平台的认识与理解。

11.3　对比分析 C/S，B/S，MVC 和多层体系结构的优缺点。

11.4　回顾你所使用的应用软件，哪些使用了数据库，哪些没有使用数据库？

11.5　计算机中有哪些类型的数据源？

11.6　要在应用程序中访问数据库，面临哪些困难？

11.7　目前常用的有哪些数据库访问技术？

11.8　数据库访问技术变迁背后的动力是什么？ 变迁的趋势是什么？

11.9　在学习本章时，当前主流的数据库访问技术是什么？

11.10　在学习本章时，出现了哪些新的数据库访问技术？

11.11　你用过哪些开发环境？ 它们支持哪些数据库访问技术？

11.12　你用过哪些数据库访问技术？ 它们的优缺点是什么？

11.13　在应用程序中访问数据库时，一般的步骤是什么？

11.14　打开你的计算机中的 ODBC 数据源管理器（控制面板—管理工具—数据源 ODBC），并回答：

　　(1) 你的计算机中有哪些数据源？

　　(2) 你的系统中安装了哪些 ODBC 驱动程序？

　　(3) 请思考：Windows 系统中自带 ODBC 数据源管理器的用途是什么？

11.15　试述对象-关系映射框架的优点。

第 12 章

数据管理技术前沿

学习目标

当前,由于数据产生的环境、数据处理的需求、数据本身的特点在发生剧烈变化,特别是大数据的兴起,给数据管理技术带来了巨大的挑战,相应地,出现了很多数据管理的新技术。本章将对这些数据管理新技术出现的背景和典型技术进行介绍,读者要结合当前 IT 业发展趋势来理解,当前数据管理技术发展背后的推动力是什么? 各种数据管理技术解决了哪些痛点? 有哪些不足? 应该应用在什么场合?

学习方法

本章介绍的内容基本是近十年出现的新技术,这些技术本身还在剧烈演化当中,读者在学习时要注意查询最新的资料,结合应用场景和案例来理解。

学习指南

本章的学习重点是 12.2 节。

本章导读

当前信息系统中的数据从种类、形式、数量等方面都发生了很大变化,人们创造了"大数据"一词来反映数据面临的新情况和新形式。大数据没有明确的定义,一般具有数据量大、类型多、变化速度快等特征。为了处理大数据,Google 等互联网公司进行了探索,提出了多种代表性的数据处理技术,推动了数据处理进入了大数据时代。

大数据时代的数据处理技术大致有两种模式:流处理模式和批处理模式。流处理模式是数据边来边处理,处理过程具有实时性,适用于实时性要求高的场合;批处理模式是对大量静态数据进行复杂处理,处理完成后返回结果,适用于实时性要求不太高的场合。

当前主流的大数据处理平台或者说框架主要有 3 个: Apache Hadoop、Spark 和 Storm。这 3 种平台各有特点,它们都是开源的,并且得到了广泛应用,但是还在演化中。

随着大数据时代的来临,数据管理技术面临着巨大挑战,这种挑战存在于多个方面,最为严峻的是可扩展性的挑战。由于用户规模的扩大、访问量的攀升,以及数据量的增加,数据库需要被扩展以支持更大规模的数据量和并发访问。数据库扩展有两种典型的思路,一是纵向扩展,即用更好的硬件配置来支撑更大的数据库;二是横向扩展,即用计算机集群构建分布式系统来分散大数据访问和处理带来的压力。纵向扩展尺度有限,而且成本太高,因此,一定规模的企业往往会选择横向扩展。

然而,让关系数据库支持高可扩展性,以及高并发、高可用性等并不简单,这是因为数据库严格的模式要求和 ACID 等特性与集群化和分布式环境很难兼容。为此,数据库界进行了反思和努力,一方面,提出了 NoSQL 数据库技术,突破了关系数据库的条条框框。由于不同的 NoSQL 数据库设计目标不同,因此产生了键值数据库、文档数据库、列数据库和图数据库等不同类型的 NoSQL 数据库,它们各自适用于不同的应用场合。另一方面,也有研究者对关系数据库的体系结构进行改造,在保留关系数据库关键特性的同时,使得数据库适用于新的场合,这些数据库称为 NewSQL 数据库。NewSQL 数据库也有多种产品,但是它们之间的差异很大,它们能否在新的时代扛起关系数据库的大旗仍然有待观察。

12.1　大数据的兴起

当前信息系统中需要管理的数据已经与以前的数据大不相同,尤其是互联网领域,为了更好地描述这种数据与传统数据的不同,人们创造了“大数据”的概念。本节首先简单介绍大数据的概念,以及大数据的处理平台和框架,然后阐述大数据为什么会给数据库带来巨大挑战。

12.1.1　大数据的概念

大数据本身是一个比较抽象的概念,单从字面来看,它表示数据规模的庞大。但是仅仅数量上的庞大显然无法看出大数据这一概念与以往的“海量数据”“超大规模数据”等概念之间有何区别。对于大数据尚未有一个公认的定义,不同的定义基本是从大数据的特征出发,通过这些特征的阐述和归纳,试图给出其定义。在这些定义中,比较有代表性的是 3V 定义,即认为大数据需满足 3 个特点:规模性(volume)、多样性(variety)和高速性(velocity)。

1. 规模性

大数据的第一个特征就是容量大。从现状来看,基本上是指从几十 TB 到几 PB[①] 这样的数量级。当然,随着技术的进步,这个数值也会不断变化。例如,在 5 年以后,也许只有 EB 数量级的数据量才能够称得上是大数据了。

随着传感、存储和网络等计算机科学领域的不断发展,人们在不同领域采集到的数据量达到了前所未有的程度,收集大量数据的原因在于网络数据可以实现同步实时收集,包括电子商务、传感器、智能手机等,还有医学领域的临床医疗和科学研究(如基因组

---

① 各种存储单位换算关系如下:1KB(KiloByte) = 1024B(byte,字节),1MB(megabyte) = 1024KB,1GB(gigabyte)=1024MB,1TB(terabyte)=1024GB,1PB(petabyte)=1024TB,1EB(exabyte)=1024PB,1ZB(zetabyte)=1024EB。

研究)可将 GB 级乃至 TB 级数据输送到数据库中。

在 2013 年的时候,人们估计 Google 公司的数据中心存储了大约 15EB 的数据;目前,Facebook 每天产生的数据就超过了 500TB。这些数据规模之大,远远超出了目前数据库的存储和处理能力。

2. 多样性

大数据的第二个特征是指数据类型繁多,半结构化、非结构化数据在飞速增长。传统的数据库技术主要关注销售、库存等结构化数据,现在企业所采集和分析的数据还包括像网站日志数据、呼叫中心通话记录、微博和 Facebook 等社交媒体中的文本数据、智能手机中内置的 GPS(全球定位系统)所产生的位置信息、时刻生成的传感器数据,甚至还有图片和视频,数据的种类和几年前相比已经有了大幅度的增加。这些数据大部分没有规整的结构,或者说只有少部分数据具有规整的结构,属于非结构化或者半结构化数据,用企业中主流的关系型数据库很难存储和处理。结构的多样性带来的是复杂性的增加。

3. 高速性

一是数据产生和更新的频率高,二是数据(特别是流数据)处理的速度要求高,因此速度也是衡量大数据的一个重要特征。在短短的 60 秒内,Google 会收到 200 万次搜索请求,并极快地返回结果;App Store 有 4.7 万次下载;在 2013 年的双 11 活动中,仅在第一分钟,天猫涌入 1370 万人,手机淘宝有 200 万用户涌入;美国 AT&T 的网络每天流动 16PB 的数据,Google 每天处理 20PB 的数据。快速更新的数据也给数据处理和分析能力提出了更高的要求。

除了这三个 V 之外,还有学者提出了 4V 定义和 5V 定义。4V 定义就是在前面三个 V 的基础上,再加上 veracity(真实性)。单靠数据的容量并不能决定其是否对决策有帮助,数据的真实性和质量才是获得真知和思路最重要的因素,因此这才是制定成功决策最坚实的基础。而 5V 定义则再加上 value(价值),它是指大数据中蕴含着巨大的价值,但价值密度却很低。也就是说,对于海量数据,只要合理利用并对其进行正确、准确的分析,将会带来很高的价值回报;但是大数据的价值又往往呈现出稀疏性的特点。

大数据的来源典型地有以下 4 类:互联网数据、科研数据、传感器数据和企业数据。

互联网大数据尤其社交媒体是近年来大数据的主要来源之一,大数据技术主要源于快速发展的国际互联网企业。比如以搜索著称的百度与谷歌的数据规模都已经达到上千 PB 的规模级别,而应用广泛影响巨大的 Facebook、亚马逊、阿里巴巴的数据都突破了上百 PB。

在很多科研机构中,从自然界或者实验中采集到的数据量也非常庞大,这样的科研领域包括生物工程、遥感测绘、物理等。例如位于欧洲的国际核子研究中心装备的大型强子对撞机,在其满负荷的工作状态下每秒就可以产生 PB 级的数据。

越来越多的机器配备了连续测量和报告运行情况的装置。几年前,跟踪遥测发动机运行仅限于价值数百万美元的航天飞机。现在,汽车生产商在车辆中配置了监视器,连续提供车辆机械系统整体运行情况。这些机器传感数据也属于大数据的范围。

企业中也积累了大量数据。企业较早使用数据库管理系统来管理数据,因此积累了大量的数据,如生产、销售数据等,这些数据主要是结构化的数据。目前,企业越来越重视非结构化的数据,如电子邮件、文本、音视频、图片,以及传感器数据等,这些数据在量上增长也非常快。

12.1.2　从数据库到大数据

从数据库到大数据,直观地看,好像明显地就是一个量的变化而已,但是二者有着本质上的差别。大数据的出现,必将颠覆传统的数据管理方式。在数据来源、数据处理方式和数据思维等方面都会对其带来革命性的变化。

关于传统数据库和大数据的区别,有一个非常形象的比喻[①]。传统数据库时代的数据管理方式就像"池塘捕鱼",而大数据时代的数据管理方式则好比"大海捕鱼","鱼"是待处理的数据。"捕鱼"环境条件的变化导致了"捕鱼"方式的根本性差异。这些差异主要体现在如下几个方面:

(1) 数据规模:"池塘"和"大海"最容易发现的区别就是规模。"池塘"规模相对较小,即便是先前认为比较大的"池塘",与"大海"相比仍旧偏小。"池塘"的处理对象通常以 MB 为基本单位,而"大海"则常常以 GB,甚至是 TB、PB 为基本处理单位。

(2) 数据类型:过去的"池塘"中,数据的种类单一,往往仅仅有一种或少数几种,这些数据又以结构化数据为主。而在"大海"中,数据的种类繁多,数以千计,而这些数据又包含着结构化、半结构化以及非结构化的数据,并且半结构化和非结构化数据所占份额越来越大。

(3) 模式(schema)和数据的关系:传统的数据库都是先有模式,然后才会产生数据。这就好比是先选好合适的"池塘",然后才会向其中投放适合在该"池塘"环境生长的"鱼"。而大数据时代很多情况下难以预先确定模式,模式只有在数据出现之后才能确定,且模式随着数据量的增长处于不断的演变之中。这就好比先有少量的鱼类,随着时间推移,鱼的种类和数量都在不断增长。鱼的变化会使大海的成分和环境处于不断的变化之中。

(4) 处理对象:在"池塘"中捕鱼,"鱼"仅仅是其捕捞对象。而在"大海"中,"鱼"除了是捕捞对象之外,还可以通过某些"鱼"的存在来判断其他种类的"鱼"是否存在。也就是说传统数据库中数据仅作为处理对象。而在大数据时代,要将数据作为一种资源来辅助解决其他诸多领域的问题。

(5) 处理工具:捕捞"池塘"中的"鱼",一种渔网或少数几种基本就可以应对,也就是所谓的 One Size Fits All。但是在"大海"中,不可能存在一种渔网能够捕获所有的鱼类,也就是说 No Size Fits All。

---

① 孟小峰,慈祥. 大数据管理:概念、技术与挑战. 计算机研究与发展,2013,50(1):146-169.

12.1.3　大数据处理模式

大数据的应用类型很多,主要的处理模式可以分为流处理(stream processing)和批处理(batch processing)两种。批处理是先存储后处理,而流处理则是直接处理。

1. 流处理

随着计算机和网络技术的迅猛发展以及数据获取手段的不断丰富,在越来越多的领域中出现了对海量、高速数据进行实时处理的需求。由于数据量大,数据时效性强,这类需求往往超出传统数据处理技术的能力,使得现有的技术不能很好地满足对海量、高速产生的数据进行实时处理和分析的需求,因此分布式流处理技术应运而生。

需要采用流数据处理的大数据应用场景主要有网页点击数的实时统计、传感器网络、金融中的高频交易等。流处理的处理模式将数据视为流,源源不断的数据组成了数据流。当新的数据到来时就立刻处理并返回所需的结果。图12-1是流处理中基本的数据流模型。

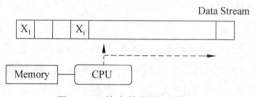

图 12-1　基本的数据流模型

数据的实时处理是一个很有挑战性的工作,数据流本身具有持续达到、速度快且规模巨大等特点,因此通常不会对所有的数据进行永久化存储,而且数据环境处在不断变化之中,系统很难准确掌握整个数据的全貌。由于响应时间的要求,流处理的过程基本在内存中完成,其处理方式更多地依赖于在内存中设计巧妙的概要数据结构(synopsis data structure),内存容量是限制流处理模型的一个主要瓶颈。

2004年以来,随着Hadoop平台的诞生,大数据时代的到来,分布式流处理技术逐渐成为大数据时代的焦点,S4、Storm、Spark Streaming、Samza、MillWheel等面向流处理的平台相继被提出。

2. 批处理

批处理主要是对大容量静态数据集进行处理,并在计算过程完成后返回结果。

批处理模式中使用的数据集通常符合下列特征:

- 有界:批处理数据集代表数据的有限集合;
- 持久:数据通常始终存储在某种类型的持久存储设备中;
- 大量:批处理操作通常是处理极为海量数据集的唯一方法。

大量数据的处理需要付出大量时间,因此批处理不适合对处理时间要求较高的场合。

Google 公司在 2004 年提出的 MapReduce 编程模型是最具代表性的批处理模式。该模型的基本处理过程包括：

(1) 从 Hadoop 分布式文件系统（Hadoop Distributed File System，HDFS）读取数据集；

(2) 将数据集拆分成小块并分配给所有可用结点；

(3) 针对每个结点上的数据子集进行计算（这一过程成为 Map，计算的中间态结果会重新写入 HDFS）；

(4) 重新分配中间态结果并按照键进行分组；

(5) 通过对每个结点的计算结果进行汇总和组合，实现对每个键的值进行 Reducing；

(6) 将计算的最终结果重新写入 HDFS。

从 MapReduce 的处理过程可以看出，MapReduce 的核心设计思想在于：

(1) 将问题分而治之；

(2) 把计算推到数据而不是把数据推到计算，有效地避免数据传输过程中产生的大量通讯开销。

MapReduce 模型简单，且现实中很多问题都可用 MapReduce 模型来表示。该模型公开后，立刻受到了极大的关注，并得到了广泛的应用。

无论是流处理还是批处理，都是大数据处理的可行思路。大数据的应用类型很多，在实际的大数据处理中，常常不是简单地只使用其中的某一种，而是将二者结合起来。互联网是大数据最重要的数据来源之一，很多互联网公司根据处理时间的要求将自己的业务划分为在线（online）、近线（nearline）和离线（offline），如著名的职业社交网站 Linkedin。这种划分方式是按处理所耗时间来划分的。其中在线的处理时间一般在秒级，甚至是毫秒级，因此通常采用上面所说的流处理。离线的处理时间可以以天为基本单位，基本采用批处理方式，这种方式可以最大限度地利用系统 I/O。近线的处理时间一般在分钟级或者是小时级，对其处理模型并没有特别的要求，可以根据需求灵活选择。在实际应用中多采用批处理模式。

12.2　大数据处理平台和框架

大数据处理的基本思路是并行和分布，通过多个 CPU 或计算机结点的并行和分布处理来提高处理效率。并行计算在计算机科学中具有很长的研究历史，但是早先提出来的并行计算思路，如消息传递接口（Message Passing Interface，MPI），并不适合于大规模的数据，而且要求程序员掌控太多的细节，过于繁琐。Google 等公司自己动手，开发了可扩展的分布式文件系统 GFS（Google File System）、MapReduce 等核心技术，并成功地应用到了自己的业务中。Google 取得的成功极大地鼓舞了 Amazon 等互联网公司，有实力的公司纷纷投入了巨大的人力物力，对大数据处理的关键技术进行研究，开源社区也纷纷跟进，于是产生了多个大数据处理的平台和框架。

12.2.1　Apache Hadoop

1. Hadoop 简介

Hadoop 本质上起源于 Google 的集群系统，Google 的数据中心使用廉价的 Linux PC 组成集群，用其运行各种应用。Google 集群系统的核心组件有两个：一是 GFS，它是一个可扩展的分布式文件系统，隐藏下层负载均衡、冗余复制等细节，对上层程序提供一个统一的文件系统 API 接口；二是 MapReduce 计算模型，Google 发现大多数分布式计算可以抽象为 MapReduce 操作。Map 把输入 Input 分解成中间的 Key-Value 对，Reduce 把 Key-Value 合成最终输出 Output。这两个函数由程序员提供给系统，下层设施把 Map 和 Reduce 操作分布在集群系统上运行，并把结果存储在 GFS 上。

Hadoop 就是 Google 集群系统的一个 Java 开源实现，是一个项目的总称，主要是由 HDFS、MapReduce 组成。其中 HDFS 是 Google File System（GFS）的开源实现；MapReduce 是 Google MapReduce 的开源实现。

这个分布式框架很有创造性，而且有极大的可扩展性。如今广义的 Hadoop 其实已经包括 Hadoop 本身和基于 Hadoop 的开源项目，并且已经形成了完备的 Hadoop 生态系统，如图 12-2 所示。

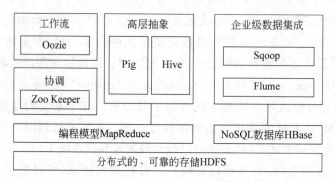

图 12-2　Hadoop 生态系统

各系统简介如下。

（1）HDFS：Hadoop 分布式文件系统，GFS 的 Java 开源实现，运行于大型商用机器集群，可实现分布式存储。

（2）MapReduce：一种并行计算框架，Google MapReduce 模型的 Java 开源实现。基于该计算框架写出来的应用程序能够运行在由上千个商用机器组成的大型集群上，并以一种可靠容错的方式并行和分布处理 T 级别及以上的数据集。

（3）Hbase：基于 Hadoop 的分布式数据库，Google BigTable 的开源实现，是一个有序、稀疏、多维度的映射表，有良好的伸缩性和高可用性，用来将数据存储到各个计算结点上。

（4）Oozie：MapReduce 工作流管理系统。

（5）Zoo Keeper：分布式协调系统，Google Chubby 的 Java 开源实现，是高可用的、

可靠的分布式协同系统,提供分布式锁之类的基本服务,用于构建分布式应用。

(6) Pig:大数据流处理系统,建立于 Hadoop 之上,为并行和分布计算环境提供了一套数据工作流语言和执行框架。

(7) Hive:为提供简单的数据操作而设计的分布式数据仓库。它提供了简单的、类似于 SQL 语法的 HiveQL 语言进行数据查询。

(8) Mahout:基于 Hadoop MapReduce 的大规模数据挖掘与机器学习算法库。

(9) Sqoop:数据转移系统,是一个用来将 Hadoop 和关系型数据库中的数据相互转移的工具,可以将一个关系型数据库中的数据导入到 Hadoop 的 HDFS 中,也可以将 HDFS 的数据导入到关系型数据库中。

(10) Flume:一个可用的、可靠的、分布式的海量日志采集、聚合和传输系统。

如今,这个生态系统还在不断地丰富当中,显示出了强大的生命力。

2. HDFS

Hadoop 框架最核心的设计就是 HDFS 和 MapReduce。HDFS 为海量的数据提供了存储,则 MapReduce 为海量的数据提供了计算。

HDFS(Hadoop Distributed File System,Hadoop 分布式文件系统)是一个高度容错性的系统,适合部署在廉价的机器上;能提供高吞吐量的数据访问,适合那些有着超大数据集的应用程序。

HDFS 的设计特点是:

(1) 为大数据文件存储而设计。

(2) 文件分块存储。HDFS 会将一个大文件分块(每块默认 64MB)存储到不同结点(机器)上,这样读取文件时可以同时从多个结点并行读取。

(3) 流式文件访问。HDFS 假定文件一次写入多次读取,假定文件的操作是读操作以及追加操作,不支持随机写文件。

(4) 廉价硬件。HDFS 可以运行在大量普通廉价机器构成的集群上。

(5) 硬件故障。HDFS 认为故障是无法避免的,因此提供了容错和恢复机制。

HDFS 的关键元素:

- NameNode:master 结点(主结点)。保存整个文件系统的目录信息、文件信息及分块信息。配置副本策略,处理客户端请求。
- DataNode:slave 结点(从结点)。存储实际的数据;执行数据块的读写;汇报存储信息给 NameNode。
- Block:在 HDFS 中,文件被切分成固定大小的数据块(Block),默认大小为 64MB,也可自己配置。数据块的副本存储到不同结点上,默认情况下每个数据块有 3 个副本。

3. MapReduce

MapReduce 是一个并行和分布式计算与运行软件框架。它提供了一个庞大但设计精良的并行计算软件框架,能自动完成计算任务的并行化处理,自动划分计算数据和计算任务,在集群结点上自动分布式分配和执行任务以及收集计算结果,将数据分布存储、数据通信、容错处理等并行计算涉及到的很多系统底层的复杂细节交由系统负责处理,大大减少了软件开发人员的负担。

Hadoop 向用户提供了一个规范化的 MapReduce 编程接口,用户只需要编写 map 和 reduce 函数,数据的切分、结点之间的通信协调等全部由 Hadoop 框架本身来负责。一般一个用户作业提交到 Hadoop 集群后会根据输入数据的大小并行启动多个 map 进程及多个 reduce 进程(也可以是 0 个或者 1 个)来执行。MapReduce 具有弹性适应性,小数据和大数据仅仅通过调整结点就可以处理,而不需要用户修改程序。

MapReduce 对任务的处理流程如图 12-3 所示。

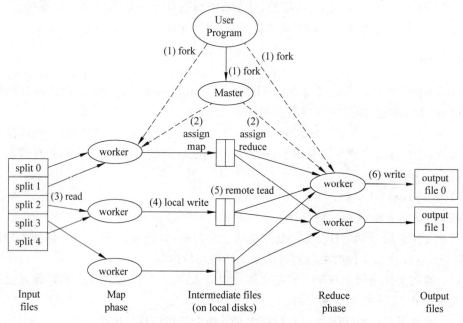

图 12-3 **MapReduce 执行流程图**

各步骤说明如下。

(1) 用户提交 MapReduce 程序至主控结点(master),主控结点将输入文件划分成若干分片(split)。主控结点和工作结点(worker)启动相应进程;

(2) 主控结点根据工作结点的实际情况,进行 Map 任务的分配;

(3) 被分配到 Map 任务的结点(slave)读取文件的一个分片,进行 Map 处理,将结果存在本地。结果分成 R 个分片进行存储,R 对应的是 Reduce 数目;

(4) Map 结点(slave)将存储文件的信息传递给主控结点,主控结点指定 Reduce 任务的运行结点(worker),并告知数据获取结点(slave)信息;

(5) Reduce 结点(worker)根据主控结点传递的信息去 Map 结点(slave)远程读取数据。因为 reduce 函数按分组进行处理,键(key)值相同的记录被一同处理,在 Reduce 结点正式处理前,对所有的记录按照键值排序;

(6) Reduce 将处理结果写入到分布式文件系统中。

图 12-4 是一个单词计数程序的 MapReduce 执行流程示意图。

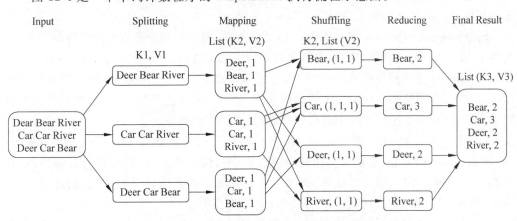

图 **12-4** 单词计数程序的 **MapReduce** 执行流程示意图

在这个单词计数的例子中,输入文件在 Splitting 阶段被分成 3 个分片,每个工作结点负责处理一个或多个分片。在 Mapping 阶段,文件内容一行一行地输入给 map 函数;map 函数将一行字符串拆分成多个单词;对每个单词,产生一个<单词,计数>对;因为每遇到一个单词就产生一对,所以图 12-4 中 Mapping 产生的单词计数都是 1。所有Mapper 对象[①]的输出(即<单词,计数>对)被排序,并根据 Reducer 对象的数量划分为若干部分(Shuffling 阶段)。

在图 12-4 中,因为有 4 个 Reducer 对象,所以输出被分为 4 个部分,每个部分对应一个 Reducer 对象。系统还会自动把每个 Reducer 对象的输入(即<单词,计数>对)按照单词进行合并。例如,第一个 Reducer 的输入是:<bear,(1, 1)>。该 Reducer 的输入是一个对偶,键是单词,值是一个列表,就是该单词的出现次数列表。Reducer 根据每个输入产生一个输出,最后所有 Reducer 的输出合并在一起,产生最终结果。

在 MapReduce 编程中,最简单的情况下,用户只需要实现 map 函数和 reduce 函数;当然,也可以完全定制每一步,如输入格式、分片方法、排序控制、输出格式等,具有很大的灵活性。

12.2.2 Spark

Spark 是加州大学伯克利分校 AMP 实验室开发的通用大数据处理框架。Spark 作为 Apache 顶级的开源项目,是一个快速、通用的大规模数据处理引擎,和 Hadoop 的MapReduce 计算框架类似,但是相对于 MapReduce,Spark 凭借其可伸缩、基于内存计算等特点,以及可以直接读写 Hadoop 上任何格式数据的优势,进行批处理时更加高效,并有更低的延迟。实际上,Spark 已经成为轻量级大数据快速处理的统一平台,各种不同的

---

① map 是 Mapper 类中的方法,每个 MapReduce 程序一定要从 Mapper 基类派生一个子类,并重载其中的 map函数;reduce 函数是 Reducer 类中的方法,同理,每个 MapReduce 程序一定要从 Reducer 基类派生一个子类,并重载其中的 reduce 函数。

应用,如实时流处理、机器学习、交互式查询等,都可以通过 Spark 建立在不同的存储和运行系统上。下面来具体认识一下 Spark。

Spark 是借鉴 Hadoop MapReduce 发展而来的,继承了其分布式并行计算的优点,并改进了 MapReduce 明显的缺陷,具体体现在以下几个方面。

(1) Spark 把中间数据放在内存中,迭代运算效率高。MapReduce 中的计算结果保存在磁盘上,这样势必会影响整体的运行速度;而 Spark 支持 DAG 图的分布式并行计算的编程框架,减少了迭代过程中数据的落地,提高了处理效率。

(2) Spark 的容错性高。Spark 引进了弹性分布式数据集(Resilient Distributed Dataset,RDD)的概念,它是分布在一组结点中的只读对象集合,这些集合是弹性的,如果数据集一部分丢失,则可以根据"血统"(即允许基于数据衍生过程)对它们进行重建。另外,在 RDD 计算时可以通过 CheckPoint 来实现容错。

(3) Spark 更加通用。不像 Hadoop 只提供了 Map 和 Reduce 两种操作,Spark 提供的数据集操作类型有很多种,大致分为转换操作和行动操作两大类。转换操作包括 Map、Filter、FlatMap、Sample、GroupByKey、ReduceByKey、Union、Join、Cogroup、MapValues、Sort 和 PartionBy 等多种操作类型,行动操作包括 Collect、Reduce、Lookup 和 Save 等操作类型。另外,各个处理结点之间的通信模型不再像 Hadoop 只有 Shuffle 一种模式,用户可以命名、物化,控制中间结果的存储、分区等。

总之,Spark 凭借其良好的伸缩性、快速的在线处理速度、具有 Hadoop 基因等一系列优势,迅速成为大数据处理领域的佼佼者。Apache Spark 已经成为整合以下大数据应用的标准平台:

- 交互式查询,包括 SQL;
- 实时流处理;
- 复杂的分析,包括机器学习、图计算;
- 批处理。

以 Spark 为核心的整个生态圈如图 12-5 所示。其中,最底层为分布式存储系统 HDFS、Amazon S3、Hypertable,或者其他格式的存储系统(如 HBase);资源管理采用 Mesos、YARN 等集群资源管理模式,或者 Spark 自带的独立运行模式,以及本地运行模式。在 Spark 大数据处理框架中,Spark 为上层多种应用提供服务。例如,Spark SQL 提供 SQL 查询服务,性能比 Hive 快 3～50 倍;MLlib 提供机器学习服务;GraphX 提供图计算服务;Spark Streaming 将流式计算分解成一系列短小的批处理计算,并且提供高可靠和吞吐量服务。值得说明的是,无论是 Spark SQL、Spark Streaming、GraphX 还是 MLlib,都可以使用 Spark 的核心 API 来处理问题,它们的方法几乎是通用的,处理的数据也可以共享,不仅减少了学习成本,而且数据的无缝集成大大提高了灵活性。

12.2.3 Storm

Storm 是一个免费开源的分布式实时计算系统。Storm 能轻松可靠地处理无界的数据流,就像 Hadoop 批处理一样对数据进行实时处理;而且 Storm 能持续地运作下去,要掌握 Storm 十分简单,开发人员可以使用任何编程语言对它进行操作,得到满意的结果。

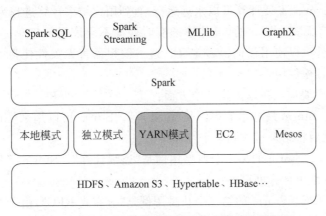

图 12-5　以 Spark 为核心的轻量级大数据处理框架

Storm 能用到很多场景中，包括实时分析、在线机器学习、连续计算、分布式 RPC
（remote procedure calls，远程过程调用）、ETL（extract-transform-load，抽取-转换-加
载）等。Storm 的处理速度非常快，每个结点每秒钟可以处理 100 万条消息。同时，
Storm 是可伸缩的、容错的，并且能保证数据根据用户的设定被妥善处理，便于进行设置
和操作。

Storm 集成了许多消息队列和数据库技术。Storm 的 Topology 消耗数据流，以任意
复杂的方式处理这些流，并且在每个需要计算的阶段对这些流进行重新划分。Storm 的
开发语言主要是 Java 和 Clojure，其中 Java 定义骨架，Clojure 编写核心逻辑。此外，
Python 也是 Storm 的常用语言之一。

Storm 公开一组原语进行实时计算。使用这些简单的原语，能实现类似 MapReduce
的效果。Storm 的原语极大地简化了并行实时计算的编写，最终使并行批处理的编写易
于实现。

Storm 具有的关键特征如下：

（1）用例非常广泛。Storm 可以用于处理消息和更新数据库（即流处理），完成数据
流的持续查询任务，然后把结果流送到客户端（持续计算）。Storm 并行密集查询能持续
进行，完成搜索查询（分布式 RPC）和更多的业务功能。仅一个小小的 Storm 的原语集便
可以处理惊人数量的用例。

（2）可伸缩性。Storm 每秒处理大量的消息。要对一个拓扑进行扩展，用户所需要
做的仅仅是向拓扑中添加主机，然后增加拓扑的并行设置。

（3）保证没有数据丢失。一个实时系统必须强有力地保证数据能按照用户设定而被
成功处理。Storm 能保证每条消息都会被妥善处理，这与其他系统（如 S4）形成了非常直
接的对比。

（4）强壮的鲁棒性。不同于鲁棒性差的甚至难以管理的 Hadoop 系统，Storm 集群
非常健壮，能有效地运行。强壮的鲁棒性是 Storm 项目的一个明确目标，旨在让用户尽
可能简单地管理 Storm 集群。

（5）容错性好。如果在执行用户设定的计算时有错误发生，Storm 只需要重新分配

任务再执行。Storm 能保证计算可以永远运行，直到用户结束计算进程为止。

(6) 编程语言无关。健壮的、可伸缩的实时处理不应该局限于单一的平台。Storm 的拓扑和处理组件可以使用任何语言定义。这一编程语言无关性使得 Storm 可以被几乎任何一个用户轻松使用。

目前 Storm 主要应用在以下这 3 个方面：

(1) 流处理。Storm 最基本的用例是"流处理"。Storm 可以用来处理源源不断流进来的消息，处理之后将结果写入到某个存储中去。

(2) 连续计算。Storm 的另一个典型用例是"连续计算"。Storm 能保证计算可以永远运行，直到用户结束计算进程为止。

(3) 分布式 RPC。Storm 的第三个典型用例是"分布式 RPC"，由于 Storm 的处理组件是分布式的，而且处理延迟极低，所以可以作为通用的分布式 RPC 框架来使用。

12.3　数据库面临的挑战

大数据是当前的主要时代背景，大数据技术涉及到数据的采集、存储、分析、处理等方方面面的技术，在各个方面都对传统的技术带来了极大的挑战。下面来聚焦数据库，首先分析大数据给数据库带来的挑战。

关系数据库发展到现在已经取得了巨大的成功，它性能稳定、久经考验，而且使用简单、功能强大，同时也积累了大量的成功案例。但是随着大数据时代的来临，传统的关系型数据库在可扩展性、数据模型和可用性方面遇到了难以克服的障碍。下面通过一个实际的案例来看看数据库的使用场景以及面临的挑战。

12.3.1　MySpace 数据库架构变化

MySpace. com 成立于 2003 年 9 月，曾经一度是全球第二大的社交网站。MySpace 网站的数据库架构经过了几个阶段，回顾这些变化，对于我们了解 Web 领域数据库运行环境的变化有很大帮助。

1. 第一个阶段：添置更多的 Web 服务器

MySpace 最初的系统很小，只有两台 Web 服务器(分担处理用户请求的工作量)和一个数据库服务器(所有数据都存储在这一个地方)。那时使用的是 Dell 双 CPU、4G 内存的系统。在早期阶段，MySpace 基本是通过添置更多 Web 服务器来对付用户暴增问题的。但是在 2004 年初，当 MySpace 账户数增长到 50 万后，其数据库服务器已经开始疲于奔命了。

2. 第二代架构：增加数据库服务器

与增加 Web 服务器不同，增加数据库服务器并没有那么简单。如果一个站点由多个数据库服务器支持，设计者必须考虑的是，如何让多个数据库服务器在保证数据一致性的前提下分担压力。

　　MySpace 运行在 3 个 SQL Server 数据库服务器上,其中一个为主,所有的新数据都向它提交,然后由它复制到其他两个;另两个数据库服务器全力向用户供给数据,用以在博客和个人资料栏显示。这种方式在一段时间内效果很好——只要增加数据库服务器,加大硬盘,就可以应对用户数和访问量的增加。

　　这一次的数据库架构按照垂直分割模式设计,不同的数据库服务于站点的不同功能,如登录、用户资料和博客。垂直分割策略有利于多个数据库分担访问压力,当用户要求增加新功能时,MySpace 只需要投入新的数据库服务器加以支持。在账户数达到 200 万后,MySpace 才从存储设备与数据库服务器直接交互的方式切换到 SAN(存储区域网络:用高带宽、专门设计的网络)将大量磁盘存储设备连接在一起,并将数据库连接到 SAN。这项措施极大地提升了系统的性能、正常运行时间和可靠性。然而,当账户数继续增加到 300 万后,垂直分割策略也变得难以维持下去了。

3. 第三代架构:转到分布式计算架构

　　几经折腾,最终 MySpace 将目光转移到分布式计算架构——它在物理上分布的众多服务器,整体必须逻辑上等同于单台机器。拿数据库来说,就不能再像过去那样将应用拆分,再以不同数据库分别支持,而必须将整个站点看作一个应用。现在,数据库模型里只有一个用户表,支持博客、个人资料和其他核心功能的数据都存储在相同数据库中。

　　既然所有的核心数据逻辑上都组织到一个数据库中,那么 MySpace 必须找到新的办法以分担负荷——显然,运行在普通硬件上的单个数据库服务器是无能为力的。这次,不再按站点功能和应用分割数据库,MySpace 开始将它的账户按每 100 万个一组分割,然后将各组的全部数据分别存入独立的 SQL Server 实例中。MySpace 的每台数据库服务器实际运行两个 SQL Server 实例,也就是说每台服务器服务大约 200 万个账户。

4. 第四代架构:求助于微软方案

　　在 2005 年初,账户数达到了 900 万,MySpace 开始用微软的 C♯ 编写 ASP．NET 程序。在收到一定成效后,MySpace 开始大规模迁移到 ASP．NET。当账户数达到 1000 万时,MySpace 再次遭遇存储瓶颈问题。SAN 的引入解决了早期一些性能问题,但站点目前的要求已经开始周期性地超越 SAN 的 I/O 容量——即它从磁盘存储系统读写数据的极限速度。

5. 第五代架构:增加数据缓存层并转到支持 64 位处理器的 SQL Server 2005

　　在 2005 年春天,MySpace 账户数达到了 1700 万,MySpace 又启用了新的策略以减轻存储系统的压力,即增加数据缓存层——位于 Web 服务器和数据库服务器之间,其唯一职能是在内存中建立被频繁请求数据对象的副本,如此一来,不访问数据库也可以向 Web 应用供给数据了。

　　在 2005 年中期,当账户数达到了 2600 万时,MySpace 因为对内存的渴求而切换到了还处于 beta 测试的支持 64 位处理器的 SQL Server 2005。升级到 SQL Server 2005 和

64 位 Windows Server 2003 后,MySpace 每台服务器配备了 32GB 内存,然后于 2006 年再次将配置标准提升到 64GB。

MySpace 在发展过程中,正是这样不断地根据需求重构站点软件、数据库和存储系统。MySpace 数据库的调整过程非常具有代表性,随着企业规模、用户数量、网站访问量的增加,MySpace 数据库遇到的这些问题就会出现。MySpace 数据库面临的问题可以简单地概括为:可扩展性问题。随着企业的发展,数据库必须能够扩展,当企业发展缓慢的时候,数据库的扩展不是太大的问题,当企业发展迅速,或者发展到一定阶段的时候,数据库的可扩展性问题就非常突出了。数据库的可扩展性问题在 Web 领域特别突出,这是因为互联网公司的用户数量、存储的数据量增速特别大,像 MySpace 从创立到积累 2000 多万个账户只用了两年多时间。当然,和 Google、Amazon、Facebook、百度、阿里巴巴这些互联网公司比起来,MySpace 的规模仍然非常小,甚至可能称不上大数据。例如,截至 2012 年 12 月,支付宝注册账户突破 8 亿,日交易额峰值超过 200 亿元人民币,日交易笔数峰值达到 1 亿零 580 万笔。这些公司面临的可扩展性问题更加严峻。

12.3.2 数据库可扩展性问题的解决方法

MySpace 已经成功地解决了很多系统可扩展性问题,其中有相当多的经验值得我们借鉴。当一个公司的信息系统在发展过程中遇到可扩展性问题的时候,一般会采取如下策略:

(1) 提高服务器配置,增加服务器数量。当数据库需要扩展时,最初的策略一般是增加硬盘容量,加大内存,增加服务器数量,采用专门的存储设备等,但是机器的配置越高,成本就越高,更何况其扩展尺度也非常有限。

(2) 增设缓存。增加数据缓存层——位于 Web 服务器和数据库服务器之间,其唯一职能是在内存中建立被频繁请求数据对象的副本,如此一来,不访问数据库也可以向 Web 应用供给数据。

随着访问量的上升,程序员们开始大量使用缓存技术来缓解数据库的压力,优化数据库的结构和索引。其中,最典型的是 Memcached 缓存技术。Memcached 作为独立的分布式缓存服务器,为多个 Web 服务器提供了共享的高性能缓存服务。在 Memcached 服务器上,又发展了根据 hash 算法来进行多台 Memcached 缓存服务的扩展,然后又使用一致性 Hash 技术来解决因增加或减少缓存服务器导致重新 Hash 带来的大量缓存失效的弊端。

(3) 读写分离。由于数据库的写入压力增加,Memcached 只能缓解数据库的读取压力。读写集中在一个数据库上让数据库不堪重负,大部分网站开始使用主从复制技术来实现读写分离,以提高读写性能和读库的可扩展性。对于普通的查询请求,分配到读库(也可以说是备库);对于修改请求,在主库上完成。

(4) 分表分库。随着业务的发展,数据库中的表越来越多,主库的写压力开始出现瓶颈,需要进一步对数据库进行拆分来分散数据库的压力。就是把原本存储于一个库的数据分块存储到多个库上,把原本存储于一个表的数据分块存储到多个表上。分库分表有垂直切分和水平切分两种。垂直切分即将表按照功能模块、关系密切程度划分出来,部

署到不同的库上。例如,建立商品数据库 payDB、用户数据库 userDB、日志数据库 logDB
等,分别用于存储项目商品定义表、用户数据表、日志数据表等。水平切分是指把一个表
的数据按照某种规则,如根据 userID 散列来进行划分,然后存储到多个结构相同的表和
不同的库上。例如,在用户数据库 userDB 中,每一个表的数据量都很大,就可以把
userDB 切分为结构相同的多个:part0DB、part1DB 等,再将 userDB 上的用户数据表
userTable 切分为很多 userTable:userTable0、userTable1 等,然后将这些表按照一定的
规则存储到多个 userDB 上。

　　分库分表也会导致新的问题。在执行分库分表之后,由于数据存储到了不同的库
上,数据库事务管理出现了困难。如果依赖数据库本身的分布式事务管理功能去执行事
务,将付出高昂的性能代价;如果由应用程序去协助控制,形成程序逻辑上的事务,又会
造成编程方面的负担。在执行了分库分表之后,难以避免会将原本逻辑关联性很强的数
据划分到不同的表、不同的库上,这时,表的关联操作将受到限制,还会导致数据的定位
问题和数据的增删改查的重复执行问题,有些原本一次查询能够完成的业务,可能需要
多次查询才能完成。

　　上面这些解决方案只能在一定程度上缓解数据库的可扩展性问题,而且每种解决方
案往往还会带来新的问题,或增加程序员负担,或者增加管理成本,这些方案并不可
持续。

　　总结一下,为了应付数据和流量的增加,必须有更多的计算资源。增加计算资源有
两种方案:纵向扩展(scale up,也译为向上扩展或者垂直扩展)和横向扩展(scale out,也
译为向外扩展或者水平扩展)。纵向扩展是指购买更好的机器,配置更多的磁盘、更多的
内存等。横向扩展即使用很多廉价的机器组成集群,这样就可以以较低的成本扩展到较
大的规模。对于可扩展性问题,企业往往首先尝试用纵向扩展方案来解决,但是大型企
业发现,纵向扩展不可持续。于是很多大型互联网公司最后都转向横向扩展。然而,现
有的主流关系数据库并不是为集群而设计的,横向扩展并不容易。

　　当然,可扩展性问题并不是数据管理面临的唯一挑战,其他挑战还包括:

- 不规范数据的问题。在很多互联网应用中,数据没有统一的模式,或者模式在不
断变化,关系数据库对模式要求非常严格,这往往会造成存储空间的浪费,或者牺
牲灵活性。

- 非结构化数据管理问题。关系数据库主要是为了管理结构化数据,对于 Web 上
出现的大量非结构化数据,如文本、图片、视频等,关系数据库的性能并不高。

- 高并发问题。很多应用中有大量用户同时进行读写。例如,在 2012 年双 11 当
天,在零点的一瞬间,天猫和淘宝并发在线的用户数超过了 1000 万;天猫交易系
统的峰值发生在第 1 个小时,当时系统每秒成功处理了 1.3 万的下单请求;系统
峰值 QPS(每秒查询数)为 4 万/秒,系统的平均响应时间在 200 毫秒,这么高的并
发量对于整个系统的架构,包括数据库都是极大的挑战。

- 高可用性。数据库的可用性是对用户应用程序执行所需数据库任务的效果进行
衡量的一种方法。如果用户应用程序无法连接到数据库,或者如果其事务因错误
而失败或因系统上的负载而超时,那么该数据库解决方案可用性不高。如果用户

应用程序能成功连接到数据库并正常工作,那么该数据库解决方案具有高可用性。传统的关系数据库保证可用性没有问题,但是在大数据环境下,一方面数据量特别大,第二个方面数据分散在网络上;第三个方面在很多应用中(如 Web 应用中),用户对于响应时间的要求一般都比较苛刻;因此保证高可用性并不容易。

12.3.3　数据库的发展

由于传统关系数据库技术在大数据时代已经不能充分地满足需求了,导致了对数据库技术的重新思考和设计。关系数据库为什么不能满足时代需求？主要原因有两方面:

(1) 关系数据库体系结构设计落后于大数据时代。从大的方面来说,当前的计算环境发生了很大的变化,云计算、分布式集群计算逐渐成为了主流;从小的方面来说,新型硬件运用越来越普遍。反过来看关系数据库的体系结构,几十年来一直都比较稳定。

(2) 关系数据库的限制过于严格。关系数据库有两个最重要的限制,一是要求先有模式,后有数据,而且模式要求严格;二是要实现 ACID 特性。这两个限制在大数据时代很难满足。例如,很多非结构化数据和半结构化数据并没有固定的模式,一定要用关系数据库来存储,虽然也是可行的,但是并不自然,性能也不高。再如,在网络环境下数据库的一致性不那么容易满足。根据著名的 CAP 理论[①],对于一个分布式计算系统来说,不可能同时满足以下 3 点:

- 一致性(Consistence)。在分布式系统中的所有数据备份,在同一时刻是否有同样的值。等同于所有节点访问同一份最新的数据副本。
- 可用性(Availability)。在集群中一部分节点故障后,集群整体是否还能响应客户端的读写请求。即对数据更新具备高可用性。
- 分区容错性(Partition tolerance)。以实际效果而言,分区相当于对通信的时限要求。系统如果不能在时限内达成数据一致性,就意味着发生了分区的情况,必须就当前操作在提交(Commit)和夭折(Abort)之间做出选择。

根据 CAP 理论,分布式系统最多只能满足一致性、可用性和分区容错性 3 项中的两项,而不可能满足全部 3 项。

在实际的分布式系统中,网络状况是无法预计和保证的,因此,大多数会选择分区容错性。根据 CAP 理论,剩下就要在一致性和可用性之间做出取舍。而对于大多数互联网应用来说,可用性至关重要(如果系统不保证可用性,意味着用户的请求得不到响应,或者错误的响应,这对于以用户为中心的互联网应用来说,是很难容忍的),因此,很多系统只有牺牲一致性了。当然,它们并不是完全放弃一致性,而是采取某种较弱的一致性(相对而言,关系数据库中的一致性是强一致性),如最终一致性(不同结点上的数据副本不能保证总是一致的,但是最终会一致)。

因此,要让数据库技术跟上大数据时代发展的步伐,需要对数据库的架构做出较大调整。由此产生了数据库发展的两条思路:一是摒弃关系数据库的体系结构和关系数据

---

① CAP 定理见 https://zh.wikipedia.org/zh-cn/CAP%E5%AE%9A%E7%90%86。

库理论的限制,完全重新设计,设计出了 NoSQL 数据库;二是着眼于云计算、集群计算等新的计算环境,对关系数据库的体系结构进行大幅改造,但仍然保留关系数据库的关键特性:模式、SQL 语言和 ACID 特性,产生了 NewSQL 数据库。下面分别介绍 NoSQL 数据库和 NewSQL 数据库。

12.4　NoSQL 数据库

什么叫做 NoSQL 数据库?很不幸,这个词与"大数据"一样,也没有清晰的定义。一般来说,SQL 可以作为关系数据库的代名词,于是有些人把 NoSQL 理解为"No SQL"(非关系数据库),但更多的人将其理解为"Not Only SQL"(不只是关系数据库)。如同大数据,可以概括 NoSQL 的几个特性:一是无模式,或者模式不重要;二是不保证强一致性;三是不采用 SQL 作为查询语言;四是可扩展性好,并发读写性能高。

由于 NoSQL 数据库本身天然的多样性,以及出现的时间较短,因此,不像关系数据库那样,几种数据库产品就能够主导整个市场,NoSQL 数据库的产品非常多,并且大部分都是开源的。这些 NoSQL 数据库中,很大一部分都是针对某些特定的应用需求出现的,因此,对于该类应用,具有极高的性能。依据结构化方法以及应用场合的不同,NoSQL 数据库主要分为以下几类:

- 面向高性能并发读写的 Key-Value 数据库:主要特点是具有极高的并发读写性能。典型代表为 Redis 和 Tokyo Cabinet。
- 面向海量数据访问的文档数据库:主要特点是可以在海量的数据中快速地查询数据。典型代表有 MongoDB 和 CouchDB。
- 面向可扩展性的分布式数据库:目标是解决传统数据库在可扩展性上的缺陷,主要特点是可以较好地适应数据量的增加以及数据结构的变化。典型代表是 Google 的 Big Table。
- 面向图形关系存储的图数据库:目标是解决图形关系的存储问题,主要特点是可以以原生的格式存储图形数据,并支持对图的灵活遍历和查询。典型代表是 Neo4j 和 FlockDB。

下面分别对几种典型的 NoSQL 数据库进行简单的介绍。

12.4.1　键值数据库 Redis

Redis 是完全开源免费的高性能的 Key-Value 数据库。Redis 最大的几个特点是:

- 不仅仅支持简单的 K-V 类型的数据,同时还提供 list、set、zset、hash 等数据结构的存储。
- 支持数据的持久化,可以将内存中的数据保持在磁盘中,重启的时候可以再次加载进行使用。
- 支持数据的备份,即 master-slave 模式的数据备份。

Redis 用户经常称它是一个数据结构服务器。在传统的键值数据库中,一般是把一个字符串键与字符串值联系起来,而在 Redis 里,值不仅限于一个简单的字符串,还可以是更复杂的数据结构。这些数据结构决定了 Redis 可以支持诸如列表、集合或有序集合的交集、并集、查集等高级原子操作,可以应用在多种场合。

1. Redis 的键和值

Redis 的键是二进制安全的,也就是说可以使用任意的二进制序列作为键,比如一个字符串或一个 JPEG 文件的内容。空串也是一个有效的键。

Redis 的值可以是以下数据类型之一。

1) string(字符串)

string 是 Redis 最基本的类型。一个 string 类型的值不仅可以是一个字符串,还可以是任何其他数据,如 jpg 图片或序列化的对象。一个 string 类型的值最大能存储 512MB。

在 Redis 控制台下,可以用 SET 和 GET 命令来设置和获取键值对。例如:

```
SET title "Introduction to Redis"
```

命令设置了一个键值对,键为 title,值为"Introduction to Redis"。而通过命令:

```
GET title
```

可以得到 title 对应的值。

2) list(列表)

列表中可以容纳多个元素,通过这个数据结构,可以取出其中的一个或一个范围里面的元素,可以方便地增加、删除元素。Redis 的列表都是用链表的方式实现的。例如下面的例子(♯后面是注释)。

```
RPUSH mylist A                    #将"A"插入到列表 mylist 尾部
LPUSH mylist first                #将"first"插入到列表 mylist 头部
RPUSH mylist 1 2 3 4 5 "foo bar"  #一次性地加入多个元素到列表尾部
```

3) set(集合)

set 代表无序的集合。对于集合有很多操作,如增加元素,测试某个给定的元素是否存在,多个集合之间求交集、合集或者差集等。下面是 Redis 的两个操作:

```
SADD myset 1 2 3                  #设置 myset 集合的内容为 3 个元素
SMEMBERS myset                    #列出 myset 集合中的元素
```

4) sorted set(有序集合)

有序集合像集合一样,由不重复的元素组成。因此某种意义上说,有序集合也是一个集合。但是集合中的元素是无序的,而有序集合中的元素都基于一个相关联的浮点值排序,这个浮点值称为分数(score)。此外,有序集合中的元素是按顺序取的。例如:

```
ZADD hackers 1940 "Alan Kay"
ZADD hackers 1957 "Sophie Wilson"
```

```
ZADD hackers 1953 "Richard Stallman"
ZADD hackers 1949 "Anita Borg"
```

通过命令 ZADD 实现：向 hackers 集合中增加几个元素（姓名）；每个元素赋予了一个分数（出生年月），如元素"Alan Kay"的分数为 1940。这样，在这个集合中，这些人名就是按照出生年月排列的。

5）Hash（哈希表）

Redis Hash 是一个域（field）和值（value）的映射表。Hash 特别适合于存储对象。例如：

```
HMSET user:1000 username antirez birthyear 1977 verified 1
```

该命令实现：向 user:1000 中插入了 3 个域-值对，它们分别是（username，antirez），（birthyear，1977），（verified，1）。

```
HGET user:1000 username
```

该命令取出 user:1000 关联的哈希表中 username 这个域对应的值。

6）Pub/Sub

Pub/Sub 从字面上理解就是发布（Publish）与订阅（Subscribe）。在 Redis 中，可以设定对某一个键值进行消息发布及消息订阅；当一个键值上进行了消息发布后，所有订阅它的客户端都会收到相应的消息。这一功能最明显的应用就是实时消息系统，如普通的即时聊天、群聊等功能。

2. Redis 的应用场景

Redis 数据库有两种操纵模式：既可以像上面显示的那样在单独的控制台窗口来操纵和管理 Redis 中的数据，也可以在程序代码中通过 API 直接操纵数据。

由于 Redis 的独特性，它既可以作为内存数据结构，也可以作为数据库。当它作为内存数据结构的时候，相比于程序设计语言内置或者程序库中内置的数据结构而言，Redis 支持数据备份、数据持久化等特性。当它作为数据库使用的时候，因为它主要基于内存，速度比较快，而且它特有的数据结构使得数据的存取效率特别高，特别适合数据量不太大的场合，所以在很多时候可以作为轻量级的数据库，或者作为传统关系数据库的补充，以提高某些场合的性能。

1）应用场景 1：最新评论

假设在一个 Web 应用中，在首页有一个区域，要列出最新的 20 个评论。然后当用户点击"显示更多"的时候，才加载更多的评论。

假定每个评论都有一个 ID，而且这个 ID 是按照时间顺序生成的，也就是按照时间排列的。一般情况下需要使用一个 SQL 查询，例如：

```
SELECT TOP 10 * FROM … WHERE … ORDER BY time DESC
```

这样很费时间。如果使用 Redis，则可以这样来做：使用分页来制作主页和评论页，每次发表新的评论时，将该评论的 id 添加到一个 Redis 列表中，例如：

```
LPUSH latest.comments <id>
```

将列表裁剪为指定长度,比如 Redis 只需要保存最新的 5000 条评论:

```
LTRIM latest.comments 0 5000
```

如果需要获取最新评论的项目范围,则通过调用一个函数来完成(使用伪代码):

```
FUNCTION get_latest_comments(start, num_items):
    id_list=redis.lrange("latest.comments", start, start+num_items-1)
    IF id_list.length<num_items
        id_list=SQL_DB("SELECT...ORDER BY time LIMIT...")
    END
    RETURN id_list
END
```

这样,每当一个分页想要获取评论 id 的时候,它首先去 Redis 里查找,如果找到了,就不需要查询数据库;如果分页很靠后,它的 id 不在 Redis 里面,这个时候才需要去查询数据库。这样就大大减少了对数据库的操作。

2) 应用场景 2:排行榜

在网站上经常要显示各种各样的排行榜,如在电子商务网站中有点击前 10 名、销量前 10 名等,这些排行榜是实时更新的,因此,不大可能每次从数据库查询出来。

与前面应用场景不同的是,这个场景虽然也是要显示一个列表,但是并非按时间排序,而是按照某个属性,如点击数、销量等,而这些属性的值是在不停地变化的。在这个场景中,可以使用 sorted set 数据结构。

例如,用 hotclicks 表示一个点击前 10 名,要将一个商品加入到排行榜中,只需要用如下 ZADD 命令:

```
ZADD hotclicks <clickcount><itemID>
```

其中,<clickcount>表示点击数,<itemID>表示商品 id。

当某个商品的点击数需要更新的时候,可以用如下命令:

```
ZINCRBY hotclicks <clickcount><itemID>
```

该命令将商品<itemID>的点击数增加给定的<clickcount>值。

要想获取前 10 名,可以用 ZRANGE 或者 ZREVRANGE 来取得特定排名的项目。例如:

```
ZRANGE hotclicks -10 -1
```

该命令获取了点击数最高的 10 个商品(它是按照点击数升序排列)。

3) 应用场景 3:求共同好友

在社交网站或者论坛中,用户之间存在关注、加好友、收藏等关系。经常出现的一个应用是求若干个好友的共同好友。一个用户的好友是一个集合,因此,求若干用户的共同好友本质上就是一个求交集的操作。在 Redis 中有 set 数据结构,而且提供了求交集的操作,可以很方便地实现这个需求。

对于集合,用 SADD 向集合中增加元素,如:

```
SADD userid:1001:follow "2000"
```

这里,userid:1001:follow 表示 id 为 1001 的用户关注的对象。

如果要求几个用户的共同关注,只需要用 SINTER 命令即可:

```
SINTER userid:1001:follow userid:1002:follow
```

该命令求出了 1001 和 1002 两个用户的共同关注对象。

12.4.2 文档数据库 MongoDB

文档数据库将数据存储为一个文档,本节介绍最典型的文档数据库 MongoDB。

1. MongoDB 数据库简介

MongoDB 是由 C++ 语言编写的,是一个基于分布式文件存储的开源数据库系统。它于 2009 年 2 月首度推出。MongoDB 将数据存储为一个个文档。这里的文档(document)并不是指文本文件、Word 文档之类的文件,其实就是一个类似于 JSON 格式的对象。一个文档其实就是一个数据结构,由字段和值的对组成。例如:

```
{
    name: "sue"
    age: 26
    status: "A"
    groups: ["news", "sports"]
}
```

该文档描述了一个学生:名字叫"sue",年龄 26,状态为"A",加入了"news"和"sports"两个小组。即该文档中有 4 个字段,数据类型分别是:字符串、整数、字符串、数组(数组元素的类型是字符串)。

2. MongoDB 数据库的基本概念

MongoDB 中基本的概念是数据库、集合、文档,为了方便理解,可以将其与关系数据库中的概念进行对比,如表 12-1 所示。

表 12-1 MongoDB 和关系数据库的对比

关系数据库概念	MongoDB 概念	说　明
数据库	数据库(database)	一个数据库可以包含多个集合
表	集合(collection)	一个集合中可以包含多个文档
行	文档(document)	一个文档描述一个对象
列	字段(field)	

关系数据库概念	MongoDB 概念	说　　明
索引	索引(index)	MongoDB 也支持索引
连接		MongoDB 不支持连接
主键	主键(primary key)	MongoDB 自动将_id字段设置为主键

当然,MongoDB 并不是简单地更换了关系数据库中的概念,它们有重要的区别:

(1) 一个集合没有固定的结构,这意味着可以向一个集合中插入不同格式和类型的数据,但通常情况下插入集合的数据都会有一定的关联性。例如,可以把下面几个文档插入到同一个集合中:

```
{"site": "www.baidu.com"}
{"site": "www.google.com", "name": "Google"}
{"site": "www.bing.com", "name": "Bing", "num": 5}
```

(2) 一个集合的文档不需要设置相同的字段,并且相同的字段不需要相同的数据类型,这与关系型数据库有很大的区别,也是 MongoDB 非常突出的特点。

(3) 文档中的键/值对是有序的。

(4) 文档中的值不仅可以是双引号中的字符串,还可以是其他几种数据类型(甚至可以是整个嵌入的文档)。例如,下面的例子中,name 和 contact 字段的值是一个文档,而嵌入在 contact 的值中的文档中又有一个文档嵌在里面,它作为 phone 的字段值。

```
{
    ...
    name: { first: "Alan", last: "Turing" },
    contact: { phone: { type: "cell", number: "111-222-3333" } },
    ...
}
```

(5) 每个文档有一个_id字段作为它的主键,这个字段的值必须是唯一的。如果文档中没有显式地给出这个字段,那么数据库会自动产生这个字段,并指定一个唯一的 ObjectID 作为这个字段的值。

可以看出,MongoDB 相对于关系数据库而言要灵活得多。

3. MongoDB 数据库的操作

MongoDB 具有非常强大的查询能力。下面是几个例子。

(1) 查询 status 字段的值含有"A"的文档:

```
db.users.find( { status: "A" } )
```

(2) 查询 status 字段的值含有"P"或者"D"的文档:

```
db.users.find( { status: { $in: [ "P", "D" ] } } )
```

（3）查询 status 字段的值含有"A"，且年龄小于 30 的文档：

```
db.users.find( { status: "A", age: { $lt: 30 } } )
```

（4）查询 status 字段的值含有"A"，或者年龄小于 30 的文档：

```
db.users.find({ $or: [ { status: "A" }, { age: { $lt: 30 } } ]})
```

（5）查询条件：favorites 字段是一个嵌入文档，且其中按顺序包含了值为"Picasso"的 artist 字段和值为"pizza"的 food 字段。

```
db.users.find( { favorites: { artist: "Picasso", food: "pizza" } } )
```

MongoDB 也可以像关系数据库那样更新。它的基本格式是：

```
db.col.update(<query>, <update>)
```

其中，<query>找出哪些文档需要更新，<update>指出怎么更新。例如：

```
db.col.update({"name": "sue"},{$set:{"status": "P"}})
```

将姓名为"sue"的学生状态改为"P"。

MongoDB 支持对字段建立索引以加速查找：

```
db.col.ensureIndex({"title": 1, "description": -1})
```

该语句在 title 字段上建立升序索引，在 description 字段上建立降序索引。

此外，还可以对数据进行分片，以更好地满足数据增长的需求。

4. MongoDB 应用实例

在电子商务网站中，经常遇到这样的问题：网站数据库中需要存储很多种类的商品信息，由于商品种类不同，这些商品的描述属性大不相同。假设有两个种类的商品：音乐唱片和电影。如果用关系数据库，应该如何建模呢？

1）方案一：为每个种类的商品建立单独的表

该方案为唱片建立一个表 product_audio_album，为电影创建一个表 product_film，它们的表结构分别如表 12-2、表 12-3 所示。

表 12-2　product_audio_album 表结构

字段名	字段定义	说　明
sku	char(8) NOT NULL	商品编号，主键
artist	varchar(255)	艺术家
genre_0	varchar(255)	风格 1
genre_1	varchar(255)	风格 2
...		

表 12-3　product_film 表结构

字段名	字段定义	说　明
sku	char(8) NOT NULL	商品编号，主键
title	varchar(255)	名称
rating	char(8)	评分
...		

该方案的两个关键问题是：

(1) 每个种类的商品至少一个表；

(2) 应用程序开发者必须显式地将请求分发到对应种类的表上来查询。如果一次需要查询多个种类的商品，则实现起来就比较麻烦了。

2) 方案二：为所有种类的商品建立一张表

该方案将唱片和电影都放在表 product 中，表结构如表 12-4 所示。

表 12-4   product 表结构

字段名	字 段 定 义	说 明
sku	char(8) NOT NULL	商品编号，主键
artist	varchar(255)	艺术家
genre_0	varchar(255)	风格 1
genre_1	varchar(255)	风格 2
title	varchar(255)	名称
rating	char(8)	评分
...		

该方案的问题是：表的属性太多了，属性上的取值很稀疏，空间浪费大。

3) 方案三：多表继承

该方案首先将唱片和电影中公共属性提取出来，作为一个表 productAll；然后将唱片和电影中特有的属性分别保存到 product_audio_albumPart 表、product_filmPart 表中。3 张表的表结构分别如表 12-5、表 12-6 和表 12-7 所示。

表 12-5   productAll 表结构

字段名	字 段 定 义	说 明
sku	char(8) NOT NULL	商品编号，主键
title	varchar(255)	名称
description	varchar(255)	描述
price	numeric	价格
...		

表 12-6   product_audio_albumPart 表结构

字段名	字 段 定 义	说 明
sku	char(8) NOT NULL	主键，外键，引用 product 表的 sku
artist	varchar(255)	艺术家
genre_0	varchar(255)	风格 1
genre_1	varchar(255)	风格 2
...		

表 12-7 product_filmPart 表结构

字段名	字段定义	说明
sku	char(8)NOT NULL	主键,外键,引用 product 表的 sku
title	varchar(255)	名称
rating	char(8)	评分
...		

该方案很好地克服了前面两种方案的缺点,但是查询的时候必然要进行连接操作。

可以看出,关系数据库的方案面对这个问题存在或多或少的问题,这些问题的根源在于关系数据库要求数据遵循固定的模式,而这个应用的数据不满足统一的模式。MongoDB 数据库是无模式的,用它来存储这些数据就非常简单、自然。用 MongoDB 数据库,数据存储的方案可以设计如下。

一张音乐唱片可以存储为类似下面这样的文档:

```
{
    sku: "00e8da9b",
    type: "Audio Album",
    title: "A Love Supreme",
    description: "by John Coltrane",
    asin: "B0000A118M",
    shipping: {
      weight: 6,
      dimensions: {
        width: 10,
        height: 10,
        depth: 1
      },
    },
    pricing: {
      list: 1200,
      retail: 1100,
      savings: 100,
      pct_savings: 8
    },
    details: {
      title: "A Love Supreme [Original Recording Reissued]",
      artist: "John Coltrane",
      genre: [ "Jazz", "General" ],
      ...,
      tracks: [
        "A Love Supreme Part I: Acknowledgement",
        "A Love Supreme Part II -  Resolution",
        "A Love Supreme, Part III: Pursuance",
```

```
            "A Love Supreme, Part IV- Psalm"
        ],
    },
}
```

而一部电影可以存储为以下文档:

```
{
    sku: "00e8da9d",
    type: "Film",
    …,
    asin: "B000P0J0AQ",
    shipping: { … },
    pricing: { … },
    details: {
        title: "The Matrix",
        director: [ "Andy Wachowski", "Larry Wachowski" ],
        writer: [ "Andy Wachowski", "Larry Wachowski" ],
        …,
        aspect_ratio: "1.66:1"
    },
}
```

商品的共同信息可以用相同的字段表示,每个商品可以根据需要加上自己特有的信息,非常方便。用 MongoDB 来进行查询也非常方便。

12.4.3　列数据库 HBase

　　HBase 是一种基于宽列存储模型(wide column stores)的新型数据库。什么叫做宽列存储模型呢? 这种模型是由 Google 的 BigTable 项目组首次提出的。

　　为了显示列存储模型的原理,可通过一个例子来进行说明:考虑两个人,需要存储姓、名、密码等信息。如果用关系数据库,可设计 person 表进行存储,表结构如表 12-8 所示。

表 12-8　person 表结构

id	lastname	firstname	username	pwd	timestamp
1	张	三	zhangsan	111	20160719
2	李	四	lisi	222	20160720

如果按照列式存储,可设计 personColumn 表进行存储,表结构如表 12-9 所示。

表 12-9　personColumn 表结构

Row-Key	info 列族	login 列族
1	info{'lastname': '张','firstname': '三'}	login{'username': 'zhangsan', 'pwd': '111'}
2	Info{'lastname': '李','firstname': '四'}	login{'username': 'lisi', 'pwd': '222'}

在 HBase 中,首先有列族的概念。在表 12-9 中,有两个列族,分别是 info 和 login。每个列族中有一些列关键字。例如,在 info 列族中,有 lastname 和 firstname 两个列关键字,而在 login 列族中,有 username 和 pwd 两个列关键字。除了这些信息之外,每个值都关联了一个时间戳,这里没有显式地定义时间戳。列族就是列关键字组成的集合,列族是访问控制的基本单位。存放在同一列族下的所有数据通常都属于同一个类型(可以把同一个列族下的数据压缩在一起)。列族在使用之前必须先创建,然后才能在列族中任何的列关键字下存放数据;列族创建后,其中的任何一个列关键字下都可以存放数据。一般来说,一张表中的列族不能太多(最多几百个),并且列族在运行期间很少改变。与之相对应的,一张表可以有无限多个列。

在物理上,HBase 其实是按列族存储的,只是按照 Row-key 将相关 CF 中的列关联起来。下面看一个稍微复杂的例子。

如图 12-6 所示,这个表中共有 5 行、2 个列族 CF1 和 CF2,其中每个列族有 4 个列关键字,可以看出,整个表是比较稀疏的。

	CF1				CF2			
	C1	C2	C3	C4	C5	C6	C7	C8
row1	V1		V3			V6		
row2	V4	V6		V7			V9	
row3		V10		V11		V12		
row4		V13			V14			
row5								V15

图 12-6　HBase 的一个实例数据

在实际存储的时候,HBase 是按照列族来存储的,也就是同一个列族的值存储在一起,这也是列式存储的由来。对于每个列族,有一个 HFile 与之对应。对于图 12-6 所示的实例数据在物理上的存储形式如图 12-7 所示。

```
HFile1

row1:CF1:C1:V1
row1:CF1:C3:V3
row2:CF1:C1:V4
row2:CF1:C2:V6
row2:CF1:C4:V7
row3:CF1:C2:V10
row3:CF1:C4:V11
row4:CF1:C3:V13
```

```
HFile2

row1:CF2:C6:V6
row2:CF2:C7:V9
row3:CF2:C6:V12
row4:CF2:C5:V14
row5:CF2:C8:V15
```

图 12-7　图 12-6 所示实例数据的物理存储形式

其中,HFile1 存储的是列族 CF1 中的所有值,而 HFile2 中存储的是 CF2 中的所有值。在这里省略了时间戳。从这里可以看出,如果要查询的是某一行的所有值,需要读取两个文件的内容;如要查询某一列,或者一个列族中的某几列的值,则只需要读取一个文件的内容。

综上所述，Hbase 和 BigTable 列数据库的本质是一个稀疏的、分布式的、持久化存储的多维度排序 Map。Map 的索引是行关键字、列关键字以及时间戳；Map 中的每个值都是一个未经解析的 byte 数组。也就是说，任何一个值都可以通过行关键字（如 rowid）、列关键字（包括列族名）和时间戳来映射得到。

HBase 是分布式的，它基于 Hadoop 文件系统 HDFS，可以直接利用 HDFS 提供的容错能力。

Hbase 和关系数据库 RDBMS 可以从以下几个方面进行对比：

- RDBMS 是有模式的，而 HBase 是无模式的。HBase 中仅需要定义列族，没有固定的列，不同的行可以有不同数量的列。
- HBase 是专门为宽表而设计的，很容易进行横向扩展。而 RDBMS 中一般存在大量的细而小的表，横向扩展比较麻烦。
- RDBMS 完整地支持 ACID 事务，而 HBase 仅支持有限的事务特性。
- RDBMS 中可以为列定义丰富的数据类型，而 HBase 中列是无类型的，或者说是字符串类型的。
- HBase 基于 HDFS，运行于分布式集群系统，以便具有良好的可扩展性。

从上面的对比可以看出，HBase 不适合所有问题，其设计目标并不是替代 RDBMS，而是对 RDBMS 的一个重要补充。

HBase 的架构如图 12-8 所示。

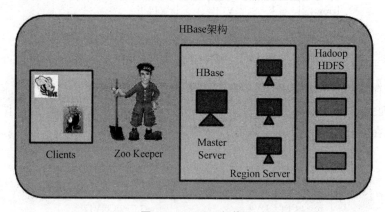

图 12-8　HBase 架构

在 HBase 的集群中主要由 Master、Region Server 和 Zoo Keeper 组成，分别介绍如下。

（1）Master。HBase Master 用于协调多个 Region Server，侦测各个 Region Server 之间的状态，并平衡 Region Server 之间的负载。HBase Master 还有一个职责就是负责分配 Region 给 Region Server。HBase 允许多个 Master 结点共存，但是这需要 Zoo Keeper 的帮助。当多个 Master 结点共存时，只有一个 Master 是提供服务的，其他的 Master 结点处于待命的状态。当正在工作的 Master 结点宕机时，其他的 Master 会接管 HBase 的集群。

（2）Region Server。每一个 Region Server 管理着很多个 Region。对于 HBase 来说，Region 是 HBase 并行化的基本单元。因此，数据也都存储在 Region 中。这里需要特别注意，每一个 Region 都只存储一个 Column Family 的数据，并且是该 CF 中的一段（按 Row 的区间分成多个 Region）。Region 所能存储的数据大小是有上限的，当达到该上限（threshold）时，Region 会进行分裂，数据也会分裂到多个 Region 中，这样便可以提升数据的并行处理能力，提高数据的容量。每个 Region 包含多个 Store 对象。每个 Store 包含一个 MemStore、一个或多个 HFile。MemStore 便是数据在内存中的实体，并且一般都是有序的。当数据向 Region 写入的时候，会先写入 MemStore。当 MemStore 中的数据需要向底层文件系统倾倒（dump）时（如 MemStore 中的数据体积到达 MemStore 配置的最大值），Store 便会创建 StoreFile，而 StoreFile 就是对 HFile 一层封装。所以 MemStore 中的数据会最终写入到 HFile 中，也就是磁盘 I/O。由于 HBase 底层依靠 HDFS，因此 HFile 都存储在 HDFS 之中。

（3）Zoo Keeper。对于 HBase 而言，Zoo Keeper 的作用是至关重要的。首先 Zoo Keeper 是作为 HBase Master 的高可用性解决方案。也就是说，是 Zoo Keeper 保证了至少有一个 HBase Master 处于运行状态。并且 Zoo Keeper 负责 Region 和 Region Server 的注册。其实 Zoo Keeper 发展到目前为止，已经成为了分布式大数据框架中容错性的标准框架。不光是 HBase，几乎所有的分布式大数据相关的开源框架，都依赖于 Zoo Keeper 实现高可用性。

12.4.4　图数据库 Neo4j

Neo4j 是高性能的 NoSQL 图数据库。图数据库使用图（graph）相关的概念来描述数据模型，把数据保存为图中的结点以及结点之间的关系。现实中很多数据都是用图来描述的，最典型的如社交网络，其中的用户，以及用户之间的关注关系可以很直接地使用图中结点和关系的概念来建模。对于这样的应用，使用图数据库来存储数据非常自然。

Neo4j 是图数据库中一个主要代表。Neo4j 中两个最基本的概念是结点和边。结点表示实体，边则表示实体之间的关系。结点和边都可以有自己的属性。不同实体通过各种不同的关系关联起来，形成复杂的对象图。Neo4j 同时提供了在对象图上进行查找和遍历的功能。Neo4j 使用"图"这种最通用的数据结构来对数据进行建模，使得 Neo4j 的数据模型在表达能力上非常强。链表、树和散列表等数据结构都可以抽象成"图"来表示。Neo4j 同时具有一般数据库的基本特性，包括事务支持、高可用性和高性能等。Neo4j 已经在很多生产环境中得到了应用。

Neo4j 用 Java 实现，有两种运行方式：一是服务的方式，对外提供 REST 接口；二是嵌入式模式，数据以文件的形式存放在本地，可以直接对本地文件进行操作。

1. Neo4j 的主要概念

Neo4j 中最基本的概念是结点（node）和关系（relationship）。在两个结点之间，可以有不同的关系。每个关系由起始结点、终止结点和类型等 3 个要素组成。起始结点和终止结点的存在，说明了关系是有方向的，类似于有向图中的边。不过在某些情况下，关系的方向可能并没有意义,会在处理时被忽略。所有的关系都是有类型的,用来区分结点之间意义不同的关系。在创建关系时,需要指定其类型。结点和关系都可以有自己的属性。每个属性是一个简单的名-值对。属性的名称是 string 类型的,而属性的值则只能是基本类型、string 类型以及基本类型和 string 类型的数组。一个结点或关系可以包含任意多个属性。

结点和关系分别由不同的 Java 类来实现,主要概念对应的 Java 接口如表 12-10 所示。

表 12-10　Neo4j 中主要概念对应的 Java 接口

含　义	接　口
结点	org. neo4j. graphdb. Node
关系	org. neo4j. graphdb. Relationship
关系的类型	org. neo4j. graphdb. RelationshipType
对属性进行操作的方法	org. neo4j. graphdb. PropertyContainer

2. Neo4j 操作的例子

1)建立图

下面给出了一个 Neo4j 操作的例子。该示例是一个简单的歌曲信息管理程序,用来记录歌手、歌曲和专辑等相关信息。在这个程序中,实体包括歌手、歌曲和专辑,关系则包括歌手与专辑之间的发布关系、专辑与歌曲之间的包含关系。下面的代码给出了使用 Neo4j 对程序中的实体和关系进行操作的示例。

```
private static enum RelationshipTypes implements RelationshipType {
    PUBLISH, CONTAIN
}
public void useNodeAndRelationship() {
    //创建一个数据库,文件名为 music
    GraphDatabaseService db=new EmbeddedGraphDatabase("music");
    Transaction tx=db.beginTx();                        //开始一个事务
    try {
        Node node1=db.createNode();                     //创建一个结点
        node1.setProperty("name", "歌手 1");            //设置结点属性
        Node node2=db.createNode();
        node2.setProperty("name", "专辑 1");
        node1.createRelationshipTo(node2, RelationshipTypes.PUBLISH);
                                                        //创建一个关系
        Node node3=db.createNode();
        node3.setProperty("name", "歌曲 1");
        node2.createRelationshipTo(node3, RelationshipTypes.CONTAIN);
        tx.success();
```

```
    } finally {
        tx.finish();
    }
}
```

在上面的代码中，首先定义了两种关系类型。定义关系类型的一般做法是创建一个实现了 RelationshipType 接口的枚举类型。RelationshipTypes 中的 PUBLISH 和 CONTAIN 分别表示发布和包含关系。在 Java 程序中可以通过嵌入的方式来启动 Neo4j 数据库，只需要创建 org. neo4j. kernel. EmbeddedGraphDatabase 类的对象，并指定数据库文件的存储目录即可。在使用 Neo4j 数据库时，修改操作一般需要包含在一个事务中进行处理。通过 GraphDatabaseService 接口的 createNode 方法可以创建新的结点。Node 接口的 createRelationshipTo 方法可以在当前结点和另外一个结点之间创建关系。

2）建立索引

当 Neo4j 数据库中包含的结点比较多时，要快速查找满足条件的结点会比较困难。Neo4j 提供了对结点进行索引的能力，可以根据索引值快速地找到相应的结点。下面的代码演示了索引的基本用法。

```
public void useIndex() {
    GraphDatabaseService db=new EmbeddedGraphDatabase("music");
    Index<Node>  index=db.index().forNodes("nodes");
                                                //创建一个索引,命名为 nodes
    Transaction tx=db.beginTx();
    try {
        Node node1=db.createNode();
        String name="歌手 1";
        node1.setProperty("name", name);       //设置结点的 name 属性为"歌手 1"
        index.add(node1, "name", name);        //将结点 node1 添加到索引中
        node1.setProperty("gender", "男");
        tx.success();
    } finally {
        tx.finish();
    }
    Object  result = index. get ( " name", " 歌 手  1"). getSingle (). getProperty
    ("gender");                                 //利用索引来查找结点
    System.out.println(result);                 //输出为"男"
}
```

在上面代码中，通过 GraphDatabaseService 接口的 index 方法可以得到管理索引的 org. neo4j. graphdb. index. IndexManager 接口的实现对象。Neo4j 支持对结点和关系进行索引。通过 IndexManager 接口的 forNodes 和 forRelationships 方法可以分别得到结点和关系上的索引。索引通过 org. neo4j. graphdb. index. Index 接口来表示，其中的 add 方法用来把结点或关系添加到索引中，get 方法用来根据给定值在索

引中进行查找。

　　3）图的遍历

　　在图上进行的最实用的操作是图的遍历。通过遍历操作,可以获取到与图中结点之间的关系相关的信息。Neo4j 支持非常复杂的图的遍历操作。在进行遍历操作之前,需要对遍历方式进行描述。遍历方式的描述信息由下面几个要素组成:

- 遍历路径:通常用关系的类型和方向来表示。
- 遍历顺序:常见的遍历顺序有深度优先和广度优先两种。
- 遍历唯一性:可以指定在整个遍历中是否允许经过重复的结点、关系或路径。
- 遍历过程决策器:用来在遍历过程中判断是否继续进行遍历,以及选择遍历过程的返回结果。
- 起始结点:遍历过程的起点。

　　Neo4j 中遍历方式的描述信息由 org. neo4j. graphdb. traversal. TraversalDescription 接口来表示。通过 TraversalDescription 接口的方法可以描述上面介绍的遍历过程的不同要素。类 org. neo4j. kernel. Traversal 提供了一系列的工厂方法用来创建不同的 TraversalDescription 接口的实现。下面代码中给出了进行遍历的示例。

```
TraversalDescription td=Traversal.description()
    .relationships(RelationshipTypes.PUBLISH)     //将 PUBLISH 边加入到遍历范围
    .relationships(RelationshipTypes.CONTAIN)     //将 CONTAIN 边加入到遍历范围
    .depthFirst()                                 //深度优先遍历
    .evaluator( Evaluators. pruneWhereLastRelationshipTypeIs ( RelationshipTypes.
     CONTAIN));
Node node=index.get("name", "汪峰").getSingle();    //利用索引来查找"汪峰"对应的结点
Traverser traverser=td.traverse(node);       //根据既定的遍历策略从查找结果开始进行遍历
for (Path path:traverser) {                              //path 是一个查找结果的路径
    System.out.println(path.endNode().getProperty("name"));
                                                   //path.endNote()是路径的端结点
}
```

　　在上面的代码中,首先通过 Traversal 类的 description 方法创建了一个默认的遍历描述对象。通过 TraversalDescription 接口的 relationships 方法可以设置遍历时允许经过的关系的类型,而 depthFirst 方法用来设置使用深度优先的遍历方式。比较复杂的是表示遍历过程的决策器的 evaluator 方法,该方法的参数是 org. neo4j. graphdb. traversal. Evaluator 接口的实现对象。类 org. neo4j. graphdb. traversal. Evaluators 提供了一些实用的方法来创建常用的 Evaluator 接口的实现对象,上面的代码中使用了 Evaluators 类的 pruneWhereLastRelationshipTypeIs 方法,该方法返回的 Evaluator 接口的实现对象会根据遍历路径的最后一个关系的类型来进行判断。如果关系类型满足给定的条件,则不再继续进行遍历。

　　代码中的遍历操作的作用是查找歌手"汪峰"所发行的所有歌曲。遍历过程从表示歌手的结点开始,沿着 RelationshipTypes. PUBLISH、RelationshipTypes. CONTAIN 类型的关系,按照深度优先的方式进行遍历。注意,这两种关系分别表示歌手和专辑之间

的发布关系、专辑和歌曲之间的包含关系。如果当前遍历路径的最后一个关系是
RelationshipTypes. CONTAIN 类型,则说明路径的最后一个结点包含的是歌曲信息,可
以终止当前的遍历过程。通过 TraversalDescription 接口的 traverse 方法可以从给定的
结点开始遍历。遍历的结果由 org. neo4j. graphdb. traversal. Traverser 接口来表示,可
以从该接口中得到包含在结果中的所有路径。结果中的路径的终止结点就是表示歌曲
的实体。

12.5　NewSQL 数据库

　　NewSQL 是对各种新的可扩展/高性能数据库的简称,从名称可以看出,NewSQL
是传统 SQL 数据库(即关系数据库)的最新发展。NewSQL 数据库不仅具有 NoSQL 对
海量数据的存储管理能力,还保持了传统数据库支持 ACID 和 SQL 等特性。

　　著名的数据库专家、图灵奖获得者 Stonebraker 曾经指出,NoSQL 数据库可提供良
好的可扩展性和灵活性,但它们也有自己的不足。由于不使用 SQL,NoSQL 数据库系统
不具备高度结构化查询等特性;NoSQL 也不能提供 ACID 特性的操作。另外不同的
NoSQL 数据库都有自己的查询语言,这导致很难对应用程序接口进行规范。这些不足
限制了 NoSQL 数据库的应用,例如很多企业也有海量数据需要处理,但是又特别重视事
务与一致性(如一些金融业务、订单处理业务等),因而无法使用 NoSQL 数据库。为此,
数据库界开发出了一些新的数据库原型或者产品,它们被称为 NewSQL,以便与传统的
Oracle 等数据库产品区别开来。

　　从理念上来看,好像 NewSQL 比 NoSQL 要先进,但是 NewSQL 并不一定能取代
NoSQL 数据库。相对而言,一些 NoSQL 数据库产品如 Redis、MongoDB 等目前在企业
中得到了广泛的应用,它们的性能得到了认可。而 NewSQL 产品的研发历史则相对较
短,应用范围还比较有限。

　　NewSQL 并没有一个清晰的界定,它们在内部体系结构上也有很大的不同。
NewSQL 数据库的共同点在于它们都支持关系数据模型和 SQL 接口。可以粗略地将
NewSQL 数据库分为 3 类:

　　(1) 新的体系结构。这一类的 NewSQL 数据库产品完全基于新的体系结构,它们是
特别为在分布式集群中运行而设计的,集群中的结点采用 share-nothing 结构,每个结
点都有一部分数据。这部分产品从一开始就考虑在分布式环境下运行,包含了分布式并
发控制、流量控制和分布式查询处理等组件。典型的系统包括 Google Spanner、VoltDB、
SAP HANA、NuoDB 等。

　　(2) SQL 引擎。第二类是专门为 SQL 高度优化的存储引擎,这些系统仍然使用
SQL 接口,但是比内置存储引擎具有更好的可伸缩性。这种类型的产品包括 MySQL
Cluster、InfiniDB 等。

　　(3) 透明分片。这类系统提供专门分片的中间件,它可以透明地将数据库分片到多
个结点之上。ScaleBase 就是其中的一个例子。

　　下面简单地介绍 VoltDB 和 NuoDB 两种 NewSQL 产品。

12.5.1　VoltDB

VoltDB 是一个新型的、高性能的、基于内存的分布式关系数据库,它的创始人是著名数据库专家、图灵奖获得者 Micheal Stonebraker。与传统的关系数据库相比,VoltDB 具有以下鲜明的特点:

(1) 基于内存。VoltDB 是一个内存数据库,数据主要存储在内存中。这样做可以充分利用当代大内存的计算机体系结构,同时也可以减少磁盘访问,提高数据处理速度。因为数据在内存中,为了保证持久性,可通过快照、命令日志和数据库复制等技术来保证数据不会丢失。

(2) 分区。VoltDB 中,用户可以指定分区键,系统会自动地将表中的数据分布到不同的结点上去。不仅数据可以分区,访问数据的事务也可以分区,这样事务就可以并行处理,提高了并发度和吞吐量。

(3) 基于单线程。每个分区上事务的执行都是单线程的,一个事务运行完毕后,下一个事务才执行,这样就可以避免耗费资源的锁操作。

(4) 分布式。VoltDB 从一开始就是为分布式环境而设计的,这使得它具有很好的可扩展性。想扩展系统的性能,通过增加结点、增加结点的内存等手段可以很容易实现。

与各种 NoSQL 相比,VoltDB 又具有以下特点:

(1) 支持数据库模式和 SQL 语言。这使得 VoltDB 与传统的关系数据库比较接近。

(2) ACID 兼容。VoltDB 支持数据库的 ACID 特性,从而保证了可靠性和一致性。

1. 数据库模式

在 VoltDB 中,每个数据库指定了三个方面的模式信息:表信息、存储过程信息和分区信息。一个 VoltDB 数据库的实例如图 12-9、图 12-10 所示。

```
CREATE TABLE Employee (
    email            varchar(100)  UNIQUE   NOT NULL,
    firstname        varchar(25),
    lastname         varchar(25),
    department_ID    integer   NOT NULL,
    PRIMARY KEY (email)
);
CREATE TABLE Department (
    department_ID    integer          NOT NULL,
    name             varchar(100)   NOT NULL,
    PRIMARY KEY (department_ID)
);
```

图 12-9　ddl. sql 文件的内容

从图 12-10 中可以看出,在工程文件 project. xml 中指定了模式文件、存储过程和分区信息,其中存储过程不直接是 SQL 语句,而是封装在 Java 代码中的,所以这里指定了 Java 类信息。在分区信息中,指定将 Employee 表按照 email 列的取值来分区;没有指定

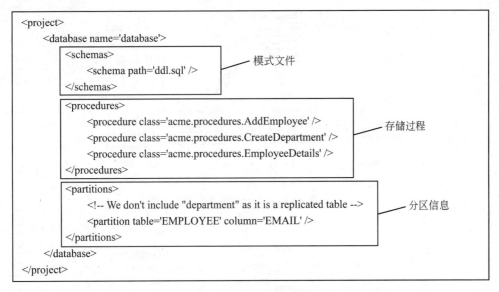

図 12-10 project. xml 文件的内容

Department 表的分区信息,这是因为这个表会被复制到各个结点。

此外,在配置文件中还设置了结点数量等信息。

2. 数据分片

通过分析和预编译存储过程中的数据访问逻辑,VoltDB 会将数据和存储过程分发到每个结点,如图 12-11、图 12-12 所示。这样,集群中的每个结点包含了数据分片和存储过程,它们可以并行计算。

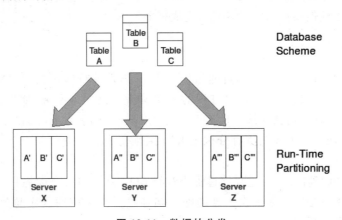

図 12-11 数据的分发

除了分区表,也可以跨所有站点复制表,如图 12-13 所示。例如,由于 Department 表只存储了公司的部门信息,一般比较小且比较稳定,它可以复制到所有的分区。这样一来在每个分区都可以进行连接操作。例如,要根据 email 查找一个用户的所有信息(包括部门),只需要在一个分区上做就行了。复制的表主要是那些只读的小表。

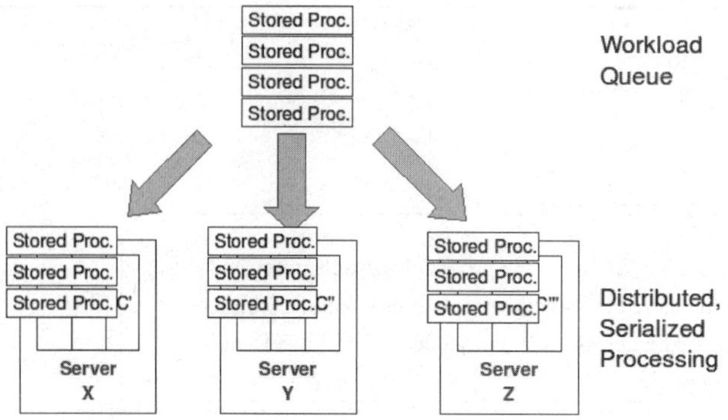

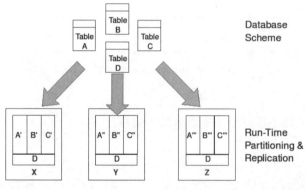

图 12-12　存储过程的分发

图 12-13　表的分片与复制

如果一个事务涉及多个分区的数据访问，那么一个结点会充当协调者（coordinator），负责分发任务给其他结点，并收集结果，完成任务。

3. 存储过程

访问 VoltDB 中存储的数据，可通过使用 Java 语言编写的存储过程来完成，SQL 语句嵌入在一个存储过程中。对存储过程的每次调用都是一个事务；如果调用成功，则会提交存储过程，否则它们会回滚。所有存储过程（事务）均全局有序，由于避免了锁的使用，因此可以保证每个事务在所有分区上并行执行完成后才继续执行下一个事务，事务不会乱序执行。

相对于 JDBC 等协议，通过存储过程来执行 SQL 查询的一个优势是：每个事务只需在客户端与服务器之间往返一次。这消除了与通过网络在应用程序与数据库之间进行多次调用相关联的延迟。

由于事务的顺序性质，每个事务应尽可能快地执行，否则它们将阻止其他等待运行的事务。

4. 高可用性

VoltDB 使用 K-safety、双活等机制来保证数据的高可用性。

（1）K-Safety：其实就是 N+1 的副本机制，VoltDB 在写数据操作的时候，会在每个副本中执行该语句，这样就可以保证数据被正确插入到每个副本中。这 N+1 的副本都可以同时提供访问，同时允许最多 N 个副本丢失（分区故障）。当 N+1 个副本都不可用的时候，VoltDB 就会停止服务进行修复。

（2）双活：多集群双活机制。两个集群都可以提供服务，数据在多分区之间异步复制，当一个集群挂了的时候，另外一个集群提供服务；当异常集群恢复之后，会自动进行数据同步；只有数据一致的时候，才会提供服务。但是，这种机制其实还是有问题，有可能导致数据不一致，因此同步复制机制还是需要的。

5. 持久化

尽管 VoltDB 的高可用性能够降低宕机的概率，但故障还是偶尔会发生，而且 DBA 有时也要定期地停机维护。因此，VoltDB 提供了高性能的快照和命令日志（command log）来支持各种持久化需求。对于日志，VoltDB 支持同步和异步、刷新到磁盘的时间间隔等配置。

VoltDB 的特点非常鲜明，但是这也不说明它是万能的，其设计和特性决定了其应用场景。VoltDB 比较适合高频率请求、短事务的应用，像金融、零售、Web 2.0 等，以及流式数据应用，像推荐引擎、实时广告平台、点击流处理、欺诈交易检测等。另外，其采用哈希的数据分布策略，进行范围查询时可能不会体现出很大的优势。

12.5.2　NuoDB

NuoDB 是一家数据库初创公司，成立于 2008 年，2011 年更名为 NuoDB。NuoDB 是针对弹性云系统而非单机系统设计的，因此可以将其看作是一个多用户、弹性、按需的分布式关系型数据库管理系统。NuoDB 的特点包括：拥有任意增减廉价主机的功能，能够实现按需共享资源，提供不同的业务连续性、性能以及配置方法，极大程度地降低数据库运维成本。

NuoDB 拥有 ACID 事务的所有属性，支持标准的 SQL 语言，具备真正的关系型逻辑。从一开始，NuoDB 的设计就能让它以云服务伸缩的方式进行伸缩。无须使用分片技术，NuoDB 直接提供了横向扩展、高可用性、数据冗余等特性，而且安全可靠、管理方便，还支持多租户技术。

1. 三层架构

NuoDB 数据库采用了三层架构：管理层、事务层和存储层。下面先介绍事务层和存储层。

NuoDB 的持久化和事务处理是完全独立的两个任务，这意味着可以对这些层分别伸缩、分别处理故障。这种分离不仅有利于系统的伸缩，也更利于随需伸缩，根据需求进行调配。

事务层负责原子性、一致性和隔离性，但并不关心持久性。这也说明事务层位于内存中，它运行速度快，任何内容都可以失败，在任何时候关闭都不会丢失数据或一致性。

事务层也是个缓存层,不需要在 NuoDB 数据库之上添加其他的缓存逻辑。

存储层负责持久性。存储层始终处于活跃状态,并和所有数据保持一致。它负责在提交的时候持久化数据,事务在缓存中命中失败的情况下访问存储层数据。

2. 对等协调

事务层和存储层由多个进程组成,这些进程可以跨任意数量的主机运行。每个单独可执行的进程都以事务引擎(transaction engine)或存储管理器(storage manager)两种模式之一的方式运行。所有的进程都是对等的,没有单独的协调器或故障点,也没有主机特定的配置。默认情况下,所有对等的进程都会通过加密的会话互相认证和通讯。

每个事务引擎都负责接受 SQL 客户端的连接,并处理查询。缓存保存在事务引擎的进程空间里。存储管理器和事务引擎通过简单的对等协调协议互相通讯。当事务引擎在本地缓存命中失败的时候,它可以从任意对等进程里获取所需的对象。这通常意味着,如果有另一个事务引擎的缓存里有这个对象,就去那个事务引擎里取,这比存储管理器从持久存储里查询数据要快多了。

这个简单、灵活的进程模型简化了启动、水平伸缩和迁移。举例来说,考虑以下情形:

(1)在一台主机上启动了一个事务引擎和存储管理器。这就相当于启动了一个运行的、完全 ACID 的单机数据库。

(2)在第二台主机上启动一个新的事务引擎。新的事务引擎会和已有的进程互相验证,把一些根元素加载到自己的缓存里,然后报告它已经做好了准备、能处理事务负载了。从发消息到事务引擎准备好开始工作,整个过程花费的时间通常都不会超过一百毫秒。在两个独立的主机上运行事务引擎就可以让数据库的事务吞吐量翻一番,也能增加故障的恢复能力。

(3)现在搭建第三台主机,发送消息让它启动第二个存储管理器。第二个存储管理器会自动和运行的系统同步,准备好之后就可以积极参与数据库的处理了。至此,数据库持久性的另一个方面也就处理好了,同样很简单。

(4)联机第四台主机,在这台新主机上启动一个事务引擎或者一个存储管理器。当它准备好之后,关闭原先的事务引擎或存储管理器(无论在新主机上启动的是什么)。这样就完成了数据库组件的实时迁移,不会损失可用性,因为整个服务没有关闭过。这也配置出一个完全冗余的数据库,因为任何主机都可能失败,但仍然有一份完整的数据归档,并能进行事务处理。

3. 一切都是原子

虽然 NuoDB 确实是关系型数据库,但它的内部结构并不是。事务引擎的前端使用 SQL,也知道如何优化事务。但这层之下所有对象的逻辑操作都叫做原子(atom)。原子本质上是自我协调的对象,表示信息的特定类型(如数据、索引、Schema 等)。即使是内部的元数据,也存储为原子。

原子是数据块,但不是关系型数据库中传统的页。在某种程度上,原子实际上是缓存和存储层之间进行网络协调时真正的对等实体。原子包含任意数据块，通过选用原子大小来最大限度地提高通讯效率，缓存中对象的数量，跟踪变化的复杂性等。

除了数据库内容，原子也可以用来表示目录(catalog)。目录是 NuoDB 处理其他原子的方式，本质上是一个分布式、自引导的查找服务。当事务引擎启动的时候，它需要获取一个叫做主目录(master catalog)的原子。这是根原子，从它出发可以找到其他所有的原子。

原子是一种很好的数据组织方式。原子能大大简化内部通信和缓存，这是因为不用考虑具体的 SQL 结构。所有内容都包含在相同的通用结构里，并用一致的方式识别。

内部状态的这种视图也有利于整个数据库的一致性。因为元数据、目录数据都和数据库数据一样，存储在相同的原子结构里，所有的变化都发生在同一个事务的上下文中。因此若在一个 SQL 操作的上下文中修改一些元数据或目录数据，则所有的修改要么全部发生，要么全部不发生。不用担心会有一些不一致的修改影响数据和状态的准确性。

最后，把所有的数据都看作原子能让持久性变得相当容易。因为数据库的内容只是命名对象的一个集合，持久层仅仅是一个键值对的存储。从理论上来说，它可以是任何存储。在 NuoDB 的 V1.1 版本中，支持所有的文件系统、Amazon S3 接口和 Hadoop HDFS。

4. 多版本并发控制

NuoDB 使用了多版本并发控制(multi-version concurrency control，MVCC)机制来保证事务的一致性。MVCC 与全局锁管理器、分布式事务协调器不同，它对数据进行了版本化，将整个数据库看作更新的追加集合。

MVCC 对分布式数据库进行水平伸缩的时候有很多优良的特性。首先，在数据发生变化的时候，实际上是给数据创建了一个新的"挂起"版本（事务提交之前一直是"挂起"状态）。缓存中可以有多个"挂起"版本以及当前的"标准"版本，所以缓存中就不会再修改内容了。这样的话，回滚就变得不那么重要了（事务不会提交，所以"挂起"的更改会被丢弃）；反过来看，更新消息的处理就是乐观的了。

版本控制的第二个好处是，它为可见性提供了清晰的模型。在默认模式下，NuoDB 提供快照隔离级别。在实践中，就是指某个事务引擎上的一个事务能读取一些数据，因此另一个事务引擎上的事务就可以修改那些数据，而不会出现冲突。只要所有的内容（除了与第一个事务交互的）相对于这个对象的版本来说是一致的，就保持了一致性。MVCC 能让系统知道所有"挂起"和"已提交"的版本，所以只需要很少的全局协调消息和冲突解决，系统就能维护一个始终一致的视图。

需要协调的是"写-写"冲突。对于这一点，NuoDB 挑选一些主机作为对象的 Chairman(主持人)。Chairman 是指在两个事务更新同一个对象的时候决定由哪个事务更新。能扮演对象 Chairman 的只能是缓存中有给定对象的事务引擎，所以对象如果只缓存在一个事务引擎中，则所有的协调都在本地进行。关闭某个事务引擎，或者从它的缓存中找不到对象的时候，不需要通讯就可以挑选出下一个 Chairman。

最后，MVCC 在系统性能上也有更重要的优势。存储管理器不仅维护数据库的归档内容,而且可以维护日志(推荐大家使用这个功能)。NuoBD 是一个版本化的系统,日志只以追加的方式保存一组修改信息,往往非常小。这种方式能提高记日志的效率,添加一个有日志记录的存储管理器对一般事务的整体运行也不会有太大的影响。

本 章 小 结

　　大数据给我们的社会带来的影响是非常深远的,也给很多技术带来了冲击,数据库技术就受到了很大的冲击。大数据以规模性(volume)、多样性(variety)和高速性(velocity)为特征,大数据的出现,必将颠覆传统的数据管理方式。在数据来源、数据处理方式和数据思维等方面都会对其带来革命性的变化。

　　大数据的处理模式分为流处理和批处理两大类,当前流行的大数据处理平台和框架包括 Apache Hadoop、Spark 和 Storm 等。

　　大数据时代,数据库面临的最严峻的挑战是可扩展性,传统的向上扩展已经无法满足要求了,必须向外扩展,而传统数据库技术向外扩展并不容易。为此,出现了 NoSQL 和 NewSQL。这些新的数据库技术虽然出发点不同、方法不同,但都是为了使数据库能够更好地满足大数据时代应用的需求。

　　需要说明的是,在数据库技术的每个分支,以及新型应用中都有很多新的技术出现,本章主要是从系统的角度来介绍数据库的新发展,不可能穷尽数据库的所有新技术。

　　另外,数据库技术还在发展中,新的技术层出不穷,读者应注意了解当前的最新动态。对于数据库初学者来说,既要学好关系数据库,也要保持开放的心态,积极拥抱数据管理技术的新变化。在实际的项目中,很多时候是把关系数据库和其他数据管理技术结合在一起使用的。

习 题 12

12.1 　什么是大数据?举几个大数据的典型例子。

12.2 　大数据对哪些技术造成了冲击?大数据是如何对数据库技术造成冲击的?

12.3 　查询资料,说明当前大数据处理的主流框架有哪些?各自有什么特点?

12.4 　大数据时代,可以完全抛弃关系数据库了,这种说法对吗?为什么?

12.5 　查询一个实际的大数据应用(如大型互联网应用),了解其中采用了什么大数据处理框架和系统,用到了什么数据库?各自用在什么场合?

参 考 文 献

[1] 万常选，廖国琼，吴京慧，等. 数据库系统原理与设计. 2 版. 北京：清华大学出版社，2012.

[2] 吴京慧，刘爱红，廖国琼，等. 数据库系统原理与设计实验教程. 2 版. 北京：清华大学出版社，2012.

[3] Silberschatz A，Korth H F，Sudarshan S. 数据库系统概念(Database System Concepts). 5 版. 杨冬青，马秀莉，唐世渭，等译. 北京：机械工业出版社，2006.

[4] Silberschatz A，Korth H F，Sudarshan S. 数据库系统概念(Database System Concepts). 5 版，影印版. 北京：高等教育出版社，2006.

[5] 王珊，萨师煊. 数据库系统概论. 5 版. 北京：高等教育出版社，2014.

[6] 冯建华，周立柱. 数据库系统设计与原理. 2 版. 北京：清华大学出版社，2007.

[7] 刘云生. 数据库系统分析与实现. 北京：清华大学出版社，2009.

[8] 施伯乐，丁宝康，汪卫. 数据库系统教程. 3 版. 北京：高等教育出版社，2008.

[9] Chen P P. The Entity-Relationship Model：Toward a Unified View of Data. ACM Transactions on Database Systems，1976，1(1)：9-36.

[10] Feldman P，Miller D. Model Clustering：Structuring a Data Model by Abstraction. The Computer Journal，1986，29(4)：348-359.

[11] Teorey T J，Wei G，Botton D L，et al. ER Model Clustering as an Aid for User Communication and Documentation in Database Design. Communication of the ACM，1989，32(8)：975-987.

[12] Teorey T J，Yang D，Fry J P. A Logical Design Methodology for Relational Databases Using the Extended E-R Model. ACM Computing Survey，1986，18(2)：197-222.

[13] Thalheim B. Entity-Relationship Modeling：Foundations of Database Technology. Springer Verlag，2000.

[14] Davis C，Jajodia S，Ng P A，et al. Entity-Relationship Approach to Software Engineering. North Holland，1983.

[15] 徐洁磬，柏文阳，刘奇志. 数据库系统实用教程. 北京：高等教育出版社，2006.

[16] 周志逵，郭贵锁，陆耀，等. 数据库系统原理. 北京：清华大学出版社，2008.

[17] 孙建伶，林怀忠. 数据库原理与应用. 北京：高等教育出版社，2006.

[18] 史嘉权. 数据库系统概论. 北京：清华大学出版社，2006.

[19] 万常选，刘喜平. XML 数据库技术. 2 版. 北京：清华大学出版社，2008.

[20] 吴京慧，杜宾，杨波. Oracle 数据库管理及应用开发教程. 北京：清华大学出版社，2007.

[21] 王意洁. 面向对象的数据库技术. 北京：电子工业出版社，2003.

[22] Ramakrishnan R，Gehrke J. 数据库管理系统(Database Management Systems). 3 版. 周立柱，张志强，李超，等译. 北京：清华大学出版社，2004.

[23] Ullman J D，Widom J. 数据库系统基础教程(A First Course in Database System). 史嘉权，等译. 北京：清华大学出版社，1999.

[24] Garcia-Molina H，ULLman J D，Widom J. 数据库系统全书(Database Systems：the Complete Book). 岳丽华，杨冬青，龚育昌，等译. 北京：机械工业出版社，2003.

[25] Rob P，Coronel C. 数据库系统——设计、实现与管理(Database Systems：A Practical Approach to Design，Implementation，and Management). 5 版. 陈立军，等译. 北京：电子工业出版

社，2004.

[26]　Garcia-Molina H，ULLman J D，Widom J. 数据库系统实现(Database System Implementation)．杨冬青，唐世渭，徐其钧，等译. 北京：机械工业出版社，2001.

[27]　Kroenke D M. 数据库处理——基础、设计与实现(Database Processing：Fundamentals，Design & Implementation). 7 版. 施伯乐，顾宁，刘国华，等译. 北京：电子工业出版社，2001.

[28]　Lewis P M，Bernstein A，Kifer M. 数据库与事务处理——面向应用的方法(Databases and Transaction Processing：An Application-Oriented Approach). 影印版. 北京：高等教育出版社，2002.

[29]　黄维通，刘艳民. SQL Server 数据库应用基础教程. 北京：高等教育出版社，2008.

[30]　李雁翎. 数据库技术及应用——SQL Server. 北京：高等教育出版社，2007.

[31]　四维科技，沈炜，徐慧. Visual C++ 数据库编程技术与实例. 北京：人民邮电出版社，2005.

[32]　侯其锋，李晓华，李莎. VISUAL C++ 数据库通用模块开发与系统移植. 北京：清华大学出版社，2007.

[33]　胡海璐，彭接文，胡智宇，等. XML Web Services 高级编程范例. 北京：电子工业出版社，2003.

[34]　ADO 程序员参考. http://www. yesky. com/imagesnew/software/ado/index. html.

[35]　World Wide Web Consortium. Extensible Markup Language (XML) 1. 0 (Fourth Edition). W3C Recommendation. 16 August 2006. http://www. w3. org/TR/2006/REC-xml-20060816.

[36]　Bourret R. XML and Databases. September 2005. http://www. rpbourret. com/xml/XMLAndDatabases. htm.

[37]　陆嘉恒. 大数据挑战与 NoSQL 数据库技术. 北京：电子工业出版社，2013.

[38]　孟小峰，慈祥. 大数据管理：概念、技术与挑战. 计算机研究与发展，2013，50(1)：146-169.

[39]　翟周伟. Hadoop 核心技术. 北京：机械工业出版社，2015.

[40]　Turkington G. Hadoop 基础教程(Hadoop Beginner's Guide). 张治起译. 北京：人民邮电出版社，2014.

[41]　郭景瞻. 图解 Spark：核心技术与案例实战. 北京：电子工业出版社，2017.

[42]　赵必厦，程丽明. 从零开始学 Storm. 北京：清华大学出版社，2014 年.

[43]　从 MySpace 数据库看分布式系统数据结构变迁. http://smb. pconline. com. cn/database/ 0808/ 1403100. html. 2017-2-1.

[44]　Redis 应用场景. http://blog. csdn. net/hguisu/article/details/8836819，2017-2-10.

[45]　Redis 数据类型介绍. http://redis. cn/topics/data-types-intro. html，2017-2-12.

[46]　MongoDB 教程. http://www. runoob. com/mongodb/mongodb-tutorial. html，2017-2-12.

[47]　使用 MongoDB 存储商品分类信息. http://www. mongoing. com/archives/3811，2017-1-18.

[48]　NuoDB 数据库详细介绍. http://www. chinastor. com/a/db/newsql/122510Q42014. html，2017-2-12.

[49]　图形数据库 Neo4j 开发实战. https://www. ibm. com/developerworks/cn/java/j-lo-neo4j/，2017-2-18.

[50]　VoltDB 简介. https://www. ibm. com/developerworks/cn/opensource/os-voltdb/，2017-2-20.

[51]　VoltDB 介绍. http://blog. csdn. net/ransom0512/article/details/50440316，2017-2-21.

年轻人的

新知识课堂

文泉课堂
WWW.WQKETANG.COM

清華大學出版社
出品的在线学习平台

平台功能介绍

➡ **如果您是教师，您可以**

- 管理课程
- 建立课程
- 管理题库
- 发布试卷
- 布置作业
- 管理问答与话题

➡ **如果您是学生，您可以**

- 发表话题
- 提出问题
- 加入课程
- 下载课程资料
- 编辑笔记
- 使用优惠码和激活序列号

➡ **如何加入课程**

1 找到教材封底"数字课程入口"

2 刮开涂层获取二维码，扫码进入课程

范例

数字课程入口

刮开涂层
获取二维码

刮开涂层

范例

获取帮助

扫一扫直接进入平台使用指南

获取更多详尽平台使用指导可输入网址
http://www.wqketang.com/course/550
如有疑问，可联系微信客服：DESTUP

文泉课堂
WWW.WQKETANG.COM

清华大学出版社
出品的在线学习平台